山崎雄一郎・塩沢孝則 [共著]

本書を発行するにあたって，内容に誤りのないようできる限りの注意を払いましたが，本書の内容を適用した結果生じたこと，また，適用できなかった結果について，著者，出版社とも一切の責任を負いませんのでご了承ください．

　本書は，「著作権法」によって，著作権等の権利が保護されている著作物です．本書の複製権・翻訳権・上映権・譲渡権・公衆送信権（送信可能化権を含む）は著作権者が保有しています．本書の全部または一部につき，無断で転載，複写複製，電子的装置への入力等をされると，著作権等の権利侵害となる場合があります．また，代行業者等の第三者によるスキャンやデジタル化は，たとえ個人や家庭内での利用であっても著作権法上認められておりませんので，ご注意ください．

　本書の無断複写は，著作権法上の制限事項を除き，禁じられています．本書の複写複製を希望される場合は，そのつど事前に下記へ連絡して許諾を得てください．

出版者著作権管理機構

（電話 03-5244-5088，FAX 03-5244-5089，e-mail：info@jcopy.or.jp）

JCOPY ＜出版者著作権管理機構 委託出版物＞

# 読者の皆様へ—Preface

　社会の生産活動や人々の暮らしを支えるエネルギーの重要性は，これまでも これからも変わることはありません．そのなかでも，カーボンニュートラルの 実現に向けては，電気がエネルギー源の中核を担い，果たすべき役割は今後ま すます大きくなっていくことでしょう．

　このような情勢にあって，事業用電気工作物の安全で効率的な運用を行うた め，その工事と維持，運用に関する保安と監督を担うのが電気主任技術者です． この電気主任技術者の役割は非常に重要になってきており，その社会的ニーズ も高いことから，人気のある国家資格となっています．

　本シリーズは，電気主任技術者試験の区分のうち，第二種，いわゆる「電験 二種」の受験対策書です．電験二種は，一次試験と二次試験があります．一次 試験の科目は，理論，電力，機械，法規の4科目，二次試験は電力・管理，機 械・制御の2科目です．出題形式は，一次試験が多肢選択（マークシート）方式， 二次試験が記述式となっています．

　そこで，本シリーズは，電験二種一次試験の各科目別の受験対策書として， 一次試験を中心に取り上げつつ，その延長線上の知識として二次試験にも対応 できるよう記載することで，合格を勝ち取る工夫をしています．

＜本書の特徴＞

①図をできる限り採り入れて，視覚的にわかりやすく解説

②式の導出を丁寧に行い，数学や計算のテクニックも解説（電験二種では， 電験三種で暗記していた公式も含めて，微積分等を駆使しながら，自分で 導出できるようにする必要があります．）

③重要ポイントや計算テクニックは，吹き出しで掲載

④電験二種の過去問題を徹底的に分析し，重要かつ最新の過去問題を各節単 位の例題で取り上げ，解き方を丁寧に解説．また，章末問題も用意し，さ らに実力を磨くことができるように配慮

⑤少し高度な内容や二次試験対応箇所はコラムとして記載

　このように，本シリーズは，電験二種に合格するための必要十分な知識を重 点的に取り上げてわかりやすく解説しています．

　読者の皆様が，本書を活用してガッツリ学ぶことで，電験二種の合格を勝ち 取られることを心より祈念しております．

　最後に，本書の編集にあたり，お世話になりましたオーム社の方々に厚く御 礼申し上げます．

2024年10月

著者らしるす

# 目　次 —Contents

## ◆1章　直流機

| | | |
|---|---|---|
| **1-1** | 直流機の原理 | 2 |
| **1-2** | 直流発電機の特性 | 13 |
| **1-3** | 直流電動機 | 19 |
| **1-4** | 直流電動機の始動・速度制御 | 27 |
| | 章末問題 | 31 |

## ◆2章　同期機

| | | |
|---|---|---|
| **2-1** | 同期機の誘導起電力と電機子反作用 | 36 |
| **2-2** | 同期発電機の特性 | 53 |
| **2-3** | 同期発電機の出力と電圧変動率 | 65 |
| **2-4** | 発電機の効率と損失 | 72 |
| **2-5** | 同期電動機の特性と始動法 | 75 |
| | 章末問題 | 87 |

## ◆3章　変圧器

| | | |
|---|---|---|
| **3-1** | 変圧器の原理・構造 | 90 |
| **3-2** | 変圧器の試験と電圧変動率 | 103 |
| **3-3** | 変圧器の損失と効率 | 109 |
| **3-4** | 変圧器の結線 | 114 |
| **3-5** | 変圧器の各種対策と様々な変圧器 | 123 |
| | 章末問題 | 130 |

# ◆4章 誘導機

| 4-1 | 誘導機の構造・原理 | 134 |
|---|---|---|
| 4-2 | 誘導機の等価回路・特性 | 139 |
| 4-3 | 誘導機の運転 | 156 |
| 4-4 | 特殊な誘導電動機 | 173 |
| | 章末問題 | 185 |

# ◆5章 保護機器

| 5-1 | 遮断器 | 190 |
|---|---|---|
| 5-2 | 計器用変成器 | 198 |
| 5-3 | 避雷器 | 201 |
| | 章末問題 | 206 |

# ◆6章 パワーエレクトロニクス

| 6-1 | パワー半導体デバイス | 210 |
|---|---|---|
| 6-2 | 整流回路（交流→直流） | 224 |
| 6-3 | 直流変換回路（直流→直流） | 239 |
| 6-4 | インバータ（直流→交流） | 250 |
| 6-5 | 交流電力変換装置（交流→交流） | 269 |
| | 章末問題 | 277 |

目 次―Contents

# ◆7章　電動力応用

**7-1**　電気鉄道 ………………………………………………… 284

**7-2**　電動力応用 ………………………………………………… 296

　　　章末問題 ………………………………………………… 306

# ◆8章　自動制御

**8-1**　伝達関数・ブロック線図 ………………………………… 310

**8-2**　制御系の周波数応答と過渡応答 ………………………… 327

**8-3**　制御系の安定判別 ………………………………………… 335

　　　章末問題 ………………………………………………… 349

# ◆9章　照　明

**9-1**　光に関する基礎 …………………………………………… 352

**9-2**　熱放射とルミネセンス …………………………………… 368

**9-3**　各種の光源とその特徴 …………………………………… 373

**9-4**　照明設計と照明制御 ……………………………………… 387

　　　章末問題 ………………………………………………… 391

# ◆10章　電　熱

**10-1** 電気加熱 …………………………………………………… 396

**10-2** ヒートポンプ ……………………………………………… 415

**10-3** 電気加工 …………………………………………………… 419

　　　章末問題 ………………………………………………… 425

目 次—Contents

# ◆11章　電気化学

**11-1** 電気化学の基礎 ································ 428

**11-2** 工業電解と電食防止 ······················ 433

**11-3** 電池 ············································ 442

　　　章末問題 ······································ 458


# ◆12章　情報伝送・処理・メカトロニクス

**12-1** コンピュータの構成 ······················ 462

**12-2** 論理回路 ······································ 474

**12-3** ソフトウェア ······························ 483

**12-4** コンピュータネットワーク ·············· 492

**12-5** 情報伝送 ······································ 500

**12-6** メカトロニクス ···························· 513

　　　章末問題 ······································ 518


章末問題解答 ······································· 521

索　引 ··············································· 535

# 1章

## 直流機

### 学習のポイント

　本分野は，出題頻度自体は低めではあるものの，直流発電機・電動機の誘導起電力やトルク，電機子反作用，自己励磁，トルク特性，速度特性が比較的よく出題される．一次試験では計算問題は少なく，語句選式の問題が中心である．特に速度制御法や直流機の運転特性に関する理解が問われる．電験3種と比べてより詳細な知識が必要とされる．学習方法としては，回路図を描きながら，動作原理を理解し，公式を導出できるようにしながら，基本事項を確実に押さえておくことが重要である．

# 1-1 直流機の原理

**攻略のポイント**　本節に関して，電験3種でも直流機の構造や誘導起電力，電子反作用の知識を問う出題がされるが，2種では誘導起電力の公式の導出や，電機子反作用や整流作用に関する深い知識を問う出題がされている．

## 1　直流機の構造

　直流機（発電機および電動機）の構造を図1・1に示す．直流機には静止部と回転部があり，それぞれ固定子，回転子と呼ぶ．

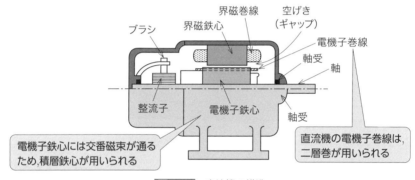

図1・1　直流機の構造

　直流機の主要な構成要素は界磁，電機子，整流子である．電機子と整流子を回転子，界磁を固定子とする回転電機子形が一般的である．

### (1) 界磁

　界磁は電機子と鎖交する磁束を作る．界磁巻線，界磁鉄心，磁極片からなる磁極と継鉄により構成される．

#### ①界磁巻線

　界磁鉄心に巻かれた**界磁巻線**は，界磁電流（直流）が流れると界磁鉄心内に磁束を生じる．

#### ②界磁鉄心

　**界磁鉄心**は界磁巻線で生じる磁束を通しやすくするために設けられる．

#### ③磁極片

　**磁極片**は，界磁巻線により生じた磁束を電機子の表面に平等に分布する．

④継鉄

**継鉄**は，磁束を通し，磁気回路を閉じるとともに，磁極や軸受を支える外枠としての役割がある．

## (2) 電機子

電機子は，電機子巻線が界磁の作った磁束を切ることで誘導起電力（電動機の場合は逆起電力という）を生じる．

電機子は電機子鉄心と電機子巻線によって構成される．

### ①電機子鉄心

電機子鉄心は，界磁とともに磁気回路を構成する．電機子鉄心には交番磁束が通るため，**積層鉄心**が用いられる．また，電機子巻線を収めるための多数のスロットが設けられる．

### ②電機子巻線

六角形（亀甲形）の形状の電機子巻線が電機子鉄心のスロットに挿入される．巻線をスロットに収める方法としては単相巻と二層巻がある．直流機では，同じスロットにコイルを上下に重ねて2個ずつ入れる**二層巻**が用いられる．単相巻は主に交流機で用いられる．

電機子巻線法（各コイル相互のつなぎ方）には，図1・2に示すように，**重ね巻**と**波巻**がある．

重ね巻は，あるコイルの巻き終わりと隣のコイルの巻き始めを同じ整流子片に接続する方式で並列巻ともいう．重ね巻には以下の特徴がある．

・極数と並列回路数，ブラシの数が**同じ**になる．
・**低電圧・大電流**を扱うのに適する．

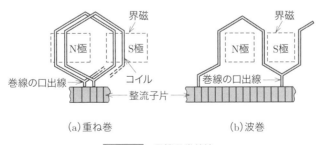

**図1・2** 電機子巻線法

- 並列回路の間で誘導起電力に差があると循環電流が流れてコイルを過熱するため，これを防ぐために，並列回路の等電圧箇所となる部分を接続する**均圧環（均圧結線）** を設ける．

波巻は，あるコイルから二極分先のコイルに接続する方式で直列巻ともいう．波巻には以下の特徴がある．

- 並列回路数とブラシの数は極数によらず**2つ**となる．
- **高電圧・小電流**を扱うのに適する．
- 重ね巻とは異なり均圧環は不要である．

### (3) 整流子

**整流子**は，電機子に生じる誘導起電力を直流に変換する．整流子は電機子巻線に接続される．回転する整流子が回転しないブラシと接触することで，電機子巻線と外部回路が接続される．

## 2 直流発電機の誘導起電力

磁束密度 $B$ [T] の磁界中で，これと直角に長さ $l$ [m] の導体を速度 $v$ [m/s] で運動させると，フレミング右手の法則により，この導体中に誘導起電力 $e$ は，次式で示される．

$$e = vBl \text{ [V]} \tag{1・1}$$

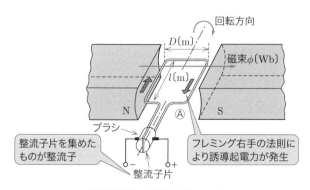

図1・3　直流発電機の原理

## 1-1 直流機の原理

直流発電機において，電機子の直径を $D$〔m〕，回転速度を $N$〔min$^{-1}$〕とすると，導体の速度 $v$ は

$$v = \frac{D}{2} \cdot 2\pi \frac{N}{60} = \pi D \frac{N}{60} \text{〔m/s〕} \tag{1・2}$$

毎極の有効磁束を $\phi$〔Wb〕，磁極数を $p$ とすると，磁束密度 $B$ は，電機子周辺の全磁束 $p\phi$〔Wb〕を表面積 $\pi Dl$〔m$^2$〕で割ったものとなるので

$$B = \frac{p\phi}{\pi Dl} \text{〔T〕} \tag{1・3}$$

よって一本の導体に生じる起電力 $e$ は

$$e = vBl = \pi D \frac{N}{60} \cdot \frac{p\phi}{\pi Dl} \cdot l = \frac{N}{60} p\phi \text{〔V〕} \tag{1・4}$$

電機子導体数を $z$，電機子並列回路数を $a$ とすると，図1・4に示すように直列に接続された導体数は $z/a$ となるので，直流発電機の誘導起電力 $E$ は次式で示される．

$$E = \frac{z}{a} \cdot e = \frac{z}{a} \cdot \frac{N}{60} p\phi = \boldsymbol{\frac{pz}{60a} \phi N} = \boldsymbol{k_1 \phi N} \text{〔V〕} \quad \left( k_1 = \frac{pz}{60a} \text{ は定数} \right) \tag{1・5}$$

式（1・5）を，角速度 $\omega$ を用いて表すと，$N = \omega \cdot \frac{60}{2\pi}$ より

$$E = \frac{pz}{60a} \phi \cdot \omega \cdot \frac{60}{2\pi} = \frac{pz}{2\pi a} \phi \omega = k_2 \phi \omega \text{〔V〕} \quad \left( k_2 = \frac{pz}{2\pi a} \text{ は定数} \right) \tag{1・5}'$$

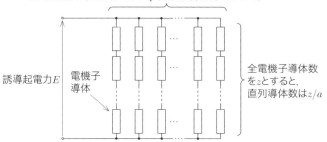

図1・4　電機子回路の直列導体数

直流機

## 3 電機子反作用

### (1) 電機子反作用

**電機子反作用**とは，電機子巻線に流れる電流によって作られる磁束が主磁極による磁束に影響を与える作用のことである．

電機子反作用によって，**電気的中性軸の移動，有効磁束の減少，整流子間の電圧の不均一**などの現象が起きる．

#### ①電気的中性軸の移動

直流機における，主磁極によるギャップの磁束分布を，図1・5（a）に示す．

無負荷時は磁極の中間で磁束密度が零となる．磁束密度が零となる位置を中性軸という．無負荷時の中性軸を**幾何学的中性軸**，電機子反作用により移動した中性軸を**電気的中性軸**という．

電機子巻線に電流を流すと，図1・5（b）に示すように，**交差起磁力**が界磁起磁力と直角方向に生じる．

直流機に負荷がかかった状態では，図1・5（c）に示すように，界磁起磁力と交差起磁力が合成されるため，電気的中性軸は幾何学的中性軸を離れて，直流発電機の場合は回転と**同方向**，直流電動機の場合は回転方向と**逆方向**に移動する．交差起磁力の影響により，ギャップの磁束分布に偏りが生じることを**偏磁作用**または**交差磁化作用**という．

ブラシの位置と電気的中性軸がずれると，ブラシによって短絡されたコイルが磁束を切ることでその中に起電力を生じ，ブラシと整流子片との間に**火花**を生じるおそれがある．ブラシの位置を電気的中性軸に合わせて移動させればこの問題は生じないが，電気的中性軸の位置は電機子電流の大きさによって変化する．小容量機で負荷変化も小さい場合は，ブラシの位置を移動させる対策を取ることもあるが，負荷変動のある直流機では，後述する補極や補償巻線により対策する．

#### ②有効磁束の減少

電機子電流による磁束は主磁束を強める部分と弱める部分がある．鉄心に飽和現象がなければ磁束が偏っても1極当たりの有効磁束は変化しないが，実際には鉄心の磁束が一定以上強まらなくなるという飽和現象があるので，有効磁束は**減少**する．これを**減磁作用**という．減磁作用により誘導起電力は**減少**する．

## 1-1 直流機の原理

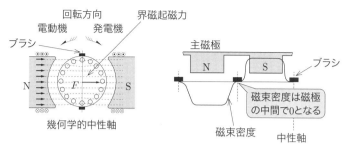

(a) 主磁極による磁束(無負荷時の磁束)

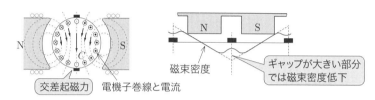

(b) 電機子電流による磁束

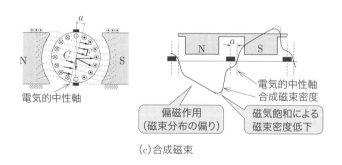

(c) 合成磁束

図1・5 直流機の電機子反作用

### ③整流子間の電圧の不均一

偏磁作用のためギャップの磁束分布の偏りが大きくなると，磁束密度の高い部分にあるコイルの誘導起電力が大きくなる．この値がある限度を超えると，整流子片間にアーク短絡が生じ，次第に拡大して，正負ブラシ間をアークで短絡するに至る．これを**フラッシオーバ**という．

### (2) 電機子反作用への対策

電機子反作用への対策として，図1・6に示すような**補極**や**補償巻線**が設けられる．

**直流機**

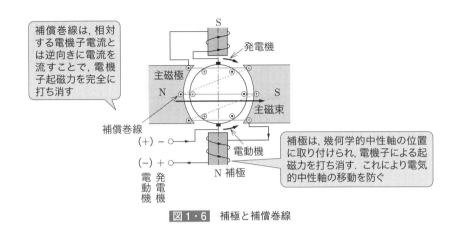

図1・6 補極と補償巻線

①補極

**補極**は，主磁極間の**幾何学的中性軸**の位置に取り付けられる．補極の巻線を電機子巻線と直列に接続し，電機子電流で磁束を作ることで，電機子による起磁力を打ち消す．これにより電気的中性軸の移動を防ぐことができる．

ただし，補極によって幾何学的中性軸付近では電機子起磁力が打ち消されるが，ほかの部分では磁束分布の偏りが残る．

②補償巻線

**補償巻線**は，主磁極に電機子導体と**平行**に設け，電機子巻線と直列に接続する．相対する電機子電流とは逆向きに電流を流すことで，電機子起磁力を完全に打ち消すことができる．構造が複雑で高価なため主に大容量機に使用される．

補償巻線があれば補極は電機子反作用による磁束を補正する必要はなくなり，後述する整流時のリアクタンス電圧を補正するために小さな起磁力を作る役割のみとなる．

(3) 整流作用

直流機では電機子巻線によって発生する交流を整流子によって直流に変えることを**整流作用**という．

図1・7に示すように，電機子が回転すると，隣り合った二つの整流子片がブラシで**短絡**される状態が生じ，その都度コイルの電流はその方向を反転する．これにより，ブラシでは常に**一定方向**の電流を取り出すことができる．

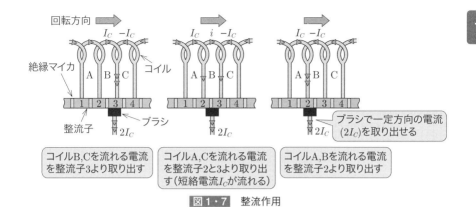

**図 1・7** 整流作用

### ① 整流時間

整流子片がブラシで短絡されている時間を**整流時間**（整流周期）という．整流時間は，1 ms 程度の短い時間である．

回転している整流子の周辺速度を $v_C$ [m/s]，ブラシの幅を $b$ [m]，整流子間の絶縁マイカの厚さを $\delta$ [m] とすると，整流時間 $T_C$ [s] は $T_C = (b-\delta)/v_C$ [s] で表される．

### ② リアクタンス電圧

電機子巻線には自己インダクタンスがあるため，整流中に電流の反転による電流変化に応じてコイルの誘導起電力が生じる．これを**リアクタンス電圧**という．

### ③ 整流曲線

図 1・8 に示すように整流時間におけるコイル内の電流変化を示した図を**整流曲線**という．

図中の曲線②は**直線整流**といい，ブラシと整流子片間の電流が接触面積に比例する場合で電流変化の基準となるものである．

直線整流は理想的整流の一つだが，実際には，電機子巻線のインダクタンスにより直線整流が妨げられ，曲線①のように電流の変化が遅れる．この曲線①を**不足整流**という．電流の変化が遅く整流の終わり近くで電流が急変するので，**リアクタンス電圧**が発生し，ブラシの後端から火花を発生しやすい．

良好な整流が得られないと整流子面の火花が激しくなり，整流子面を損傷させ，ブラシの摩耗を早めることになる．その対策として，主磁極間の幾何学的中性軸の

## 直流機

位置に**補極**を取り付け，リアクタンス電圧を打ち消す方向に電圧（整流起電力）を誘導して，良好な整流を得ることができる．これを**電圧整流**という．また，ブラシの接触抵抗を大きくして，短絡電流を減少し，インダクタンスによる影響を抑えることを**抵抗整流**という．

曲線③は，整流起電力を適切に加えて電圧整流を行った例である．整流終了時の電流変化が小さく火花の発生を防ぐことができる．

曲線④を**過整流**といい，整流起電力が大きすぎ，巻線内の電流の変化が速くなりすぎた場合の曲線である．過整流では整流開始時の電流の急変により大きな電圧が発生しブラシの前端から火花を発生しやすい．

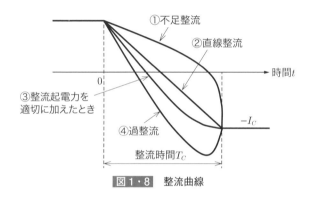

**図1・8** 整流曲線

### 例題1　　　　　　　　　　　　　　　　　　　　　　　H20 問1

次の文章は，直流電動機の電機子反作用に関する記述である．文中の□に当てはまる最も適切な語句を選べ．

直流電動機の界磁巻線に電流を流せば，その起磁力により主磁束が発生し，負荷の増加により電機子に電流が流れると，電機子磁束が生じる．電機子磁束は主磁束に合成され，種々の現象を引き起こす．これを電機子反作用という．直流機に電機子電流が流れると界磁磁束が磁極片の片側に偏り，図のような電動機では，回転方向に対して磁極片の磁束密度は　(1)　なる．鉄心に飽和現象がなければ磁束が偏っても1極当たりの有効磁束は変化しない．しかし，実際には鉄心に飽和現象があるので，有効磁束は　(2)　．このため，励磁電流が一定であれば，電機子電流の増加に伴い，回転速度は上昇する傾向がある．

電機子電流に起因する　(3)　作用の影響により，電気的中性点は幾何学的中性

## 1-1 直流機の原理

点を離れて，電動機では　(4)　方向に移動する．その結果，ブラシで短絡されるコイルは，磁束を切るため起電力を誘導し，過大な短絡電流が流れてブラシと整流子の間に火花を生じる．

また，電機子反作用による偏磁作用のためギャップの磁束分布の偏りが大きくなると，磁束密度の高い部分にあるコイルの誘導起電力が大きくなる．この値がある限度を超えると，整流子片間にアーク短絡が生じ，次第に拡大して，ついに正負ブラシ間をアークで短絡するに至る．これを　(5)　という．

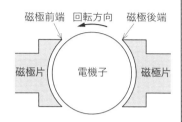

【解答群】
(イ) 磁極前端が小さく，磁極後端が大きく
(ロ) 磁極中央が大きく，磁極前端と後端は同じに
(ハ) 磁極前端が大きく，磁極後端が小さく
(ニ) プラッギング　　　(ホ) 減少する　　　(ヘ) 増磁　　　(ト) 増加する
(チ) フラッシオーバ　(リ) 交差磁化　　　(ヌ) 回転　　　(ル) ブラシレス
(ヲ) 磁気ひずみ　　　(ワ) 変わらない　　(カ) 軸　　　　(ヨ) 反回転

**解説**　(1)(4) 電機子電流に起因する交差磁化作用により，解説図に示す通り，電動機の場合，電気的中性点は反回転方向に移動する．そのため，電動機では，回転方向に対して磁極片の磁束密度は磁極前端が大きく，磁極後端が小さくなる．
(2)(3)(5) 本節1項で解説しているので，参照のこと．

【解答】(1) ハ　(2) ホ　(3) リ　(4) ヨ　(5) チ

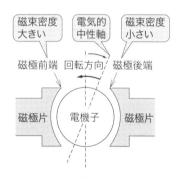

解説図　電動機の電機子反作用

---

### 例題2　　　　　　　　　　　　　　　　　H26　問1

次の文章は，直流機の整流作用に関する記述である．文中の　　　　に当てはまる最も適切なものを解答群から選べ．

直流機では電機子巻線によって発生する交流を整流子によって直流に変えること

## 直流機

を整流作用という．電機子が回転すると，隣り合った二つの整流子片がブラシで (1) される状態が生じ，その都度コイルの電流 $I_C$ はその方向を反転する．いま，回転している整流子の周辺速度を $v_C$〔m/s〕，ブラシの幅を $b$〔m〕，整流子間の絶縁マイカの厚さを $\delta$〔m〕とすれば，整流時間（整流周期）$T_C$〔s〕は次式で与えられる．

$$T_C = \boxed{(2)}$$

主にコイルの自己インダクタンスによって，整流中に電流の反転による電流変化に応じてコイルの誘導起電力が生じる．これを (3) という．

整流時間 $T_C$ におけるコイル内の電流変化を示した図を整流曲線といい，主な曲線例を図に示す．図中②は (4) 整流といい，ブラシと整流子片間の電流が接触面積に比例する場合で電流変化の基準となるものである．①は電流の変化が遅く整流の終わり近くで電流が急変するので， (3) が発生し，ブラシの後端から火花を発生しやすい．④は電流の変化が速すぎ，過整流という．③は整流終了時の電流変化が小さく火花の発生を防ぐことができる．

良好な整流が得られないと整流子面の火花が激しくなり，整流子面を損傷させ，ブラシの摩耗を早めることになる．その対策として，主磁極間の幾何学的中性軸の位置に (5) を取り付け， (3) を打ち消す方向に電圧を誘導して，良好な整流を得ることができる．これを電圧整流という．

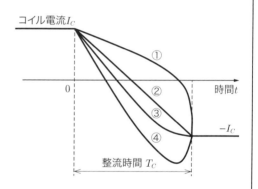

【解答群】

(イ) 直線　　　　　　　　(ロ) 補償巻線　　　　　(ハ) 補極　　　　　　(ニ) 短絡

(ホ) 整流起電力　　　　　(ヘ) $\dfrac{b+\delta}{2}$　　　(ト) $\dfrac{\delta-b}{v_C}$　　(チ) 電機子反作用

(リ) リアクタンス電圧　　(ヌ) 開放　　　　　　　(ル) 減速　　　　　　(ヲ) 臨界

(ワ) $\dfrac{b-\delta}{v_C}$　　　　　　(カ) 比例　　　　　　　(ヨ) 整流子

**解　説**　本節3項で解説しているので，参照する．

【解答】(1) ニ　(2) ワ　(3) リ　(4) イ　(5) ハ

# 1-2 直流発電機の特性

**攻略のポイント** 本節に関して，発電機の特性曲線（無負荷飽和曲線，負荷飽和曲線，外部特性曲線）や分巻発電機の自己励磁に関する知識を問う出題がされている．

## 1 直流発電機の種類

### (1) 分類

直流機（発電機および電動機）を励磁方式によって分類すると次の通りである．また，それらの接続図を図1・9に示す．

```
直流機─┬─他励式（図1・9（a））
       └─自励式─┬─分巻（図1・9（b））
                ├─直巻（図1・9（c））
                └─複巻（図1・9（d），（e））
                        ├─和動複巻（分巻界磁と直巻界磁の作る磁束が相加わる．）
                        └─差動複巻（分巻界磁と直巻界磁の作る磁束が相反する．）
```

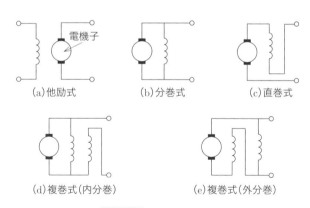

図1・9　直流機の種類

## (2) 等価回路

直流発電機の等価回路を図 1・10 に示す.

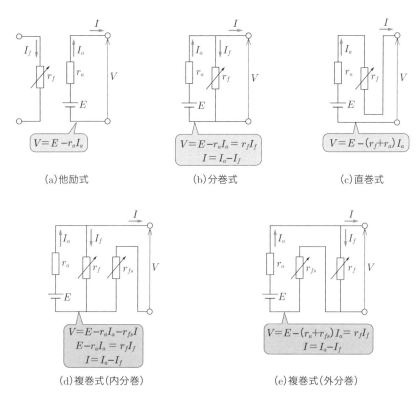

図 1・10 直流発電機の等価回路

$V$:端子電圧　$E$:誘導起電力　$I$:負荷電流　$I_a$:電機子電流　$I_f$:界磁電流
$r_a$:電機子巻線抵抗　$r_f$:界磁巻線抵抗　$r_{fs}$:複巻式における直巻界磁巻線抵抗

## 2 直流発電機の特性

### (1) 無負荷飽和曲線

発電機の**無負荷飽和曲線**は，定格速度を保ちながら無負荷で運転したとき，界磁電流と誘導起電力との関係を表す．図 1・11 にその例を示す．

式 (1・5) より，発電機の誘導起電力 $E$ は，$E = k_1 \phi N$ と表せるので，回転速度 $N$ が一定であれば，$E$ は磁束 $\phi$ に比例する．

磁束 $\phi$ は界磁電流 $I_f$ によって定まり，$I_f$ が小さいうちは $\phi$ も比例して増加するので，$E$ は直線的に大きくなる．しかし，$I_f$ が一定以上大きくなると磁気飽和の影響により，$\phi$ は $I_f$ に比例して増加しなくなるので，$E$ の増大は鈍化する．

直流分巻発電機は，励磁のための電源を別に持たないが，無負荷時においても界磁鉄心の残留磁気による**残留電圧**があるので界磁電流が流れる．それにより誘導起電力が上昇するため，さらに界磁電流が増加し誘導起電力が上昇する．これを**自己励磁**という．誘導起電力は，図 1·11 に示すように，無負荷飽和曲線は**界磁抵抗線**との交点で安定する．これを電圧の確立という．

なお，界磁抵抗線とは，図 1·10 (b) より界磁回路の電圧降下 $r_f I_f$ は端子電圧 $V$ に等しいため，$V = r_f I_f$ とした傾き $r_f$ の直線である．

無負荷飽和曲線は界磁抵抗線が，交わらない場合，無負荷端子電圧がどこまでも上昇する事態が考えられる．

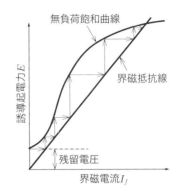

図 1·11　無負荷飽和曲線・界磁抵抗線

## (2) 負荷飽和曲線

発電機の**負荷飽和曲線**は，定格回転速度を保ちながら負荷電流を一定にして運転したとき，界磁電流と端子電圧との関係を表したものである．図 1·12 に負荷飽和曲線の例を示す．

図 1·10 より，発電機の端子電圧 $V$ は，$V = E - r_a I_a$〔V〕となる．無負荷の場合は無負荷飽和曲線と同じ曲線となるが，負荷電流が流れると，電機子回路抵抗による電圧降下の分，端子電圧は下がる．

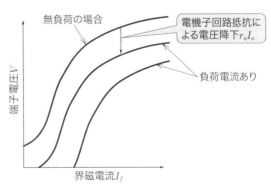

図 1·12　負荷飽和曲線

## 直流機

### (3) 外部特性曲線

発電機の**外部特性曲線**は，定格負荷状態における励磁回路を調整することなく回転速度を一定にして運転したとき，負荷電流と端子電圧との関係を表したものである．図1・13に他励式・分巻式・直巻式の外部特性曲線を示す．

他励式では，界磁電流と回転速度が変わらなければ，誘導起電力 $E = k_1 \phi N$ は一定となる．端子電圧 $V = E - r_a I_a$，負荷電流 $I = I_a$ であるから，$V = E - r_a I$ となり，負荷電流 $I$ に比例して端子電圧 $V$ が低下する．これを**垂下特性**という．

分巻式では，負荷電流が増加し，電圧降下により端子電圧 $V$ が下がると，$V = r_f I_f$ より，界磁電流 $I_f$ も減少する．界磁電流 $I_f$ が減れば磁束 $\phi$ も減少するので，他励式よりも負荷電流増加時の端子電圧低下は**大きい**．また，過負荷になり，最大負荷電流の点を超えると運転は**不安定**となる．

直巻式は，分巻発電機の無負荷飽和曲線から直巻界磁抵抗と電機子抵抗による電圧降下分をマイナスした特性となり，負荷電流の増加とともに端子電圧は上昇するが，磁気回路が飽和すると端子電圧は低下する．なお，分巻式と異なり，無負荷の場合，界磁電流が流れないので**電圧確立**はできない．

複巻式の外部特性図を図1・14に示す．複巻式発電機の無負荷飽和特性は分巻と同じだが，外部特性は異なる．差動複巻は負荷電流の増加により端子電圧が著しく低下する垂下特性を持つ．平複巻，過複巻，不足複巻は和動複巻の一種である．**平複巻**は無負荷と全負荷の端子電圧が等しい．**過複巻**は負荷電流の増加により端子電圧が上昇する．**不足複巻**は負荷電流の増加により端子電圧が下がり，分巻式に近い特性となる．

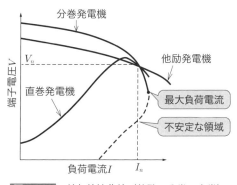

図1・13　外部特性曲線（他励・分巻・直巻）

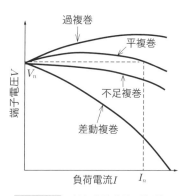

図1・14　外部特性曲線（複巻）

1-2 直流発電機の特性

1章

直流機

**例題3** ·············································· H12 問5

次の文章は，直流機の特性に関する記述である．文中の □ に当てはまる語句を解答群の中から選べ．

a) 発電機の無負荷飽和曲線は，定格速度を保ちながら無負荷で運転したとき，界磁電流と誘導起電力との関係を表したものである．分巻発電機では □(1)□ と無負荷飽和曲線との交点で誘導起電力は安定する．

b) 発電機の負荷飽和曲線は，定格回転速度を保ちながら負荷電流を一定にして運転したとき，界磁電流と □(2)□ との関係を表したものである．

c) 発電機の □(3)□ 曲線は，定格負荷状態における励磁回路を調整することなく回転速度を一定にして運転したとき，負荷電流と端子電圧との関係を表したものである．

d) 速度特性曲線は，電動機に加わる端子電圧および界磁回路の抵抗を一定にして運転したとき，負荷電流と回転速度との関係を表したものである．直巻電動機の速度特性曲線は，ほぼ □(4)□ となる．

e) トルク特性曲線は，電動機に加わる端子電圧および界磁回路の抵抗を一定にして運転したとき，□(5)□ とトルクとの関係を表したものである．

【解答群】
(イ) 界磁抵抗線   (ロ) 短絡曲線   (ハ) 負荷電流   (ニ) 放物線
(ホ) 回転速度    (ヘ) 負荷特性   (ト) 電機子反作用  (チ) 直線
(リ) 端子電圧    (ヌ) 誘導起電力  (ル) 外部特性   (ヲ) 双曲線
(ワ) ギャップ線   (カ) 電圧特性   (ヨ) 界磁電流

**解 説**　(1) (2) (3) 本節2項で解説しているので，参照のこと．

(4) 直流直巻電動機の逆起電力 $E$ は，次式で表される．

$$E = V - (r_f + r_a) I_a = k_1 \phi N$$

ただし，$V$：端子電圧，$r_f$：界磁抵抗，$r_a$：電機子抵抗，$I_a$：電機子電流，$\phi$：磁束，$N$：回転速度，$k_1$：定数とする．

直流直巻電動機では $\phi$ は $I_a$ に比例するため，$\phi = k_f I_a$ とすると

$$V - (r_f + r_a) I_a = k_1 k_f I_a N$$

$$N = \frac{V}{k_1 k_f I_a} - \frac{r_f + r_a}{k_1 k_f}$$

17

**直流機**

$\dfrac{r_f + r_a}{k_1 k_2}$ は小さいので無視すると，端子電圧 $V$ が一定の場合，回転速度 $N$ は $I_a$ に反比

例する．つまり，速度特性曲線は双曲線となる．

(5) トルク特性曲線は，電動機に加わる端子電圧および界磁回路の抵抗を一定にして運
転したとき，負荷電流の変化に対するトルクの変化を表したものである．

【解答】 (1) イ　(2) リ　(3) ル　(4) ヲ　(5) ハ

# 1-3 直流電動機

**攻略のポイント**　本節に関して，トルクの公式の導出や，分巻・直巻・複巻電動機の速度特性・トルク特性の違いに関する深い知識を問う出題がされている．

## 1 直流電動機の逆起電力・トルク・出力

### (1) 逆起電力・回転速度

　直流電動機では，電機子巻線の誘導起電力を**逆起電力**と呼ぶ．基本的な構造は直流発電機と同じである．図 1・15 に直流電動機の等価回路を示す．直流電動機では，電機子電流や負荷電流の方向は発電機と逆向きとなる．

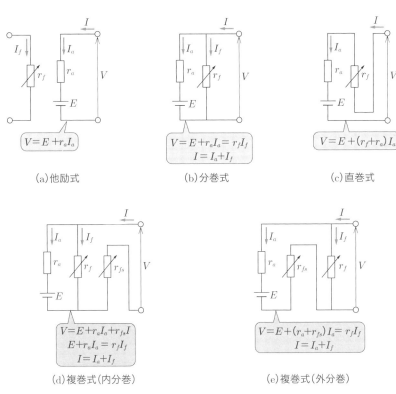

$V$：端子電圧　$E$：逆起電力　$I$：負荷電流　$I_a$：電機子電流　$I_f$：界磁電流
$r_a$：電機子巻線抵抗　$r_f$：界磁巻線抵抗　$r_{fs}$：複巻式における直巻界磁巻線抵抗

**図 1・15**　直流電動機の等価回路

他励電動機や分巻電動機の場合，端子電圧を $V$〔V〕，電機子電流を $I_a$〔A〕，電機子抵抗を $r_a$〔Ω〕とすると，逆起電力 $E$ は次式で表される．

$$E = V - r_a I_a \text{ [V]} \tag{1・6}$$

式 (1・5) より，$E = k_1 \phi N$〔V〕であるから，式 (1・6) にこれを代入すると，回転速度 $N$〔min$^{-1}$〕は次式で表される．

$$N = \frac{E}{k_1 \phi} = \frac{V - r_a I_a}{k_1 \phi} \text{ [min}^{-1}\text{]} \tag{1・7}$$

### (2) トルク

磁束密度 $B$〔T〕に直角に置かれた $l$〔m〕の導体に電流 $I$〔A〕を流すと，導体に働く力 $f$ は

$$f = IBl \text{ [N]} \tag{1・8}$$

1本の導体に流れる電流 $I$ は，電機子電流 $I_a$〔A〕を電機子並列回路数 $a$ で割った $I = I_a/a$〔A〕となる．磁束密度 $B$〔T〕は，式 (1・3) より，$B = p\phi/\pi Dl$〔T〕である．したがって，導体に働く力 $f$ は，次式で表される．

$$f = IBl = \frac{I_a}{a} \cdot \frac{p\phi}{\pi Dl} \cdot l = \frac{p\phi I_a}{\pi a D} \text{ [N]} \tag{1・9}$$

直流機全体のトルク $T$ は，1本の導体に加わるトルク $f \cdot \dfrac{D}{2}$ と導体数 $z$ との積となるため

$$\begin{aligned}
T &= z \cdot f \cdot \frac{D}{2} \\
&= z \cdot \frac{p\phi I_a}{\pi a D} \cdot \frac{D}{2} \\
&= \frac{pz}{2\pi a} \phi I_a \\
&= k_2 \phi I_a \text{ [N·m]}
\end{aligned}$$

($k_2 = \dfrac{pz}{2\pi a}$ は定数)

$$\tag{1・10}$$

図 1・16 に磁束，電流，導体に働く力とトルクの関係を示す．

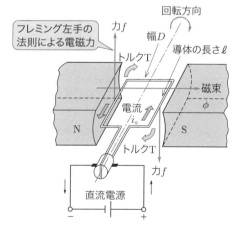

図1・16 直流電動機の導体にかかる力とトルク

### (3) 機械的出力

直流電動機に負荷をかけ，電機子電流 $I_a$〔A〕が流れると，摩擦損，鉄損などを無視した機械的出力 $P_0$ は，式（1·6）より，$P_0 = EI_a = VI_a - r_aI_a{}^2$〔W〕で示され，電気的入力 $VI_a$ から電機子回路の損失 $r_aI_a{}^2$ を差し引いたものになる．

式（1·10）を変形すると

$$I_a = \frac{2\pi a}{pz\phi} T \text{〔A〕} \tag{1·10'}$$

したがって，機械的出力 $P_0$ は，式（1·5）と式（1·10）′より

$$P_0 = EI_a = \frac{pz}{60a}\phi N \cdot \frac{2\pi a}{pz\phi} T = 2\pi T \frac{N}{60} \text{〔W〕} \tag{1·11}$$

電機子の回転角速度を $\omega$〔rad/s〕とすると，$\omega = 2\pi \dfrac{N}{60}$〔rad/s〕より

$$\boldsymbol{P_0 = \omega T} \text{〔W〕} \tag{1·12}$$

## 2 直流電動機の特性

### (1) 直流電動機の特性曲線

直流電動機の主な特性曲線としては，速度特性曲線，トルク特性曲線などがある．

**速度特性曲線**は，電動機に加わる端子電圧および界磁回路の抵抗を一定にして運転したとき，負荷電流と回転速度との関係を表したものである．

**トルク特性曲線**は，電動機に加わる端子電圧および界磁回路の抵抗を一定にして運転したとき，負荷電流とトルクとの関係を表したものである．

### (2) 分巻電動機の特性

図1·17に分巻電動機の速度特性曲線とトルク特性曲線を示す．

#### ①速度特性

分巻電動機は，電機子巻線および界磁巻線が並列に接続されているので，端子電圧と界磁抵抗を変化させなければ磁束は**ほぼ一定**になる．

式（1·7）より回転速度 $N = \dfrac{V - r_aI_a}{k_1\phi}$〔min⁻¹〕である．電機子電流 $I_a$〔A〕が増えるにつれて電機子抵抗の電圧降下 $r_aI_a$〔V〕が大きくなるので，回転速度 $N$ は下がろうとするが（式（1·7）の分子が小さくなる），一方で，$I_a$ が増加すると**電機子反作用**により磁束 $\phi$ が弱められ，それが速度の低下を妨げるように働く（式（1·7）

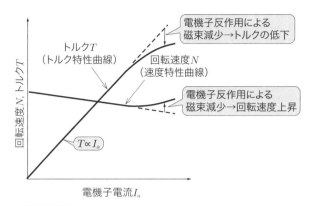

図1・17 分巻電動機の速度特性曲線・トルク特性曲線

の分母が小さくなる)．このため，分巻電動機では，負荷電流が上がっても回転速度は**ほぼ一定**となる．このように負荷の変化に関係なく，回転速度がほぼ一定な電動機は**定速度電動機**と呼ばれる．

② **トルク特性**

トルク $T$ は，式 (1・10) より $T = k_2 \phi I_a$ 〔N・m〕である．他励・分巻電動機において端子電圧と界磁抵抗を変化させなければ，負荷が小さい範囲では，界磁磁束はほぼ一定であるため，トルク $T$ は電機子電流 $I_a$ 〔A〕に**比例**して増加する．しかし，電機子電流がある程度以上に大きくなると，**電機子反作用**の影響により磁束 $\phi$ が減少するため，トルク曲線の**傾きが穏やか**になる．

### (3) 他励電動機の特性

電動機に加わる端子電圧および界磁回路の抵抗が一定であれば，他励電動機の速度特性，トルク特性は分巻電動機と同じである．

他励電動機は，回転速度を広範囲かつ細かく制御できることから，幅広い用途に用いられる．

### (4) 直巻電動機の特性

図1・18に直巻電動機の速度特性曲線とトルク特性曲線を示す．

① **速度特性**

直巻電動機の逆起電力 $E$ は，式 (1・5)，図1・15 (c) より，次式で表される．

$$E = V - (r_f + r_a)I_a = k_1 \phi N \text{ 〔V〕} \tag{1・13}$$

1-3 直流電動機

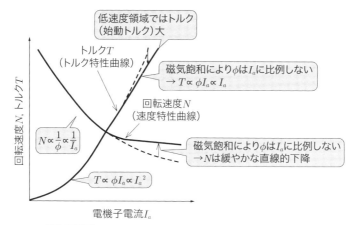

図1・18 直巻電動機の速度特性曲線・トルク特性曲線

$$\therefore N = \frac{E}{k_1\phi} = \frac{V-(r_f+r_a)I_a}{k_1\phi} \text{ [min}^{-1}\text{]} \tag{1・14}$$

界磁磁束の未飽和領域では磁束 $\phi$ は電機子電流 $I_a$ 〔A〕に比例するため，$k_f$ を比例係数とすると，$\phi$ は次式で表される．

$$\phi = k_f I_a \text{ [wb]} \tag{1・15}$$

式（1・14），式（1・15）より，回転速度 $N$ は

$$N = \frac{V}{k_1 k_f I_a} - \frac{r_f+r_a}{k_1 k_f} \text{ [min}^{-1}\text{]} \tag{1・16}$$

$\dfrac{r_f+r_a}{k_1 k_f}$ は $\dfrac{V}{k_1 k_f I_a}$ に比べて小さいので無視すると

$$N \fallingdotseq \frac{V}{k_1 k_f I_a} \propto \frac{V}{I_a} \text{ [min}^{-1}\text{]} \tag{1・17}$$

よって，端子電圧 $V$ が一定の場合，回転速度 $N$ は $I_a$ に**反比例**する．このため，速度特性曲線は**双曲線**となる．

界磁磁束の飽和領域では，磁束 $\phi$ は電機子電流 $I_a$ に比例して増加しなくなるため，式（1・14）の分母 $k_1\phi$ を一定とみなせるが，電機子電流の増加に伴い電機子抵抗と界磁抵抗の電圧降下 $(r_f+r_a)I_a$ 〔V〕が逆起電力 $E$ 〔V〕を低下させる．そのため，回転速度 $N$ は $I_a$ の増大とともに**緩やかに下降**する直線に近づく．

直巻電動機は，負荷の増加とともに速度が大きく減少するため，**変速度電動機**と

いう．直巻電動機では，無負荷に近づき，$I_a$が小さくなると界磁磁束が極めて**少なく**なって著しく高速となるので，安全速度範囲内での運転となるよう，必ず最小限の負荷を直結または歯車で連結して使用しなければならない．

② **トルク特性**

トルク$T$は，式（1・10）より$T=k_2\phi I_a$〔N・m〕である．

直巻電動機では，界磁磁束の未飽和領域では，式（1・15）より$\phi=k_f I_a$とすると，トルク$T$は次式で表される．

$$T=k_2 k_f I_a^2 \text{〔N・m〕} \tag{1・18}$$

したがって，発生トルクは電機子電流（負荷電流）の**二乗**に比例する．そのため，トルク特性曲線は**放物線**となる．

界磁磁束の飽和領域では，磁束$\phi$は電機子電流$I_a$に比例しないため，$T=k_2\phi I_a$〔N・m〕より$T \propto I_a$となり，トルク特性曲線は**直線**に近づく．

図1・18に示される通り，直巻電動機は，**始動トルク**が大きくなる．

直巻電動機は以上に述べた特性をもっていることから，電気車，クレーン，巻上機など輸送機器用の電動機として適している．

### (5) 複巻電動機の特性

複巻電動機は，分巻界磁と直巻界磁の両方をもった電動機であり，両界磁の磁束が和になるか差になるかによって，和動複巻電動機または差動複巻電動機になる．複巻電動機で主に用いられるのは**和動複巻電動機**である．図1・19に複巻電動機，分巻電動機，直巻電動機の速度特性曲線・トルク特性曲線をまとめた図を示す．

和動複巻電動機は，分巻界磁巻線と直巻界磁巻線の選び方によって，分巻電動機

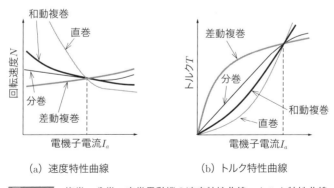

**図1・19** 複巻・分巻・直巻電動機の速度特性曲線・トルク特性曲線

と直巻電動機の間の特性を得られる．直巻電動機に近いトルク特性を持たせつつ，無負荷になっても直巻電動機とは異なり，**危険な高速度**にならないようにすることができる．

差動複巻巻線は界磁巻線の選び方によっては，過負荷の場合に速度が上昇する危険があること，トルク特性がよくないことから，あまり使われない．

## 3 ブラシレス DC モータ

近年，ブラシレス DC モータが，永久磁石を用いた小形モータの分野を中心に採用されている．これは，直流機の優れた制御特性を維持しながら，整流時の火花による**ノイズ**の発生や保守性・耐環境性等の直流電動機特有の短所をなくしている．

ブラシレス DC モータでは直流電動機の整流動作を，**回転子**の磁極位置検出と半導体スイッチの組み合わせで電子的に行う．

小形モータの分野で採用されている一般的な三相形ブラシレス DC モータは，直流電源，パワー半導体デバイスによる電子式コミュテータ（整流子），**同期**電動機および磁極位置検出器または回路で構成される．

通常，磁極位置検出器（センサ）としては，インジウムアンチモン（InSb），ヒ化ガリウム（GaAs）などの化合物半導体を用いた**ホール素子**，光学的磁極位置検出器あるいは高周波磁気センサ等が用いられる．また，電機子巻線の誘導電圧変化や突極構造のモータでの電機子巻線の**インダクタンス変化**等を利用して，磁極位置を推定するセンサレス制御方式も導入されている．

直流機

## 例題 4 ·········································· H13　問1

次の文章は，直流電動機の特性に関する記述である．文中の□□□に当てはまるものを解答群の中から選べ．

直流電動機の回転速度は，電機子の□(1)□に比例し，界磁磁束の大きさに反比例する．また，トルクは電機子電流と界磁磁束の大きさの□(2)□に比例する．したがって，直流電動機では，電機子巻線および界磁巻線の接続の仕方により種々の特性のものが得られる．

a)　分巻電動機は，電機子巻線および界磁巻線が並列に接続されており，界磁抵抗を変化させなければ磁束はほぼ一定になる．速度は，電機子抵抗の電圧降下により負荷の増加につれて下がろうとするが，□(3)□により磁束が弱められ，それが速度の低下を妨げるように働くので，負荷にかかわらずほぼ一定となる．また，トルクは電機子電流に比例するので，トルク特性曲線はほぼ直線となる．

b)　直巻電動機は，電機子巻線および界磁巻線が直列に接続されており，磁気飽和のない領域では磁束は電機子電流に比例する．電機子および界磁の抵抗による電圧降下を無視すると，速度特性曲線は□(4)□になる．また，トルクは電機子電流の二乗に比例するので，トルク特性曲線は放物線となる．

c)　複巻電動機は，分巻界磁と直巻界磁の両方をもった電動機であり，両界磁の磁束が差になるか和になるかによって，差動複巻電動機または和動複巻電動機になる．後者では，直巻電動機に近い特性をもたせながら，無負荷においても□(5)□にならないようにすることができる．

【解答群】
(イ) 和　　　　　(ロ) 著しい低速度　　(ハ) 逆起電力　　　(ニ) 直線
(ホ) 整流作用　　(ヘ) 整流起電力　　　(ト) 危険な高速度　(チ) 差
(リ) 電流　　　　(ヌ) 不安定な回転　　(ル) 平滑作用　　　(ヲ) 双曲線
(ワ) 放物線　　　(カ) 積　　　　　　　(ヨ) 電機子反作用

**解説**　(1) 本文の式 (1.7) より，直流電動機の回転速度 $N = E/k_1\phi$ 〔min⁻¹〕である．したがって，回転速度は，電機子の逆起電力に比例し，界磁磁束の大きさに反比例する．

(2) 本文の式 (1.2) より，直流電動機のトルクは $T = k_2\phi I_a$ である．したがって，トルクは電機子電流と界磁磁束の大きさの積に比例する．

(3) (4) (5) 本節 2 項で解説しているため，参照する．

【解答】(1) ハ　(2) カ　(3) ヨ　(4) ヲ　(5) ト

# 1-4 直流電動機の始動・速度制御

**攻略のポイント**　本節に関して，3種では始動方法や回生制動に関する出題がされているが，2種では過去にレオナード方式に関する知識を問う出題がされたことがあるものの，最近は出題がされていない．

## 1　直流電動機の始動

直流電動機の電機子電流 $I_a$ は式（1・5），式（1・6）より次式で表される．

$$I_a = \frac{V-E}{r_a} = \frac{V-k_1\phi N}{r_a} \,\text{[A]} \tag{1・19}$$

電動機の始動開始時は $N=0$ であるため，電機子電流 $I_a$ は，次式となる．

$$I_a = \frac{V}{r_a} \,\text{[A]} \tag{1・20}$$

電機子回路抵抗 $r_a$ は非常に小さいので，始動開始の時には電機子巻線に過大な始動電流が流れ，電機子巻線，ブラシ，整流子などに損傷を与えるおそれがある．

これを防止するために，図1・20に示すように，電機子巻線回路に直列に可変抵抗である**始動抵抗**を接続し，回転速度の上昇に合わせて抵抗を下げていく方法が取られる．

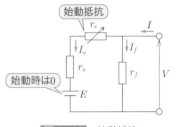

図1・20　始動抵抗

## 2　直流電動機の速度制御

式（1・7）より，直流電動機の回転速度は $N=\dfrac{V-r_aI_a}{k_1\phi}\,\text{[min}^{-1}\text{]}$ で表される．
よって，直流電動機の速度を制御するには，端子電圧 $V$，電機子抵抗 $r_a$，磁束 $\phi$ のいずれかを変えればよい．

直流電動機の速度制御法には界磁制御法，抵抗制御法，電圧制御法がある．

### (1) 界磁制御法

**界磁制御法**は，界磁磁束を変化させることで速度制御を行う方式である．界磁抵抗を調整することで磁束を変化させる．他励電動機や分巻電動機では界磁抵抗器を調整すればよいが，直巻電動機では，界磁巻線に並列に可変抵抗を接続するか，界

# 直流機

磁巻線をタップ付きのものとすることで磁束を調整する．これらは**弱め界磁制御**と呼ばれる．

界磁制御法には，界磁電流が小さいので損失が小さい，電機子電流に関係なく広範囲に速度を変えられる，といった特長がある．一方で，速度を上げるために磁束を下げると，電機子反作用の影響が顕著になるという欠点がある．

## (2) 抵抗制御法

**抵抗制御法**は，電機子に直列に可変抵抗を追加して電機子抵抗を調整することで速度を制御する方式である．

大きな電流が抵抗を流れるため，**抵抗損失が大きく**，効率が悪い．また，速度制御の範囲が狭いという欠点があるため，あまり採用されない．

## (3) 電圧制御法

**電圧制御法**は，電機子回路の端子電圧を変化させることで速度制御を行う方式である．界磁調整法や抵抗制御法と比べて，安定かつ広範囲な制御が可能である．他励電動機の電圧制御法として代表的なものにレオナード方式がある．

### ①レオナード方式

**レオナード方式**は，直流他励電動機の速度制御の優れた方式である．図1・21に示すように，直流の可変電圧電源として，直流他励発電機に同期電動機または誘導電動機を直結した**電動発電機**を用いる．

電圧を零から徐々に上げて円滑な**始動**が可能であり，切替ス

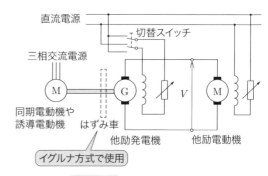

図1・21　レオナード方式

イッチにより，電圧を正逆にして正転・逆転を容易に行える．また，運転効率が高く，**回生制動**（次項参照）も可能であるなどの特長がある．一方で，設備費が高くなるという欠点もある．

一般には，始動から基底速度までは磁束を一定にした**電圧制御**（直流発電機の界磁電流を調整）を行う．さらに基底速度から最高速度までは**弱め界磁制御**（直流電動機の界磁電流を調整）を行うことにより広範囲な速度制御が行われる．

レオナード方式の一種として，負荷急変時の速度変動を防ぐために，電動発電機

軸に大きな**はずみ車**（フライホイール）を付け，交流電動機に滑り調整器付の巻線形誘導電動機を用いる方法を**イグルナ方式**という．

②**静止レオナード方式**

近年，電力用半導体を用いて可変直流電源を容易に扱えるようになったことから，図1・22に示すような，可変電圧電源に**サイリスタ**を使用した**静止レオナード方式**が普及している．静止レオナード方式は従来のレオナード方式よりも，高速な制御が可能，騒音が小さい，保守が容易などの特長がある．

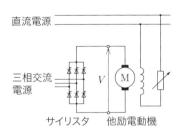

図1・22　静止レオナード方式

また最近は，一定直流電圧を可変直流電圧に変換する直流チョッパを用いた**直流チョッパ方式**も導入が進んでいる．

### 3 直流電動機の制動

回転する電動機を電源から切り離しても，回転部の慣性があるためすぐには停止しない．速やかに停止または減速することを制動という．制動には，機械的制動と電気的制動がある．

機械的制動は，手動や圧縮空気などで，制動片を制動輪に押し付け，摩擦により回転子の運動エネルギーを熱エネルギーに変える方法である．

電気的制動には，**発電制動，回生制動，逆転制動（プラッギング）**がある．

**(1) 発電制動**

発電制動では，電動機を電源から切り離し，発電機として動作させる．電源から切り離した端子間に抵抗を入れることで，回転体の運動エネルギーを**電気エネルギー**に変換し，それをさらに抵抗で**ジュール熱**として消費する．

**(2) 回生制動**

回生制動では，電動機を発電機として運転し，回転体の運動エネルギーを電気エネルギーに変換し，**電源に送り返す**．発電制動と異なり，電気エネルギーをジュール熱として消費しないため，効率的である．しかし，電源に電力を送るには電機子電圧を電源電圧より**高く**する必要があるが，制動により回転速度が低下する中でそれを行うのは容易ではない．そのため，電車が勾配を下るような場合やエレベータの下りなど特定の用途で用いられる．

直流機

## (3) 逆転制動（プラッギング）

　逆転制動（プラッギング）は，直流電動機の電機子回路または界磁回路の接続を**逆**にして，回転方向と**反対**のトルクを発生させることで回転を急停止する方法である．一般的には，応答が速い電機子電流の向きを変える方法が用いられる．

---

**例題 5** ･････････････････････････････････････････････････ H5　問 3

　□□□□ に適当な答を記入せよ．

　レオナード方式は，直流他励電動機の速度制御の優れた方式である．この方式は直流の　(1)　電源を必要とするが，電圧を零から徐々に上げて円滑な　(2)　が可能であり，電圧を正逆にして正転・逆転を容易に行え，運転効率が高く，　(3)　制動も可能であるなどの特長がある．一般には，始動から基底速度までは磁束を一定にした　(4)　制御を行い，さらに基底速度から最高速度までは　(5)　界磁制御を行うことにより広範囲な速度制御が行われる．

---

**解　説**　　本節 2 項で解説しているため，参照のこと．

　　　　　　【解答】(1) 可変電圧　(2) 始動　(3) 回生　(4) 電圧　(5) 弱め

30

# 章 末 問 題

## ■1

H9　問5

次の文章は，直流機に関する記述である．次の□□□の中に当てはまる語句または式を解答群の中から選べ．

磁束密度 $B$〔T〕の磁界中で，これと直角に長さ $L$〔m〕の導体を速度 $v$〔m/s〕で運動させると，この導体中には誘導起電力 $e=$ □(1)□〔V〕が発生し，また，磁界と直角に置かれた導体に電流 $I$〔A〕を流すと，導体は力 $f=$ □(2)□〔N〕を受ける．この両式から直流機の誘導起電力 $E$ およびトルク $T$ が導かれる．すなわち，$E=\dfrac{Z}{2a}\cdot e$ および $T=Zfr$ から次式を得る．

$$E=\frac{Zpn\phi}{\boxed{(3)}}\ \text{〔V〕} \cdots\cdots\cdots\cdots\cdots\cdots\cdots\cdots\cdots\cdots\cdots\cdots\cdots\cdots① $$

$$T=\frac{Zp\phi I_a}{\boxed{(4)}}\ \text{〔N・m〕}\cdots\cdots\cdots\cdots\cdots\cdots\cdots\cdots\cdots\cdots② $$

ただし $Z$：電機子導体数，$2a$：電機子並列回路数，$r$：電機子半径〔m〕，$2p$：磁極数，$\phi$：毎極有効磁束〔Wb〕，$n$：回転速度〔min⁻¹〕，$I_a$：電機子電流〔A〕である．

直流電動機に負荷をかけ，電機子電流 $I_a$〔A〕が流れると，誘導起電力 $E$（逆起電力ともいう）と端子電圧 $V$ の関係は，電機子回路抵抗を $R_a$〔Ω〕とすると $E=V-I_aR_a$〔V〕となる．したがって，摩擦損，鉄損などを無視した機械的出力は $EI_a=VI_a-I_a{}^2R_a$〔W〕で示され，電気的入力 $VI_a$ から電機子回路の損失 $I_a{}^2R_a$ を差し引いたものになる．この機械的出力 $EI_a$ は，式①および式②により次のように示される．

$$EI_a=\boxed{(5)}\cdot\frac{n}{60}\ \text{〔W〕} $$

【解答群】

(イ) $BLv$　　　(ロ) $\pi a$　　　(ハ) $4a$　　　(ニ) $\dfrac{BL}{I}$　　　(ホ) $2\pi T$

(ヘ) $\dfrac{BL}{v}$　　　(ト) $2\pi a$　　　(チ) $a$　　　(リ) $60a$　　　(ヌ) $\pi T$

(ル) $\dfrac{Bv}{L}$　　　(ヲ) $\dfrac{BI}{L}$　　　(ワ) $BLI$　　　(カ) $2a$　　　(ヨ) $T$

**直流機**

■ 2 ────────────────────────────── H15　問6

次の文章は，直流直巻電動機に関する記述である．文中の　　　　に当てはまる語句を解答群の中から選べ．

直巻電動機は，界磁巻線と電機子巻線とが直列に接続された　(1)　電動機である．界磁磁束の未飽和領域では，発生トルクは負荷電流の　(2)　に比例し，また，回転速度は誘導起電力に比例し，負荷電流に反比例する．

界磁磁束の飽和領域では，トルクは負荷電流に比例し，回転速度は負荷電流の増加とともに　(3)　する直線に近づく．

直巻電動機は　(4)　トルクが極めて大きい．運転時は，負荷トルクの変動に応じて自動的に回転速度が変化するので，負荷変動が大きいときでも電動機への供給電力はほぼ一定となる．しかし，無負荷に近づくと界磁磁束が極めて　(5)　なって著しく高速となるので，安全速度範囲内での運転となるよう，必ず最小限の負荷を直結または歯車で連結して使用しなければならない．

直巻電動機はこのような特性をもっているので，電気車，クレーン，巻上機など輸送機器用の電動機として適している．

【解答群】

（イ）緩やかに上昇　　（ロ）二乗　　　　（ハ）制動　　　　（ニ）緩やかに下降
（ホ）定トルク　　　　（ヘ）少なく　　　（ト）平方根　　　（チ）定速度
（リ）始動　　　　　　（ヌ）不安定に　　（ル）多く　　　　（ヲ）急激に上昇
（ワ）3乗　　　　　　（カ）変速度　　　（ヨ）脱出

■ 3 ────────────────────────────── H28　問1

次の文章は，他励直流電動機の始動に関する記述である．文中の　　　　に当てはまる最も適切なものを解答群の中から選べ．

他励直流電動機では，界磁電流 $I_f$ が作る磁場中にある電機子巻線に電流 $i_a$ が流れると，電機子には $KI_f i_a$ で表される　(1)　が発生する．$K$ は比例係数である．

以下では，$I_f$ を一定とし，電機子反作用を考えないで $KI_f$ は一定とする．一方，この磁場中を電機子巻線導体が $\omega_m$ の角速度で回転することによって，電機子巻線には，$KI_f \omega_m$ で表される　(2)　が発生する．

したがって，電機子電圧を $v_a$ とし，$i_a$ と $\omega_m$ を時間 $t$ の関数とすると電機子回路での関係式は

$$v_a(t) = R_a I_a(t) + KI_f \omega_m(t) \cdots\cdots\cdots\cdots\cdots\cdots\cdots\cdots\cdots\cdots\cdots\cdots ①$$

と表せる．ここで，電機子巻線インダクタンスを無視する．$R_a$ は電機子抵抗であり，ここでは一定とする．

また，電機子の回転運動を表す関係式は，負荷のトルクを $T_L$ 一定（摩擦トルクは無

32

視する）とすると
$$J\frac{d\omega_m(t)}{dt}=KI_f I_a(t)-T_L \cdots\cdots ②$$
と表せる．電動機の ◯(1)◯ と負荷トルクの差によって，電動機は加速あるいは減速される．係数 $J$ は ◯(3)◯ であり，以下では一定とする．

今，無負荷（$T_L=0$）とし，時刻 $t=0$ で電機子端子に一定の直流電圧 $E$ を加えて電動機を始動したとき，式①は
$$v_a(t)=E=R_a I_a(t)+KI_f\omega_m(t) \cdots\cdots ③$$
となり，電機子電流と回転角速度は時間とともに変化する．式②を用いて時刻 $t$ における回転角速度 $\omega_m(t)$ を求めるために，積分変数を $\tau$ とおいて記述すると
$$\omega_m(t)=\frac{KI_f}{J}\int_0^t i_a(\tau)d\tau \cdots\cdots ④$$
となる．これを式③に代入して $\omega_m(t)$ を消去すると
$$E=R_a i_a(t)+\frac{(KI_f)^2}{J}\int_0^t i_a(\tau)d\tau \cdots\cdots ⑤$$
とできる．ここで，$\dfrac{J}{(KI_f)^2}=C_m$ は等価的な静電容量とみなせて，電機子回路は図のようなスイッチ S を含む等価回路に置き換えることができる．

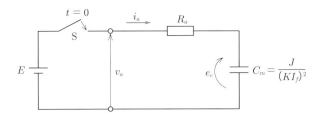

始動時の電流変化 $i_a(t)$ は，等価回路において $t=0$ でスイッチ S を閉じたときの電流変化として求められる．

ここで
$$Q(t)=\int_0^t i_a(\tau)d\tau \cdots\cdots ⑥$$
とおけば，$Q(t)$ は，時刻 $t$ における $C_m$ に充電された電荷を表し，その充電電圧 $e_C(t)=\dfrac{Q(t)}{C_m}$ は，電動機の ◯(2)◯ に対応する．静電容量 $C_m$ に蓄えられたエネルギー $W_c(t)=\dfrac{1}{2}C_m[e_c(t)]^2$ は電動機の回転子の ◯(4)◯ に相当する．

**直流機**

式⑤から，始動時の電流の時間変化 $i_a(t)$ を求めると

$$i_a(t) = \boxed{\quad (5) \quad} \cdots\cdots\cdots\cdots\cdots\cdots\cdots\cdots\cdots\cdots\cdots\cdots\cdots\cdots\cdots\cdots ⑦$$

となる．

【解答群】

(イ) 角運動量 　　　　　(ロ) 回転運動エネルギー 　　(ハ) 制動力

(ニ) $\dfrac{E}{R_a} exp\left(-\dfrac{t}{C_m R_a}\right)$ 　　(ホ) 制動エネルギー 　　(ヘ) 慣性モーメント

(ト) トルク 　　　　　　(チ) 回転子半径 　　　　　(リ) 誘導起電力

(ヌ) 抵抗損失 　　　　　(ル) $\dfrac{E}{R_a} exp\left(-\dfrac{R_a}{C_m}t\right)$

(ヲ) $\dfrac{E}{R_a}\left[1 - exp\left(-\dfrac{t}{C_m R_a}\right)\right]$ 　(ワ) 質量 　　　　　(カ) 同期化力

(ヨ) 変圧器起電力

$2_{章}$

# 同期機

学習のポイント

　本分野では，同期発電機の誘導起電力と電機子反作用，励磁方式，同期発電機の特性（無負荷飽和曲線，短絡特性曲線，短絡比と同期インピーダンスの関係等），同期電動機の特性と始動法等に関する語句選択式の必須問題としての出題が多い．一次試験では計算問題は少ない．同期発電機の出力と電圧変動率は二次試験の計算問題としてよく出題される．同期機の定数は，電験3種と比べ，少しレベルが高くなる．学習方法としては，図でイメージを掴みながら，重要な計算式は自分で導出できるよう，訓練してほしい．

# 2-1 同期機の誘導起電力と電機子反作用

**攻略のポイント**
電験3種では，同期機の種類と構造，電機子反作用などが出題される．2種一次では，同期発電機の電機子巻線法，電機子反作用，励磁方式など様々な角度から問われる．

## 1 同期機の構造

**同期機**は定常運転状態において同期速度で回転子が回転する交流機である．電機子電流として回転速度と極数に比例した周波数の交流が電機子巻線を流れる．

同期機は，回転子に磁極がある回転界磁形と，電機子巻線がある回転電機子形に分けられるが，一般的には，電圧や電流が大きくなる電機子を固定にして，界磁を回転させる**回転界磁形**である．界磁巻線に直流電流を流すため，直流電源や整流器を用いた交流励磁機，静止形励磁装置が用いられる．

**水車発電機**は，図2・1のように，比較的低速度の水車を原動機とし，50Hzまたは60Hzの商用周波数を発生させるために，磁極数が多く，回転子の直径が軸方向に比べて大きく作られている．回転界磁形の磁極は，磁極が突き出ていてそれに界磁巻線を巻いた**突極機**である．水車発電機には，**立軸形**と**横軸形**がある．

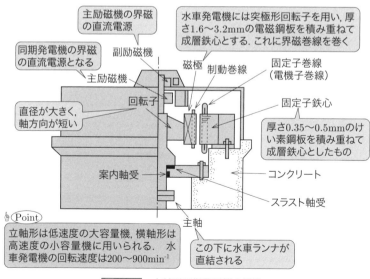

**図2・1** 立軸形同期発電機の構造

## 2-1 同期機の誘導起電力と電機子反作用

**タービン発電機**は，図2・2のように，蒸気タービンやガスタービンなどを原動機とし，高速度で回転するため，回転子の直径を小さく軸方向に長くした**横軸形**として作られている．回転子鉄心は回転軸と一体の鍛鋼または特殊鋼で作られる．磁極数は少なく，2極（大容量火力機）または4極（原子力機）である．タービン発電機は，円筒形回転子のスロットの中に界磁コイルを分布させて収納した**円筒形**である．

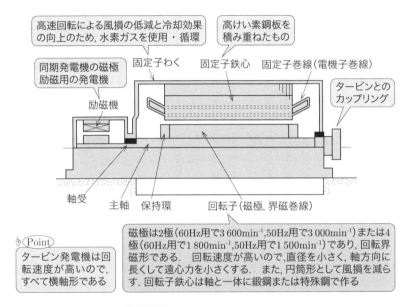

**図2・2** タービン発電機の構造

## 2 誘導起電力

図2・3において，磁極NSが回転する（回転界磁形）場合，ファラデーの法則により，静止した電機子巻線には正弦波交流電圧が誘起される．磁極が2極の場合，導体（巻線）が1回転するごとに1サイクルの誘導起電力を発生する．磁極数が$P$，1秒間の回転数が$n_s$とすれば，誘導起電力の周波数$f$〔Hz〕は$f=n_s P/2$〔Hz〕となる．一定の周波数の誘導起電力を得るには，回転速度$N_s$〔min$^{-1}$〕が一定でなければならず，これを**同期速度**という．

$$N_s = \frac{120f}{P} \,[\text{min}^{-1}] \tag{2・1}$$

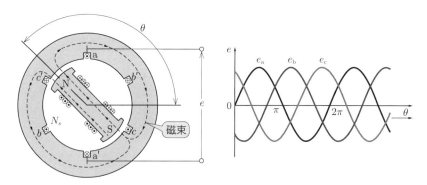

**図2・3** 三相同期発電機(回転界磁形)と電圧波形

a相電機子巻線に着目すれば，電機子巻線と直角に鎖交する磁束の瞬時値を $\phi$ 〔Wb〕，電機子巻線の巻数 $N$，電機子巻線と鎖交する磁束の最大値 $\phi_m$ 〔Wb〕，回転磁界の角速度 $\omega$ 〔rad/s〕とすれば，電機子巻線と鎖交する磁束 $\phi$ は $\phi = \phi_m \cos \omega t$ 〔Wb〕となるから，誘導起電力の瞬時値 $e$ 〔V〕は，ファラデーの法則より，次式で表すことができる．

$$e = -N\frac{d\phi}{dt} = -N\frac{d}{dt}(\phi_m \cos \omega t) = \omega N \phi_m \sin \omega t = 2\pi f N \phi_m \sin \omega t \,[\text{V}] \tag{2・2}$$

ここで，誘導起電力の最大値を $E_m$ とおけば

$$E_m = 2\pi f N \phi_m \,[\text{V}] \tag{2・3}$$

となり，実効値 $E$ は次式となる．

$$\boldsymbol{E = \frac{E_m}{\sqrt{2}} = \frac{2\pi}{\sqrt{2}} f N \phi_m = \sqrt{2}\pi f N \phi_m = 4.44 f N \phi_m \,[\text{V}]} \tag{2・4}$$

## 3 回転機の巻線

電機子巻線に誘導される起電力の波形は，エアギャップにおける磁束密度分布の波形と相似であるため，実際には，ギャップの磁束密度分布ができる限り正弦波に近くなるよう回転子構造上の工夫をしている．

## 2-1 同期機の誘導起電力と電機子反作用

電機子巻線において1相の巻線を1組のスロットに巻いた集中巻にすると，ギャップの磁束密度の分布はほぼ台形に近くなり，起電力の波形もひずみ波になりやすい．そこで，電機子巻線を分布巻および短節巻にすることによって，電機子巻線の誘導起電力を正弦波形に近づけている．

### (1) 分布巻と集中巻

毎極毎相のコイルを一組のスロットに収める巻き方を**集中巻**という．起磁力分布は方形波状となる．突極形の界磁巻線は集中巻である．毎極毎相のスロットの数が1の集中巻・全節巻では，毎極毎相の誘導起電力はそのスロットの各コイルの起電力の代数和になる．

図2・4に示すように，実際の回転機の電機子巻線は，毎極毎相のコイルは2個以上のスロットに分散して巻かれる．隣接しているスロットのコイルの起電力は位相が少しずつずれており，起磁力分布は階段状になって正弦波に近くなる．この巻き方を**分布巻**という．円筒形の界磁巻線は分布巻である．分布巻の合成起電力は，各スロット中にあるコイル辺に誘導される起電力のベクトル和になる．このベクトル和と各コイル辺の起電力の絶対値の和との比を**分布巻係数**（スロット数により0.96～1.0程度）という．

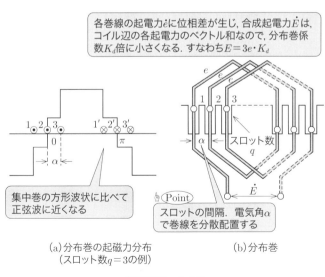

(a) 分布巻の起磁力分布 (スロット数 $q=3$ の例)     (b) 分布巻

**図 2・4** 分布巻

## (2) 単層巻と二層巻

 一つのスロットに一つのコイル辺が収められるものが**単層巻**である．一方，一つのスロットの上下（深さ）方向に二つのコイル辺が収められるものが**二層巻**である．二層巻は，同じ型巻コイルを作っておけば次々にスロットに収めて巻線が完了できて量産に適しているので，広く用いられている．

## (3) 全節巻と短節巻

 励磁された同期機では，ギャップに沿って磁界のN極とS極が交互に配列される．この磁界中ではコイルの両コイル辺の誘導起電力が有効に加わるためには，コイルの幅は電気角で$\pi$であることが望ましい．電機子巻線の両コイル辺の間隔（コイルピッチ）を磁極の間隔（磁極ピッチ）に等しく巻いたものが**全節巻**であり，磁極ピッチより小さいものを**短節巻**という．全節巻はコイルの幅が電気角で$\pi$である巻線であるし，短節巻はコイルの幅が電気角で$\pi$より狭い巻線である．短節巻では，コイルの両コイル辺の誘導起電力の位相差が$\pi$よりも小さくなるため，合成起電力は全節巻の場合よりも小さく，その比を**短節巻係数**（コイルピッチにより0.94～1.0程度）という．そして，分布巻係数と短節巻係数との積を**巻線係数**という．

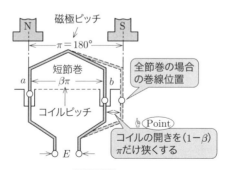

図2・5 短節巻

 短節巻では，全節巻より起電力は減少するが，エアギャップ磁束の高調波を除去でき，誘導起電力の波形を正弦波に近づけることができる．このように波形を正弦波に近づけるため，図2・6のような設計上の工夫を施す．

## 2-1 同期機の誘導起電力と電機子反作用

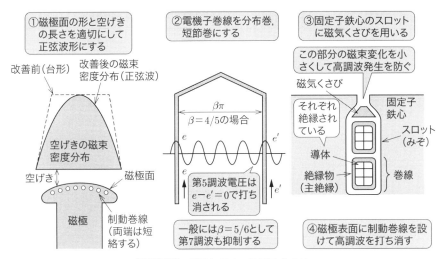

図2・6 誘導起電力の波形改善方法

### (4) 電機子巻線の結線

三相同期発電機では，次の理由により**電機子巻線にY結線**が用いられる．

① Y結線にすると中性点を得られるので，地絡保護継電器（地絡リレー）などを容易に動作させることができる．

② △結線に比べ，相電圧を$1/\sqrt{3}$と低くできるため，電機子巻線の対地絶縁が容易になる．

③ △結線では，磁気飽和や電機子反作用のため，各相の起電力に含まれる第3高調波による循環電流を生じて損失を増加させ，効率を低下させる．

## 4 励磁方式

小型の同期発電機では界磁に永久磁石を使用することもあるが，中型から大型の同期発電機では，界磁巻線に直流電流を流して励磁する．この直流電流を供給する装置を**励磁装置**と呼び，界磁電流を調整して発電機の端子電圧や無効電力を調整することを**励磁制御**という．同期発電機（水車発電機）の励磁方式を図2・7に示す．図2・7で，AVR（Automatic Voltage Regulator）は自動電圧調整器である．

## 同期機

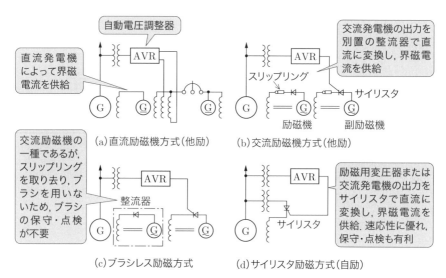

**図2・7** 同期発電機の励磁方式

① **直流励磁機方式**：直流発電機によって界磁電流を供給する方式で，従来から広く採用されてきた．小容量発電機では分巻形，中容量以上では他励形が使われている．

② **交流励磁機方式**：交流発電機の出力を，別置の整流器で直流に変換し，その直流出力を界磁電流として供給する方式である．

③ **ブラシレス励磁方式**：交流励磁機の一種で，主軸の回転子に直結された回転電機子形交流発電機の出力を，同一回転軸上の整流器で直流に変換し，スリップリングを介さずに直接界磁電流として供給する方式である．主機のスリップリングを取り去り，ブラシを用いないため，ブラシの保守・点検が不要である．

④ **静止形励磁方式**：**サイリスタ励磁方式**ともいう．励磁用変圧器または交流発電機の出力をサイリスタで直流に変換し，界磁電流として供給する自励方式が近年多く採用されている．この方式は，速応性に優れ，保守・点検も有利である．

## 5 電機子反作用

### (1) 内部誘導起電力

同期機の電機子巻線に対称三相電流が流れると，正弦波状の回転磁界 $\dot{\phi}_a$ が発生し，同期速度で回転する．そこで，ギャップに生じる磁束分布は，この回転磁界

## 2-1 同期機の誘導起電力と電機子反作用

$\dot{\phi}_a$ と界磁極による回転磁界 $\dot{\phi}_f$ との合成回転磁界 $\dot{\phi}$ となる．この合成回転磁界 $\dot{\phi}$ によって電機子巻線に誘導される起電力を**内部誘導起電力** $\dot{E}_i$ という．この電機子電流による回転磁界 $\dot{\phi}_a$ のギャップ磁束に及ぼす影響を**電機子反作用**といい，$\dot{\phi}_a$ を**電機子反作用磁束**という（図2·9〜図2·11参照）．

同期発電機が対称三相負荷に電力を供給しているときには，図2·8のように，発電機の端子電圧は，電機子抵抗 $r_a$，電機子漏れリアクタンス $x_l$ によるインピーダンス降下のため，内部誘導起電力とは異なって，次式となる．

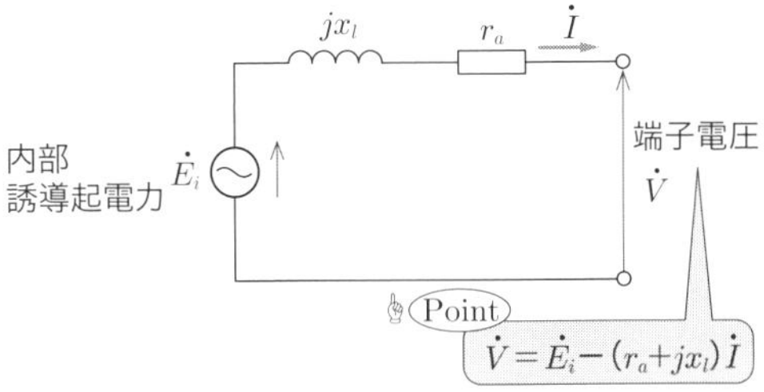

**図2·8** 同期発電機の等価回路

$$\dot{V} = \dot{E}_i - (r_a + jx_l)\dot{I} \tag{2·5}$$

（ここで，$\dot{V}$，$\dot{E}_i$ は相電圧）

### (2) 交差磁化作用・減磁作用・増磁作用

回転子が円筒形の場合，磁気抵抗は磁極の位置に関係なく一様である．同期発電機の電機子反作用は，発電機に接続された負荷の力率すなわち電機子電流の位相によって大きく異なる．

#### ①無負荷誘導起電力 $\dot{E}_0$ と電機子電流 $\dot{I}$ が同相のケース

界磁極によって電機子導体に誘導される無負荷誘導起電力 $\dot{E}_0$ が最大になるのは，磁極の中央がその導体位置を通過するときである．例えば，a相の無負荷誘導起電力が最大となるのは，磁極が図2·9の位置にある瞬間である．

a相巻線に無負荷誘導起電力 $\dot{E}_0$ と同相の電流 $\dot{I}$ が流れる場合を考えると，a相巻線の電機子電流 $\dot{I}$ が最大となる瞬間には，回転子の磁極NSは図2·9の位置にある．このとき電機子電流 $\dot{I}$ によって生じる電機子反作用起磁力 $\dot{F}_a$ の方向はa相巻線軸の方向であり，その大きさは電機子電流 $\dot{I}$ の大きさに比例する．合成起磁力であるギャップ起磁力 $\dot{F}$ は，界磁起磁力 $\dot{F}_f$ と電機子反作用起磁力 $\dot{F}_a$ のベクトル和で，各起磁力分布は図2·9のとおりとなる．同図に示すように，電機子反作用起磁力 $\dot{F}_a$ は界磁起磁力 $\dot{F}_f$ を磁極の片方で弱め，片方で強めることになり，これを**交差磁化作用**という．起磁力 $\dot{F}_f$，$\dot{F}_a$，$\dot{F}$ はいずれも回転起磁力であるので，図2·9の相対位置を保ちながら同期速度で回転する．

43

## 同期機

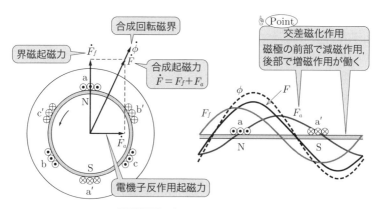

**図 2・9** $\dot{E}_0$ と $\dot{I}$ が同相のケース

### ②電機子電流 $\dot{I}$ が $\dot{E}_0$ より 90°遅れているケース

a 相巻線の電機子電流 $\dot{I}$ が最大になる瞬間を考えると，無負荷誘導起電力 $\dot{E}_0$ は $\dot{I}$ より 90°進むので，回転子の N 極は図 2・10 のように 90°進んだ位置にある．したがって，電機子反作用起磁力 $\dot{F}_a$ は $\dot{F}_f$ と逆方向になり，電機子電流による磁束が主磁束を打ち消す方向に作用（**減磁作用**）する．

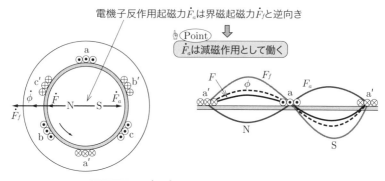

**図 2・10** $\dot{I}$ が $\dot{E}_0$ より 90°遅れているケース

### ③電機子電流 $\dot{I}$ が $\dot{E}_0$ より 90°進んでいるケース

a 相巻線の電機子電流 $\dot{I}$ が最大になる瞬間を考えると，回転子の N 極は図 2・11 のように 90°遅れた位置にある．このとき電機子反作用起磁力 $\dot{F}_a$ は界磁起磁力 $\dot{F}_f$ と同方向となり，電機子電流による磁束が主磁束を強める方向に作用（**増磁作用**）する．

## 2-1 同期機の誘導起電力と電機子反作用

任意の $\theta$ に対して，電機子電流 $\dot{I}$ の無負荷誘導起電力 $\dot{E}_0$ と同相の成分 $I\cos\theta$ は交差磁化作用，直角の成分 $I\sin\theta$ は減磁作用または増磁作用として働く．このように電機子反作用は負荷の力率によって大きく変わる．**同期発電機の場合には，誘導性負荷で減磁作用，容量性負荷に対しては増磁作用を及ぼす．**一方，**同期電動機ではその影響は逆**となる．

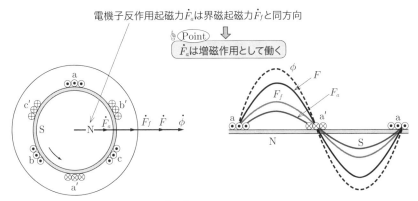

**図 2・11** $\dot{I}$ が $\dot{E}_0$ より 90° 進んでいるケース

### (3) 円筒機のベクトル図

同期機の定常状態に関しては，ベクトル図で考えればよい．同期機の電圧・電流は時間ベクトルであり，回転起磁力 $\dot{F}_f, \dot{F}_a, \dot{F}$ や合成回転磁界 $\dot{\phi}$ は空間ベクトルであるが，次のように同一ベクトル図上に書く．

ある巻線における無負荷誘導起電力 $\dot{E}_0$ が最大になる瞬間で空間ベクトルを固定し，一方，時間ベクトルはその巻線の巻線軸方向に無負荷誘導起電力のベクトル $\dot{E}_0$ を取って基準ベクトルとする．図 2・12 のように界磁極 NS が a 相巻線導体の位置にきたときに空間ベクトルを固定し，無負荷誘導起電力 $\dot{E}_0$ のベクトルを a 相巻線軸の方向（$\dot{F}_f$ より 90° 遅れた方向）に取る．この場合，電機子電流ベクトル $\dot{I}$ と電機子反作用起磁力ベクトル $\dot{F}_a$ の方向が一致する．

そこで，電機子巻線に遅れ電流が流れる場合のベクトル図を示すと，図 2・13 のようになる．同図において，$\dot{F}_f$ と $\dot{E}_0$，$\dot{F}$ と $\dot{E}_i$ はそれぞれ 90° の位相差があり，大きさは比例している．また，電機子反作用起磁力 $\dot{F}_a$ は $\dot{I}$ と同方向で大きさは電機子電流 $\dot{I}$ に比例する．ギャップの合成回転磁束 $\dot{\phi}$ によって内部誘導起電力 $\dot{E}_i$ が誘

## 同期機

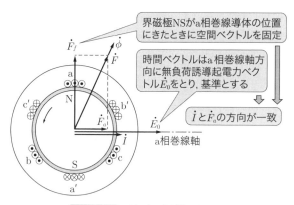

**図2・12** $\dot{I}$と$\dot{E}_0$が同相のケース

導され、それから$(r_a+jx_l)\dot{I}$の電圧降下分を差し引いたのが端子電圧$\dot{V}$である。

$(\dot{E}_0-\dot{E}_i)$は電機子反作用起磁力$\dot{F}_a$によって電機子巻線に発生する逆起電力であるが、図2・13から、$(\dot{E}_0-\dot{E}_i)$は電機子電流ベクトル$\dot{I}$より90°進み、大きさは$\dot{I}$に比例する。したがって、電機子反作用の誘導起電力に与える効果は電機子電流のリアクタンス降下として、次式のように表すことができる。

$$\dot{E}_0-\dot{E}_i=jx_a\dot{I} \qquad (2・6)$$

ここで、$x_a$を**電機子反作用リアクタンス**という。

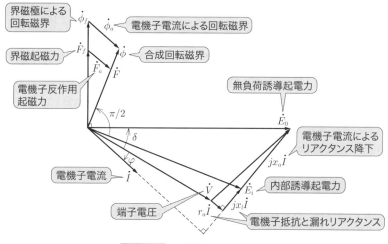

**図2・13** 円筒機のベクトル図

以上を踏まえ，円筒機の1相分等価回路は図2・14のとおりとなる．電機子漏れリアクタンス $x_l$ と電機子反作用リアクタンス $x_a$ の和 $x_s = x_l + x_a$ を**同期リアクタンス**といい，電機子抵抗 $r_a$ を加えた $\dot{Z}_s = r_a + jx_s$ を**同期インピーダンス**という．同期インピーダンスを用いた1相分等価回路が図2・15である．

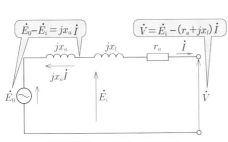

**図2・14** 円筒機の等価回路

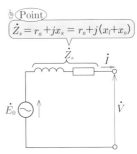

**図2・15** 円筒機の等価回路（同期インピーダンス）

## (4) 二反作用理論

突極形回転子をもつ同期機では，磁極片に対する部分のエアギャップは小さく磁気抵抗も小さいため，磁束は通りやすい．しかし，磁極と磁極の中間部はエアギャップが大きく磁気抵抗が大きいので，磁束は通りにくい．したがって，起磁力の方向によって磁束の量が変わるため，電機子反作用起磁力 $\dot{F}_a$ を，界磁極の中心を通る方向の**直軸成分** $\dot{F}_{ad}$ と，界磁極と直角方向の**横軸成分** $\dot{F}_{aq}$ とに分ける必要がある．

図2・16に示すように，電機子電流 $\dot{I}$ を，無負荷誘導起電力 $\dot{E}_0$ と同相成分 $\dot{I}_q$ と，90°の位相差をもつ直角成分 $\dot{I}_d$ に分解する．

$\dot{I}_q$ は，$\dot{E}_0$ と同相で界磁を横方向に磁化する電流であり，**横軸電流**という．$\dot{I}_q$ は横軸方向の横軸反作用起磁力 $\dot{F}_{aq}$ を作り，その電機子反作用は交差磁化作用である．これを**横軸電機子反作用**という．$\dot{I}_d$ は，$\dot{E}_0$ より位相が90°遅れ，界磁を軸方向に磁化する電流であり，**直軸電流**という．$\dot{I}_d$ は，直軸方向の直軸反作用起磁力 $\dot{F}_{ad}$ を作り，その電機子反作用は減磁作用である．これを**直軸電機子反作用**という．なお，直軸電流の符号が変わると，電機子反作用は増磁作用となる．このように直軸と横軸の直交する二つの成分に分けて同期機の動作を取り扱う理論がブロンデルの**二反作用理論**である．

## 同期機

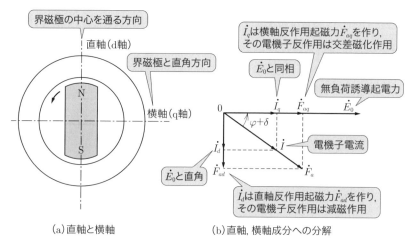

(a) 直軸と横軸     (b) 直軸, 横軸成分への分解

**図2・16** 電機子電流の直軸成分と横軸成分

---

### 例題1 ···················································· H27 問5

円筒形同期発電機は，電機子巻線の各コイル辺に誘導される起電力の波形がギャップの磁束密度の分布と相似であるため，ギャップの磁束密度分布がなるべく正弦波形に近くなるように回転子構造上の工夫をしている．しかし，ギャップの磁束密度の分布はほぼ ┃ (1) ┃ に近くなり，起電力の波形もひずみ波になりやすい．そこで電機子巻線を分布巻および短節巻にすることによって，電機子巻線の誘導起電力を正弦波形に近づけている．

毎極毎相のスロットの数が1の集中巻・全節巻では，毎極毎相の起電力は，そのスロットの各コイルの起電力の ┃ (2) ┃ となる．

分布巻の場合は，いくつかのスロットにコイルが分布して巻かれているため，隣り合ったスロットのコイルの起電力は位相が異なり，毎極毎相の起電力は，それらのコイルの起電力のフェーザ図上の ┃ (3) ┃ となる．また，短節巻ではコイルの両コイル辺の起電力の位相差が電気角で ┃ (4) ┃ 〔rad〕より小さいため，そのコイルの起電力は全節巻の場合より小さくなる．その結果，分布巻・短節巻での誘導起電力は，集中巻・全節巻で得られる誘導起電力の値に，分布係数と短節係数との積である巻線係数を乗じた値となるが，誘導起電力の ┃ (5) ┃ が小さくなる利点がある．

【解答群】
(イ) スカラ積　　(ロ) 高調波　　(ハ) 代数和　　(ニ) $\dfrac{\pi}{2}$

## 2-1 同期機の誘導起電力と電機子反作用

| | | | |
|---|---|---|---|
| (ホ) 電圧変動 | (ヘ) 半円形 | (ト) ベクトル和 | (チ) 2π |
| (リ) ベクトル差 | (ヌ) 脈動 | (ル) π | (ヲ) 三角形 |
| (ワ) 代数差 | (カ) ベクトル積 | (ヨ) 台形 | |

**解 説**　本節3項で解説しているので，参照のこと．

【解答】(1) ヨ　(2) ハ　(3) ト　(4) ル　(5) ロ

---

### 例題 2 ●●●●●●●●●●●●●●●●●●●●●●●●●●●●●●●● R3　問1

　次の文章は，原動機で駆動され，電力系統に連系した，一般的な直流励磁の定速同期発電機の励磁方式および励磁装置に関する記述である．

　小型の同期発電機では界磁に永久磁石を使用することもあるが，中型から大型の同期発電機（以下，主発電機と呼ぶ）では界磁巻線に直流電流を通電して励磁する方法が適用される．

　この直流電流（界磁電流）を供給する装置を励磁装置と呼び，近年では交流励磁機方式，または静止形励磁方式が一般的である．また，この界磁電流の大きさを調整して主発電機の　(1)　や端子電圧を調整することを励磁制御という．

　交流励磁機方式は，励磁電源として同期発電機を使用しており，この発電機を交流励磁機と呼ぶ．交流励磁機方式では，主発電機の界磁電流の増減は，交流励磁機の界磁電流の調整によって行われる．交流励磁機の出力は半導体電力変換器で整流されて，主発電機の界磁巻線に供給される．交流励磁機にも励磁が必要であるが，その電源としてさらに小型の発電機をもう一台使用する場合は，この小型の発電機を　(2)　と呼ぶ．

　交流励磁機方式の一つにブラシレス励磁方式がある．ブラシレス励磁方式の交流励磁機の構造は　(3)　形であり，その出力は交流励磁機の回転子と同軸上に設置された半導体電力変換器で整流されて，主発電機の界磁巻線に供給される．このため，この方式では主発電機および交流励磁機に界磁電流を給電するための　(4)　とブラシが不要である．

　静止形励磁方式では，サイリスタ素子を使用した電力変換器を使用する方式が近年一般的であり，サイリスタ励磁方式とも呼ばれる．サイリスタ励磁方式では，その電源を励磁変圧器経由で主発電機の出力回路（主回路）から得る　(5)　が多く採用されている．

【解答群】

| | | | |
|---|---|---|---|
| (イ) 有効電力 | (ロ) スリップリング | (ハ) 界磁遮断器 | (ニ) 他励方式 |
| (ホ) 副励磁機 | (ヘ) 回転界磁 | (ト) 整流子 | (チ) 自励方式 |

同期機

---

（リ）永久磁石 　　（ヌ）周波数 　　　　（ル）無効電力 　　　　　（ヲ）変圧器励磁方式

（ワ）主励磁機 　　（カ）回転電機子 　　（ヨ）二次励磁発電機

---

**解　説** 　本節4項で解説しているので，参照のこと．

【解答】（1）ル 　（2）ホ 　（3）カ 　（4）ロ 　（5）チ

---

**例題3** ······················································· H17　問1

発電所の同期発電機には，同期速度で回転する界磁巻線に直流電流を供給する励磁方式が一般に用いられている．最近，新設されるものの多くには，同期発電機自身の出力あるいは専用交流発電機の出力を整流器によって直流に変換し，主発電機に供給する方式が採用されている．そのうち　(1)　励磁方式は，回転　(2)　形の励磁用発電機と整流器を主軸上に設置し，スリップリングを介すことなく直接界磁電流を供給する方式である．

揚水発電所における発電電動機に採用されつつある可変速発電電動機の固定子は，従来の発電電動機と同一の構造であるが，回転子は磁極の代わりに三相分布巻線を有し，スリップリングを介して三相交流電流によって励磁される．回転速度が変化しても励磁　(3)　を制御することにより，回転子で発生する磁束の周波数を常に系統周波数に一致させることができるため，　(4)　と同じ特性で運転することができる．回転子に三相交流電流を供給するための励磁装置には，サイリスタを使用した　(5)　やGTOを使用したインバータが用いられている．

【解答群】

（イ）界磁 　　　　　（ロ）周波数 　　　　（ハ）回転子 　　　（ニ）位相調整装置

（ホ）電圧の大きさ 　（ヘ）電機子 　　　　（ト）突極形 　　　（チ）サイクロコンバータ

（リ）円筒形 　　　　（ヌ）電流の大きさ 　（ル）同期機 　　　（ヲ）サイリスタ

（ワ）整流子 　　　　（カ）ブラシレス 　　（ヨ）チョッパ

---

**解　説** 　　(1)，(2)は本節4項で解説しているので，参照のこと．(3)～(5)の可変速揚水発電について補足する．従来の揚水式発電所では，一定の回転速度で運転されているため，揚水運転時の入力（電力）を調整できなかった．しかし，可変速揚水発電システムは揚水機器の回転速度を変えられるようにしている．これにより，揚水AFC（自動周波数制御），部分負荷での効率向上，電力系統の過渡的な動揺に対する安定化効果を期待することができる．

## 2-1 同期機の誘導起電力と電機子反作用

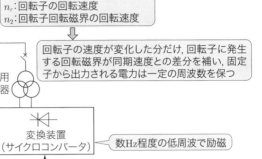

解説図 可変速揚水発電システムの構成

〔可変速揚水発電システムの概要と原理〕
① 発電電動機の回転子は円筒形で，三相の巻線が施されている．
② この回転子にサイクロコンバータという周波数変換装置から低周波を作り，これを界磁電流として発電電動機の回転子に供給すると，回転子に回転磁界が発生する．回転子が回転する速度 $n_r$ に回転磁界の回転速度 $n_2$ が加算されて，静止側である固定子の回転磁界 $n_1$ と同期を保ち，$n_1 = n_r + n_2$ の関係になる．すなわち，回転子の速度が変化した分だけ，回転子に発生する回転磁界が同期速度との差分を補い，発電機の固定子から出力される電力は一定の周波数を保つことが可能となる．
③ 回転速度の変化幅は ±5〜8% 程度で，揚水運転時の入力を 60〜100% 程度に調整できる．

【解答】（1）カ　（2）ヘ　（3）ロ　（4）ル　（5）チ

### 例題 4　　　　　　　　　　　　　　　　H21　問 5

　界磁磁極を同期速度で回転させると，電機子巻線に起電力が発生する．負荷に電力を供給すると電機子電流が流れ，電機子電流の位相によって交差，減磁または増磁起磁力として作用する．このような作用を電機子反作用という．この様子を遅れ力率で運転されている三相円筒形同期発電機の一相の電機子巻線について，ベクトル（フェーザ）で表すと図のようになる．ただし，誘導起電力を $\dot{E}$，電機子電流を $\dot{I}_a$，$\dot{I}_a$ による起磁力を $\dot{F}_a$，および電機子巻線に鎖交する磁束を $\dot{\varPhi}$ とする．

## 同期機

電機子電流 $\dot{I}_a$ を基準にとると，$\dot{F}_a$ は $\dot{I}_a$ と同相にあって，主界磁起磁力 $\dot{F}_f$ との合成起磁力 $\dot{F}_r$ による鎖交磁束 $\dot{\Phi}$ によって電機子巻線に誘導される起電力 $\dot{E}$ は，$\dot{F}_r$ または $\dot{\Phi}$ より $\pi/2$〔rad〕遅れている．また，無負荷誘電起電力 $\dot{E}_0$ は，$\dot{F}_f$ より $\pi/2$〔rad〕遅れている．

図において，ベクトル（フェーザ）で $\dot{E}_0$，$\dot{F}_f$，$\dot{E}$，$\dot{F}_r$ の大きさには $\dfrac{E_0}{F_f} = \dfrac{E}{F_r}$ の関係があり，また，∠aOb＝∠cOd であるから ［(1)］ は相似である．$\overline{\mathrm{ab}}$ と $\overline{\mathrm{Oe}}$ は平行であるから，$\overline{\mathrm{cd}}$ は $\overline{\mathrm{Oe}}$ に垂直である．また，$\overline{\mathrm{cd}}$ は $I_a$ に比例するから，$\overline{\mathrm{cd}} = X_a I_a$ とおけば

$$\dot{E} = \boxed{(2)}$$

と表すことができるので，電機子反作用による $\dot{E}_0$ から $\dot{E}$ への変化を電機子電流による ［(3)］ として表したことになる．$E$ を内部起電力，$X_a$ を電機子 ［(4)］ という．電機子巻線の抵抗を $R_a$，漏れリアクタンスを $X_l$，端子電圧を $\dot{V}$ とすれば，電圧関係式は次のようになる．

$$\dot{V} = \dot{E}_0 - (R_a + jX_s)\dot{I}_a$$

ただし，$X_s = \boxed{(5)}$ であり，同期リアクタンスという．

【解答群】
(イ) $X_a + R_a$
(ロ) リアクタンス降下
(ハ) $R_a + X_l$
(ニ) △Ocd と △Ode
(ホ) $\dot{E}_0 - jX_a\dot{I}_a$
(ヘ) 抵抗降下
(ト) 反作用リアクタンス
(チ) △Oab と △Ode
(リ) 反作用トルク
(ヌ) $\dot{E}_0 + jX_a\dot{I}_a$　　(ル) 作用リアクタンス　　(ヲ) $\dot{E}_0 - X_a\dot{I}_a$
(ワ) 容量性リアクタンス　　(カ) $X_a + X_l$　　(ヨ) △Oab と △Ocd

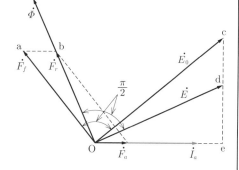

**解 説**　本節 5 項で解説しているので，参照のこと．

【解答】(1) ヨ　(2) ホ　(3) ロ　(4) ト　(5) カ

# 2-2 同期発電機の特性

**攻略のポイント**　電験3種では，無負荷飽和曲線や同期インピーダンスの基礎的な計算問題が出題される．2種一次でも，無負荷飽和曲線，短絡特性曲線，負荷飽和曲線，短絡比と同期インピーダンスの関係など頻出分野なので，十分に学習する．

## 1　無負荷飽和曲線・短絡特性曲線・負荷飽和曲線・外部特性曲線

### (1) 無負荷飽和曲線

同期発電機を定格回転速度，無負荷で運転している場合の界磁電流に対する端子電圧の関係を示す曲線を**無負荷飽和曲線**と呼ぶ．図2・17に示すように，界磁電流が小さい間は$E_0$と$I_f$は比例するが，界磁電流が増加するにつれて磁気回路が飽和して特性曲線は飽和特性を示す．

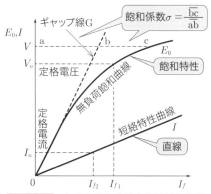

**図2・17**　無負荷飽和曲線と短絡特性曲線

また，原点において無負荷飽和曲線に引いた接線0Gは，ギャップに要する起磁力と誘導起電力の関係を表し，**ギャップ線**という．図2・17において，ある電圧$V$を誘導するのに必要な界磁電流は$\overline{\mathrm{ac}}$であるが，このうち$\overline{\mathrm{ab}}$，$\overline{\mathrm{bc}}$はそれぞれギャップおよび鉄部分に磁束を通すのに必要な励磁電流である．そこで，次の**飽和係数**$\sigma$を定義し，飽和の度合いを表す．

$$\sigma = \frac{\overline{\mathrm{bc}}}{\overline{\mathrm{ab}}} \tag{2・7}$$

### (2) 短絡特性曲線

同期発電機の3端子を短絡し，定格回転速度で運転した場合において，界磁電流に対する電機子電流（短絡電流）の関係を示す曲線を**短絡特性曲線（三相短絡曲線）**という．この特性は，図2・17のようにほぼ直線となる．これは，短絡時は端子電圧が零であるから，誘導起電力$\dot{E}_0$に対して短絡電流$\dot{I}$はほぼ90°遅れの電流であり，電機子反作用による減磁作用で界磁起磁力の大部分は打ち消され，磁束$\phi$は極めて少ない．したがって，磁気回路は不飽和であるから，界磁電流$I_f$と短絡電流$\dot{I}$の関係は直線となる．

## 同期機

### (3) 負荷飽和曲線

発電機を定格回転速度で運転し，電機子電流およびその力率を一定に保った場合の界磁電流と端子電圧との関係を表した特性を**負荷飽和曲線**という．このうち一定力率の定格電流に対する特性曲線を**全負荷飽和曲線**といい，図 2・18 に示している．特に，力率を零に保った場合の特性を**零力率飽和曲線**という．

この図からもわかるように，負荷の力率が遅れ力率になるほど端子電圧が低下するが，これは減磁作用が働くことからも理解できる．

さらに，図 2・18 に示すように，全負荷飽和曲線において，図 2・17 の短絡特性曲線で定格電流を流す界磁電流 $I_{f2}$ のとき，端子電圧 $V = 0$ になり，力率に関係なく全負荷飽和曲線の起点になる．これは，図 2・15 の等価回路で，短絡電流 $\dot{I} = $ 定格電流 $\dot{I}_n$ と考えれば，同期リアクタンス降下 $\dot{Z}_s \dot{I}_n$ は誘導起電力 $\dot{E}_0$ に等しくなるので，端子電圧 $V = 0$ になると考えればよい．

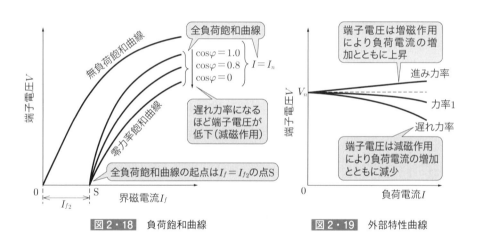

図 2・18　負荷飽和曲線　　　　図 2・19　外部特性曲線

### (4) 外部特性曲線

発電機を定格回転速度で運転し，界磁電流を一定に保ち，負荷電流と端子電圧との関係を表した特性を**外部特性曲線**といい，図 2・19 にその特性を示す．遅れ力率の負荷では，負荷電流を増加させると，減磁作用が大きくなって端子電圧は降下する．一方，進み力率の負荷では，負荷電流を増加させると，電機子反作用による増磁作用のため，端子電圧は上昇する．

## 2-2 同期発電機の特性

### 2 短絡比と同期インピーダンス

#### (1) 同期インピーダンス

図 2・15 の同期機の等価回路を見れば，短絡状態では無負荷誘導起電力 $\dot{E}_0$ は同期インピーダンスによる電圧降下 $\dot{Z}_s \dot{I}$ に等しい．したがって，1 相の同期インピーダンス $\dot{Z}_s$ は $\dot{Z}_s = \dot{E}_0 / \dot{I}$ であるから，同期インピーダンスは無負荷飽和曲線と短絡特性曲線から計算できる．

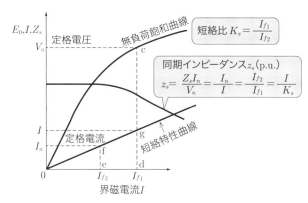

図 2・20　同期インピーダンス

図 2・20 は，様々な界磁電流について同期インピーダンスを求めたものである．

同期インピーダンスは，一定ではなく，磁気飽和により界磁電流の増加に伴って減少する．通常，同期インピーダンス $Z_s$ は，無負荷誘導起電力 $E_0$ が定格電圧 $V_n$ に等しい界磁電流 $I_{f1}$ に対する値（飽和値）を用いるので，次式となる．

$$Z_s = \frac{V_n}{I} = \frac{\overline{cd}}{\overline{gd}} \;[\Omega] \tag{2・8}$$

また，電機子巻線 1 相当たりの抵抗値 $r_a$ がわかれば，同期リアクタンス $x_s$ は

$$x_s = \sqrt{Z_s^2 - r_a^2} \;[\Omega] \tag{2・9}$$

から計算できる．大容量機では $r_a \ll x_s$ であるから，$x_s \fallingdotseq Z_s$ と近似できる．

#### (2) 単位法による同期インピーダンス

電力系統の技術計算の基本となる単位法の概要を説明する．詳細は本シリーズの「電力」を参照されたい．電力系統は，定格の異なる多数の機器や線路から構成される．そこで，系統に適した量を基準としてこれに対する割合で表すと，無次元の正規化された簡単な数値となり，計算が容易になる．例えば，系統電圧が 77 kV の場合，基準電圧として 77 kV を採用すれば，この系統の電圧は 1p.u.（per unit の頭

文字）で表される．この表示を**単位法**という．

　ここでは，単位法の基準値として，定格電圧（相電圧）$V_n$，定格電流 $I_n$，定格時の皮相電力 $V_n I_n$（三相機では $3V_n I_n$）を用いる．そこで，インピーダンスの場合は，定格電流 $I_n$ が流れたときの電圧降下が定格電圧 $V_n$ になるインピーダンスを基準値にとる．したがって，インピーダンスの p.u. 値と $\Omega$ 値の関係は

$$z \, \text{〔p.u.〕} = \frac{Z \, \text{〔}\Omega\text{〕} \cdot I_n \, \text{〔A〕}}{V_n \, \text{〔V〕}} \tag{2・10}$$

である．単位法を用いて式（2・8）の同期インピーダンスを表すと，図 2・20 の △0fe と △0gd が相似であるから，次式となる．

$$z_s \, \text{〔p.u.〕} = \frac{Z_s I_n}{V_n} = \frac{I_n}{I} = \frac{\overline{\text{fe}}}{\overline{\text{gd}}} = \frac{I_{f2}}{I_{f1}} \tag{2・11}$$

## (3) 短絡比

　図 2・20 において，無負荷飽和曲線で定格電圧 $V_n$ を発生するための界磁電流 $I_{f1}$ と，短絡特性曲線で定格電流 $I_n$ を流すための界磁電流 $I_{f2}$ との比を**短絡比** $K_s$ という．短絡比 $K_s$ は

$$K_s = \frac{I_{f1}}{I_{f2}} = \frac{1}{z_s \, \text{〔p.u.〕}} \tag{2・12}$$

である．**短絡比は，単位法で表した同期インピーダンスの逆数**となる．

　短絡比が大きいということは，①電機子コイルの巻回数が少ない，②磁束数が大きく，電圧を誘起するのに必要な界磁電流が大きい，③鉄機械となり機械の体格は大きくなり，高価になる，④鉄損や風損も大きくなり，効率は悪くなることを意味する．逆に，短絡比が小さいということは，電機子電流による起磁力が大きく，銅機械であると言える．極数が少ないほど，界磁巻線を巻く場所が狭くなるから，短絡比も小さくなる．**水車発電機の短絡比は 0.8～1.2 程度，タービン発電機では 0.5～1.0 程度**である．したがって，一般的に水車発電機の同期インピーダンスはタービン発電機よりも小さくなるため，安定度が良く，電圧変動率が小さく，線路充電容量が大きくなる．

## 3　発電機の自己励磁現象

　同期発電機は，無励磁であっても残留磁気のため，自ら電圧を誘起する．したがって，無負荷長距離送電線のように静電容量が大きい線路に接続すると充電電流

が流れ，電機子反作用によって励磁が強まり，発電機端子電圧を上昇させる．場合によっては，発電機の定格電圧を超える電圧上昇をもたらし，機器や線路の絶縁を脅かすことがある．この現象を**自己励磁現象**という．

これは，無負荷の長い線路を小容量の発電機で充電する場合に発生しやすい．1台の発電機で無負荷送電線を自己励磁現象なしに充電できる発電機容量 $P_G$〔kVA〕は次式となる．

$$P_G > \frac{Q}{K_s}\left(\frac{V_n}{V}\right)^2 (1+\sigma) \quad (2\cdot13)$$

ここで，$Q$：電圧 $V$ における線路充電容量〔kVA〕，$V$：線路充電電圧〔kV〕，$\sigma$：定格電圧における飽和係数，$V_n$：定格電圧〔kV〕，$K_s$：短絡比

また，式（2・13）から，**短絡比が大きくなれば線路充電容量も大きくなる**ことがわかる．言い換えれば，同期発電機に許容される進相電流が増すことになる．**同期発電機は，定格容量が大きいほど，短絡比が大きいほど，自己励磁現象を起こしにくい**．水車発電機は，その短絡比がタービン発電機よりも大きいため，自己励磁現象を起こしにくく，線路充電容量が大きい．このため，定格容量と短絡比の大きい水車発電機が送電系統の試充電に使われる．

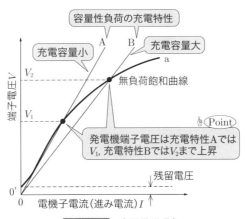

**図 2・21** 自己励磁現象

# 同期機

## [自己励磁現象の防止対策]
① 短絡比の大きい発電機で送電線路を充電する．
② 送電線路の受電端に分路リアクトルまたは変圧器または同期調相機を接続して，遅相電流を流す．
③ 送電線路を充電するときに1台の発電機では容量が不足して自己励磁現象を起こす場合には，複数台の発電機で並列運転すれば，充電電流が各発電機の発電機容量と短絡比の積に比例して分担されるので，自己励磁現象を起こさず，充電できる．

## 4　三相突発短絡電流

### (1) 三相突発短絡電流

定格回転速度，無負荷にて運転中で対称三相電圧を誘導している発電機の三相端子を突発的に短絡すると，電機子に大きな過渡電流が流れ，次第に減衰して数秒後に永久短絡電流の値に収束する．この過渡電流は，近似的に次式で表すことができ，その瞬時値の変化を図2・22のように示す．

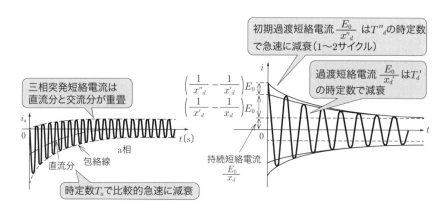

(a) 三相突発短絡電流(a相の直流分+交流分)　　(b) 交流分電流の変化

図2・22　発電機の三相突発短絡電流

**2-2 同期発電機の特性**

$$i_{\mathrm{a}} = \underbrace{-\frac{E_0}{x_d{}''}\cos\alpha\, e^{-t/T_a}}_{\text{直流分}}$$

$$+ \Bigl\{ \underbrace{\Bigl(\frac{1}{x_d{}''}-\frac{1}{x_d{}'}\Bigr)e^{-t/T_d{}''}}_{\text{初期過渡電流}} + \underbrace{\Bigl(\frac{1}{x_d{}'}-\frac{1}{x_d}\Bigr)e^{-t/T_d{}'}}_{\text{過渡電流}} + \underbrace{\frac{1}{x_d}}_{\text{持続短絡電流}} \Bigr\} E_0 \cos(\omega t+\alpha)$$

$$\underbrace{\hspace{10cm}}_{\text{交流分}} \hspace{2cm} (2 \cdot 14)$$

(ただし，$E_0 \sin(\omega t+\alpha)$：電機子 1 相の短絡直前の誘導起電力，$x_a$：電機子反作用リアクタンス，$x_l$：電機子漏れリアクタンス，$x_f$：界磁漏れリアクタンス，$x_d$：同期リアクタンス $x_d = x_a + x_l$，$x_d{}'$：過渡リアクタンス $x_d{}' = x_l + x_f$，$x_d{}''$：初期過渡リアクタンス，$T_d{}'$：短絡過渡時定数，$T_d{}''$：短絡初期過渡時定数，$T_a$：電機子時定数)

### ①直流分の減衰

式（2・14）において，第一項は時定数 $T_a$ で比較的急速に減衰する直流分である．短絡が起こった瞬間に，電機子コイルと鎖交している磁束を一定に保とうとして，その磁束鎖交数に比例した大きさの直流分が流れる．

### ②交流分の減衰

第二項は交流分であり，括弧内 ｛ ｝の第一項，第二項は過渡電流に相当し，第三項が持続短絡電流で最終的にはこの値に落ち着く．

図 2・22（b）に示すように，短絡瞬時の電流値は直軸初期過渡リアクタンス $x_d{}''$ によって制限され，短絡初期過渡時定数 $T_d{}''$ で急速に減衰し，続いて過渡リアクタンス $x_d{}'$ によって制限されて短絡過渡時定数 $T_d{}'$ で減衰する．

## (2) 同期リアクタンス

### ①定態（同期）リアクタンス $x_d$, $x_q$

定常電流に対する直軸リアクタンス $x_d$，横軸リアクタンス $x_q$ をいう．円筒形同期発電機では，飽和の影響を無視すると，$x_d \fallingdotseq x_q$ の関係がある．突極形同期発電機のときには直軸方向と横軸方向の磁気抵抗の大きさが異なるので，$x_d > x_q$ となる．

### ②直軸・横軸過渡リアクタンス $x_d{}'$, $x_q{}'$

発電機において三相短絡瞬時に電機子電流が大きくなるのを抑える働きをするのは，制動巻線がない場合，電機子巻線自体の電機子漏れリアクタンス $x_l$ および電機子巻線と磁気的結合のある界磁巻線の界磁漏れリアクタンス $x_f$ であり，この和を直軸過渡リアクタンス $x_d{}' = x_l + x_f$ と呼ぶ．

同期機

横軸過渡リアクタンスに関して，電機子巻線と界磁巻線の結合はほとんどないので，横軸過渡リアクタンス $x_q'$ は横軸リアクタンス $x_q$ とほぼ等しい．

### ③初期過渡リアクタンス $x_d''$，$x_q''$

発電機において三相短絡瞬時に電機子電流が大きくなるのを抑える働きをするのが初期過渡リアクタンス $x_d''$ である．制動巻線がある場合，電機子巻線との磁気的結合が界磁巻線より密である制動巻線漏れリアクタンス $x_D$ の効果が顕著になり，初期過渡リアクタンス $x_d''$ は $x_d'' = x_l + x_D$ となる．そして，$x_D$ は $x_f$ より小さい値であるので，制動巻線がある場合の方が短絡瞬時の電流はより大きくなる．

### ④対称座標法におけるリアクタンス

### a. 正相リアクタンス $x_1$

同期リアクタンスに等しい．正相電流による回転磁界が回転子の回転方向と同方向に同期速度で回転する場合のリアクタンスである．

### b. 逆相リアクタンス $x_2$

逆相電流による回転磁界が回転子の回転方向と逆方向に，同期速度で回転する場合のリアクタンスである．この場合，電機子電流による回転磁界の磁束の変化が正相時よりも激しいので，その変化を妨げるように界磁巻線に電流が流れようとするために逆相リアクタンス $x_2$ は正相リアクタンス $x_1$ より小さくなり，過渡インピーダンス程度になる．これは，近似的に $x_2 = (x_d' + x_q')/2$ と表すことができる．制動巻線がある場合には，逆相リアクタンスはさらに小さくなり，初期過渡リアクタンス程度になり，近似的に $x_2 = (x_d'' + x_q'')/2$ と表すことができる．

### c. 零相リアクタンス $x_0$

三相の電機子巻線に同じ電流が流れた場合のリアクタンスである．電機子反作用が発生しないため，電機子漏れリアクタンス $x_l$ に近い値になるが，一般的にはそれより小さい値となる．

### (3) 制動巻線

図 2・23 のように，突極形同期機の回転子の磁極頭部に設けたスロットに銅棒または黄銅棒を挿入し，かご形誘導電動機の二次巻線のように短絡環によって相互に接続して構成する巻線を**制動巻線**という．負荷の急変に伴う同期機の過渡運転状態において回転子の回転速度に動揺が起こると，系統周波数で決まる同期速度との間に滑りが生じ，この巻線に誘導電動機としてのトルクが発生する．このトルクは速度変動を抑える方向に働く．

## 2-2 同期発電機の特性

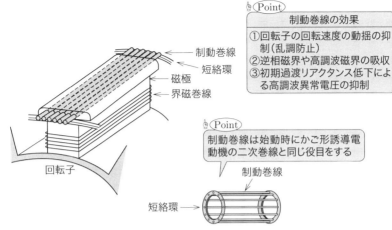

**図 2・23** 制動巻線付き同期機

制動巻線は，電機子巻線と界磁磁路中に介在する低インピーダンス巻線であるため，制動の機能以外にも，三相不平衡負荷に起因する逆相磁界または負荷電流の歪みなどに起因する高調波磁界を吸収する効果がある．さらに，初期過渡リアクタンスを低下させることにより，系統故障時の開閉サージに対して高調波異常電圧を抑制できるので，故障遮断を容易にする効果もある．

### 例題 5 　　　　　　　　　　　　　　　　　　　　　　　　R1 問 2

1. **無負荷飽和曲線**

　同期発電機を定格回転速度，無負荷で運転している場合の界磁電流に対する　(1)　の関係を示す曲線を無負荷飽和曲線という．界磁電流の増加に伴い鉄心が飽和するため，界磁電流と　(1)　の関係は比例関係にならず，いわゆる飽和特性を示す曲線になる．

2. **短絡特性曲線**

　同期発電機の端子を短絡し，定格回転速度で運転した場合の，界磁電流に対する　(2)　の関係を示す曲線を短絡特性曲線という．端子短絡状態では，電機子反作用による　(3)　で界磁起磁力の大部分が打ち消されるため界磁電流を増加させても鉄心は磁気飽和せず，特性曲線はほぼ直線となる．

　無負荷飽和曲線と短絡特性曲線が得られると，同期発電機の短絡比を求めることができ，この短絡比と単位法（p.u.）で表した　(4)　は互いに逆数の関係になる．

3. **負荷飽和曲線**

　同期発電機を定格回転速度で運転し，電機子電流一定で力率一定の負荷をかけた

## 同期機

場合の界磁電流に対する [ (1) ] の関係を示す曲線を負荷飽和曲線という．負荷飽和曲線のなかで特に電機子電流値が定格で [ (5) ] の負荷をかけた場合の曲線を [ (5) ] 飽和曲線といい，無負荷飽和曲線をポーシェの三角形を用いて平行移動することでもこの飽和曲線を描くことができる．

【解答群】
(イ) 出力　　　　　　　　(ロ) 交差磁化作用　　　　(ハ) 定トルク
(ニ) 端子電圧　　　　　　(ホ) 減磁作用　　　　　　(ヘ) 零相電流
(ト) 零力率　　　　　　　(チ) 電機子電流　　　　　(リ) 短絡インピーダンス
(ヌ) 過渡リアクタンス　　(ル) 差動電流　　　　　　(ヲ) 容量性
(ワ) 同期インピーダンス　(カ) 反磁性効果　　　　　(ヨ) 励磁電圧

**解説** 本節1，2項で解説しているので，参照する．ポーシェの三角形について説明する．解説図に示すように，零力率飽和曲線は，無負荷飽和曲線を右下方へ平行移動したものとなる．同図に示すように，零力率飽和曲線のcを与える界磁電流 $I_f$ から電機子反作用の減磁作用対応分の界磁電流 $\overline{bc}$ を引くと，無負荷飽和曲線上の $V_a$ を与える界磁電流 $I_f'$ になる．

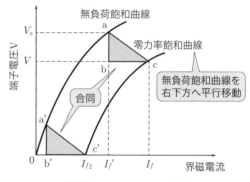

解説図　ポーシェの三角形

この $V_a$ から電機子漏れリアクタンス降下 $x_l I$ に相当する電圧 $\overline{ab}$ を引くと零力率飽和曲線上の端子電圧 $V$ となる．この△abcをポーシェの三角形という．一方，界磁電流 $I_{f2}$ を流すとき，$I_{f2}$ は電機子漏れリアクタンス降下 $x_l I (\overline{a'b'})$ を発生させる界磁電流 $\overline{0b'}$ と電機子反作用リアクタンス降下 $x_a I$ を発生させる $\overline{b'c'}$ に分けられる．この△a'b'c'と△abcは合同であるから，零力率飽和曲線は無負荷飽和曲線を $\overline{ac}$ だけ右下方に平行移動して描ける．

【解答】(1) ニ　(2) チ　(3) ホ　(4) ワ　(5) ト

### 2-2 同期発電機の特性

**2章**

同期機

---

**例題6** ································································· H18 問2

同期機の特性を示すパラメータの一つに短絡比がある．短絡比とは，定格速度において，無負荷で定格電圧を発生するのに必要な界磁電流と，三相短絡の場合に  (1)  電流に等しい短絡電流を発生するのに必要な界磁電流との比である．

短絡比が大きい機械は，同期インピーダンスが  (2)  ので電機子反作用の影響が  (2)  機械である．このような機械とするには，電機子巻線の巻数を少なくするか，ギャップの長さを大きくするかまたは両方である．この場合，一定の誘導起電力を得るには，磁束を増すため界磁起磁力を増やすかまたは鉄心断面積を増加させることになり，いずれの場合でも機械の寸法が大きくなる．所要巻線量（銅量）はほぼ寸法に比例し，所要鉄量は寸法の  (3)  に比例する．したがって，短絡比の大きい機械は  (4)  といわれ  (5)  が小さく，過負荷耐量も大きく，高価である．

【解答群】

(イ) 小さい          (ロ) 電磁機械        (ハ) 二乗          (ニ) 大きい

(ホ) 三乗            (ヘ) 負荷            (ト) 鉄機械        (チ) 速度調停率

(リ) 無負荷          (ヌ) 等しい          (ル) 1.6乗        (ヲ) 定格

(ワ) 速度変動率      (カ) 銅機械          (ヨ) 電圧変動率

**解 説**　本節2項で解説しているので，参照のこと．

【解答】(1) ヲ　(2) イ　(3) ホ　(4) ト　(5) ヨ

---

**例題7** ································································· H11 問1

一般に，電気機械の出力はアンペア導体数の総量である電気装荷と  (1)  の総量である磁気装荷によって決定され，機械の特性，形状は電機装荷と磁気装荷の  (2)  によって決定される．電気装荷の大きい機械は銅機械，磁気装荷の大きい機械は鉄機械と呼ばれる．

同一出力の同期発電機を比較した場合，短絡比の小さな機械は銅機械であり，  (3)  ，電機子反作用および電圧変動率が大きくなるが，短絡の際の  (4)  は小さい．効率が高く，機械の寸法および質量が小さくなる．

一方，短絡比の大きな機械は鉄機械であり，線路充電容量が大きく，  (5)  が大きいので，安定度は良好である．

【解答群】

(イ) 減磁作用            (ロ) アドミタンス          (ハ) 起磁力        (ニ) たわみ

63

同期機

| | | | | |
|---|---|---|---|---|
| (ホ) 遠心力 | (ヘ) 慣性モーメント | (ト) 磁束 | (チ) 配分 | |
| (リ) 零相リアクタンス | (ヌ) 過渡電流 | (ル) 磁束密度 | (ヲ) 和 | |
| (ワ) 積 | (カ) 漏れリアクタンス | (ヨ) 電圧降下 | | |

**解説** 本節 2,3 項で解説しているので，参照のこと．電気装荷，磁気装荷は電気機器設計で使われる考え方である．電気装荷は，巻線の平均アンペア数であり，磁気装荷は回転機では1極当たりの有効磁束数である．そして，電気機器の容量は，電気装荷，磁気装荷，回転速度の積である．回転速度が高いほど，電気装荷と磁気装荷の積は小さくて済み，機器が小形になる．同容量，同速度の機械では電気装荷を大きくすれば磁気装荷は小さくて済み，磁気装荷を大きくすれば電気装荷は小さくて済む．前者が銅機械，後者が鉄機械である．

【解答】(1) ト　(2) チ　(3) カ　(4) ヌ　(5) ヘ

---

**例題 8** ······················································· H25　問5

突極形同期機の回転子の ▢(1)▢ に設けたスロットに ▢(2)▢ または黄銅棒を挿入し，かご形誘導電動機の ▢(3)▢ 巻線のように短絡環によって相互に接続して構成する巻線を制動巻線という．負荷の急変に伴う同期機の過渡運転の状態において回転子の回転速度に動揺が起こると，電源（系統）周波数で決まる同期速度との間に滑りが生じ，この巻線に誘導電動機としてのトルクが発生する．このトルクは速度変動を抑える方向に働く．

この巻線は，電機子巻線と界磁巻線の磁路中に介在する ▢(4)▢ インピーダンス巻線であるため，制動の機能以外に三相不平衡負荷に起因する逆相磁界又は負荷電流のひずみなどに起因する ▢(5)▢ を吸収する効果がある．

【解答群】

| | | | | |
|---|---|---|---|---|
| (イ) 銅棒 | (ロ) 継鉄 | (ハ) 一次 | (ニ) 高 | (ホ) 低 |
| (ヘ) 過大 | (ト) 電機子鉄心 | (チ) 鉄棒 | (リ) 正相磁界 | (ヌ) 磁極頭部 |
| (ル) 励磁 | (ヲ) ステンレス鋼棒 | (ワ) 高調波磁界 | (カ) 二次 | (ヨ) 零相磁界 |

**解説** 本節 4 項で解説しているので，参照のこと．

【解答】(1) ヌ　(2) イ　(3) カ　(4) ホ　(5) ワ

# 2-3 同期発電機の出力と電圧変動率

**攻略の ポイント**　電験3種では，端子電圧，負荷角，並行運転に関する基礎的な計算問題が出題される．2種一次では，並行運転と同期化力などが出題され，二次では発電機の出力や電圧変動率など頻出分野であるため，詳しく解説する．

## 1 同期発電機の出力

無負荷誘導起電力 $\dot{E}_0$ と端子電圧 $\dot{V}$ との位相差 $\delta$ は**内部相差角**または**負荷角**と呼ばれ，これが同期発電機の出力を決めるパラメータとなる．円筒機の等価回路とベクトル図を図2·24に示す．外部に取り出せる三相分電力 $P_e$ は

$$\boldsymbol{P_e} = \mathrm{Re}[3\overline{\dot{V}}\dot{I}] = \mathrm{Re}\left[3V\,\frac{E_0 e^{j\delta} - V}{r_a + jx_s}\right] = \mathrm{Re}\left[3V\left\{-j\,\frac{E_0 e^{j\delta} - V}{x_s - jr_a}\right\}\right]$$

$$= \mathrm{Re}\left[3V\left\{-j\,\frac{E_0}{Z_s}e^{j\left(\delta + \tan^{-1}\frac{r_a}{x_s}\right)} + j\,\frac{V}{Z_s}e^{j\tan^{-1}\frac{r_a}{x_s}}\right\}\right]$$

$$= 3\left[\frac{VE_0}{Z_s}\sin(\delta+\alpha) - \frac{V^2}{Z_s}\sin\alpha\right]\,[\mathrm{W}] \quad (2\cdot15)$$

**POINT** $e^{j\theta} = \cos\theta + j\sin\theta$ を用いて実数部をとる

(ここで，$Z_s = \sqrt{r_a{}^2 + x_s{}^2}$，$\alpha = \tan^{-1}\dfrac{r_a}{x_s}$)

通常，$r_a \ll x_s$ で $\alpha$ は小さいので

$$P_e \fallingdotseq 3\,\frac{VE_0}{x_s}\sin\delta = \frac{V_l E_l}{x_s}\sin\delta\,[\mathrm{W}] \quad (2\cdot16)$$

(ここで，$E_l$，$V_l$ は線間の誘導起電力，線間の端子電圧)

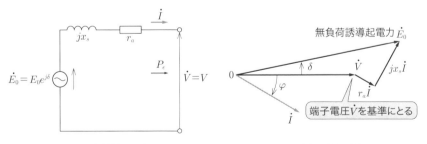

(a) 等価回路　　　(b) ベクトル図

**図2·24**　円筒機の等価回路とベクトル図

式（2・16）をグラフに示せば図 2・25 となり，これを**出力相差角曲線**という．

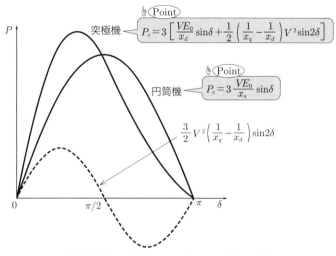

図 2・25 円筒機と突極機の出力相差角曲線

次に，突極形同期発電機の無負荷誘導相電圧 $E_0$，負荷相電流 $I$，負荷角 $\delta$，端子相電圧 $V$ の出力を求める．ここで，抵抗は無視し，直軸同期リアクタンスを $x_d$，横軸同期リアクタンスを $x_q$ とする．このベクトル図を描くと，図 2・26 のようになり，出力相差角曲線は図 2・25 のとおりとなる．ベクトル図から

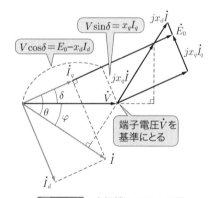

図 2・26 突極機のベクトル図

$$\left. \begin{array}{l} V\cos\delta = E_0 - x_d I_d \\ V\sin\delta = x_q I_q \end{array} \right\} \tag{2・17}$$

三相分の出力 $P_e$ は

$$\begin{aligned} P_e &= 3VI\cos\varphi = 3VI\cos(\theta - \delta) \\ &= 3(VI\cos\theta\cos\delta + VI\sin\theta\sin\delta) \\ &= 3(V\cos\delta I_q + V\sin\delta I_d) \end{aligned} \tag{2・18}$$

**2-3 同期発電機の出力と電圧変動率**

ここで，式 (2·17) から $I_d = \dfrac{E_0 - V\cos\delta}{x_d}$，$I_q = \dfrac{V\sin\delta}{x_q}$ なので，これらを式 (2·18) へ代入すれば次式となり，グラフで表すと図 2·25 となる．

$$
\begin{aligned}
P_e &= 3\left\{ \frac{V^2}{x_q}\sin\delta\cos\delta + \frac{V(E_0 - V\cos\delta)\sin\delta}{x_d} \right\} \\
&= 3\left\{ \frac{VE_0}{x_d}\sin\delta + \left(\frac{1}{x_q} - \frac{1}{x_d}\right)V^2\sin\delta\cos\delta \right\} \\
&= 3\left\{ \frac{VE_0}{x_d}\sin\delta + \frac{1}{2}\left(\frac{1}{x_q} - \frac{1}{x_d}\right)V^2\sin 2\delta \right\} \quad\quad (2\cdot19)
\end{aligned}
$$

## 2 並行運転

同期発電機で電力を供給する場合，通常，複数の発電機を同一母線に接続し，**並行運転**を行っている．

ある母線に同期発電機 A を接続して運転しているとき，同じ母線に同期発電機 B を並列に接続するには，同期発電機 A，B の起電力の大きさが等しくそれらの位相が一致していることが必要である．起電力の大きさを等しくするには B の界磁電流を，位相を一致させるには B の原動機の回転速度を調整する．位相が一致しているかどうかの確認には同期検定器が用いられる．

並行運転中に両発電機間で起電力の位相が等しく大きさが異なるとき，両発電機間を**横流**が循環する．これは電機子巻線の抵抗損を増加させ，巻線を加熱させる原因となる．

[並行運転の条件]
①電圧の大きさが等しいこと
②電圧の位相が等しいこと
③周波数が等しいこと
④相回転が等しいこと

上記について，数式を用いて解説する．図 2·27 は，2 台の同期発電機 A，B が並行運転しているときの 1 相当たりの等価回路である．各発電機の同期リアクタンスを $x_{SA}$，$x_{SB}$ とし，電機子抵抗を無視すれば

# 同期機

$$\left.\begin{aligned}\dot{V} &= \dot{E}_A - jx_{SA}\dot{I}_A \\ &= \dot{E}_B - jx_{SB}\dot{I}_B \\ \dot{I}_A + \dot{I}_B &= \dot{I}\end{aligned}\right\} \quad (2\cdot 20)$$

から

$$\dot{I}_A = \dot{I}_C + \frac{x_{SB}}{x_{SA}+x_{SB}}\dot{I}$$

$$\dot{I}_B = -\dot{I}_C + \frac{x_{SA}}{x_{SA}+x_{SB}}\dot{I}$$

$$\dot{I}_C = \frac{\dot{E}_A - \dot{E}_B}{j(x_{SA}+x_{SB})} \quad (2\cdot 21)$$

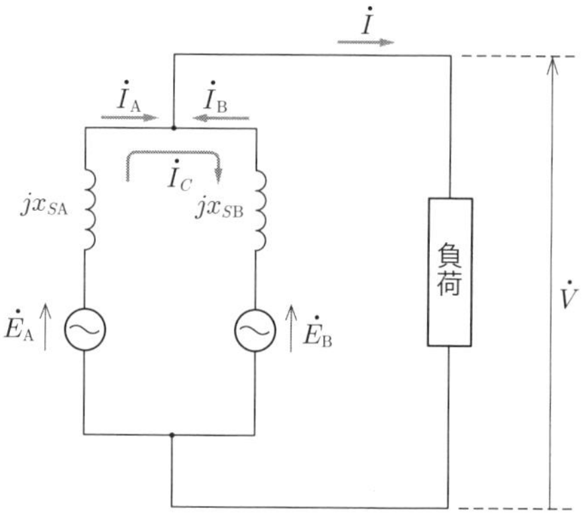

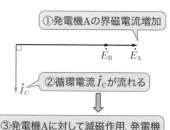

図2・27　並行運転時の等価回路

となる．$\dot{I}_C$ が循環電流であり，$\dot{E}_A = \dot{E}_B$ でない限り発電機相互間に流れる横流である．ここで，$\dot{E}_A = \dot{E}_B$ の場合には，$jx_{SA}\dot{I}_A = jx_{SB}\dot{I}_B$ となるから，$\dot{I}_A/\dot{I}_B = x_{SB}/x_{SA}$ となり，両発電機はそれぞれ同期リアクタンスの逆比で負荷電流を分担し，ともに負荷の力率と同じ力率で運転される．

## (1) 界磁電流による無効電力の制御

発電機Aの界磁電流をわずかに増加すると，$|\dot{E}_A| > |\dot{E}_B|$ となり，図2・28や式 (2・21) に示すように，$\dot{E}_A$，$\dot{E}_B$ より90°遅れの循環電流 $\dot{I}_C = -j\dfrac{\dot{E}_A - \dot{E}_B}{x_{SA}+x_{SB}}$ が流れる．この $\dot{I}_C$ は発電機Aに対しては遅れで減磁作用を，発電機Bに対しては進み電流で増磁作用をし，両端の端子電圧を等しくするように働く．このため，発電機Aの電流は初めの負荷分担電流 $x_{SB}\dot{I}/(x_{SA}+x_{SB})$ に $\dot{I}_C$ の遅れ電流が加わるので，力率は低下する．一方，発電機Bの力率は向上する．両発電機の間で有効電力の授受はないので，有効電力の分担は変わらない．**並行運転している発電機では，界磁電流を調整することによって，発電機の無効電力の分担を制御**できる．

図2・28　無効電力の制御

## (2) 原動機による有効電力の制御

発電機の有効電力を制御するためには，原動機の調速機を制御し，原動機から発電機への機械入力を調整する必要がある．発電機Aの誘導起電力の位相が発電機Bの誘導起電力の位相よりも$\delta$だけ進む場合を考える．発電機の抵抗分を無視すれば，循環電流$\dot{I}_C$は図2・29のベクトル図のように，$\dot{E}_0 = \dot{E}_A - \dot{E}_B$ より$\pi/2$遅れている．発電機Aの出力を$P_A$，発電機Bの出力を$P_B$として

$$P_A = 3E_A I_C \cos \frac{\delta}{2} \tag{2・22}$$

$$P_B = 3E_B I_C \cos\left(\pi - \frac{\delta}{2}\right) = -3E_B I_C \cos \frac{\delta}{2} \tag{2・23}$$

（発電機Bには$I_C$が流れ込む）

ここで

$$E_A = E_B = E \,, \quad I_C = \frac{E_0}{x_{SA} + x_{SB}} = \frac{2E \sin \frac{\delta}{2}}{x_{SA} + x_{SB}}$$

とすれば，発電機Aは

$$\boldsymbol{P_e} = 3E \cdot \frac{2E \sin \frac{\delta}{2}}{x_{SA} + x_{SB}} \cos \frac{\delta}{2} = \frac{\boldsymbol{3E^2}}{\boldsymbol{x_{SA} + x_{SB}}} \boldsymbol{\sin \delta} \tag{2・24}$$

の余分の電力を発生し，負荷を増して減速する．一方，発電機Bは$\dot{I}_C$が流入し，式（2・24）の電力が供給されて加速する．

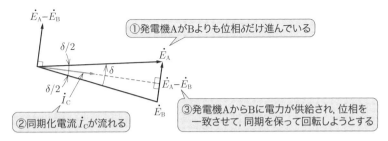

図2・29　有効電力の制御

つまり，位相の進んでいる発電機Aから位相の遅れている発電機Bへ電力が供給され，$\dot{E}_A$ と $\dot{E}_B$ の位相は一致して同期を保つように働く．このように並行運転中の

同期発電機は常に同期を保って回転する性質をもつ．この場合の $\dot{I}_C$ を**同期化電流**と呼ぶ．両発電機を同期状態に保とうとする力は $dP_e/d\delta$ に比例し，式（2·24）から

$$\frac{dP_e}{d\delta} = \frac{3E^2}{x_{SA} + x_{SB}} \cos\delta \qquad (2\cdot25)$$

となり，これを**同期化力**という．

## 3 電圧変動率

同期発電機とそれが供給する負荷に関して，抵抗を $r_a$〔Ω〕，同期リアクタンスを $x_s$〔Ω〕，定格端子電圧を $\dot{V}_n$〔V〕，定格電流を $\dot{I}_n$〔A〕，誘導起電力を $\dot{E}_0$〔V〕とすれば，1相当たりの等価回路は図2·30，ベクトル図は図2·31のようになる．まず，ベクトル図から

$$E_0 = \sqrt{(V_n + r_a I_n \cos\theta + x_s I_n \sin\theta)^2 + (x_s I_n \cos\theta - r_a I_n \sin\theta)^2} \quad (2\cdot26)$$

上式において，第2項は第1項に比べて十分に小さく無視すれば，次式となる．

$$E_0 \fallingdotseq V_n + r_a I_n \cos\theta + x_s I_n \sin\theta \qquad (2\cdot27)$$

したがって，**電圧変動率** $\varepsilon$〔%〕は，簡略的に次式となる．

$$\varepsilon = \frac{E_0 - V_n}{V_n} \times 100 = \frac{r_a I_n \cos\theta + x_s I_n \sin\theta}{V_n} \times 100 \text{〔%〕} \quad (2\cdot28)$$

ここで，百分率抵抗降下 $p = \dfrac{r_a I_n}{V_n} \times 100$〔%〕，百分率リアクタンス降下 $q = \dfrac{x_s I_n}{V_n} \times 100$〔%〕であるから，電圧変動率 $\varepsilon$〔%〕は

$$\varepsilon = p\cos\theta + q\sin\theta \text{〔%〕} \qquad (2\cdot29)$$

となる．

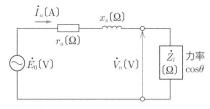

**図2·30**　同期発電機の1相当たりの等価回路

## 2-3 同期発電機の出力と電圧変動率

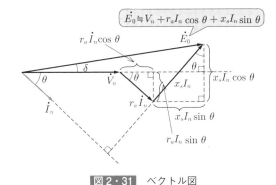

図2・31 ベクトル図

### 例題9 ········································································ R4 問1

　仕様および特性が等しい2台の三相同期発電機SG1およびSG2を並列接続し，共通の負荷に電力を供給することを考える．速度出力特性がともに等しい垂下特性をもつ原動機で入力を等しく一定として並行運転している場合，両機の間には横流と呼ばれる循環電流は流れない．このとき，各発電機の誘導起電力の大きさ，周波数が等しく，各発電機の誘導起電力の　(1)　がほぼ一致している．この運転状態からSG1の界磁電流を　(2)　すると，両機の誘導起電力に差が生じ，これによって両機の間に循環電流が流れる．この電流はSG1の誘導起電力に対しては遅れ，SG2に対しては進みの　(3)　電流であり，電機子反作用によってそれぞれの磁束に作用して，両機の端子電圧が界磁電流の調整前と比べて　(4)　電圧で平衡を保つように働く．
　また，先の並行運転状態において，何らかの原因で一方の発電機の回転速度が一時的に変化し，両機の速度差により誘導起電力の間にわずかな位相差が生じて循環電流が流れたとする．この場合の循環電流は，両機の間で有効電力の授受を行って自動的に両機を同一位相に保つように働く．この場合の循環電流を　(5)　電流という．

【解答群】
(イ) 消費　　　(ロ) 増加　　　(ハ) 有効　　　(ニ) 減少　　　(ホ) 無効
(ヘ) 力率角　　(ト) 高い　　　(チ) 負荷角　　(リ) 低い　　　(ヌ) 制限
(ル) 同じ　　　(ヲ) 位相　　　(ワ) 制御　　　(カ) 同期化　　(ヨ) 共振

**解 説**　本節2項で解説しているので，参照のこと．

【解答】(1) ヲ　(2) ロ　(3) ホ　(4) ト　(5) カ

# 2-4 発電機の効率と損失

**攻略の
ポイント**
　　同期発電機の効率や損失は，基本的には直流機などの回転機と同じである．3種では直流機の効率・損失として出題されているが，2種一次では同期機の損失として出題されている．

## 1 ▶ 回転機の効率

回転電気機械の有効出力の有効入力に対する比を**効率**という．この効率は，通常，百分率で表し，特に指定しない場合には有効出力として定格出力をとる．定格出力のときの効率を**全負荷効率**という．

$$効率＝\frac{有効出力}{有効入力}\times100 〔\%〕 \tag{2・30}$$

### (1) 実測効率

回転電気機械に実際に負荷をかけて入力および出力を直接測定して，これらから算出した効率を**実測効率**という．

### (2) 規約効率

大容量機など実際の負荷をかけることが困難な場合には，あらかじめ規定された方法により，個別の損失を測定または算出し，これらに基づき，ある出力に対する入力を求めて，これらから効率を算出することがある．この方法により算出した効率を**規約効率**という．

$$規約効率（発電機）＝\frac{出力}{出力＋損失}\times100 〔\%〕 \tag{2・31}$$

$$規約効率（電動機）＝\frac{入力－損失}{入力}\times100 〔\%〕 \tag{2・32}$$

## 2 ▶ 回転機の損失

回転機の損失は，固定損，負荷損，励磁損に分類される．（なお，励磁損は固定損の中に含めて分類することもある．）

### (1) 固定損

①**鉄損**：電機子鉄心の磁化方向が交互に代わることにより生じる損失．ヒステリシス損とうず（渦）電流損がある．

### 2-4 発電機の効率と損失

#### a. ヒステリシス損

鉄心が磁化される際のヒステリシス現象により生じる損失．$W_h = K_h f B_m{}^2$ で表され，周波数 $f$ と最大磁束密度 $B_m$ の二乗の積に比例する．

#### b. うず電流損

鉄心中の磁束変化による起電力で流れるうず電流の抵抗損．$We = K_e f^2 B_m{}^2$ で表され，周波数 $f$ の二乗と最大磁束密度 $B_m$ の二乗の積に比例する．回転機特有のうず電流損として，磁極片表面に発生する損失がある．

②**機械損**：機械損には，摩擦損と風損がある．機械の回転速度が一定であればほぼ一定となる．

#### a. 摩擦損

軸受，ブラシなどの摩擦により生じる損失.

#### b. 風損

回転部と空気の摩擦より生じる損失.

#### (2) 負荷損

負荷損は直接負荷損と漂遊負荷損に分かれる．

①**直接負荷損**：負荷電流により電機子巻線で生じる抵抗損．**銅損**ともいう．

②**漂遊負荷損**：計測困難な負荷損である．負荷に起因して導体，鉄心，金属部分などに生じる損失であるが，直接負荷損に含まれないもの．

#### (3) 励磁損

界磁巻線に励磁電流が流れる際に生じる抵抗損.

---

#### 例題 10 ‥‥‥‥‥‥‥‥‥‥‥‥‥‥‥‥‥‥‥‥‥‥‥‥ H22　問 1

　回転機の有効出力の有効入力に対する比を効率という．この効率は，一般に　(1)　で表記し，特に指定しない場合には有効出力として　(2)　を用いる．

　回転機に実際の負荷をかけて入力および出力を直接測定して，これから算出した効率を　(3)　効率という．

　また，大容量機など実際の負荷をかけることが困難な場合には，規定された方法に従って損失を測定または算出し，これらに基づいて，ある出力に対する入力を求め，これらから効率を算出することがある．この方法によって算出した効率を　(4)　効率という．

　なお，この回転機の損失は次のように分類される．

　①無負荷鉄損，風損および軸受摩擦損などの固定損

同期機

②電機子巻線の抵抗損などの直接負荷損

③界磁巻線の抵抗損などの励磁損

④負荷に起因して導体，鉄心，金属部分などに生じる損失で②に含まれない損失の　(5)　負荷損

【解答群】

| | | | |
|---|---|---|---|
| (イ) 倍率 | (ロ) 標準 | (ハ) 歩合 | (ニ) 最小出力 | (ホ) 漂遊 |
| (ヘ) 最大出力 | (ト) 計算 | (チ) 固定 | (リ) 流動 | (ヌ) 百分率 |
| (ル) 近似 | (ヲ) 推測 | (ワ) 規約 | (カ) 実測 | (ヨ) 定格出力 |

**解説** 本節で解説しているので，参照のこと．

【解答】(1) ヌ　(2) ヨ　(3) カ　(4) ワ　(5) ホ

---

**例題11** ················································· H9　問1

同期機の損失の測定には，供試機を適当な出力を有する別の電動機によって　(1)　で運転し，電動機の出力から供試機の損失を算定する．この場合，励磁機が主機に直結されていてもこれを使用せず，かつ，これを発電してはならない．

a) 主機を励磁しないで　(1)　で運転すると，主機および直結励磁機の　(2)　が得られる．

b) 主機を励磁して定格電圧を発生させると，鉄損を含む　(3)　が得られる．これから機械損を差し引くと　(4)　が得られる．

c) 主機の三相全端子を短絡して定格速度で運転し，励磁を加えて電機子電流を流すと，機械損とその電機子電流における　(5)　と漂遊負荷損との和が得られる．

【解答群】

| | | | |
|---|---|---|---|
| (イ) 低速度 | (ロ) 全負荷損 | (ハ) 一定負荷 | (ニ) 機械損 |
| (ホ) 短絡損 | (ヘ) 風損 | (ト) 電機子抵抗損 | (チ) 励磁損 |
| (リ) 全負荷電流 | (ヌ) 定格速度 | (ル) 固定損 | (ヲ) 直接負荷損 |
| (ワ) 摩擦損 | (カ) 鉄損 | (ヨ) 全損失 | |

**解説** 本節で解説しているので，参照のこと．

【解答】(1) ヌ　(2) ニ　(3) ル　(4) カ　(5) ト

# 2-5 同期電動機の特性と始動法

**攻略のポイント**　電験3種では，同期電動機の誘導起電力・負荷角・トルクに関する計算問題，V曲線，始動方法などが出題される．2種では，同期電動機の運転特性，トルク，始動方式，永久磁石同期電動機など幅広く出題される．

## 1　同期電動機の特徴

### (1) 同期機におけるエネルギー変換

図2・32 (a) の三相同期発電機に対称三相負荷を接続すると対称三相電流が流れる．この対称三相電流は同期速度で回転する回転磁界を作る．これは界磁極NSと同一速度で回転するが，回転磁界による磁極N'S'が界磁極NSの先を回転する．界磁極には反発力が働き，回転方向とは逆向きのトルクが加わる．発電機ではこのトルクに打ち勝つ動力 $P_m$ が原動機より回転軸を通して発電機の回転子に加えられ，電機子巻線から送り出される電力 $P_e$ に変換される．

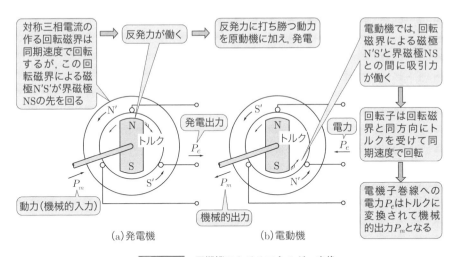

図2・32　同期機におけるエネルギー変換

他方，図2・32 (b) の三相同期電動機では，電機子巻線に流れる電流の向きが逆になるから，回転磁界による磁極N'S'と界磁極NSとの相対的な位置関係は同図のとおりとなり，両者の間には吸引力が働き，回転子は回転磁界と同方向にトルクを受け同期速度で回転する．この場合，電機子巻線に加えられた電力 $P_e$ はトルク

同期機

に変換され，機械的出力 $P_m$ として回転軸につながる負荷に加えられる．

## (2) 同期電動機の特徴

　三相同期電動機は，極数と商用交流電源の周波数によって決まる一定の同期速度の運転となること，界磁電流を調整することで力率を調整することができること，三相誘導電動機に比べて効率が良く大きな出力を出すことができることなどの特徴がある．また，誘導電動機に比べて空げきを大きくできるという構造的な特徴があることから，回転子に強い衝撃が加わる鉄鋼圧延機などに用いられている．

　しかし，商用交流電源で三相同期電動機を駆動する場合，始動トルクを確保する必要がある．このため，制動巻線，始動用の電動機が必要であり，励磁のため直流電源が必要である．近年，インバータなどパワーエレクトロニクス装置の利用拡大によって可変電圧可変周波数の電源が容易に得られるようになった．出力の電圧と周波数がほぼ比例するパワーエレクトロニクス装置を使用すれば，周波数を変えると同期速度が変わり，このときのトルクを確保することができる．

　さらに回転子の位置を検出して電機子電流と界磁電流をあわせて制御することによって幅広い速度範囲でトルク応答性の優れた運転も可能となり，応用範囲を拡大させている．

## 2　同期電動機の出力・トルク

### (1) 同期電動機の出力

　同期電動機の 1 相当たりの等価回路を図 2·33 に示す．同期電動機の出力を求めるのに，電機子抵抗分 $r_a$ を考慮する場合，発電機出力の式（2·15）と同様に計算すればよい（電動機の場合も発電機と同じ式になる）が，ここでは簡単化するため，電機子抵抗を無視したうえで，端子電圧 $\dot{V}$ を基準ベクトルにしてベクトル図を描いている．同期電動機では，逆起電力に打ち勝つ外部電源電圧によって電流を流し，トルクを生み出す．なお，電動機の場合には，$\dot{E}_0$ は $\dot{V}$ よりも位相が遅れることに留意する．そこで，1 相当たりの同期リアクタンスを $x_s$〔Ω〕，端子電圧を $\dot{V}$〔V〕，逆起電力を $\dot{E}_0$〔V〕，力率を $\cos\varphi$，負荷角を $\delta$ とすれば，出力 $P_m$〔W〕は $P_m = 3E_0 I \cos(\varphi - \delta)$，$V \sin\delta = x_s I \cos(\varphi - \delta)$ より，$I \cos(\varphi - \delta)$ を消去し，次式となる．

$$P_m = \frac{3VE_0}{x_s} \sin\delta \ \text{〔W〕} \qquad\qquad (2\cdot33)$$

## 2-5 同期電動機の特性と始動法

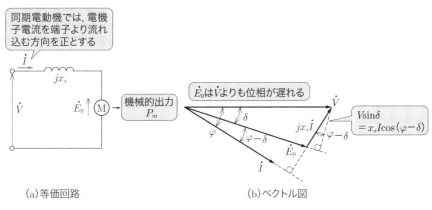

(a) 等価回路　　　　(b) ベクトル図

**図2・33** 同期電動機の等価回路とベクトル図（遅れ力率のケース）

上式から，$x_s$ を界磁電流に無関係に一定とし，負荷を一定とすれば，一定電圧のもとでは $E_0\sin\delta$ は一定となる．図2・34（a）に示すように，力率1では電機子電流 $I$ は最小になる．この状態から界磁電流 $I_f$ を増加させると，図2・34（b）のように，$E_0$ が増加するので，$\delta$ は減少し，電機子電流 $I$ は進みとなってその大きさは増加する．逆に，界磁電流 $I_f$ を減少させると，図2・34（c）のように，電機子電流 $I$ は遅れとなってその大きさは増加する．

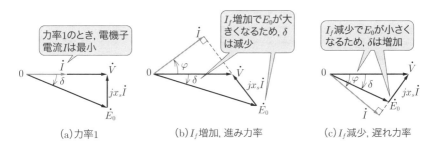

(a) 力率1　　　　(b) $I_f$ 増加，進み力率　　　　(c) $I_f$ 減少，遅れ力率

**図2・34** 界磁電流の違いによる同期電動機のベクトル図

そこで，横軸に界磁電流 $I_f$，縦軸に電機子電流 $I$ をとってこれらの関係を表すと，図2・35のとおりとなる．この曲線を **V曲線** という．V曲線の最低点は力率1に相当する点であり，これより右側は進み力率の範囲，左側は遅れ力率の範囲である．また，負荷が大きいほど，V曲線は上の方へ移動し，やや右にずれる．

# 同期機

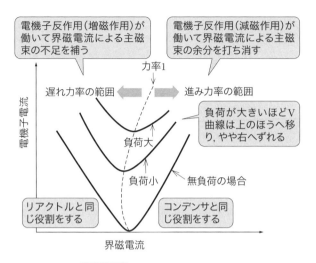

図2・35 同期電動機のV曲線

同期電動機を運転し，これに強い励磁を与えれば進み電流が流れ，励磁を弱めれば遅れ電流が流れる．そこで，変電所などに無負荷運転の同期電動機を置いて励磁を変化することによって力率を調整したり無効電力を制御したりすることができる．これを**同期調相機**という．無効電力の連続制御により，同期調相機の電圧調整・維持能力は高い．

## (2) 同期電動機のトルク

同期速度を $\omega_s$ [rad/s] とすると，トルク $T$ [N·m] は次式となる．

$$T = \frac{P_m}{\omega_s} = \frac{3VE_0}{\omega_s x_s}\sin\delta \quad [\text{N·m}] \tag{2・34}$$

同期電動機は負荷の大小にかかわらず同期速度で回転するから，$\omega_s$ は一定であり，トルク $T$ は出力 $P_m$ に比例する．この $P_m$ を**同期ワット**という．

同期電動機のトルクは，電動機の運転状態によって，図2・36のように，始動トルク，引入れトルク，脱出トルクに分けられる．**始動トルク**は，始動巻線（制動巻線）によるトルクで，かご形誘導電動機と同じ原理で発生する．

**引入れトルク**は，界磁巻線に直流励磁をしたときに負荷の慣性に打ち勝って同期に入りうる最大負荷トルクである．

回転子が円筒形で2極の三相同期電動機の場合，トルクは $\delta$ が $\pi/2$ [rad] のとき

に最大値になる．さらに$\delta$が大きくなると，トルクは減少して電動機は停止する．同期電動機が停止しない最大トルクを**脱出トルク**という．

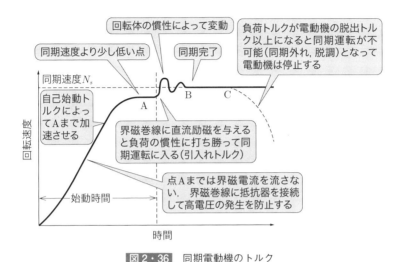

図2・36　同期電動機のトルク

また，同期電動機の負荷が急変すると，$\delta$が変化し，新たな$\delta'$に落ち着こうとするが，回転子の慣性のために，$\delta'$を中心として周期的に変動する．これを**乱調**といい，電源の電圧や周波数が変動した場合にも生じる．乱調が大きいと大きな同期化電流が流れ，極端な場合には**同期外れ**（**脱調**ともいう）となる場合もある．乱調を抑制するには，始動巻線も兼ねる制動巻線を設けたり，はずみ車を取り付けたりする．

## 3　同期電動機の始動方法

同期電動機は，始動時にはトルクを発生できないので，下記の方法で始動して同期速度まで加速させる必要がある．

### (1) 自己始動法

**自己始動法**は，図2・37のように，回転子に施されている制動巻線を，かご形誘導電動機の二次巻線として始動トルクを発生させ，同期速度付近に達したとき，界磁巻線に直流励磁を与えて引入れトルクによって同期化する方法である．始動時には，回転磁界により界磁巻線に高電圧を誘導して絶縁破壊する恐れがあるため，適切な抵抗を通じて界磁巻線を短絡しておく必要がある．自己始動法には，全電圧始

# 同期機

動法，リアクトル始動法，補償器始動法，二次抵抗器始動法がある．

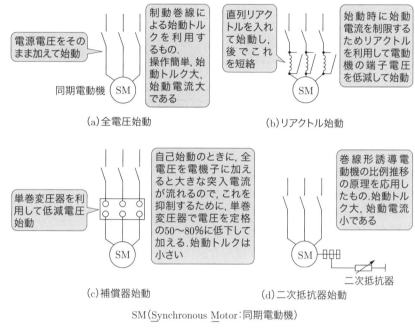

図2・37 自己始動法

## (2) 始動電動機法・同期始動法・低周波始動法

大容量機では，図2・38のように始動のための専用の電動機を用いる**始動電動機法**，図2・39のような**同期始動法**や**低周波始動法**などが用いられる．

**始動電動機法**は，同期電動機と機械的に直結させた始動用電動機を用いて，同期電動機を同期速度付近まで加速させ，その後，同期電動機の回転子を直流励磁する方法である．始動用電動機には直流電動機や誘導電動機が用いられる．始動電動機として誘導電動機を用いる場合，主同期電動機よりも2〜4極程度極数が少ないものが使われる．

## 2-5 同期電動機の特性と始動法

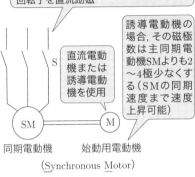
図2・38 始動電動機法

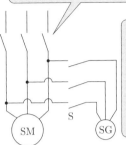
図2・39 同期始動法と低周波始動法

**同期始動法**は，同期電動機と同期発電機を電気的に接続し，同期発電機の回転子を加速させると，回転磁界の回転速度が上昇するとともに回転子も加速し，同期電動機の回転速度が同期速度付近となったら，同期電動機に主電源（定格周波数）を印加して定格運転に移行する方法である．

**低周波始動法**は，同期電動機の同期引入れが周波数の低いほど容易であるため，可変周波数電源で始動できる場合には，低周波で同期化して同期状態のまま周波数を上昇させて定格周波数に達したとき，主電源と切り換える方式である．これにより始動用電源は小容量とすることができる．

### 例題12 ............................................... H29 問1

同期電動機は，定常運転時において，負荷の大小にかかわらず，　(1)　と　(2)　とで定まる同期速度で回転する交流機であり，一般に定速度電動機として用いられる．同期電動機が一定の負荷にて定速運転を行っているとき，界磁電流を増加させると電機子電流の位相は界磁電流増加前よりも　(3)　方向に変化し，減少させると逆方向に変化する．これにより，運転力率を任意に調整することができる．

同期電動機を原動機で駆動すれば，同期発電機として動作させることができる．電機子電流および端子電圧の大きさ並びに回転速度および回転方向は電動機運転時と変えず，同期発電機として遅れ力率で運転する場合の界磁電流は，遅れ力率で運転していた同期電動機の界磁電流　(4)　．

同期電動機は，インバータ電源などを用いて　(2)　を制御することによって可

## 同期機

変速運転を行うことができる．一般に，誘導起電力は回転速度に比例して増減する．したがって，回転速度を定格速度より低くする場合，電源電圧と (2) との比を一定に維持するように制御を行えば，磁束をほぼ一定に保つことができる．

永久磁石同期電動機で速度制御を行う場合，高速領域で誘導起電力が電源電圧より高くなり，そのままでは回転速度を上げることができなくなるときがある．このような場合に，電機子電流の位相を進み方向に制御し， (5) によって磁束を弱めるようにすれば，運転領域を高速側に拡大することができる．

【解答群】
(イ) 並列回路数　　(ロ) 自己励磁作用　　(ハ) より大きい　　(ニ) 後退
(ホ) 進み　　(ヘ) と同じである　　(ト) 電機子反作用　　(チ) 相数
(リ) 極数　　(ヌ) 電源周波数　　(ル) 遅れ　　(ヲ) 巻線数
(ワ) 界磁電圧　　(カ) より小さい　　(ヨ) 電機子漏れ磁束

**解説**　(1)〜(4) は本節 2 項で解説しているので，参照のこと．(5) を補足説明する．永久磁石同期電動機では，回転子の永久磁石が発生する磁束と，電機子コイルが発生する磁束を直交させるように電流を流すのを基本とし，発生トルクを最大にしている．これに対し，解説図に示すように，内部誘導起電力 $\dot{E}_0$ の位相に対し，電機子電流 $\dot{I}_a$ の位相を $\beta$ だけ進める制御が行われる．これは，永久磁石同期電動機を高速回転させた場合，$\dot{E}_0$ が $\dot{V}$ より大きくなることがあり，それ以上回転速度を上げることができなくなる．しかし，解説図に示すように，電機子反作用により磁束を打ち消し，$\dot{E}_0$ と逆向きに逆起電力 $jx_d\dot{I}_d$ を発生させるのと同じ効果を得ることで永久磁石の磁束を弱め，より高速運転することができるようになる．これが弱め界磁制御である．

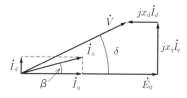

解説図　弱め界磁制御

【解答】(1) リ　(2) ヌ　(3) ホ　(4) ハ　(5) ト

### 例題 13　　　　　　　　　　　　　　　　　　　H16 問1

同期電動機は常に同期速度で運転される．三相同期電動機の 1 相分の出力を $P_2$ 〔W〕，同期速度を $n_s$ 〔min$^{-1}$〕とすれば，トルク $T$ は $T=$ (1) 〔N・m〕となり，トルクを出力によって表すことができる．

無負荷で運転している電動機に負荷をかけると，負荷をかけた直後から，回転子磁極の位相が電機子の回転磁束よりも遅れ，回転子磁極軸と回転磁束軸との間に

**2-5 同期電動機の特性と始動法**

2章 同期機

(2) と呼ばれる角度 $\delta$〔rad〕が生じる．$\delta$ によって，回転磁束と磁極との間に (3) が生じ，これが回転磁束と同方向の電動機トルクを作り，回転子は $\delta$ を保ったまま同期速度で回転を続ける．

同期電動機では，電機子巻線抵抗 $r_a$〔$\Omega$〕が同期リアクタンス $x_s$〔$\Omega$〕に比べて非常に小さいので，$r_a$〔$\Omega$〕を無視して考えると，星形 1 相分の供給電圧を $V$〔V〕，電機子巻線 1 相分の誘導起電力を $E$〔V〕とすれば，1 相分の出力 $P_2$ は，$P_2 =$ (4) 〔W〕で表される．よって，$\delta$ が零より大きくなるに従って電動機トルクも大きくなり，$\delta$ が (5) 〔rad〕のときに最大値 $T_m$〔N·m〕となる．$\delta$ は負荷トルクが大きいほど大きくなるが，負荷トルクが $T_m$〔N·m〕を超えると，電動機トルクはかえって減少し，電動機は同期外れを起こして停止する．

【解答群】

(イ) $VEx_s\sin\delta$　　　(ロ) $\dfrac{\pi}{2}$　　　(ハ) $\dfrac{60}{2\pi n_s}\cdot P_2$　　　(ニ) $\dfrac{V}{Ex_s}\sin\delta$

(ホ) 吸引力　　　(ヘ) 力率角　　　(ト) $\pi$　　　(チ) 負荷角

(リ) 位相角　　　(ヌ) $\dfrac{60}{2\pi n_s}\cdot 3P_2$　　(ル) 平衡力　　　(ヲ) $\dfrac{2\pi}{3}$

(ワ) $\dfrac{VE}{x_s}\sin\delta$　　　(カ) 反発力　　　(ヨ) $2\pi n_s P_2$

**解 説**　本節 1，2 項で解説しているので，参照のこと．

【解答】(1) ヌ　(2) チ　(3) ホ　(4) ワ　(5) ロ

**例題 14** ........................................................ R2 問 1

自己始動法は，回転子に施されている (1) 巻線を，誘導電動機の二次巻線として始動トルクを発生させ，同期速度付近に達したとき，界磁巻線に直流励磁を与えて，(2) トルクによって同期化する方法である．始動時には，回転磁束により界磁巻線に高電圧を誘導し，その絶縁破壊の恐れがあるため，適当な抵抗を通じて界磁巻線を短絡しておく必要がある．この始動法の場合，定格電圧，定格周波数の電源電圧を直接加えて始動する全電圧始動と，始動時に始動電流を抑制するために，電動機電機子電圧を低減して始動する低減電圧始動がある．

始動電動機法は，主機と同軸に設備した小形の始動電動機によって主機を同期速度まで加速してから交流電源に接続して同期化させる方法である．始動電動機として (3) を用いる場合は，主機よりも 2～4 極程度極数が (4) ものが使われる．

83

同期機

　　　(5)　　始動法は，始動用電源として可変周波数の電源を使用し，定格周波数の25〜30％の周波数で同期化し，その後，定格周波数まで周波数を上昇させてから主電源に同期投入する方法である

【解答群】

| (イ) 直流 | (ロ) プルアップ | (ハ) 多い | (ニ) 制動 |
| (ホ) 直流機 | (ヘ) スロット | (ト) 停動 | (チ) 少ない |
| (リ) 補償 | (ヌ) 可変周波 | (ル) 交流整流子機 | (ヲ) 低周波 |
| (ワ) 引入れ | (カ) 誘導機 | (ヨ) 脱出 | |

**解　説**　本節3項で解説しているので，参照のこと．

【解答】(1) ニ　(2) ワ　(3) カ　(4) チ　(5) ヲ

---

**例題15** ‥‥‥‥‥‥‥‥‥‥‥‥‥‥‥‥‥‥‥‥‥‥‥‥‥‥‥‥‥‥‥‥**H19　問1**

　同期電動機のトルクは，回転子が同期速度で回転しているときのみ発生するので，通常，自己始動法，始動電動機始動法，　　(1)　　始動法，サイリスタ始動法などにより，回転子を同期速度まで加速した後，励磁巻線を励磁する必要がある．

　これらのうち自己始動法は，　　(2)　　巻線を用いて，これを誘導電動機の二次巻線として始動トルクを発生する方法である．始動時に定格の三相交流電圧を加えると，大きな始動電流が流れる割には大きなトルクが得られないので，電流値を抑制しながら適切な始動トルクを得るため，始動用変圧器，始動補償器，直列リアクトルあるいは変圧器などにより低減した電圧を印加する．

　また，自己始動法を採用する場合，始動時滑り周波数が大きい場合には，　　(3)　　磁界によって界磁巻線内に高電圧が誘導され，絶縁破壊するおそれがあるので，界磁巻線を数個に分割して，これを　　(4)　　おくまたは抵抗を通して閉じておく必要がある．

　このようにして自己始動法により始動し，回転子が同期速度に近くなったときに，界磁巻線を励磁すると，　　(5)　　トルクによって同期速度で回転を始める．その後，電機子電圧を定格の全電圧に切り換えて運転状態にする．

【解答群】

| (イ) 並列接続して | (ロ) 停動 | (ハ) 高周波 | (ニ) 制動 |
| (ホ) 直流 | (ヘ) 単相 | (ト) 回転 | (チ) 直列接続して |
| (リ) 低周波 | (ヌ) 高周波 | (ル) 励磁 | (ヲ) 引入 |
| (ワ) 最大 | (カ) 残留 | (ヨ) 開いて | |

84

**2-5 同期電動機の特性と始動法**

**解 説** ▶ 本節3項で解説しているので，参照のこと．

【解答】(1) リ　(2) ニ　(3) ト　(4) ヨ　(5) ヲ

**2章**
**同期機**

---

**例題16** ············································· H30　問2

同期電動機の回転子（界磁）は電磁石が一般的であるが，界磁に永久磁石を用いたもの（永久磁石同期電動機．以下，PMモータという）と回転子が鉄心のみで構成されたもの（リラクタンスモータ）もある．PMモータは，回転子に永久磁石を配置しているため，電磁石を用いる方法に比べて ⬚(1)⬚ が必要なく，かご形誘導電動機と同様にシンプルな構造となる．

PMモータは回転子への磁石の配置方法により， ⬚(2)⬚ 磁石形（SPM）と埋込磁石形（IPM）の二種類に分けられる．SPMは磁石の磁束を有効活用できるので高トルクで ⬚(3)⬚ の少ないモータであり，可変速ドライブを行う場合に制御性，応答性の良いモータである．しかし，高速回転時に磁石の剥がれや飛散の可能性があり，構造上の対策を必要とする．一方，IPMは磁石が回転子鉄心内部にあるので，回転子鉄心は高速回転時の磁石を保護しているだけでなく，その構造によってリラクタンストルクも得られ，運転速度領域を広くとれる利点がある．しかしその反面，磁石の磁束の有効活用の面ではSPMに比べ劣り，磁極位置による ⬚(3)⬚ も増加する．

PMモータは近年発達の著しいネオジム合金などの ⬚(4)⬚ 永久磁石を用いることで小形・軽量となる利点があることから，家庭用機器，OA機器，電気自動車などに多く用いられてきたが，最近では小形軽量であることを活かし鉄道車両用の大出力機への開発も進められている．

PMモータの可変速運転は，可変電圧・可変周波数の電力変換装置と組み合わせて構成される．このうち高性能な精密可変速運転を目的とするベクトル制御では，回転子の角度を検出し1台のインバータで ⬚(5)⬚ のPMモータを駆動するのが原則となる．

【解答群】
(イ) 表面　　　　(ロ) 複数台　　　(ハ) フラッシオーバ　(ニ) 励磁装置
(ホ) すべて　　　(ヘ) 滑り　　　　(ト) 超電導　　　　　(チ) 1台
(リ) 突極　　　　(ヌ) 希土類　　　(ル) トルクリプル　　(ヲ) アルニコ
(ワ) 消磁装置　　(カ) 固定子鉄心　(ヨ) フェライト

---

**解 説** ▶ (1) 永久磁石には励磁装置が不要である．

(2) PMモータには，永久磁石の取り付け方によって，表面磁石形（SPM: Surface

85

Permanent Magnet）と，回転子内部に永久磁石を埋め込んだ埋込磁石形（IPM: Interior Permanent Magnet）とがある．

(3) SPMモータは，固定子の回転磁界の極と回転子の永久磁石の磁極との吸引および反発によるトルク，すなわちマグネットトルクを利用するので，回転子表面に永久磁石を貼り付けることで磁束を有効に使うことができ，高トルクで，トルクリプルが少なく，制御性・応答性に優れた特性が得られる．

一方，IPMモータにおいては，永久磁石の透磁率が真空中の透磁率とほぼ等しいので，永久磁石の部分にエアギャップが生じたのと等価になる．このため，IPMモータでは，SPMモータと同じマグネットトルクのほか，磁石を回転子に埋め込むことで，d軸，q軸のリアクタンスが異なる突極性が生じ，リラクタンストルクも発生する．リラクタンストルクは，固定子の回転磁界による極と回転子の突極との吸引力だけにより発生し，磁路の磁気抵抗が小さくなる方向に働くが，トルクリプルは大きくなる．

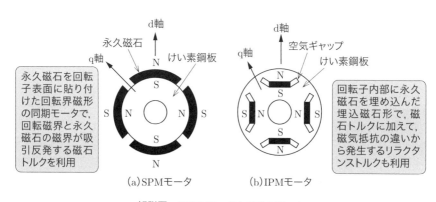

解説図　**SPM**モータと**IPM**モータ

(4) PMモータは，かつては永久磁石としてフェライトやアルニコ磁石が使われていたが，近年，高性能のネオジム合金などの希土類永久磁石が用いられる．希土類永久磁石は，残留磁束密度が大きく，保磁力が強いことが特徴である．

(5) PMモータは，回転子の位置に基づいて，交流電圧の周波数，大きさ，電流の制御が必要であるから，1台のインバータで1台のPMモータしか駆動できず，複数台のPMモータを運転することはできない．

【解答】　(1) ニ　　(2) イ　　(3) ル　　(4) ヌ　　(5) チ

# 章 末 問 題

■ 1 ━━━━━━━━━━━━━━━━━━━━━━━━━━━━━ H22　問 5

次の文章は，同期発電機のリアクタンスに関する記述である．

無負荷で電圧を誘起している同期発電機の端子を三相短絡させたとき，短絡初期に大きな短絡電流が流れ，時間の経過とともに次第に減少して持続する短絡電流になる．初期の短絡電流の大きさは，回転子回路に制動作用を生じるものがない場合は直軸過渡リアクタンス $X_d{}'$ によって支配されるが，制動作用を生じるものがある場合は直軸初期過渡リアクタンス $X_d{}''$ によって支配される．

同期リアクタンスを直軸同期リアクタンス $X_d$ と横軸同期リアクタンス $X_q$ とに分けて取り扱う場合，円筒形同期発電機のときには飽和の影響を無視すると $X_d$ と $X_q$ との大きさの関係は， (1) となるが，突極形同期発電機のときには直軸方向と横軸方向の (2) 抵抗の大きさが異なるので (3) となる．

同期発電機に不平衡電流が流れる場合，不平衡電流を対称分に分けて取り扱うことができる．逆相電流に対する逆相リアクタンス $X_2$ は近似的に (4) として計算される．また，零相電流に対する零相リアクタンス $X_0$ の大きさを他のリアクタンスとの関係で表せば (5) とみなせる．

(注) $X_d$：直軸同期リアクタンス，$X_q$：横軸同期リアクタンス，$X_d{}'$：直軸過渡リアクタンス，$X_d{}''$：直軸初期過渡リアクタンス，$X_q{}''$：横軸初期過渡リアクタンス，$X_l$：電機子漏れリアクタンス，$X_2$：逆相リアクタンス，$X_0$；零相リアクタンス

【解答群】

(イ) $X_d \fallingdotseq 2X_q$　　　(ロ) $\dfrac{X_d{}'' + X_q{}''}{2}$　　　(ハ) $\dfrac{X_d{}''}{2}$　　　(ニ) 磁気

(ホ) 飽和　　　(ヘ) $X_d = X_q - X_l$　　　(ト) $X_d < \dfrac{X_q}{2}$　　　(チ) $X_0 > X_q{}''$

(リ) $X_0 \fallingdotseq \sqrt{3} X_l$　　　(ヌ) $X_d > X_q$　　　(ル) $X_0 < X_l$　　　(ヲ) $X_d \fallingdotseq X_q$

(ワ) $\dfrac{X_d{}'' + X_l}{\sqrt{2}}$　　　(カ) $X_d < X_q$　　　(ヨ) 電機子

同期機

## ■2 ━━━━━━━━━━━━━━━━━━━━━━━━━━━━━━━━━━━ H23　問2

次の文章は，同期機の損失測定法に関する記述である．

同期機の損失測定法には，同期機に結合した駆動電動機を用いて　(1)　で運転し，駆動電動機の電圧，電流および入力を測定し，駆動電動機の損失を差し引いた出力によって求める方法がある．

ただし，ここでは同期機の励磁装置は，同期機の回転子軸によって駆動されない方式のものとする．

a)　同期機を無励磁で　(1)　で運転する．駆動電動機の入力が一定となった後，駆動電動機の電圧，電流および入力を測定する．これから駆動電動機の損失を差し引いて，駆動電動機の出力を算出する．その出力が同期機の　(2)　である．

b)　同期機の電機子全端子を開放した状態で，定格電圧になるように励磁して運転する．上記 a と同様に駆動電動機の出力を算出する．その出力が同期機の　(3)　である．これから上記 a の　(2)　を差し引くと　(4)　が得られる．

c)　同期機の電機子全端子を短絡した状態で，定格電流になるように励磁して運転する．上記 a と同様に駆動電動機の出力を算出して同期機の損失を求める．これから上記 a の　(2)　を差し引くと，電機子抵抗損である直接負荷損と，　(5)　との和が得られる．

【解答群】

| | | | |
|---|---|---|---|
|（イ）漂遊負荷損|（ロ）滑り速度|（ハ）駆動機損|（ニ）流動損|
|（ホ）開放損|（ヘ）変化損|（ト）鉄損|（チ）定格回転速度|
|（リ）励磁機損|（ヌ）短絡損|（ル）電気損|（ヲ）機械損|
|（ワ）低回転速度|（カ）銅損|（ヨ）固定損|

## ■3 ━━━━━━━━━━━━━━━━━━━━━━━━━━━━━━━━━━━ H10　問5

A 欄の語句と最も関係の深い語句を B 欄および C 欄の中から選べ．

【A 欄】

（1）進相運転　　（2）遅相運転　　（3）高負荷運転　　（4）低周波運転
（5）不平衡負荷運転

【B 欄】

（イ）逆相電流　　（ロ）漏れ磁束　　（ハ）共振周波数　　（ニ）負荷電流
（ホ）界磁電流

【C 欄】

（a）固定子巻線温度上昇　　（b）固定子表面加熱　　（c）回転子巻線温度上昇
（d）軸振動　　（e）固定子端部過熱

# 3章

## 変圧器

### 学習のポイント

　本分野では，変圧器の原理，励磁突入電流，変圧器の損失（無負荷損，負荷損），変圧器の結線方式等が語句選択式の必須問題としてよく出題される．また，変圧器の原理や等価回路，単巻変圧器，スコット結線変圧器に関連した計算問題が出題されている．二次試験では，変圧器の試験に基づく等価回路，電圧変動率，変圧器の効率に関する計算問題がよく出題される．一次試験対策，二次試験対策として分けて学習するよりも，変圧器の原理や等価回路をまずは理解した上で，総合的な理解を深めるよう，取り組むのがよい．

# 3-1 変圧器の原理・構造

**攻略のポイント**　本節に関して，電験3種では変圧器の構造，等価回路を用いた計算問題などが出題される．2種では，変圧器の構造，数式を扱った変圧器の原理，励磁突入電流とその対策などが出題されている．

## 1 変圧器の構造

### (1) 変圧器の構造全体

変圧器は，鉄心および複数の巻線で構成される．構造を図3・1に示す．

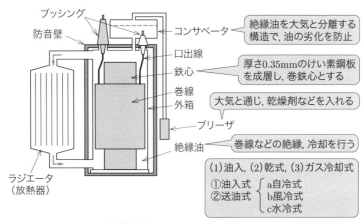

**図3・1** 油入変圧器の構造例

①変圧器の巻線には**軟銅線**が用いられる．巻線の方法としては，鉄心に絶縁を施し，その上に巻線を直接巻き付ける方法，円筒巻線や板状巻線としてこれを鉄心にはめ込む方法などがある．

②変圧器の鉄心には，飽和磁束密度と比透磁率が大きい**電磁鋼板**が用いられる．電力用変圧器では，けい素を4％前後含有，厚さ0.35 mmの**けい素鋼板**を積み重ねた**積層鉄心**を用いる．

鉄心材料には，方向性けい素鋼帯，アモルファス材料，カットコアがある．

**a. 方向性けい素鋼帯**

けい素鋼に適当な圧延加工と熱処理（焼きなまし）を行って多くの結晶粒の磁化しやすい方向を圧延方向に配向させたものである．方向性けい素鋼板では，圧

延方向に磁束が通るようにすると，励磁電流が少なく，かつ鉄損も少ない．方向性けい素鋼帯を巻いて作った鉄心を**巻鉄心**と呼ぶ．

**b. アモルファス材料**

けい素鋼帯と比べて鉄損が 1/3 程度になるが，強度上の問題，飽和磁束密度の低さなどから大容量向きではなく，配電用の柱上変圧器に用いられる．

**c. カットコア**

変圧器の巻鉄心は，全体をレジンで固めた後に切断したカットコアが広く用いられる．これは，小形であるが，継ぎ目が少なく，圧延方向に磁束が通るため，鋼帯の透磁率が高い．したがって，励磁電流が小さく，鉄損が少ないという特長がある．

③変圧器は，用いる冷媒によって，絶縁油を使用する**油入変圧器**，空気を使用する**乾式変圧器**，**ガス冷却変圧器**に分けられる．さらに，油入変圧器は，油の自然対流によって熱を外部に放散する**油入式**，油をポンプによってタンク内と放熱器との間で強制循環させる**送油式**に分けられる．いずれの場合も，高温の油を冷却する方法によって，**自冷式**，**風冷式**，**水冷式**がある．

④変圧器油は，変圧器本体を浸し，巻線の絶縁耐力を高めるとともに，冷却によって本体の温度上昇を防ぐために用いられる．また，化学的に安定で，引火点が高く，流動性に富み比熱が大きくて冷却効果が大きいなどの性質を備えることが必要となる．

⑤大型の油入変圧器では，負荷変動に伴い油の温度が変動し，油が膨張・収縮を繰り返すため，外気が変圧器内部に出入りを繰り返す．これを変圧器の**呼吸作用**といい，油の劣化の原因となる．この劣化を防止するため，本体の外にコンサベータやブリーザを設ける．

## (2) 変圧器の内部構造

変圧器の内部構造における分類として，**内鉄形**と**外鉄形**がある．内鉄形は図 3・2 (a) のように，鉄心の外側に巻線を巻いたものである．内鉄形は一次巻線と二次巻線の絶縁距離を容易にとれる．一方，外鉄形は図 3・2 (b) のように，巻線の周囲を鉄心が囲んだ形であり，一次巻線と二次巻線は交互に鉄心の周囲に積まれている．

外鉄形は冷却効果が良く，外側の鉄心で巻線が機械的に保護されることがメリットである．

変圧器

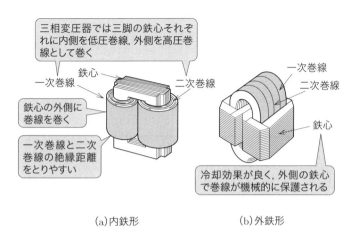

(a) 内鉄形　　　(b) 外鉄形

**図3・2** 変圧器の内部構造

## 2 変圧器の原理と等価回路

### (1) 変圧器の原理

図3・3の単相変圧器において，巻数 $N_1$ の一次側に交流電圧 $\dot{V}_1$〔V〕を加えると，励磁電流 $\dot{I}_0$〔A〕が流れ，交番磁束 $\phi$〔Wb〕による電磁誘導作用により一次巻線には誘導起電力 $\dot{E}_1$〔V〕が，巻数 $N_2$ の二次巻線には $\dot{E}_2$〔V〕が発生する．そして二次

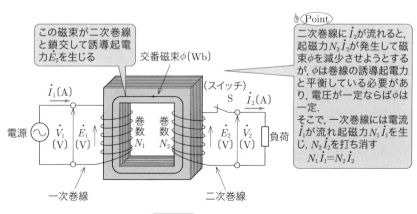

**図3・3** 変圧器の原理

## 3-1 変圧器の原理・構造

側に負荷が接続されると，起電力 $\dot{E}_2$ によって電流 $\dot{I}_2$ が二次回路に流れ，これにより起磁力 $N_2\dot{I}_2$ 〔A〕が発生して磁束 $\phi$ 〔Wb〕を減少させようとするが，最大磁束 $\Phi_m$ 〔Wb〕を一定に保つように一次側には電源から一次電流が流入して $N_2\dot{I}_2$ の起磁力を打ち消す．すなわち $N_1\dot{I}_1 = N_2\dot{I}_2$ が成立する．

$$\frac{\dot{I}_2}{\dot{I}_1} = \frac{N_1}{N_2} \tag{3・1}$$

### (2) 理想変圧器

理想変圧器の一次側と二次側の電圧と電流の回路図およびベクトル図は，図 3·4 のように示される．一次電圧 $\dot{V}_1$ 〔V〕により，$\pi/2$ 〔rad〕遅れた磁束 $\phi$ 〔Wb〕が鉄心に発生し，その磁束がそれよりも $\pi/2$ 進んだ起電力 $\dot{E}_1$ 〔V〕，$\dot{E}_2$ 〔V〕を誘導し，$\dot{I}_1$ 〔A〕，$\dot{I}_2$ 〔A〕が流れる．このときの鉄心の最大磁束密度を $\Phi_m = N_1\phi_m$ 〔Wb〕とすれば，次式が成り立つ．

$$e_1 = \frac{d\Phi_m}{dt} = N_1\frac{d\phi}{dt} = N_1\frac{d(\phi_m \sin\omega t)}{dt} = \omega N_1\phi_m\cos\omega t$$

$$= -\omega N_1\phi_m\sin\left(\omega t - \frac{\pi}{2}\right) \tag{3・2}$$

ここで，$\omega = 2\pi f$，$f$〔Hz〕：周波数である．

したがって，実効値 $E_1$〔V〕は

$$E_1 = \frac{1}{\sqrt{2}}\omega N_1\phi_m = \frac{2\pi f}{\sqrt{2}}N_1\phi_m = \sqrt{2}\pi f N_1\phi_m = 4.44 f N_1\phi_m \tag{3・3}$$

となり，同様に二次側の誘導起電力の実効値 $E_2$〔V〕は

$$E_2 = 4.44 f N_2\phi_m \tag{3・4}$$

となる．これより，$a$ を**巻数比**として，次式が成立する．

$$\frac{E_1}{E_2} = \frac{4.44 f N_1\phi_m}{4.44 f N_2\phi_m} = \frac{N_1}{N_2} = \frac{I_2}{I_1} = a \tag{3・5}$$

# 変圧器

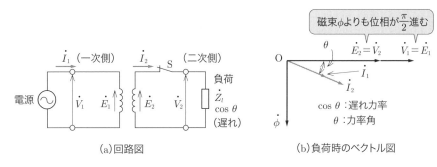

図3・4 理想変圧器の回路図とベクトル図

## (3) 変圧器の等価回路

変圧器の内部磁束には，図3・5のように，巻線電圧を誘導する主磁束$\Phi$と巻線に流れる負荷電流によって作られる漏れ磁束$\Phi_1$，$\Phi_2$がある．

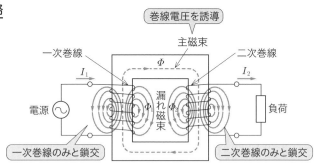

図3・5 主磁束と漏れ磁束

主磁束は鉄心内を通り各巻線に鎖交するが，漏れ磁束は各自の巻線のみと鎖交する．この漏れ磁束$\Phi_1$は一次巻線に対し，$\Phi_2$は二次巻線に対しリアクタンスとして作用するので，これらを**漏れリアクタンス**という．

次に，変圧器の二次側を開放した状態で，一次側に定格電圧を印加したときに流れる電流を**励磁電流（無負荷電流）**$\dot{I}_0$といい，有効磁束を作るための**磁化電流**$\dot{I}_\phi$と鉄損を供給する**損失電流**$\dot{I}_e$に分けることができる．図3・6のように，磁化電流$\dot{I}_\phi$は印加電圧$\dot{V}_1$より$\pi/2$〔rad〕遅れた無効電流であり，損失電流は電圧と同相の有効電流であり，次式が成立する．

$$\dot{I}_0 = \dot{I}_e + \dot{I}_\phi \tag{3・6}$$

実際の変圧器の励磁回路の等価回路を図3・7に示す．$\dot{Y}_0$〔S〕を励磁アドミタンス，$g_0$〔S〕を励磁コンダクタンス，$b_0$〔S〕を励磁サセプタンスとすれば

$$\dot{Y}_0 \text{〔S〕} = g_0 - jb_0 \text{〔S〕} \tag{3・7}$$

となる．

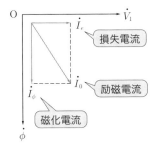

図3・6　励磁電流のベクトル図

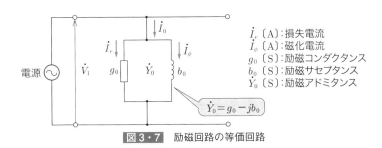

図3・7　励磁回路の等価回路

以上を含め，変圧器の等価回路を示すと，図3・8となる．図3・8 (a) では，変圧器の一次・二次巻線のインピーダンスと励磁回路を点 abcd の外に出すことにより，一次・二次巻線は単に変圧作用のみの理想変圧器（点 abcd の枠内）となる．また，図3・8 (b) では，$\dot{E}_2' = a\dot{E}_2 = \dot{E}_1$，$\dot{I}_2' = \dot{I}_2/a = \dot{I}_1$ とし，二次巻線のインピーダンス $(r_2 + jx_2)$ および負荷のインピーダンス $(R + jX)$ を $a^2$ 倍することにより，二次側を一次側に換算している．点 a-b，c-d 間では，同一起電力 $\dot{E}_1$，同一電流 $\dot{I}_1$ となるので，理想変圧器を取り除いた等価回路になっている．これを**一次側に換算した等価回路**という．

$$\dot{Z}_2' = \frac{\dot{E}_2'}{\dot{I}_2'} = \frac{\dot{E}_1}{\dot{I}_1} = \frac{a\dot{E}_2}{\dot{I}_2/a} = a^2 \frac{\dot{E}_2}{\dot{I}_2} = a^2 Z_2 \tag{3・8}$$

さらに，図3・8 (c) では，励磁電流 $\dot{I}_0$ は全負荷電流に比べてかなり小さいので，これによる一次巻線内の電圧降下や損失を無視し，励磁アドミタンス $\dot{Y}_0$ を一次端子側に移している．これを**簡易等価回路（L形等価回路）**といい，よく用いられる．

> POINT
> 二次側のインピーダンスを $a^2$ 倍することが，二次を一次に換算すること

# 変圧器

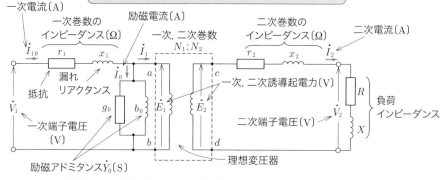

(a) 理想的変圧器を介して表した等価回路（$a = N_1/N_2$：巻数比）

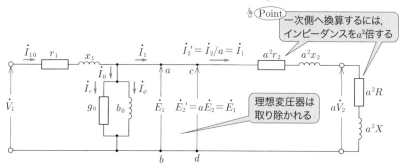

(b) 一次側に換算した等価回路（$a = N_1/N_2$：巻数比）

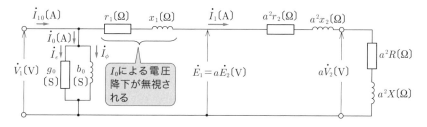

(c) 励磁回路を一次端子側に移した等価回路（簡易等価回路）

**図3・8** 変圧器の等価回路

## 3-1 変圧器の原理・構造

一方，図3·9（a）は**二次側に換算した等価回路**を示す．これは，一次側電圧を $\dot{V}_1/a$，電流を $a\dot{I}_1$ とし，巻線抵抗 $r_1$ および漏れリアクタンス $x_1$ を $1/a^2$ 倍，励磁アドミタンス $\dot{Y}_0 = g_0 - jb_0$ を $a^2$ 倍する．励磁電流は，一次電圧 $\dot{V}_1{'}$ と励磁アドミタ

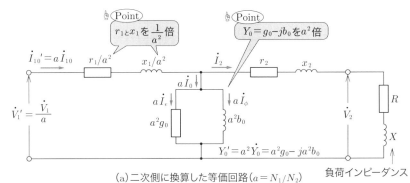

(a) 二次側に換算した等価回路（$a = N_1/N_2$）

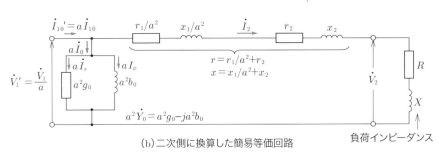

(b) 二次側に換算した簡易等価回路

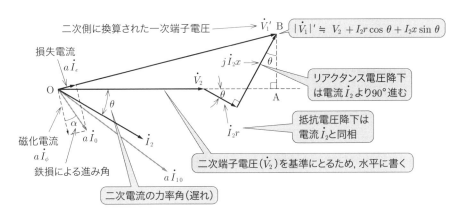

(c) ベクトル図（負荷が遅れ力率の場合）

**図3・9** 変圧器における二次側に換算した等価回路とベクトル図

# 変圧器

ンス $\dot{Y}_0{}'$ の積であるから（' 付き記号は一次側諸量を二次側に換算）

$$\dot{I}_0{}' = \dot{V}_1{}' \times \dot{Y}_0{}' = \frac{\dot{V}_1}{a} \times a^2 \dot{Y}_0 = a\dot{I}_0 \tag{3・9}$$

となる．図 3・9（b）は二次側に換算した簡易等価回路，図 3・9（c）は図 3・9（b）に基づくベクトル図である．これから一次側の端子電圧 $\dot{V}_1{}'$（二次換算値）を求めると

$$|\dot{V}_1'| = \sqrt{(V_2 + I_2 r \cos\theta + I_2 x \sin\theta)^2 + (I_2 x \cos\theta - I_2 r \sin\theta)^2}$$
$$\fallingdotseq V_2 + I_2 r \cos\theta + I_2 x \sin\theta \,\mathrm{[V]} \,(\because 第2項を無視) \tag{3・10}$$

となる．

## 3 変圧器の励磁突入電流

### (1) 変圧器の励磁突入電流

変圧器巻線の誘導起電力 $E$ は，巻数を $N$，鉄心の磁束を $\phi$ とすると，ファラデーの法則より $E = N\dfrac{d\phi}{dt}$ となるから，$\Phi_r$ を残留磁束 $\Phi_r = N\phi_r = \displaystyle\int_{-\infty}^{0} E dt$ として

$$\Phi = N\phi = \int_{-\infty}^{t} E dt = \Phi_r + \int_{0}^{t} E dt \tag{3・11}$$

となる．つまり，鉄心内の磁束 $\Phi$ は印加電圧の積分で表されるので，電圧 $e = E_m \sin\omega t$ を変圧器に印加すると，最初の 1 サイクルの間に磁束は定常状態の磁束最大値 $\Phi_m$ の 2 倍と残留磁束を加えた（$2\Phi_m + \Phi_r$）となって飽和磁束を超えるので，過渡的に大きな電流が流れる．これを**励磁突入電流**という．この励磁突入電流を図 3・10 に示す．そして，シフトした磁束は徐々に定常状態に戻っていき，それとともに励磁突入電流も落ち着く．また，この継続時間は回路のインダクタンスと抵抗によって決まり，大容量器ほど長く，数十秒以上に及ぶことがある．

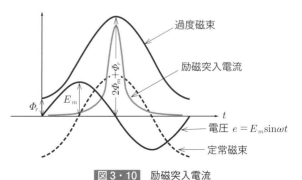

**図 3・10** 励磁突入電流

3-1 変圧器の原理・構造

このように励磁突入電流は，鉄心の磁気飽和特性とヒステリシス特性のために高調波を含んだひずみ波となる（後述の図3・15参照）．

励磁突入電流は，例えば変圧器容量が10MVAクラスでは定格電流の6〜8倍程度に達することもある．励磁突入電流の大きさや継続時間は，変圧器の鉄心の飽和特性，投入位相，連系する系統の短絡容量などによって変わる．

## (2) 励磁突入電流に伴う各種現象への対策

### ① 変圧器の保護リレー（比率差動リレー）の誤動作防止対策

変圧器の保護には，比率差動リレーを適用する．しかし，変圧器の励磁突入電流は加圧端子からの流入のみで流出がなく，定格電流を大幅に上回るので，誤動作する可能性がある．この対策として，励磁突入電流には第2調波が多く含まれていることを利用して，**第2調波ロック方式**（第2調波含有率が一定以上の場合には励磁突入電流とみなしてロックする方式）が採用される．また，**変圧器投入後一定時間リレーをロックする方式**がとられることもある．

### ② 励磁突入電流に伴う電圧変動抑制対策

励磁突入電流による電圧変動を抑制するため，**変圧器投入時の抵抗投入や投入位相の制御**などを行うことがある．

---

**例題1** ............................................................ H17 問2

電力用の大形変圧器では，　(1)　を高くするために，鉄心材料には方向性けい素鋼板が用いられ，その表面に絶縁皮膜処理を施して，これを短冊状に切り，積層して鉄心を構成する．方向性けい素鋼板は，製造時の　(2)　とその垂直方向とでは，磁気特性が非常に異なるので，鉄心の構成に当たっては磁束の方向と　(2)　とが一致するように留意する．また，絶縁電線を木製巻型または絶縁筒の上にコイル状に巻き，絶縁処理を施した後，鉄心に組み込む．このような巻線方法は，　(3)　と呼ばれ，鉄心と巻線の製作が並行して進められる利点がある．

柱上変圧器などの小形変圧器の鉄心は，従来，大形変圧器と同様に，方向性けい素鋼板を短冊状に切って積層していたが，高効率化のために，最近では，方向性けい素鋼帯による巻鉄心からなる　(4)　コアが広く用いられている．この鉄心の特長は，小型の割に継ぎ目が少なく，鋼帯の　(1)　が高いので，励磁電流は小さく鉄損が少ないことである．さらに，現在では，一層の低損失化を図るために　(5)　の巻鉄心を使用した変圧器も実用化されている．巻線は，普通，低圧巻線を巻いて絶縁を施した後，その上に高圧巻線を巻いて作られる．

変圧器

**【解答群】**

| | | | |
|---|---|---|---|
| （イ）型巻 | （ロ）フェライト材 | （ハ）ハイライト | （ニ）透磁率 |
| （ホ）切削方向 | （ヘ）保磁力 | （ト）直巻 | （チ）圧延方向 |
| （リ）パーマロイ材 | （ヌ）カット | （ル）占積率 | （ヲ）平巻 |
| （ワ）ダスト | （カ）鍛造方向 | （ヨ）アモルファス材 | |

**解 説** 本節1項で解説しているので，参照する．巻線について補足する．巻線は型巻と直巻に分けられる．型巻は，鉄心とは別にコイルを作った後で鉄心に組み込む方法で，適当な巻型の上に巻線を巻いて絶縁処理を行う．この型巻が一般的に用いられる．一方，直巻は，鉄心脚上に絶縁物を巻き，その上に直接低圧巻線，さらに絶縁物を巻いて高圧巻線を巻く方法であるが，製作上，小形の内鉄形変圧器に用いられるだけである．

**【解答】**（1）ニ （2）チ （3）イ （4）ヌ （5）ヨ

---

**例題2** ................................................................ R2 問5

一次および二次巻線を施した環状鉄心において，一次巻線の巻数を $N_1$ とする．二次巻線を開放したまま，一次巻線に供給電圧として角周波数 $\omega$，実効値 $V_1$ の交流電圧 $v_1(t) = \sqrt{2}V_1 \sin \omega t$ を加えると，この巻線に流れる ___(1)___ 電流 $i_0$ は，巻線の抵抗および鉄損を無視すれば，次式で表される．

$$i_0(t) = \frac{\sqrt{2}V_1}{Z} \sin\left(\omega t - \frac{\pi}{2}\right) \cdots\cdots\cdots ①$$

ここで，$Z$ は一次巻線のインピーダンスである．

磁気回路の長さを $l$，断面積を $A$，透磁率を $\mu$（一定）と仮定すれば，この電流 $i_0$ によって鉄心中に生じる交番磁界による $\phi$ は ___(2)___ を磁気抵抗で除すことで求められ

$$\phi(t) = \frac{N_1 \mu A}{l} i_0(t) \cdots\cdots\cdots ②$$

式①および式②から

$$\phi(t) = \Phi_m \sin\left(\omega t - \frac{\pi}{2}\right) \cdots\cdots\cdots ③$$

ここで $\Phi_m$ は $\phi(t)$ の最大値であり，$\Phi_m =$ ___(3)___ である．

その結果，一次巻線に誘導起電力 $e_1$ が発生するが，$e_1$ は $\phi$ の変化を妨げる方向に誘導されたとすると，次の関係式が成り立つ．

## 3-1 変圧器の原理・構造

$$v_1(t) = -e_1(t) = N_1 \frac{d\phi(t)}{dt} \quad\cdots\cdots\cdots\cdots\cdots\cdots\cdots\cdots\cdots\cdots\cdots\cdots ④$$

式③および式④から，$e_1(t)$ は次式となる．

$$e_1(t) = \sqrt{2}E_1 \sin \omega t$$

ただし，$E_1$ は $e_1(t)$ の実効値であり，周波数を $f$ とすると次式となる．

$$E_1 = \boxed{\phantom{(4)}} f N_1 \Phi_m$$

実際の電力用変圧器においては，鉄心の $\boxed{\phantom{(5)}}$ 特性とヒステリシス特性が含まれるため，鉄心の磁気特性は非直線性になり，巻線に正弦波電圧を加えたとしても電流 $i_0$ は高調波成分を含んだひずみ波となる．

【解答群】

（イ）起磁力　　（ロ）$\dfrac{\sqrt{2}}{\pi}$　　（ハ）$\dfrac{\sqrt{2}N_1}{\omega V_1}$　　（ニ）磁区　　（ホ）$\dfrac{\sqrt{2}V_1}{\omega N_1}$

（ヘ）磁化力　　（ト）$\dfrac{\omega N_1}{\sqrt{2}V_1}$　　（チ）誘導　　（リ）励磁　　（ヌ）渦電流

（ル）飽和　　（ヲ）$\sqrt{2}\pi$　　（ワ）$2\pi$　　（カ）負荷　　（ヨ）鎖交磁束

**解 説**　本節 2 項で解説しているので，参照する．（2）に関して，磁気回路のオームの法則から，$NI = R_m \phi$ が成り立つ．すなわち，鉄心中に生じる交番磁束 $\phi$ は起磁力 $NI$ を磁気抵抗 $R_m$ で除すことで求められる．（3）に関して，$N_1 \phi(t) = L i_0(t)$ から

$$N_1 \phi(t) = L \frac{\sqrt{2}V_1}{Z} \sin\left(\omega t - \frac{\pi}{2}\right)$$

$$\phi(t) = \frac{L}{N_1} \cdot \frac{\sqrt{2}V_1}{Z} \sin\left(\omega t - \frac{\pi}{2}\right) = \frac{L}{N_1} \cdot \frac{\sqrt{2}V_1}{\omega L} \sin\left(\omega t - \frac{\pi}{2}\right)$$

$$= \frac{\sqrt{2}V_1}{\omega N_1} \sin\left(\omega t - \frac{\pi}{2}\right)$$

このため，$\Phi_m = \sqrt{2}V_1 / (\omega N_1)$ となる．（4）は式（3・3）と同様である．

【解答】（1）リ　（2）イ　（3）ホ　（4）ヲ　（5）ル

変圧器

## 例題 3 ····················································· H22　問2

　変圧器を電源に投入すると，鉄心の　(1)　現象によって過渡的に大きな電流が流入する．この電流を　(2)　突入電流と呼び，その波高値は定格電流の5倍を超えることもある．鉄心内の磁束は印加電圧の　(3)　に応じて変化するので，例えば単相変圧器の場合，鉄心内の残留磁束 $\phi_r$ がない状態で，電圧0の瞬間に投入されると，最初の1サイクルの間に鉄心内磁束は定常状態の磁束最大値 $\phi_m$ の2倍に達し，飽和磁束密度を超えると過渡的に大きな電流が流入する．投入時，鉄心内に残留磁束 $\phi_r$ があり，それが印加電圧による磁束の変化方向と同一方向にあった場合には鉄心内の磁束が $2\phi_m + \phi_r$ となって，さらに大きな突入電流となる．磁束は徐々に定常状態に戻っていき，それとともに突入電流も定常値に落ち着く．この継続時間は，回路のインダクタンスと抵抗などによって決まり，　(4)　器ほど長く，数十秒以上に及ぶことがある．

　この突入電流が大きいと比率差動継電器が誤動作するので，これを防止するために，変圧器投入後一定時間継電器をロックする方法や，突入電流が　(5)　調波を多く含むことを利用して　(5)　調波抑制付比率差動継電器を用いる方法が採られる．

　また，突入電流による電圧変動を抑制するため，投入前に残留磁束の消去，抵抗挿入，投入位相の制御などを行うことがある．

【解答群】
（イ）第3　　　（ロ）減磁　　　（ハ）大容量　　　（ニ）固有値　　　（ホ）第2
（ヘ）小形　　　（ト）微分値　　　（チ）第5　　　（リ）磁気飽和　　　（ヌ）磁気誘導
（ル）増磁　　　（ヲ）励磁　　　（ワ）小容量　　　（カ）飽和電圧　　　（ヨ）積分値

### 解　説　　本節3項で解説しているので，参照する．

【解答】(1) リ　(2) ヲ　(3) ヨ　(4) ハ　(5) ホ

# 3-2 変圧器の試験と電圧変動率

**攻略の ポイント**

電験3種では電圧変動率の基礎的な計算が出題される。2種一次では温度上昇試験が出題されたことがある。電圧変動率の考え方・計算は機械・電力分野の二次試験計算問題でよく出題されるため、十分に学習する。

## 1 変圧器の試験

### (1) 変圧器の試験項目と目的・方法

変圧器は、表3・1の試験を行って、その性能を確認する。

**表3・1** 変圧器の試験項目および目的・方法

| 試験項目 | 目的と方法 |
|---|---|
| (1) 巻線抵抗測定 | ・規約効率の算定に必要な負荷損を測定する。<br>・一次巻線、二次巻線の抵抗を直流電圧降下法またはダブルブリッジ法により測定する。 |
| (2) 極性試験 | ・減極性か加極性かを確認する。 |
| (3) 変圧比の測定 | ・一次に適当な電圧$V_1$を加え、二次の無負荷電圧$V_2$を測定すると、巻数比$a = V_1/V_2$から求められる。 |
| (4) 無負荷試験 | ・励磁電流と鉄損を測定することにより、励磁アドミタンスを求める。 |
| (5) 短絡試験 | ・変圧器の二次側を短絡し、一次側にインピーダンス電圧を印加して一次電流とインピーダンスワットを測定することにより、一次側に換算した全抵抗と漏れリアクタンスを決定する。 |
| (6) 温度上昇試験 | ・定格運転状態における温度上昇が規定値以下であるかを確認する。<br>・一般の電力用変圧器では返還負荷法が用いられる。 |
| (7) 絶縁耐力試験 | ◇加圧試験<br>・変圧器の充電部分と対地間、充電部分の相互間について絶縁強度を確認する。<br>・別の電源で発生した商用周波数の試験電圧を供試巻線と他の巻線および鉄心、外箱を一括して接地したものとの間に1分間連続して加える。<br>◇誘導試験<br>・巻線の層間絶縁を確認する。<br>・商用周波数よりも高い周波数の電圧により巻線端子間に常規誘導電圧の2倍の電圧を誘導させて試験する。<br>◇衝撃電圧試験<br>・雷などの衝撃性異常電圧に対する絶縁強度を確認する。<br>・定められた試験電圧、波形を印加して試験する。 |

### (2) 抵抗測定

測定時における巻線温度$t$〔℃〕のときの巻線抵抗を$r_t$とすると、基準巻線温度75℃における抵抗$r_{75}$は次式により計算することができる。

$$r_{75} = r_t \frac{234.5 + 75}{234.5 + t} \text{ 〔Ω〕} \tag{3・12}$$

103

### (3) 無負荷試験

 変圧器の**無負荷試験**は，一次側または二次側の一方を開放して負荷電流を零とする．図3・11 (a) のように，二次巻線を開放し，一次巻線に定格電圧を加え，一次電圧 $V_1$〔V〕，一次電流 $I_0$〔A〕，電力 $P_0$〔W〕を測定する．このときの等価回路は同図 (b) のようになる．通常 $(r_1+jx_1)\dot{I}_0 \ll \dot{V}_1$ であるから，変圧器の励磁アドミタンスは次式から求められる．

$$g_0 = \frac{P_0}{V_1^2} \tag{3・13}$$

$$b_0 = \sqrt{\left(\frac{I_0}{V_1}\right)^2 - g_0^2} \tag{3・14}$$

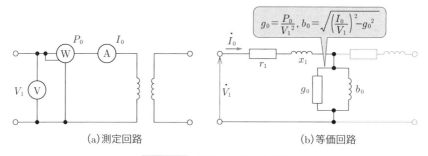

(a) 測定回路　　　(b) 等価回路

**図3・11** 変圧器の無負荷試験

### (4) 短絡試験

 **短絡試験**は，図3・12 (a) のように，二次側を電流計を通じて短絡し，二次電流が定格値となるように電圧 $V_s$〔V〕を一次巻線に加えて，一次電流 $I_s$〔A〕と電力 $P_s$〔W〕を測定する．このときの $P_s$ を**インピーダンスワット**，$V_s$ を**インピーダンス電圧**という．励磁電流 $\dot{I}_0$ は一次電流 $\dot{I}_s$ に比べて非常に小さいので無視でき，等価回路とベクトル図は図3・12 (b), (c) のようになる．短絡試験によって図3・12 (b) の等価回路における $r_{12}$〔Ω〕とリアクタンス $x_{12}$〔Ω〕は次のように求める．

$$r_{12} = r_1 + a^2 r_2 = \frac{P_s}{I_s^2} \ 〔Ω〕 \tag{3・15}$$

$$x_{12} = x_1 + a^2 x_2 = \sqrt{\left(\frac{V_s}{I_s}\right)^2 - (r_1 + a^2 r_2)^2} \ 〔Ω〕 \tag{3・16}$$

## 3-2 変圧器の試験と電圧変動率

また，短絡試験によって，インピーダンス電圧 $V_s$ 〔V〕より，**百分率インピーダンス降下 %Z**〔％〕が計算でき，さらにインピーダンスワット $P_s$ 〔W〕から，**百分率抵抗降下 $p$**〔％〕，**百分率リアクタンス降下 $q$**〔％〕が計算できる．$V_{1n}$ を定格一次電圧〔V〕，$I_{1n}$ を定格一次電流〔A〕，$P_n$ を定格容量〔VA〕とすれば

$$\%Z = \frac{V_s}{V_{1n}} \times 100 = \frac{I_{1n}Z}{V_{1n}} \times 100 \ [\%] \tag{3・17}$$

$$p = \frac{I_{1n}r_{12}}{V_{1n}} \times 100 = \frac{I_{1n}{}^2 r_{12}}{V_{1n}I_{1n}} \times 100 = \frac{P_s}{P_n} \times 100 \ [\%] \tag{3・18}$$

$$q = \sqrt{\%Z^2 - p^2} \ [\%] \tag{3・19}$$

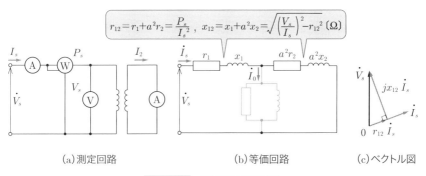

(a)測定回路　　(b)等価回路　　(c)ベクトル図

**図 3・12** 変圧器の短絡試験

なお，短絡試験だけでは $r_1$ と $a^2 r_2$，$x_1$ と $a^2 x_2$ を分離できない．そして，負荷損は温度によって変化するので，$P_s$〔W〕や $r_{12}$〔Ω〕は測定温度における値を基準温度 75℃ の値に補正する．$x_{12}$ はリアクタンス分なので温度補正は不要である．

### (5) 温度上昇試験

変圧器の温度上昇が規定の範囲内にあるかどうかを温度上昇試験によって確認する．この試験には最高油温度上昇と巻線温度上昇がある．

① **最高油温度上昇**：この試験は油温が最高であると思われる場所に温度計を設置して油温を測定する．変圧器に全損失を供給した場合，最高油温度測定値と基準冷媒温度との差が最高油温度上昇となる．全損失を供給できない場合は，80％ 以上の損失を供給して，最高油温度上昇は測定値に（全損失／供給損失）$^{0.8}$ の係数を乗じて求める．

②**巻線温度上昇**：巻線温度は抵抗法によって測定する．試験開始前の巻線温度と巻線抵抗値を $t_1$〔℃〕，$R_1$〔Ω〕，試験最終時の巻線抵抗値を $R_2$〔Ω〕とすれば，そのときの巻線温度は，銅巻線の場合，次式で求められる．

$$t_2 = \frac{R_2}{R_1}(234.5 + t_1) - 234.5 \qquad (3・20)$$

③**温度上昇試験の試験法**：温度上昇試験の試験法には，実負荷法，返還負荷法，等価負荷法などがある．

a. **実負荷法**：定格負荷を変圧器に加えて温度上昇試験を行う方法である．負荷としては水抵抗などを用いるが，電力損失が大きいので，あまり使われない．

b. **返還負荷法**：返還負荷法では，外部電源から鉄損と銅損に相当する電力のみを供給すればよいので，試験電源が比較的小規模なものですむ．図 3・13 のように，一次・二次をそれぞれ並列に結線し，一方からは定格電圧および定格周波数の電源で励磁して無負荷損を供給し，一方の並列回路に補助変圧器を入れて

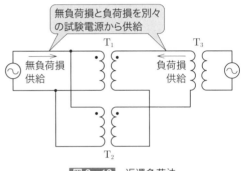

**図 3・13** 返還負荷法

他の電源により定格電流を循環させて負荷損を供給する．ただし，$T_1$, $T_2$ は試験対象となる同じ仕様の変圧器，$T_3$ は補助変圧器である．

c. **等価負荷法**：無負荷損が負荷損に比べて比較的小さい場合は等価負荷法が用いられる．巻線の一方を短絡し，巻線に過電流を流し，そのときに生じる負荷損を定格電圧・定格周波数における無負荷損と定格電流における 75℃ 換算負荷損との和に等しくする．このときの油の温度上昇は全損失相当分を供給した場合の温度上昇と同一と考えられる．この方法で油の温度上昇が一定になったときの最高油温上昇と平均油温上昇を測定する．次に，電流を定格値まで下げ，そのまま 1 時間保った後，平均油温および抵抗法により巻線温度を測定する．このときの巻線温度と平均油温との差から巻線の油に対する温度上昇を求める．等価負荷法では，最初の試験で測定した平均油温上昇値に次の試験で測定した巻線温度と平均油温との差を加え，その値を定格に対する巻線温度上昇とする．

## 2 電圧変動率

### (1) 電圧変動率の定義

変圧器が定格力率 $\cos\theta$（特に指定がないときは100%）において，定格二次電圧 $V_{2n}$ のとき，定格二次電流 $I_{2n}$ が流れるような負荷を接続する．その後，一次電圧 $V_1$ を変えずに変圧器を無負荷にして二次端子電圧が $V_{20}$ になるとき，**電圧変動率** $\varepsilon$ 〔%〕は次式で定義される（図3·14 参照）．

$$\varepsilon = \frac{V_{20} - V_{2n}}{V_{2n}} \times 100 \; [\%] \tag{3·21}$$

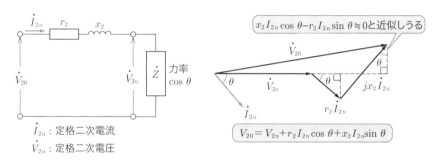

**図3·14** 変圧器の二次側換算等価回路とベクトル図

図3·14のベクトル図より，$V_{20}$〔V〕は次式で求められる．

$$V_{20} = \sqrt{(V_{2n} + r_2 I_{2n}\cos\theta + x_2 I_{2n}\sin\theta)^2 + (x_2 I_{2n}\cos\theta - r_2 I_{2n}\sin\theta)^2} \tag{3·22}$$

ここで，第2項は極めて小さいので，$x_2 I_{2n}\cos\theta - r_2 I_{2n}\sin\theta \fallingdotseq 0$ として

$$V_{20} = V_{2n} + r_2 I_{2n}\cos\theta + x_2 I_{2n}\sin\theta \tag{3·23}$$

と変形できる．電圧変動率 $\varepsilon$ は式（3·21）と式（3·23）より

$$\varepsilon = \left( \frac{r_2 I_{2n}}{V_{2n}}\cos\theta + \frac{x_2 I_{2n}}{V_{2n}}\sin\theta \right) \times 100 = p\cos\theta + q\sin\theta \; [\%] \tag{3·24}$$

$\left( p = \dfrac{r_2 I_{2n}}{V_{2n}} \times 100 : \text{百分率抵抗降下}, \; q = \dfrac{x_2 I_{2n}}{V_{2n}} \times 100 : \text{百分率リアクタンス降下} \right)$

変圧器

二次換算のインピーダンスを $Z_2$〔Ω〕とすれば

$$Z_2 = \sqrt{r_2{}^2 + x_2{}^2} \ \text{〔Ω〕} \qquad (3 \cdot 25)$$

となり，百分率インピーダンス降下を %$Z$ とすると

$$\%Z = \frac{Z_2 I_{2n}}{V_{2n}} \times 100 = \frac{\sqrt{r_2{}^2 + x_2{}^2}\, I_{2n}}{V_{2n}} \times 100$$

$$= \sqrt{\left(\frac{r_2 I_{2n}}{V_{2n}}\right)^2 + \left(\frac{x_2 I_{2n}}{V_{2n}}\right)^2} \times 100 = \sqrt{p^2 + q^2} \ \text{〔%〕} \qquad (3 \cdot 26)$$

と表すことができる．

---

> **例題 4** ·········································· **H13　問6**
>
> 　油入変圧器の温度試験の負荷法における等価負荷法は，無負荷損が負荷損に比べて　(1)　場合に用いられる．その概要は次のとおりである．
>
> a)　巻線の一方を短絡し，巻線に過電流を流し，そのときに生じる負荷損を定格電圧・定格周波数における無負荷損と定格電流における　(2)　〔℃〕換算負荷損との和に等しくする．このときの油の温度上昇は　(3)　相当分を供給した場合の温度上昇と同一と考えられる．この方法で油の温度上昇が一定になったときの最高油温上昇と平均油温上昇を測定する．
>
> b)　次いで，電流を定格値まで下げ，そのまま1時間保った後，平均油温および　(4)　法により巻線温度を測定する．このときの巻線温度と平均油温との差から巻線の油に対する温度上昇を求める．
>
> c)　上記 b で求めた温度上昇に a で測定した平均油温上昇を加えれば，定格運転時における　(5)　の温度上昇が求まる．
>
> 【解答群】
>
> （イ）全負荷損　　　　（ロ）絶縁物　　　　　（ハ）比較的小さい　　（ニ）鉄心
>
> （ホ）等価回路　　　　（ヘ）55　　　　　　 （ト）巻線　　　　　　（チ）温度計
>
> （リ）抵抗　　　　　　（ヌ）比較的大きい　　（ル）漂遊負荷損　　　（ヲ）75
>
> （ワ）ほぼ同じ　　　　（カ）全損失　　　　　（ヨ）105

**解　説**　　本節 1 項で解説しているので，参照する．

【解答】(1) ハ　(2) ヲ　(3) カ　(4) リ　(5) ト

# 3-3 変圧器の損失と効率

**攻略のポイント** 電験3種では無負荷損や負荷損に関する基礎的な計算が出題される．2種一次では，無負荷損・負荷損や効率に関する考え方がよく出題される．

## 1 変圧器の損失の種類

### (1) 無負荷損

**無負荷損**は，二次側を開放したまま，一次側端子に電圧を加えたときに生じる損失である．無負荷損の大部分は**鉄損**であるが，励磁電流による巻線の抵抗損および絶縁物中の誘電体損なども含まれる．鉄損には，図3·15のように**ヒステリシス損**と**うず電流損**がある．

ヒステリシス損は，鉄心内を通る磁束の向きの変化に追従し，鉄心内の多くの微小磁石（微小電流ループの磁気モーメント）が向きを変えるときに生じる摩擦損失である．これは，ヒステリシスループに比例した損失を生じる．単位重量当たりのヒステリシス損 $W_h$ は次の実験式で表される．

$$W_h = K_h f B_m{}^2 \,[\mathrm{W/kg}] \tag{3·27}$$

（$K_h$：鉄板の材質と加工によって決まる定数，$f$：周波数，$B_m$：最大磁束密度）

一方，うず電流損は，鉄心中を通る磁束を打ち消そうとして，鉄心内に流れるうず電流によって鉄心の抵抗で生じる損失である．単位重量当たりのうず電流損 $W_e$ は次式で表される．

$$W_e = \frac{K_e (tfB_m)^2}{\rho} \,[\mathrm{W/kg}] \tag{3·28}$$

（$K_e$：鉄板の材質によって決まる定数，$t$：鉄板の厚さ，$\rho$：鉄心の抵抗率）

ヒステリシス損を小さくするため，けい素鋼板を用い，うず電流損を小さくするために厚さを薄くする必要があり，通常 0.35 mm の鋼板を積層して鉄心を作る．

ここで，変圧器の一次誘導起電力 $E_1$ が一定のとき，$E_1 = k f B_m$ （$k$：比例定数）であるから，式（3·27）や式（3·28）は次のようになる．

$$\text{ヒステリシス損 } W_h = K_h f \left(\frac{E_1}{kf}\right)^2 = \frac{K_h}{k^2} \cdot \frac{E_1{}^2}{f} \tag{3·29}$$

$$\text{うず電流損 } W_e = \frac{K_e t^2}{\rho} \left(\frac{E_1}{k}\right)^2 = \frac{K_e t^2 E_1{}^2}{k^2 \rho} \tag{3·30}$$

3章 変圧器

変圧器

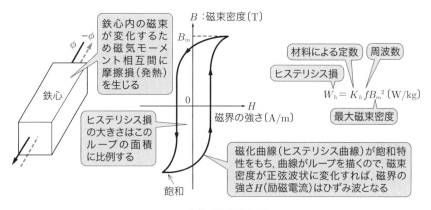

(a)ヒステリシス損

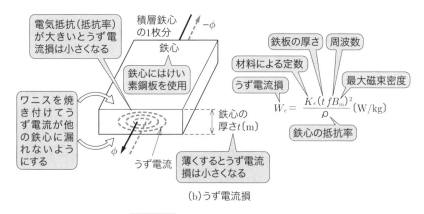

(b)うず電流損

**図3・15** 変圧器の無負荷損の種類

　したがって，電圧を一定とすれば，ヒステリシス損は周波数に反比例し，うず電流損は一定である．さらには，ヒステリシス損とうず電流損を含めた鉄損は，電圧の二乗に比例する．**鉄損は，負荷電流の大きさにかかわらず一定**である．
（2）**負荷損**は負荷電流による**巻線の抵抗損（銅損）と漏れ磁束による漂遊負荷損**の和である．銅損は負荷電流の二乗に比例する．

### 3-3 変圧器の損失と効率

## 2 ▶ 変圧器の効率

### (1) 規約効率と実測効率

出力と入力の比を百分率で表したものを**効率**という．**規約効率**は，規格に定められた効率であり，無負荷試験や短絡試験により抵抗値や負荷損を基準温度75℃に換算して算出する．規約効率は次式で求める．

$$規約効率 = \frac{出力}{出力 + 無負荷損 + 負荷損} \times 100 \ [\%] \tag{3・31}$$

これに対して，実負荷をかけて入力と出力の測定値から計算した効率を**実測効率**という．

### (2) 全負荷効率

変圧器の定格二次電圧を $V_{2n}$〔V〕，定格二次電流を $I_{2n}$〔A〕，鉄損（無負荷損）を $P_i$〔W〕，負荷損を $P_c$〔W〕，負荷力率を $\cos\theta$，二次換算した巻線抵抗を $r_{21}$〔Ω〕とすると，全負荷時（負荷率 =1）の効率 $\eta_n$ は次式となる．

$$\eta_n = \frac{V_{2n}I_{2n}\cos\theta}{V_{2n}I_{2n}\cos\theta + P_i + P_c} \times 100 \ [\%]$$

$$= \frac{V_{2n}I_{2n}\cos\theta}{V_{2n}I_{2n}\cos\theta + P_i + r_{21}I_{2n}{}^2} \times 100 \ [\%] \tag{3・32}$$

式（3・32）を変形すると次式となる．

$$\eta_n = \frac{V_{2n}\cos\theta}{V_{2n}\cos\theta + \dfrac{P_i}{I_{2n}} + r_{21}I_{2n}} \times 100 \ [\%] \tag{3・33}$$

> **⚙ POINT**
> 最小の定理

上式において，効率 $\eta_n$ は，電圧，力率，鉄損が一定であれば，分母の第2項と第3項の和が最小のときに最大となる．したがって，最小の定理〔$Ax + B/x$ の形の場合，2項の積 $Ax \times (B/x) = AB$ で一定なので2項の和が最小になる条件は $Ax = B/x$ のとき，つまり $x = \sqrt{B/A}$〕より $P_i/I_{2n} = r_{21}I_{2n}$ のとき，すなわち

$$P_i = r_{21}I_{2n}{}^2 = P_c \ （鉄損 = 銅損） \tag{3・34}$$

のとき，効率は最大になる．

### (3) 部分負荷における効率

負荷率 $\alpha$ における効率 $\eta_\alpha$ は，銅損が負荷電流 $\alpha I_{2n}$ の二乗に比例するので

$$\eta_\alpha = \frac{\alpha P_n\cos\theta}{\alpha P_n\cos\theta + P_i + \alpha^2 P_c} \times 100 \ [\%] \tag{3・35}$$

111

**変圧器**

となる．上式の分母・分子を $\alpha$ で割ると

$$\eta_\alpha = \frac{P_n\cos\theta}{P_n\cos\theta + \dfrac{P_i}{\alpha} + \alpha P_c} \times 100 \ (\%) \qquad (3\cdot36)$$

**POINT**
最小の定理

となるから，上述の最小の定理より最大効率となる条件は $P_i/\alpha = \alpha P_c$ のとき

$$\boldsymbol{\alpha = \sqrt{\dfrac{P_i}{P_c}}} \qquad (3\cdot37)$$

である．

## (4) 全日効率

1日を通しての出力電力量と入力電力量の比を**全日効率 $\eta_d$** という．

$$\eta_d = \frac{1\,\text{日の全出力電力量}\,(\text{kW}\cdot\text{h})}{1\,\text{日の全入力電力量}\,(\text{kW}\cdot\text{h})} \times 100 \ (\%)$$

$$= \frac{1\,\text{日の全出力電力量}\,(\text{kW}\cdot\text{h})}{1\,\text{日の全出力電力量}\,(\text{kW}\cdot\text{h}) + \text{鉄損}\,(\text{kW}) \times 24\text{h} + 1\,\text{日の全銅損電力量}\,(\text{kW}\cdot\text{h})}$$

$$\times 100 \ (\%) \qquad (3\cdot38)$$

---

**例題 5** ........................................................... **H30 問5**

変圧器の全損失は無負荷損と負荷損の和で表される．無負荷損は変圧器の二次側を開放し，一次側に定格周波数，定格電圧を加えた無負荷試験において，一次側への入力電力を測定することにより得られる．無負荷損は ▢(1)▢ であると考えられる．
▢(1)▢ は磁界の交番により生じる損失であり，磁束密度が同一のとき，周波数にほぼ比例する ▢(2)▢ と周波数の2乗にほぼ比例する ▢(3)▢ とに分類される．

一方，負荷損は，二次側を短絡し，一次側に定格周波数の定格電流を流した短絡試験において，一次側への入力電力を測定することにより得られる．負荷損を測定したときの電圧は ▢(4)▢ とも呼ぶ．

変圧器の効率 $\eta$ は，二次出力 $P_2$ の一次入力 $P_1$ に対する比で表される．一次入力は二次出力と全損失 $P_L$ の和で表されるから，全損失を測定又は算定すれば次式で効率が求められる．これを ▢(5)▢ 効率という．

$$\eta = \frac{P_2}{P_2 + P_L} \times 100 \ (\%)$$

【解答群】

(イ) 標準　　　　　(ロ) 漂遊負荷損　　　(ハ) 定格電圧　　　(ニ) 銅損

(ホ) 鉄損　　　　　(ヘ) 規約　　　　　　(ト) 理論　　　　　(チ) 基準

(リ) 誘電損　　　　(ヌ) うず電流損　　　(ル) 風損　　　　　(ヲ) 機械損

112

3-3 変圧器の損失と効率

（ワ）ヒステリシス損　（カ）インピーダンス電圧　（ヨ）開放電圧

**解　説**　本節で解説しているので，参照する.

【解答】(1) ホ　(2) ワ　(3) ヌ　(4) カ　(5) ヘ

## 例題6　‥‥‥‥‥‥‥‥‥‥‥‥‥‥‥‥‥‥‥‥‥‥‥‥　H21　問2

変圧器の損失には，無負荷損と負荷損とがある.

無負荷損は，一方の巻線を開路し，他方の巻線に定格周波数の電圧を加えたときに消費される有効電力である. 無負荷損は，そのほとんどが $\boxed{\quad(1)\quad}$ である. 負荷損は，一方の巻線を短絡し，他方の巻線に定格周波数の電圧を加えて電流を通じたときに消費される有効電力であり，$\boxed{\quad(2)\quad}$ 巻線温度における値に補正して表す.

変圧器の効率 $\eta$ は，定格二次電圧および定格周波数における出力，ならびに全損失を用いて次式で求められる値で表す. これを $\boxed{\quad(3)\quad}$ 効率という. ここで全損失とは，無負荷損と負荷損との和である.

$$\eta = \frac{\text{出力〔W〕}}{\text{出力〔W〕} + \text{全損失〔W〕}} \times 100 \ 〔\%〕$$

定格容量 $S_n$〔V・A〕の変圧器がある. その定格電圧における無負荷損は $P_i$〔W〕，定格電流を通じたときの負荷損は $P_c$〔W〕である. 力率 $\cos\phi$ の負荷を二次端子に接続し，定格二次電圧および定格周波数としてこの変圧器を負荷率（負荷の容量の変圧器定格容量に対する比）$m$〔p.u.〕で用いたときの効率 $\eta$ は，次式となる.

$$\eta = \frac{\boxed{\quad(4)\quad}}{\boxed{\quad(4)\quad} + P_i + \boxed{\quad(5)\quad}} \times 100 \ 〔\%〕$$

【解答群】

（イ）実測　　　　　　　（ロ）規約　　　　　　　（ハ）鉄損　　　　　　（ニ）$m \cdot P_c$

（ホ）漂遊負荷損　　　　（ヘ）$(m \cdot \cos\phi)^2 \cdot P_c$　　（ト）理論　　　　　　（チ）$m \cdot S_n \cos\phi$

（リ）定格　　　　　　　（ヌ）$m^2 \cdot P_c$　　　　（ル）銅損　　　　　　（ヲ）$m^2 \cdot S_n$

（ワ）$(m \cdot \cos\phi)^2 \cdot S_n$　　（カ）最高　　　　　　（ヨ）基準

**解　説**　本節で解説しているので，参照する.

【解答】(1) ハ　(2) ヨ　(3) ロ　(4) チ　(5) ヌ

# 3-4 変圧器の結線

**攻略のポイント**　電験3種では各種の結線方式における計算問題が出題されるが，2種では結線方式の長所・短所や計算まで幅広く理解しておく必要がある．

## 1 変圧器の三相結線方式

### (1) 丫-丫-△結線

①一次，二次間の位相変位がない．

②一次，二次の両巻線の中性点を接地することができるため，巻線の絶縁低減が可能となる．故障検出のために十分な地絡電流が流れて保護しやすい．

**[三次巻線の△巻線による効果]**（③〜⑤）

③三次巻線として△巻線を設けることにより，第3調波を三次巻線に環流させ，各相電圧の歪みを小さくして正弦波とすることができる．

④一線地絡時の零相電流を循環させ，変圧器の零相インピーダンスを減少させる．

⑤三次巻線を，調相設備の接続や所内回路の供給のために利用できる．

⑥用途は，500 kV 変電所をはじめ高電圧大容量変電所の主変圧器として幅広く採用される．

### (2) 丫-△結線（または△-丫結線）

①一次側と二次側の位相が30°変位する

②丫-△結線または△-丫結線は，△結線が励磁電流中の第3調波の環流回路として働いて電圧の歪みが小さくなるとともに，丫結線側では中性点接地ができる．高電圧側を丫結線とすれば，絶縁の面でも有利である．

③△結線側では，非接地系で運用する場合を除いて，地絡保護のために，接地変圧器を別に設置する必要がある．

④丫-△結線は降圧用変圧器（高圧側が丫結線）に，△-丫結線は発電機昇圧用（発電機側が△結線，高圧側が丫結線）に用いられる．

### (3) △-△結線

①△-△結線は，第3調波の環流ができる．

②一次側，二次側間に位相変位がない．

③1台故障した場合にV-V結線で運転できる．

④中性点が接地できないので異常電圧が発生しやすく，地絡保護のために別に接地

変圧器を設置する必要がある．

⑤負荷時タップ切換器が線間電圧となる欠点があるため，用途は，77 kV 以下の小容量の変圧器に用いられる．

### (4) 等価回路とベクトル図

三相結線の等価回路は等価的な Y（星形）結線に置き換えた星形1相分で表し，図 3・16 に示す．

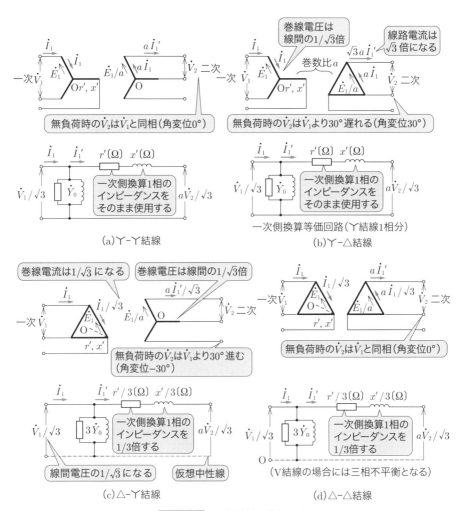

図 3・16　三相結線の等価回路

## (5) V結線

単相変圧器の△-△結線は，1台が故障してもV-V結線として運転することができる．

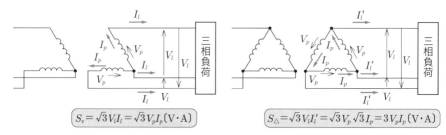

**図3・17** V結線変圧器と△結線変圧器

図3・17のV結線と△結線において，変圧器の定格電圧（相電圧）を$V_p$，定格電流（相電流）を$I_p$とするとき，V結線の線電流を$I_l$とすれば，V結線変圧器の皮相電力$S_V$は

$$S_V = \sqrt{3}V_l I_l = \sqrt{3}V_p I_p \; [\text{V}\cdot\text{A}] \quad (V_l = V_p,\; I_l = I_p) \tag{3・39}$$

△結線変圧器の皮相電力$S_\Delta$は，線電流を$I_l'$とすれば

$$S_\Delta = \sqrt{3}V_l I_l' = \sqrt{3}V_p \sqrt{3} I_p = 3V_p I_p \; [\text{V}\cdot\text{A}] \quad (V_l = V_p,\; I_l' = \sqrt{3}I_p) \tag{3・40}$$

そこで，△-△結線変圧器とV-V結線変圧器の**出力比**は，上式より

$$\frac{S_V}{S_\Delta} = \frac{\sqrt{3}V_p I_p}{3V_p I_p} = \frac{\sqrt{3}}{3} = 0.577 \; (57.7\,\%) \tag{3・41}$$

一方，V結線変圧器の**利用率**に関して，変圧器2台分の容量は$2V_p I_p$なので，これをV結線したときに接続できる負荷容量は式（3・39）であるから

$$\text{利用率} = \frac{\sqrt{3}V_p I_p}{2V_p I_p} = \frac{\sqrt{3}}{2} = 0.866 \; (86.6\,\%) \tag{3・42}$$

となる．

## 2 変圧器の並行運転

### (1) 変圧器の並行運転

変圧器を2台以上並行運転する場合，各変圧器がその容量に比例した電流を分担し，循環電流が実用上支障のない程度に小さくすることが必要である．このために，次の条件を満足しなければならない．

[変圧器の並行運転条件]
① 一次，二次の定格電圧および極性が等しいこと
② 巻数比（変圧比）が等しいこと
③ 各変圧器の自己容量ベースで%インピーダンス降下が等しいこと〔漏れインピーダンス（オーム値）が変圧器定格容量に逆比例すること；式（3・43）参照〕
④ 抵抗とリアクタンスの比が等しいこと
⑤ 三相の場合は角変位と相回転が等しいこと

### (2) 容量が異なる場合の負荷分担

図3・18のように，変圧器容量および%インピーダンス（自己容量ベース）が，それぞれ $P_1$ [kVA]，$\dot{Z}_1$ [%]および $P_2$ [kVA]，$\dot{Z}_2$ [%]の2台の変圧器A，Bが並行運転して負荷 $P_L$ [kVA]を供給している場合，変圧器A，Bにかかる負荷 $P_A$，$P_B$ を求める．

A変圧器の容量 $P_1$ を基準容量とすれば，B変圧器の%インピーダンス $\dot{Z}_2{}'$ は $\dot{Z}_2{}' = \dot{Z}_2 \times (P_1/P_2)$ となるから，負荷 $P_A$，$P_B$ は次式となる．

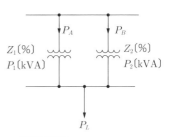

図3・18 変圧器の並行運転

$$\left. \begin{array}{l} P_A = P_L \times \dfrac{\dot{Z}_2{}'}{\dot{Z}_1 + \dot{Z}_2{}'} = P_L \times \dfrac{\dot{Z}_2(P_1/P_2)}{\dot{Z}_1 + \dot{Z}_2(P_1/P_2)} = \dfrac{\dot{Z}_2 P_1}{\dot{Z}_1 P_2 + \dot{Z}_2 P_1} P_L \text{ [kVA]} \\ P_B = P_L - P_A = \dfrac{\dot{Z}_1 P_2}{\dot{Z}_1 P_2 + \dot{Z}_2 P_1} P_L \text{ [kVA]} \end{array} \right\}$$

(3・43)

式（3・43）において，自己容量ベースの $\dot{Z}_1$ [%]と $\dot{Z}_2$ [%]が等しければ，負荷 $P_A$，$P_B$ は定格容量 $P_1$，$P_2$ に比例する．これが変圧器の並行運転条件③を表す．

変圧器

### 例題7 ............................................................ R1 問5

　三相変圧器巻線の結線方式にはY結線（星形結線）と，△結線（三角結線）の2種類がある．Y-Y結線は，変圧器の一次側，二次側とも巻線をY結線とする方法である．この結線の特長としては，　(1)　が採用できるので，巻線の絶縁低減が可能となること，事故検出に十分な地絡電流が流れ保護が容易となることが挙げられる．しかしY-Y結線では，変圧器の励磁電流に含まれる第3次調波による近接通信線への電磁誘導障害などが発生する．

　この第3次調波による障害を解決するために，三巻線変圧器を用いてその結線方法を　(2)　とすることにより第3次調波の影響を小さくすることができる．この結線は超高圧の変圧器に広く適用されている．

　中低圧でよく使われるY-△結線と△-Y結線は　(3)　が励磁電流中の第3次調波成分の環流回路として働き，電流のひずみが小さくなる．

　△-△結線は，日本では主として77 kV以下の変圧器に適用される．この結線方式で独立した単相変圧器3台による場合には，1台の単相変圧器が故障しても健全な変圧器2台による　(4)　として，最大出力は落ちるものの三相電力の伝達ができる利点がある．欠点としては，△-△結線では　(1)　の採用ができないため，アーク地絡によって異常電圧が発生すること，　(5)　の場合に巻線に流れる循環電流が大きくなることなどが挙げられる．

【解答群】
（イ）けい素鋼板鉄心変圧器　　（ロ）Y-Y-Y結線　　　（ハ）補償巻線
（ニ）千鳥結線　　　　　　　　（ホ）Y結線　　　　　　（ヘ）V結線
（ト）油入自冷式変圧器　　　　（チ）スコット結線　　　（リ）△結線
（ヌ）中性点接地　　　　　　　（ル）平衡負荷　　　　　（ヲ）不平衡負荷
（ワ）並列結線　　　　　　　　（カ）無負荷　　　　　　（ヨ）Y-Y-△結線

**解説**　本節で解説しているので，参照する．(5)を補足説明する．巻線のインピーダンスが同じ単相変圧器を△結線やY結線としてインピーダンスを比較する．△結線の変圧器をY結線に等価変換すると巻線の等価インピーダンスが1/3になり，△結線のインピーダンスが小さい．したがって，△結線により不平衡負荷に供給する場合，巻線に流れる循環電流がY結線に比べて大きくなる．

【解答】　(1) ヌ　(2) ヨ　(3) リ　(4) ヘ　(5) ヲ

118

## 3-4 変圧器の結線

### 例題 8 　　　　　　　　　　　　　　　　　H25　問 2

　定格容量 $100\,\text{kV·A}$，定格一次電圧 $6\,600\,\text{V}$，定格二次電圧 $200\,\text{V}$，定格周波数 $50\,\text{Hz}$ のY-△結線の三相変圧器がある．この変圧器を定格で使用したときの二次巻線の相電流は，____(1)____〔A〕である．一次電圧と二次電圧との位相差は____(2)____〔rad〕である．変圧器の励磁電流には，鉄心の非線形特性のために，高調波成分が含まれる．この内，電源周波数の____(3)____倍の周波数成分は，三つの相で同相であり，二次巻線で環流する．

　この変圧器の二次端子に $2\,\Omega$ の抵抗器 3 台を星形結線で接続し，一次端子に定格電圧を印加した．変圧器の短絡インピーダンスおよび励磁電流を無視したとき，一次電流は，____(4)____〔A〕となる．

　この変圧器を同じ定格電圧の $60\,\text{Hz}$ で使用することは____(5)____．

【解答群】

(イ) 1.75　　(ロ) できる　　(ハ) $\dfrac{\pi}{3}$　　(ニ) 2　　(ホ) 3　　(ヘ) $\dfrac{\pi}{6}$

(ト) 3.03　　(チ) できない　　(リ) 5　　(ヌ) 5.25　　(ル) 167　　(ヲ) 289

(ワ) 500　　(カ) $\dfrac{\pi}{4}$　　(ヨ) できるが容量が $\dfrac{1}{1.2}$ 倍になる

**解説**　(2)，(3) は本文で解説しているので，(1)，(4)，(5) を説明する．

(1) 変圧器二次側の線電流 $I_l$，定格容量 $S = \sqrt{3}\,V I_l$ より

$$I_l = \frac{S}{\sqrt{3}\,V} = \frac{100 \times 10^3}{\sqrt{3} \times 200} = 288.67\,\text{A}$$

したがって，二次巻線の相電流 $I_p = I_l/\sqrt{3} = 288.67/\sqrt{3} = 167\,\text{A}$

(4) 二次端子に $2\Omega$ の抵抗器 3 台をY形結線にして接続した場合，解説図に示すように，Y相 1 相分の等価回路で考えればよい．

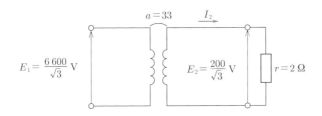

解説図　Y相 1 相分の等価回路図

## 変圧器

二次電流 $I_2 = \dfrac{E_2}{r} = \dfrac{200/\sqrt{3}}{2} = 57.74$ A であり，

変圧器の変圧比 $a = \dfrac{E_1}{E_2} = \dfrac{6\,600/\sqrt{3}}{200/\sqrt{3}} = 33$ であるから，

一次電流 $I_1 = I_2/a = 57.74/33 = 1.75$ A

(5) 変圧器を異なる周波数で使用することは可能である．ただし，定格周波数 50Hz の変圧器を 60Hz で使用する場合，リアクタンスが周波数に比例して $60/50 = 1.2$ 倍となるので電圧変動率が増加する．

【解答】 (1) ル (2) ヘ (3) ホ (4) イ (5) ロ

---

### 例題 9　　　　　　　　　　　　　　　　　　　　　　H23　問 3

　図 1 は変圧器の △-Y 結線の説明図である．U-V と u-o からなる単相変圧器について考える．この変圧器の一次電圧 $V_{UV}$ と二次電圧 $V_{uo}$ とは同相であるが，無負荷のときの二次の線間電圧 $V_{uv}$ は大きさが $V_{uo}$ の $\sqrt{3}$ 倍となり，位相は一次線間電圧 $V_{UV}$ より　(1)　いる．この位相差を無視して，電圧および電流の大きさを求めるための簡易等価回路は，一次側の △ 結線を等価な Y 結線に変換し，次の手順で導かれる．

　図 1 における各単相変圧器の一次と二次との巻数の比を $a:1$，その一次漏れインピーダンスを $Z_1$ とする．図 2 を図 1 の △-Y 結線と等価な Y-Y 結線とすると，一次漏れインピーダンスは　(2)　となる．励磁電流を無視し，一次と二次との巻数の比を $a':1$ とすると，図 1 と図 2 の線電流 $I_U$，$I_u$ それぞれの大きさを不変にするには，$I_u = a' I_U = $ (3) $I_U$ が必要である．したがって，二次の漏れインピーダンス $Z_2$ を一次に換算すると，　(4)　となる．励磁電流を考慮するには図 1 の各変圧器の励磁アドミタンス $Y_0$ を　(5)　倍して星形に接続したものを付加すればよい．

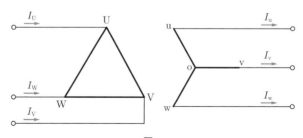

図 1

## 3-4 変圧器の結線

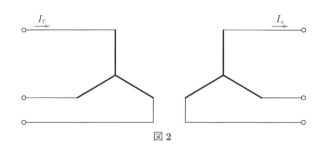

図2

【解答群】

(イ) $3Z_1$　　(ロ) $\dfrac{Z_1}{3}$　　(ハ) $\sqrt{3}a$　　(ニ) $3a^2 Z_2$

(ホ) $3$　　(ヘ) $\dfrac{Z_1}{\sqrt{3}}$　　(ト) $30°$遅れて　　(チ) $60°$進んで

(リ) $\dfrac{a}{\sqrt{3}}$　　(ヌ) $30°$進んで　　(ル) $\dfrac{1}{3}$　　(ヲ) $\dfrac{1}{a}$

(ワ) $\sqrt{3}$　　(カ) $\dfrac{a^2 Z_2}{3}$　　(ヨ) $\dfrac{Z_2}{a^2}$

**解説**　(1) 図1の一次側，二次側のベクトル図を表すと解説図1となる．これより，二次側線間電圧 $\dot{V}_{uv}$ は $\dot{V}_{uo}$ の $\sqrt{3}$ 倍の大きさで位相は一次側線間電圧 $\dot{V}_{UV}$ と比べ，$30°$進んでいる．

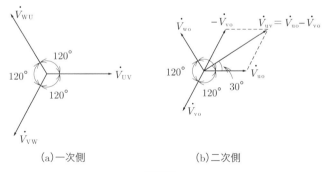

(a)一次側　　(b)二次側

解説図1

(2) インピーダンスの△-Y変換により，一次漏れインピーダンスは $\dot{Z}_1/3$ となる．
(3) 解説図2，3は，図1，2の一相分の等価回路を示す．

# 変圧器

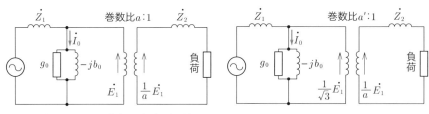

解説図2 図1の等価回路(一相分)　　　解説図3 図2の等価回路(一相分)

図1と図2の $I_U$, $I_u$ の大きさを不変とするには

$$a':1 = \frac{1}{\sqrt{3}}E_1 : \frac{1}{a}E_1 \quad \therefore \frac{E_1}{\sqrt{3}} = \frac{a'}{a}E_1 \quad \therefore a' = \frac{a}{\sqrt{3}}$$

(4) (3)において一次換算した二次漏れインピーダンス $\dot{Z}_2$ は

$$\dot{Z}_2' = a'^2 \dot{Z}_2 = \left(\frac{a}{\sqrt{3}}\right)^2 \dot{Z}_2 = \frac{a^2}{3}\dot{Z}_2$$

(5) アドミタンスの△-Y変換より，励磁アドミタンス $\dot{Y}_0 = g_0 - jb_0$ は3倍となる．

【解答】　(1) ヌ　(2) ロ　(3) リ　(4) カ　(5) ホ

# 3-5 変圧器の各種対策と様々な変圧器

**攻略の
ポイント**　電験３種ではあまり取り上げられないが，２種では変圧器の絶縁，騒音対策，単巻変圧器やスコット結線変圧器などが取り扱われている.

**3章**
変圧器

## 1 変圧器の耐熱クラス

　機器の温度は，電気絶縁材料の劣化に大きく影響する．JIS C4003:2010では変圧器などの電気絶縁システムの耐熱クラス（絶縁の種類；推奨される許容最高温度）を表3・2のように分類している.

**表3・2** 各種絶縁物の耐熱クラス（許容最高温度）

| 耐熱クラス〔℃〕 | 90 | 105 | 120 | 130 | 155 | 180 | 200 | 220 | 250 |
|---|---|---|---|---|---|---|---|---|---|
| 指定文字 | Y | A | E | B | F | H | N | R | ― |

　変圧器は，構成する絶縁材料の耐熱特性によって，数種の耐熱クラスに分類される．油入変圧器として多用される耐熱クラスAは，木綿，絹，紙，プレスボードなどの絶縁材料で構成され，許容最高温度105℃を長時間持続して超えてはならない.

　乾式変圧器としては耐熱クラスA，B，Hのものがあり，モールド形にはB，F，Hのものがある．モールド形変圧器はエポキシ樹脂を主体とした完全固体絶縁方式を採用している．乾式絶縁は，油入絶縁に比べて高価であり，衝撃比が小さいので，33kV以下で火災を回避しなければならない場所で採用される.

　近年，絶縁耐力に優れた六ふっ化硫黄ガス（$SF_6$）を封入したガス絶縁変圧器が耐熱クラスE，Hで多く製作されるようになっている．ガス絶縁変圧器は防災（不燃）形変圧器として採用されてきている.

## 2 変圧器の騒音と対策

　変圧器の騒音の発生原因としては，①鉄心の磁気ひずみによる振動，②鉄心のつなぎ目および積層鉄心間に働く磁気吸引力による振動，③巻線導体間または巻線間に働く電磁力による振動，④強制冷却の場合，ポンプ，ファンなどの補機が発生する振動などがある.

　これらを軽減するための対策は次のとおりである.

123

# 変圧器

## [変圧器の低騒音化のための対策]

① 鉄心の磁束密度を小さくする．また，磁気ひずみの少ない冷間圧延けい素鋼板を使用する．騒音は高配向性けい素鋼板を使用すると 2～4 dB 程度低減することができる．

② 鉄心底部とタンク底部の間にクッションを置き，タンクに伝わる振動を少なくする．

③ タンク底部に防振ゴムを敷設し，タンクの振動を抑制する．

④ 屋外式では，変圧器の周囲に遮音壁を設ける．

⑤ 屋内式に変更する．

## 3 単巻変圧器

図 3·19 のように，一次巻線と二次巻線が共通の部分をもつ変圧器を **単巻変圧器** という．巻線の共通部分を **分路巻線**，共通ではない部分を **直列巻線** という．

図 3·19 において，一次巻線，二次巻線の端子電圧を $\dot{V}_1$, $\dot{V}_2$，誘導起電力を $\dot{E}_1$, $\dot{E}_2$，分路巻線の巻数を $N_1$，全体の巻数を $N_2$ とし，各線の電圧降下を無視すると次式が成り立つ．

$$\frac{\dot{V}_1}{\dot{V}_2} = \frac{\dot{E}_1}{\dot{E}_2} = \frac{N_1}{N_2} = a \tag{3・44}$$

分路巻線の電流による起磁力と直列巻線の電流による起磁力は等しくなければならないから，次式が成り立つ．

$$(\dot{I}_1 - \dot{I}_2)N_1 = \dot{I}_2(N_2 - N_1)$$

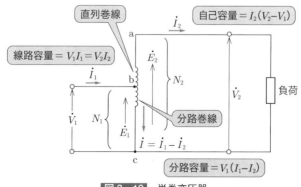

**図 3·19** 単巻変圧器

$$\frac{\dot{I}_1}{\dot{I}_2} = \frac{N_2}{N_1} = \frac{1}{a} \tag{3・45}$$

単巻変圧器では，分路巻線の容量を**分路容量**，直列巻線の容量を**自己容量**といい，変圧器を通して供給される負荷の大きさを**線路容量**（または**通過容量**，**負荷容量**）という．図3・19では，自己容量，分路容量，線路容量は次式で表される．

$$\text{自己容量} = (V_2 - V_1)\, I_2 = V_1\, (I_1 - I_2) \,〔V・A〕 \tag{3・46}$$

$$\text{分路容量} = V_1\, (I_1 - I_2) = (V_2 - V_1)\, I_2 \,〔V・A〕 \tag{3・47}$$

$$\text{線路容量} = V_2 I_2 = V_1 I_1 \,〔V・A〕 \tag{3・48}$$

$$\text{巻数分比} = \text{自己容量}/\text{線路容量} \tag{3・49}$$

単巻変圧器では，式（3・49）で定義される巻数分比は1より小さい数となる．この巻数分比が小さいものほど経済性が高くなる．

単巻変圧器の特徴は，①自己容量と分路容量は等しく，線路容量に比べて小さいこと，②重量を小さくできること，③漏れ磁束が少なく，電圧変動率は小さいこと，④一次側と二次側を絶縁できないことなどがある．

単巻変圧器は，配電線の昇圧器，500/275 kV 変圧器などに使われている．

## 4 スコット結線変圧器

**スコット結線**は，三相から二相に変換する結線で，三相電源から単相変圧器2台を用いて，交流電車に単相交流電力を供給する場合や，単相電気炉2台を運転する場合などに使用されている．

図3・20（a）がスコット結線で，$T_m$ を**主座変圧器**，$T_t$ を**T座変圧器**という．$T_m$ の一次巻線の巻数 $N_1$ と $T_t$ の一次巻線の巻数 $N_1'$ の間に $N_1' = \sqrt{3}N_1/2$ の関係があると，図3・20（b）のベクトル図のように，$T_m$ の一次側には $\overrightarrow{\mathrm{WU}}$ の電圧が，$T_t$ の一次側には $\overrightarrow{\mathrm{VO}}$ の電圧が加わる．すなわち，両変圧器の一次側の単位巻線当りに加わる電圧は等しくて位相は90°異なるので，両変圧器の二次側の uO′，vO′ 端子には大きさの等しい二相電圧が得られる．

変圧器

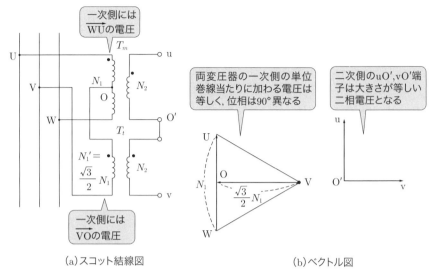

(a) スコット結線図  (b) ベクトル図

図 3・20  スコット結線

　変圧器2台にタップを付けてスコット結線とするときの変圧器利用率は次式で，86.6%となる．

$$利用率 = \frac{\sqrt{3}VI}{2VI} = \frac{\sqrt{3}}{2} = 0.866 \quad (86.6\%) \tag{3・50}$$

　三相/二相スコット結線変圧器専用の場合の利用率は次式で，92.8%となる．

$$利用率 = \frac{\sqrt{3}VI}{\left(1+\frac{\sqrt{3}}{2}\right)VI} = 0.928 \quad (92.8\%) \tag{3・51}$$

## 5 磁気漏れ変圧器

　ネオン変圧器，溶接変圧器，アーク用変圧器など，一次側に定周波数・定電圧を加えるならば二次負荷インピーダンスが変化しても二次電流がほぼ一定値となるように製造された変圧器を**磁気漏れ変圧器**という．図3・21 (a) のように，一次，二次巻線間に磁気分路があることから，二次電流が増加しようとすると，漏れ磁束が増加し，二次端子電圧が急減して電流の変化を妨げるので，図3・21 (b) のように二次電流が大きい範囲では定電流とみなすことができる．このように変圧器の漏れ

## 3-5 変圧器の各種対策と様々な変圧器

リアクタンスを大きくすると，負荷インピーダンスの変動の影響を無視することができるので，負荷が変動しても二次電流はほぼ一定となる．

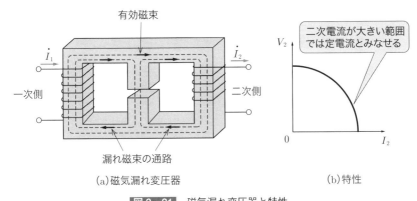

**図3・21** 磁気漏れ変圧器と特性

### 例題 10 ..................................................... H9 問2

変圧器は，構成する絶縁材料の耐熱特性によって，数種の耐熱クラス（絶縁の種類）に分類される．油入変圧器として多用される耐熱クラス □(1)□ は，木綿，絹，紙，プレスボードなどの絶縁材料で構成され，許容最高温度 □(2)□ 〔℃〕を □(3)□ 持続して超えてはならない．

乾式変圧器としては，耐熱クラスA，B，Hのもの，および乾式変圧器の一種で耐熱クラスはB，F，Hであるが，巻線または巻線・鉄心の全表面を樹脂または樹脂を含んだ絶縁基材で覆い固めた □(4)□ 形が多く製作されている．

最近では， □(5)□ に優れた六ふっ化硫黄ガスを封入したガス絶縁変圧器が耐熱クラスE，Hで多く製作されるようになった．

【解答群】
(イ) 95　　　(ロ) A　　　(ハ) 短時間　　(ニ) B　　　(ホ) 熱伝導
(ヘ) 樹脂絶縁　(ト) 絶縁耐力　(チ) 吸湿性　　(リ) E　　　(ヌ) 105
(ル) 長時間　　(ヲ) モールド　(ワ) 固体密閉　(カ) 1時間　　(ヨ) 130

**解説** 本節1項で解説しているため，参照する．

【解答】(1) ロ　(2) ヌ　(3) ル　(4) ヲ　(5) ト

変圧器

### 例題 11 ···································································· H18 問 4

変圧器の騒音の一次的原因には，けい素鋼板の ⬚(1) による鉄心の振動，鉄心の継ぎ目および積層鉄心間に働く磁気吸引力による鉄心の振動，電磁力による ⬚(2) の振動，冷却ファンや冷却水循環用ポンプなどの補機の振動などがある．二次的原因には，鉄心，タンク，放熱器，附属器具，配管系の ⬚(3) などがある．

これらの原因の中で，けい素鋼板の ⬚(1) による鉄心の振動が変圧器の騒音の主原因である．けい素鋼板は，変圧器のように交番する磁界のもとでは，交流磁束が通る方向に磁界の強さに応じて振動する．この振動周波数は電源周波数の 2 倍を基本波としているが，けい素鋼板には ⬚(4) があるので，その整数倍の高調波を含んでいる．この振動が，変圧器の鉄心の締め付け金具，絶縁油などを介して，変圧器のタンク壁，タンク底板，放熱器に伝播し，これらを振動させて外部に騒音として放射される．このような騒音を低減するために，⬚(5) けい素鋼板を使用したり，鉄心の磁束密度を減らしたりする方策が採られている．さらに，変圧器の防音壁を取り付ける方法も採用されている．

【解答群】

(イ) 磁気共鳴 　　(ロ) 磁気ひずみ 　　(ハ) 残留磁気特性 　　(ニ) 巻線

(ホ) 磁気抵抗 　　(ヘ) 減衰振動 　　(ト) コンサベータ 　　(チ) 高弾性

(リ) 高配向性 　　(ヌ) うず電流特性 　　(ル) 磁気モーメント 　　(ヲ) 共振

(ワ) ブッシング 　　(カ) 高張力 　　(ヨ) ヒステリシス特性

**解 説** ▷ 本節 2 項で解説しているため，参照する．

【解答】(1) ロ 　(2) ニ 　(3) ヲ 　(4) ヨ 　(5) リ

### 例題 12 ···································································· R3 問 4

変圧器の一次巻線と二次巻線とを別々の巻線にしないで，一次巻線と二次巻線の一部を共用して使用する変圧器を ⬚(1) といい，この変圧器の一次，二次に共通した巻線を ⬚(2) ，共通でない部分を ⬚(3) という．

図に示すように ⬚(1) の一次側に 20 Ω の直列抵抗，二次側に 5 Ω の負荷抵抗を接続し，電源電圧を 100V とする．一次巻線の巻線を $N_1 = 200$ とした場合に，5 Ω の負荷抵抗で消費される電力が最大となる二次巻数は $N_2 =$ ⬚(4) となり，このときの負荷抵抗の消費電力は ⬚(5) 〔W〕となる．なお変圧器は理想変圧器として考える．

128

## 3-5 変圧器の各種対策と様々な変圧器

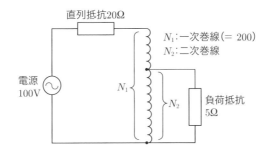

【解答群】
(イ) 線路巻線　　(ロ) 直巻変圧器　　(ハ) 1280　　(ニ) 三次巻線
(ホ) 100　　　　(ヘ) 分路巻線　　　(ト) 50　　　(チ) 低圧巻線
(リ) 高圧巻線　　(ヌ) 単巻変圧器　　(ル) 差動変圧器　(ヲ) 80
(ワ) 125　　　　(カ) 直列巻線　　　(ヨ) 160

**解説**　(1)〜(3)は本節3項で解説しているため，参照する．(4)(5)を解説する．

設問図では，一次巻線の巻数 $N_1 = 200$，二次巻線の巻数 $N_2$ の単巻変圧器であるが，変圧比 $a = \dfrac{N_1}{N_2} = \dfrac{200}{N_2}$ の二巻線変圧器と考えても差異はない．負荷抵抗 $5\Omega$ の一次換算値を $R_L$ とすれば $R_L = 5\left(\dfrac{200}{N_2}\right)^2$ であるから，負荷消費電力は

$$P = \left(\frac{100}{20+R_L}\right)^2 R_L = \frac{10\,000}{R_L + \dfrac{400}{R_L} + 40}$$

ここで，式 (3・33) で説明した最小の定理より，上式は $R_L = \dfrac{400}{R_L}$ のとき，最大となる．

$$\therefore R_L = 20\,\Omega$$

これを $R_L = 5\left(\dfrac{200}{N_2}\right)^2$ へ代入すれば，$N_2 = 100$

$$\therefore P = \left(\frac{100}{20+R_L}\right)^2 R_L = \left(\frac{100}{20+20}\right)^2 \times 20 = 125\,\text{W}$$

【解答】(1) ヌ　(2) ヘ　(3) カ　(4) ホ　(5) ワ

# 章 末 問 題

■1 ──────────────────────────────── 2種二次 H28 問2

定格容量 $50\,\mathrm{kV\cdot A}$，定格一次電圧 $11\,000\,\mathrm{V}$，定格二次電圧 $3\,300\,\mathrm{V}$，定格周波数 $50\,\mathrm{Hz}$ の単相変圧器があり，高圧側からの試験結果は次のとおりであった．

無負荷試験　　無負荷損：$P_0 = 290\,\mathrm{W}$
　　　　　　　無負荷電流：$I_0 = 0.221\,\mathrm{A}$
短絡試験　　　インピーダンス電圧：$V_{1s} = 550\,\mathrm{V}$
　　　　　　　一次電流：$I_{1s} = 4.55\,\mathrm{A}$
　　　　　　　インピーダンスワット：$P_s = 740\,\mathrm{W}$

次の問に答えよ．

ただし，定格負荷時の力率 $\cos\phi$ における電圧の変動率 $\varepsilon\,[\%]$ は，百分率抵抗降下を $p\,[\%]$，百分率リアクタンス降下を $q\,[\%]$ とすれば，次式で表せるものとする．

$$\varepsilon = p\cos\phi + q\sin\phi + \frac{1}{200}(q\cos\phi - p\sin\phi)^2 \,[\%]$$

(1) 図に示す簡易等価回路の回路定数（一次側換算値）をそれぞれ求めよ．
(2) 遅れ力率 $80\%$，全負荷における電圧の変動率を求めよ．
(3) 遅れ力率 $80\%$，$1/2$ 負荷における効率を求めよ．
(4) 遅れ力率 $80\%$，$1/2$ 負荷における電圧の変動率を求めよ．

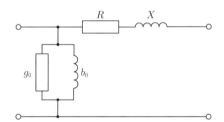

一次換算全巻線抵抗：$R$
一次換算全漏れリアクタンス：$X$
励磁コンダクタンス：$g_0$
励磁サセプタンス：$b_0$

■2 ──────────────────────────────────── H15 問2

スコット結線は，三相交流を二相に変換する場合に用いられる変圧器の代表的な結線方式である．図のように，スコット結線用変圧器 $T_1$，$T_2$ を用い，変圧器 $T_1$ の一次巻線中点に変圧器 $T_2$ の一次巻線の一端を接続し，$T_2$ の残りの一端と変圧器 $T_1$ の一次巻線両端とを三相電源に接続する結線法であり，$T_1$ を主座変圧器，$T_2$ を ─(1)─ 変圧器という．

無負荷のとき，二次側の電圧の大きさが等しく，その位相が ─(2)─ 異なるためには，変圧器 $T_1$ の巻数比 $\alpha:1$ に対し，変圧器 $T_2$ の巻数比を ─(3)─ : $1$ にする必要がある．このように構成されたスコット結線変圧器の二次側の各相に等しい単相負荷を

接続し，一次側（U, V, W）に対称三相交流電圧を印加すれば，一次側には (4) 三相交流電力が流入する．このような2台の変圧器の総合利用率は (5) 〔%〕である．

スコット結線変圧器は，交流電気車に単相交流電力をき電する場合や，単相の大容量電気炉を運転する場合などに使用されている．

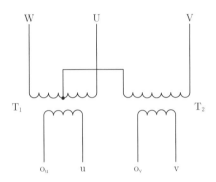

【解答群】

(イ) T座　　　　　　(ロ) 異なった　　　　　(ハ) $\dfrac{2\alpha}{3}$　　　　(ニ) $\dfrac{\pi}{6}$

(ホ) 平衡した　　　　(ヘ) $\dfrac{2\pi}{3}$　　　　(ト) 92.8　　　　　　(チ) Y座

(リ) $\dfrac{\sqrt{2}\alpha}{3}$　　　(ヌ) 86.6　　　　　　(ル) $\dfrac{\pi}{2}$　　　　(ヲ) 副座

(ワ) 70.7　　　　　　(カ) $\dfrac{\sqrt{3}\alpha}{2}$　　　(ヨ) 逆相の

■3　　　　　　　　　　　　　　　　　　　　　　　　　　　　　　H27　問1

図1～図3は，三脚鉄心を用いた三相リアクトルである．鉄心の各脚（継鉄部を含む）の磁気抵抗は等しく線形とし，各相の巻線の巻数は等しく，巻線抵抗は無視できるものとする．図1のようにa相の巻線にだけ角周波数$\omega$の電流$I_a$を流すと，a相の巻線には，

$$\dot{V}_a = j\omega(L+L_l)\dot{I}_a$$

の電圧が誘起する．ただし，$L_l$は漏れインダクタンスであり，$L+L_l$が自己インダクタンスとなる．b相およびc相の脚を通る磁束とa相の脚に生じる磁束との間の位相角は (1) である．したがって，b相およびc相の巻線には，相互誘導によって

$$\dot{V}_b = \dot{V}_c = -j\omega\dfrac{L}{2}\dot{I}_a$$

の電圧が誘起する．

図2のように，角周波数$\omega$の三相電源を接続し，電流$\dot{I}_a$，$\dot{I}_b$および$\dot{I}_c$を流した場合，

## 変圧器

a 相の巻線には

$$\dot{V}_a = j\omega(L+L_l)\dot{I}_a - j\omega\frac{L}{2}\dot{I}_b - j\omega\frac{L}{2}\dot{I}_c$$

の電圧が誘起する．$\dot{I}_a$，$\dot{I}_b$ および $\dot{I}_c$ が対称三相交流電源であれば

　(2)　

であるので，a 相の巻線の電圧は

$$\dot{V}_a = \boxed{(3)}$$

となる．

図3のように，三相巻線を直列に接続して $\dot{I}_a$ を流した場合

$$\dot{V} = \dot{V}_a + \dot{V}_a + \dot{V}_a = \boxed{(4)}$$

の電圧が誘起する．したがって，三脚鉄心を用いた三相リアクトルは，零相電流に対して　(5)　となる．

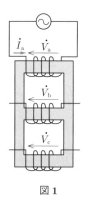

図 1

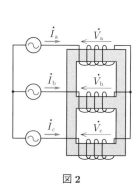

図 2

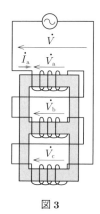

図 3

【解答群】

(イ) $\dot{V}_a = \dot{V}_b = \dot{V}_c$ 　　(ロ) 高抵抗 　　(ハ) $j\omega\left(\frac{1}{2}L+L_l\right)\dot{I}_a$

(ニ) 高インピーダンス 　　(ホ) $90°$ 　　(ヘ) $\dot{I}_a + \dot{I}_b + \dot{I}_c = 0$

(ト) $j3\omega L_l \dot{I}_a$ 　　(チ) $120°$ 　　(リ) 低インピーダンス

(ヌ) $j\omega\left(\frac{3}{2}L+L_l\right)\dot{I}_a$ 　　(ル) $\dot{I}_a = \dot{I}_b = \dot{I}_c$ 　　(ヲ) $j\omega\left(-\frac{1}{2}L+L_l\right)\dot{I}_a$

(ワ) $j\omega L_l \dot{I}_a$ 　　(カ) $180°$ 　　(ヨ) $j3\omega(L+L_l)\dot{I}_a$

# 4章

## 誘導機

### 学習のポイント

　本分野では，誘導電動機の回転速度，滑り，簡易等価回路に基づく特性算定，トルク - 速度特性，始動法，速度制御法，特殊かご形誘導電動機や単相誘導電動機の特徴がよく出題される．語句選択式が中心で，計算問題は少ない．電験 3 種と比べて，より深い知識が求められ，誘導機の動作原理や特性に対する理解が重要である．学習方法としては，トルクと滑りの関係をしっかり理解し，簡易等価回路に基づいて特性を算定できるようにすることが大切である．

# 4-1 誘導機の構造・原理

**攻略の
ポイント**　本節に関して，誘導電動機の回転速度と滑りに関する知識（同期速度，滑り，回転速度，滑り周波数等）を問う出題がされている．

## 1 ▶ 誘導電動機の構造

　三相誘導電動機は，**回転磁界**を作る**固定子**および回転する**回転子**からなる．回転子は，**巻線形回転子**と**かご形回転子**との2種類に分類される．

### (1) 固定子

　固定子は，**電磁鋼板（けい素鋼板）**を円形または扇形にスロットとともに打ち抜いて，必要な枚数積み重ねて積層鉄心を構成し，その内側に設けられたスロットに巻線を納め，結線して三相巻線とすることにより作られる．

### (2) 巻線形回転子

　巻線形回転子は，積層鉄心を構成し，その外側に設けられたスロットに巻線を収め，結線して三相巻線とすることにより作られる．始動時には高い電圧にさらされることや，大きな電流が流れることがあるので，回転子の巻線には，耐熱性や絶縁性に優れた絶縁電線が用いられる．一般的に，小出力用では，ホルマール線や**ポリエステル線**などの丸線が，大出力用では，**ガラス巻線**の平角銅線が用いられる．三相巻線は，軸上に絶縁して設けた3個のスリップリングに接続し，ブラシを通して外部（静止部）の端子に接続されている．この端子に可変抵抗器を接続することにより，**始動特性**を改善したり，速度制御をすることができる．

### (3) かご形回転子

　かご形三相誘導電動機のかご形回転子は，棒状の導体の両端を**短絡環**に溶接またはろう付けした構造になっている．小容量と中容量の誘導電動機では，導体と短絡環と通風翼が純度の高い**アルミニウム**の加圧鋳造で作られた一体構造となっている．かご形回転子は，構造が簡単で安価であるが，巻線形回転子のように外部抵抗を接続することはできない．

## 2 ▶ 回転磁界と滑り

### (1) 回転磁界

　固定子の円筒形鉄心に3組のコイルを互いに電気角で120°ずらして配置し，三

相交流を流せば，図4・1に示すように，回転磁界ができる．このような，固定子巻線の施し方を2極機という．この磁界は，三相交流の相回転と同方向に回転する．

2極機では，三相交流の1サイクルで回転磁界は1回転する．なお，60°ずつずらして6組のコイルを配置した場合は4極機という．4極機では，三相交流の1サイクルで回転磁界は1/2回転する．極数を$p$とすると，三相交流1サイクルで$\dfrac{1}{p/2}$回転するため，多極になると，回転磁界の回転速度は遅くなる．

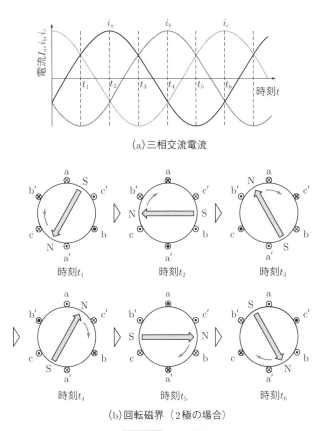

(a) 三相交流電流

(b) 回転磁界（2極の場合）

**図4・1** 回転磁界

誘導機

## (2) 同期速度

回転磁界の回転速度を**同期速度**と呼ぶ．電源周波数を $f$〔Hz〕，極数を $p$ とすると，同期速度 $N_s$ は次式で表される．

$$N_s = \frac{f}{p/2} \cdot 60 = \frac{120f}{p} \text{〔min}^{-1}\text{〕} \tag{4・1}$$

## (3) 回転速度と滑り

三相誘導電動機で固定子巻線に電流が流れ，**回転磁界**が生じると，これが回転子巻線を切るので回転子巻線に起電力が誘導される．この起電力によって回転子の二次巻線に誘導電流が流れることでトルクが生じる．発生するトルクは，回転磁界と回転子の回転速度の差を**減少させる**方向に働く．このトルクにより，停止していた回転子は回転磁界の方向に回転を始める．

回転子の回転速度が上昇し，同期速度との速度差が小さくなると，誘導起電力とトルクが下がっていき，発生トルクと負荷トルクが釣り合う回転速度に落ち着く．速度差が零になると，トルクは生じないため，負荷がある場合，誘導機の回転速度は同期速度よりも遅くなる．

同期速度 $N_s$〔min$^{-1}$〕に対する，$N_s$ と回転子の回転速度 $N$〔min$^{-1}$〕の速度差の比を**滑り** $s$ といい，次式で定義される．

$$s = \frac{N_s - N}{N_s} \tag{4・2}$$

式（4・2）を変形すると，回転速度 $N$〔min$^{-1}$〕は次式で表される．

$$N = N_s(1-s) = \frac{120f}{p}(1-s) \text{〔min}^{-1}\text{〕} \tag{4・3}$$

停止時は $s=1$ であり，無負荷時は $s=0$（$N=N_s$）である．

## 3 誘導起電力

三相誘導電動機の固定子巻線に電流が流れ，回転子巻線に起電力が誘導されると，この回転子巻線の電流によって生じる起磁力を打ち消すように固定子巻線に電流が流れる．つまり，固定子巻線と回転子巻線の両方に誘導起電力が生じる．固定子巻線を一次巻線，回転子巻線を二次巻線とすると，変圧器と同様に電圧・電流の関係を取り扱うことができる．

### 4-1 誘導機の構造・原理

#### (1) 一次誘導起電力

一次巻線（固定子巻線）の一次誘導起電力 $E_1$ は，次式で表される．

$$E_1 = \frac{2}{\sqrt{2}} \pi k_1 w_1 f_1 \phi = 4.44 k_1 w_1 f_1 \phi \ [V] \tag{4・4}$$

ただし，$f_1$：一次周波数〔Hz〕，$k_1$：一次巻線の巻線係数，$w_1$：一相の直列巻数，$\phi$：毎極の平均磁束数〔Wb〕とする．

#### (2) 二次誘導起電力

##### ①回転子停止時

回転子が停止しているとき，固定子巻線に流れる電流によって生じる回転磁界は，固定子巻線を切るのと同じ速さで回転子巻線を切る．これは原理的に変圧器と同じであり，固定子巻線は変圧器の一次巻線に相当し，回転子巻線は二次巻線に相当する．回転子巻線の各相には変圧器と同様に，次式で示される**二次誘導起電力** $E_2$ を生じる．

$$E_2 = 4.44 k_2 w_2 f_1 \phi \ [V] \tag{4・5}$$

ただし，$f_1$：一次周波数〔Hz〕，$k_2$：二次巻線の巻線係数，$w_2$：一相の直列巻数，$\phi$：毎極の平均磁束数〔Wb〕とする．

##### ②回転子回転時

回転子が滑り $s$ で回転しているとき，回転磁束と回転子の相対速度は，式（4・2）より，$N_s - N = sN_s$ であり，回転子停止時の $s$ 倍である．したがって，回転時の二次誘導起電力 $E_{2s}$ と，その周波数（二次周波数）$f_{2s}$ は，次式で示す通り，停止時の **$s$ 倍**となる．

$$E_{2s} = sE_2 = 4.44 k_2 w_2 s f_1 \phi \ [V] \tag{4・6}$$

$$f_{2s} = s f_1 \ [Hz] \tag{4・7}$$

二次周波数 $f_{2s}$ は**滑り周波数**とも呼ばれる．

4章

誘導機

**誘導機**

---

### 例題 1 ················································· H12　問 1

　次の文章は，誘導電動機の回転速度と滑りに関する記述である．文中の ▢
に当てはまる語句または式を解答群の中から選べ．

　巻線形三相誘導電動機の二次端子を短絡して，一次巻線に一定周波数の三相正弦
波交流電圧を印加すると，二次巻線には三相交流電流が流れてトルクを生じ，回転子
は加速して，定常状態では滑り $s$ で回転を続ける．

　定常状態で回転子の巻線に流れる電流は， ▢(1)▢ 周波数の三相交流電流である
から，この電流による ▢(2)▢ は，同期速度を $n_0$ とすれば ▢(3)▢ の速度で回転
する回転磁界を作る．この回転速度は回転子に対する速度であり，回転子そのものが
▢(4)▢ の速度で回転しているので，回転子の回転磁界は空間的に ▢(5)▢ の速度
で回転することになる．

【解答群】

(イ) 二次電力　　　　(ロ) 滑り　　　　　(ハ) $n_0$　　　　　(ニ) トルク

(ホ) $\dfrac{n_0}{1-s}$　　　(ヘ) $s \cdot n_0$　　　(ト) $(1-s)n_0$　　(チ) 一次

(リ) $(1+s)n_0$　　(ヌ) $s^2 \cdot n_0$　　(ル) $\dfrac{n_0}{s}$　　　(ヲ) $\dfrac{n_0}{1+s}$

(ワ) 定格　　　　　(カ) $(s-1)n_0$　　(ヨ) 起磁力

---

**解　説**　　(1) 定常状態で回転子の巻線に流れる電流は，滑り周波数の三相交流であ
る．滑り周波数は，本文の式 (4・7) より，$f_{2s} = s f_1$〔Hz〕である．

(2) (3) 回転子巻線を流れる滑り周波数の電流による起磁力は，同期速度を $n_0$ とする
と，回転子に対して $s \cdot n_0$ の速度で回転する回転磁界を作る．

(4) 回転子の回転速度は，本文の式 (4・3) より，$(1-s)n_0$ である．

(5) 回転子の回転磁界の空間的な速度は，$s \cdot n_0 + (1-s)n_0 = n_0$

　　　　　　　　　　　【解答】(1) ロ　(2) ヨ　(3) ヘ　(4) ト　(5) ハ

# 4-2 誘導機の等価回路・特性

**攻略のポイント**　本節に関して，誘導電動機の簡易等価回路に基づく特性算定（電流，機械的出力，損失，トルク），トルク－速度特性，比例推移に関する出題が多くされている．

## 1　三相誘導電動機の等価回路

### (1) 誘導電動機の回路

滑り $s$ で回転中の誘導電動機の回路図を図 4・2 に示す．

ただし，三相交流電源の相電圧を $\dot{V}_1$〔V〕，一次誘導起電力を $\dot{E}_1$〔V〕，停止時の二次誘導起電力を $\dot{E}_2$〔V〕，回転時の二次誘導起電力を $\dot{E}_{2s}$〔V〕，一次電流を $\dot{I}_1$〔A〕，一次負荷電流を $\dot{I}_1{'}$〔A〕，励磁電流を $\dot{I}_0$〔A〕，二次電流を $\dot{I}_2$〔A〕，一次巻線抵抗を $r_1$〔Ω〕，二次巻線抵抗を $r_2$〔Ω〕，一次漏れリアクタンスを $x_1$〔Ω〕，停止時の二次漏れリアクタンスを $x_2$〔Ω〕，回転時の二次漏れリアクタンスを $x_{2s}$〔Ω〕，励磁サセプタンスを $b_0$〔S〕，励磁コンダクタンスを $g_0$〔S〕とする．

式（4・6）より $E_{2s}=sE_2$ である．また，式（4・7）より $f_{2s}=sf_1$〔Hz〕だが，リアクタンスは周波数に比例するので二次漏れリアクタンスは $x_{2s}=sx_2$ となる．よって，二次巻線一相のインピーダンス $\dot{Z}_{2s}$（二次インピーダンス）は次式で表される．

$$\dot{Z}_{2s}=r_2+jsx_2\,〔\Omega〕 \tag{4・8}$$

電動機回転時の二次電流のフェーザ $\dot{I}_2$ は，次式で表される．

$$\dot{I}_2=\frac{\dot{E}_{2s}}{\dot{Z}_{2s}}=\frac{s\dot{E}_2}{r_2+jsx_2}=\frac{\dot{E}_2}{\dfrac{r_2}{s}+jx_2}\,〔\mathrm{A}〕 \tag{4・9}$$

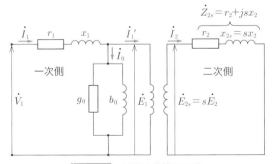

図 4・2　誘導電動機の回路

### (2) 二次側の等価回路

式（4・9）より，図4・3に示すように，誘導電動機の回転子が滑り$s$で回転しているときの二次電流$\dot{I}_2$は（図4・3（a）），回転子停止時の二次側回路から二次抵抗$r_2$を$r_2/s$に置き換えた場合の二次電流に等しい（図4・3（b））．

$r_2/s$は次式のように変形できる．

$$\frac{r_2}{s} = r_2 + \frac{1-s}{s} r_2 \qquad (4 \cdot 10)$$

$R = \dfrac{1-s}{s} r_2$とおくと，回転子が滑り$s$で回転していることは，回転子停止時の二次側回路から二次抵抗$r_2$とは別に$R = \dfrac{1-s}{s} r_2$の抵抗を加えることと等価である（図4・3（c））．この$R$は**等価負荷抵抗**と呼ばれ，その消費電力は誘導電動機の**機械的出力**に相当する．

図4・3（c）までの変換を反映した誘導電動機の回路を図4・4に示す．

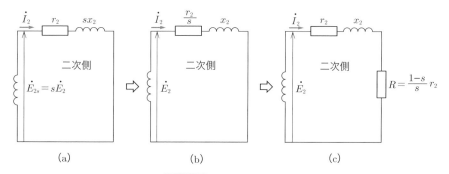

**図4・3** 二次側の等価回路

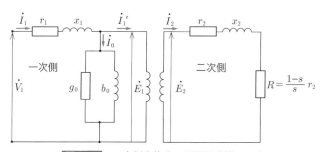

**図4・4** 二次側変換後の誘導電動機の回路

### (3) 一次換算等価回路
#### ①二次電圧の一次換算
式（4·4）と式（4·5）より，回転子静止時の巻線比 $\alpha$ は，次式で表される．

$$\alpha = \frac{E_1}{E_2} = \frac{k_1 w_1}{k_2 w_2} \tag{4·11}$$

二次側の電圧 $E_2$ を一次側に換算した電圧を $E_2'$ とすると，式（4·11）より，

$$E_2' = E_1 = \alpha E_2 \,〔\mathrm{V}〕 \tag{4·12}$$

#### ②二次電流の一次換算
一次負荷電流 $I_1'$ は，二次電流 $I_2$ により生じる起磁力を打ち消すように流れる．一次巻線の相数を $m_1$，二次巻線の相数を $m_2$ とすると，次式の関係が成り立つ．

$$I_1' \, m_1 k_1 w_1 = I_2 m_2 k_2 w_2$$

$$\therefore I_1' = \frac{m_2}{m_1} \cdot \frac{k_2 w_2}{k_1 w_1} I_2 = \frac{1}{\alpha \beta} I_2 \,〔\mathrm{A}〕 \tag{4·13}$$

ただし，$\beta = m_1/m_2$ は相数比であり，巻線形では $\beta = 1$，かご形では $\beta < 1$ である．

二次電流 $I_2$ を一次側に換算した電流を $I_2'$ とすると，式（4·13）より

$$I_2' = I_1' = \frac{1}{\alpha \beta} I_2 \,〔\mathrm{A}〕 \tag{4·13'}$$

#### ③二次インピーダンスの一次換算
二次巻線のインピーダンス $Z_2 = E_2/I_2$ を一次側に換算した二次巻線のインピーダンス $Z_2'$ は，式（4·12），式（4·13）$'$ より，次式で表される．

$$Z_2' = \frac{E_2'}{I_2'} = \alpha^2 \beta \frac{E_2}{I_2} = \alpha^2 \beta Z_2 \,〔\Omega〕（巻線形では \alpha^2 Z_2） \tag{4·14}$$

したがって，二次巻線抵抗 $r_2$ を一次側に換算したものを $r_2'$，二次漏れリアクタンス $x_2$〔$\Omega$〕を一次側に換算したものを $x_2'$ とすると，$r_2'$ と $x_2'$ は次式で表される．

$$r_2' = \alpha^2 \beta r_2 \,〔\Omega〕, \quad x_2' = \alpha^2 \beta x_2 \,〔\Omega〕 \tag{4·15}$$

#### ④T形等価回路
図4·4の二次側諸量を一次側に換算すると，図4·5に示す回路に置き換えることができる．この回路を **T形等価回路** という．

# 誘導機

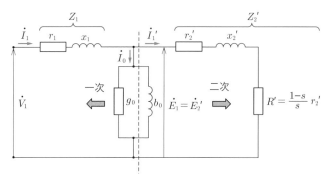

図4・5　T形等価回路

### ⑤ L形等価回路

図4・5の回路において$Z_1 I_0$による電圧降下を無視し，励磁回路を電源側に移すと図4・6に示す回路となる．この回路を**L形等価回路**または**簡易等価回路**とよび，各種計算に用いられる．

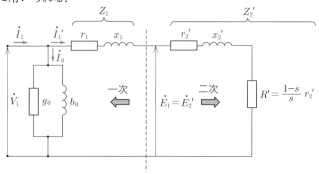

図4・6　L形等価回路

## 2 三相誘導電動機の諸量

図4・6のL形等価回路より，以下のような諸量を求められる．

### (1) 電流
#### ①無負荷電流

励磁アドミタンスを$\dot{Y}_0 = g_0 - jb_0$〔S〕とすると，無負荷電流$\dot{I}_0$は次式で表される．

$$\dot{I}_0 = (g_0 - jb_0)\dot{V}_1 = \dot{Y}_0 \dot{V}_1 \text{〔A〕} \tag{4・16}$$

$$I_0 = \sqrt{g_0^2 + b_0^2}\, V_1 = Y_0 V_1 \text{〔A〕} \tag{4・17}$$

## ②一次負荷電流

一次負荷電流（＝一次側に換算した二次電流）のフェーザ $\dot{I}_1{}'$，実効値 $I_1{}'$，力率 $\cos\theta_1$ は以下の式で表される．

$$\dot{I}_1{}' = \frac{\dot{V}_1}{r_1 + r_2{}' + R' + j(x_1 + x_2{}')} = \frac{\dot{V}_1}{r_1 + \dfrac{r_2{}'}{s} + j(x_1 + x_2{}')} \ \mathrm{[A]}$$

(4・18)

$$I_1{}' = \frac{V_1}{\sqrt{(r_1 + r_2{}' + R')^2 + (x_1 + x_2{}')^2}} = \frac{V_1}{\sqrt{\left(r_1 + \dfrac{r_2{}'}{s}\right)^2 + (x_1 + x_2{}')^2}} \ \mathrm{[A]}$$

(4・19)

$$\cos\theta_1 = \frac{r_1 + r_2{}' + R'}{\sqrt{(r_1 + r_2{}' + R')^2 + (x_1 + x_2{}')^2}}$$

$$= \frac{r_1 + \dfrac{r_2{}'}{s}}{\sqrt{\left(r_1 + \dfrac{r_2{}'}{s}\right)^2 + (x_1 + x_2{}')^2}}$$

(4・20)

## ③一次電流

$$\dot{I}_1 = \dot{I}_0 + \dot{I}_1{}' \ \mathrm{[A]}$$

(4・21)

## ④ベクトル図

図 4・6 に基づく $\dot{I}_0$，$\dot{I}_1{}'$，$\dot{I}_1$，$\dot{V}_1$，$\dot{E}_2{}'$ のベクトル図を図 4・7 に示す．

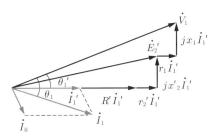

**図 4・7** 誘導電動機のベクトル図

## (2) 入力・出力
### ①鉄損

$$P_i = 3g_0 V_1{}^2 \ \mathrm{[W]}$$

(4・22)

誘導機

②一次銅損
$$P_{c1} = 3r_1 I_1'^2 \,[\mathrm{W}] \tag{4・23}$$

③一次入力
$$P_1 = P_i + P_{c1} + P_{c2} + P_o = 3V_1 I_1 \cos\theta_1 \,[\mathrm{W}] \tag{4・24}$$

④二次銅損
$$P_{c2} = 3r_2' I_1'^2 = sP_2 \,[\mathrm{W}] \tag{4・25}$$

⑤二次入力
$$P_2 = P_{c2} + P_o = 3\frac{r_2'}{s} I_1'^2 = \frac{3\dfrac{r_2'}{s} V_1^2}{\left(r_1 + \dfrac{r_2'}{s}\right)^2 + (x_1 + x_2')^2} \,[\mathrm{W}] \tag{4・26}$$

⑥機械的出力

二次入力 $P_2$ から二次銅損 $P_{c2}$ を引くと機械的出力 $P_o$ となり，次式で表される．

$$P_o = P_2 - P_{c2} = 3R'I_1'^2 = 3\frac{1-s}{s}r_2'I_1'^2 = (1-s)P_2 \,[\mathrm{W}] \tag{4・27}$$

式 (4・19) より，$V_1$ を用いると式 (4・27) は次式で表せる．

$$P_o = \frac{3\dfrac{1-s}{s}r_2'V_1^2}{\left(r_1 + \dfrac{r_2'}{s}\right)^2 + (x_1 + x_2')^2} \,[\mathrm{W}] \tag{4・27}'$$

式 (4・25)，式 (4・26)，式 (4・27) より，次式が成り立つ．
$$P_2 : P_{c2} : P_o = 1 : s : (1-s) \tag{4・28}$$

なお，機械的出力 $P_o\,[\mathrm{W}]$ から機械損 $P_m\,[\mathrm{W}]$ を引くと軸出力（動力として利用できる出力）となる．図 4・8 に入力と出力の関係を示す．

⑦二次効率

二次入力に対する機械的出力を二次効率という．式 (4・27) より，二次効率 $\eta_2$ は次式で表される．

$$\eta_2 = \frac{P_o}{P_2} = 1 - s \tag{4・29}$$

⑧効率

$$\eta = \frac{P_o}{P_1} \tag{4・30}$$

軸出力の効率は機械損 $P_m$ を考慮し，$\eta' = \dfrac{P_o - P_m}{P_1}$ となる．

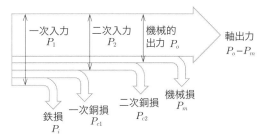

**図 4・8** 誘導電動機の入力と出力

## 3 誘導電動機のトルクと特性

### (1) トルク

回転子の角速度を $\omega$ [rad/s] とすると誘導電動機のトルク $T$ は次式で表される．

$$T = \frac{P_o}{\omega} = \frac{60}{2\pi N} P_o \quad [\text{N·m}] \tag{4・31}$$

式 (4・3) と式 (4・27) より，式 (4・31) は次式で表される．

$$T = \frac{60}{2\pi N_s(1-s)} P_2(1-s) = \frac{60}{2\pi N_s} P_2 = \frac{P_2}{\omega_s} \quad [\text{N·m}] \tag{4・32}$$

ただし，同期角速度 $\omega_s = \dfrac{2\pi N_s}{60} = \dfrac{4\pi f}{p}$ [rad/s] とする． (4・33)

式 (4・32) より，誘導電動機のトルク $T$ は二次入力 $P_2$ に比例することがわかる．$P_2$ は**同期ワット**とも呼ばれ，トルクを同期ワットで表す場合がある．

式 (4・26)，式 (4・33) より，式 (4・32) は次式に変換できる．

$$\begin{aligned}
T &= \frac{1}{\omega_s} \cdot \frac{3\dfrac{r_2'}{s} V_1^2}{\left(r_1 + \dfrac{r_2'}{s}\right)^2 + (x_1 + x_2')^2} \\
&= \frac{p}{4\pi f} \cdot \frac{3\dfrac{r_2'}{s} V_1^2}{\left(r_1 + \dfrac{r_2'}{s}\right)^2 + (x_1 + x_2')^2} \quad [\text{N·m}]
\end{aligned} \tag{4・34}$$

式（4・34）より，$\dfrac{r_2'}{s}$ が一定の場合，トルクは電源電圧 $V_1$ の二乗に比例することがわかる．

### (2) 誘導電動機の特性
#### ①滑りによる一次負荷電流，機械的出力，トルクの変化

滑りによる一次負荷電流，機械的出力，トルクの変化を図4・9に示す．このうち，滑りに対するトルクの変化を**トルク-速度特性**という．

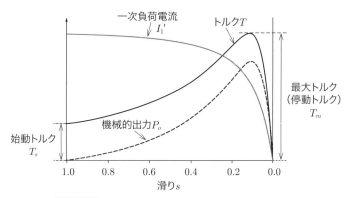

**図4・9** 一次負荷電流・機械的出力・トルクの特性

#### ②始動電流

始動時の電流は，式（4・19）に $s=1$ を代入することで求められる．

$$I_1{'}_s = \dfrac{V_1}{\sqrt{(r_1+r_2')^2+(x_1+x_2')^2}} \; \text{[A]} \tag{4・35}$$

#### ③始動トルク

始動時のトルクは，式（4・34）に $s=1$ を代入することで求められる．

$$T_s = \dfrac{p}{4\pi f} \cdot \dfrac{3r_2'V_1{}^2}{(r_1+r_2')^2+(x_1+x_2')^2} \tag{4・36}$$

#### ④最大トルク（停動トルク）

式（4・34）より，トルク $T$ は滑り $s$ の関数であり，$dT/ds=0$ として得られる滑り $s_t$ から，最大トルク $T_m$ を求められる．

式（4・34）を変形すると，トルク $T$ は次式で表される．

**4-2 誘導機の等価回路・特性**

$$T = \frac{3V_1{}^2}{\omega_s} \cdot \frac{1}{2r_1 + \dfrac{r_2'}{s} + \dfrac{s}{r_2'}\left\{r_1{}^2 + (x_1 + x_2')^2\right\}} \qquad (4 \cdot 34)'$$

式 $(4 \cdot 34)'$ の，$2r_1 + \dfrac{r_2'}{s} + \dfrac{s}{r_2'}\left\{r_1{}^2 + (x_1 + x_2')^2\right\}$ を $f(s)$ とおき，その極小を求めると

$$f'(s) = -\frac{r_2'}{s^2} + \frac{1}{r_2'}\left\{r_1{}^2 + (x_1 + x_2')^2\right\} = 0 \qquad (4 \cdot 37)$$

このときの滑りを $s_t$ とすると

$$s_t = \frac{r_2'}{\sqrt{r_1{}^2 + (x_1 + x_2')^2}} \qquad (4 \cdot 38)$$

この $s_t$ を式 $(4 \cdot 34)'$ に代入すると，最大トルク $T_m$ を次式の通り求められる．

$$T_m = \frac{1}{\omega_s} \cdot \frac{3V_1{}^2}{2(r_1 + \sqrt{r_1{}^2 + (x_1 + x_2')^2})} \ \text{〔N·m〕} \qquad (4 \cdot 39)$$

この最大トルク $T_m$ は滑り $s$ および $r_2'$ に関係なく一定である．負荷トルクがこの値以上になると，電動機は停止することから，$T_m$ は**停動トルク**とも呼ばれる．一般的に停動トルクは定格負荷状態におけるトルクの 2 倍程度である．

⑤**滑りとトルクの関係**

誘導電動機のトルク－速度特性を図 4・10 に示す．

最大トルク $T_m$ を生じる回転速度以下（滑りが $s_t$ 以上）の範囲では，式 $(4 \cdot 34)$ において，$r_1 + r_2'/s \ll x_1 + x_2'$ となる．よって，$r_1 + r_2'/s$ を無視すると，トルク $T$ は次式で近似でき，滑り $s$ に対してほぼ**反比例**することがわかる．

$$T \cong \frac{1}{\omega_s} \cdot \frac{3r_2'V_1{}^2}{(x_1 + x_2')^2} \cdot \frac{1}{s} \propto \frac{1}{s} \ \text{〔N·m〕} \qquad (4 \cdot 40)$$

次に，$T_m$ を生じる回転速度以上（滑りが $s_t$ 以下）の範囲では，式 $(4 \cdot 34)$ において，$r_1 \ll \dfrac{r_2'}{s}$，$x_1 + x_2' \ll \dfrac{r_2'}{s}$ となる．よって，$r_1$ と $x_1 + x_2'$ を無視すると，トルク $T$ は次式で近似でき，滑り $s$ にほぼ**比例して増加**することがわかる．

$$T \cong \frac{1}{\omega_s} \cdot \frac{3\dfrac{r_2'}{s}V_1{}^2}{\left(\dfrac{r_2'}{s}\right)^2} = \frac{1}{\omega_s} \cdot \frac{3V_1{}^2}{r_2'} \cdot s \propto s \ \text{〔N·m〕} \qquad (4 \cdot 41)$$

# 誘導機

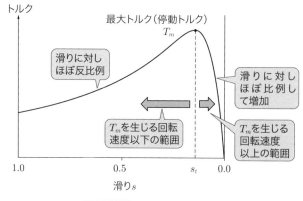

図 4・10　トルク-速度特性

### ⑥ 負荷変動時の滑りとトルクの変化

図 4・11 に示すように，誘導電動機の運転中に負荷を増大させると回転速度は低下する．つまり，滑りは**増加する**ことになり二次巻線に発生する起電力が大きくなる．その結果，二次電流が増加し，負荷トルクと平衡するだけの大きさのトルクを発生する．

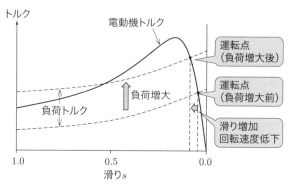

図 4・11　負荷変動時の滑りとトルクの変化

## (3) 比例推移

三相誘導電動機の一次端子から見たインピーダンスは，図 4・6 の L 形等価回路より，$\sqrt{\left(r_1+\dfrac{r_2'}{s}\right)^2+(x_1+x_2')^2}$〔Ω〕であり，$r_2'/s$ の関数になる．したがって，

トルク，一次電流，力率なども $r_2'/s$ の関数となる．そのため，$r_2'$ と $s$ をともに $m$ 倍した場合，$\dfrac{mr_2'}{ms} = \dfrac{r_2'}{s}$ は一定であるから，$r_2'$ と $s$ を変える前と後でトルク，一次電流，力率は変化しない．このような特性を**比例推移**という．

### ①トルクの比例推移

式 (4·34) を見ると，トルク $T$ は $r_2'/s$ の関数であるため，図 4·12 に示すように，$r_2'$ を $m$ 倍に変更したとき，変更前と同じトルクが変更前の滑りを $m$ 倍した点に生じる．

なお，最大トルクは $r_2'$ に関わらず一定であり，これを生じる滑り $s_t$ は $r_2'$ が大きいほど大きくなる．

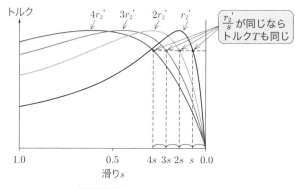

**図 4·12** トルクの比例推移

### ②電流の比例推移

式 (4·19) を見ると，一次負荷電流の実効値 $I_1'$ は $r_2'/s$ の関数であるため，図 4·13 に示す通り，$r_2'$ を $m$ 倍に変更したとき，変更前と同じ一次負荷電流が変更前の滑りを $m$ 倍した点に生じる．

# 誘導機

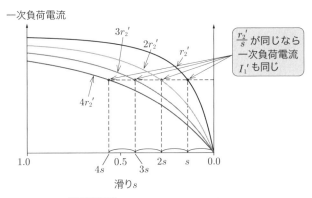

**図4・13** 一次負荷電流の比例推移

また，式（4・20）を見ると，一次負荷電流の力率 $\cos\theta_1'$ についても $r_2'/s$ の関数であるため，$r_2'$ を $m$ 倍に変更したとき，変更前と同じ力率が変更前の滑りを $m$ 倍した点に生じる．

## 例題 2 ・・・・・・・・・・・・・・・・・・・・・・・・・・・・・・・・・・・・・・・・・・・・・・・・・・・・・・ H30 問1

次の文章は，三相誘導電動機に関する記述である．文中の □ に当てはまる最も適切なものを解答群の中から選べ．

図は，三相誘導電動機の1相分のL形等価回路である．ただし，$r_1$ は一次巻線抵抗，$r_2'$ は二次巻線抵抗の一次換算値，$x_1$ は一次漏れリアクタンス，$x_2'$ は二次漏れリアクタンスの一次換算値，$b_0$ および $g_0$ は励磁サセプタンスおよび励磁コンダクタンスである．三相交流電源の相電圧の実効値を $V_1$，フェーザを $\dot{V}_1$ とする．また，滑りを $s$ とし，漏れリアクタンスの和を $X = x_1 + x_2'$ とする．

電動機を交流電源に接続すると，励磁電流は $\dot{I}_0 = $ □(1)□ となり，$\dot{I}_0$ による損失は $W_I = $ □(2)□ である．機械損 $W_m$ を無視すると，機械的出力は $P_o = $

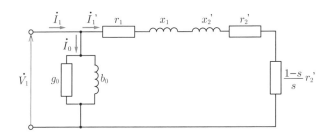

### 4-2 誘導機の等価回路・特性

　　(3) 　である．一方，$r_1$ および $r_2'$ に生じる損失は $W_C = $ 　(4) 　となる．
ここで，機械損 $W_m$ を考慮すると，電動機の効率は 　(5) 　となる．

【解答群】

(イ) $\dfrac{P_O - W_m}{P_O + W_I + W_C}$

(ロ) $\dfrac{3\dfrac{1-s}{s}r_2' V_1^2}{\left(r_1 + \dfrac{r_2'}{s}\right)^2 + X^2}$

(ハ) $3\dfrac{V_1^2}{g_0}$

(ニ) $\dfrac{\dot{V}_1}{g_0 - jb_0}$

(ホ) $\dfrac{3\left(r_1 + \dfrac{r_2'}{s}\right)V_1^2}{\left(r_1 + \dfrac{r_2'}{s}\right)^2 + X^2}$

(ヘ) $3\dfrac{V_1^2}{\sqrt{g_0^2 + b_0^2}}$

(ト) $\dfrac{3r_1 V_1^2}{\left(r_1 + \dfrac{r_2'}{s}\right)^2 + X^2}$

(チ) $\dfrac{3\left(r_1 + r_2'\right)V_1^2}{\left(r_1 + \dfrac{r_2'}{s}\right)^2 + X^2}$

(リ) $(g_0 + jb_0)\dot{V}_1$

(ヌ) $\dfrac{3\dfrac{r_2'}{s}V_1^2}{\left(r_1 + \dfrac{r_2'}{s}\right)^2 + X^2}$

(ル) $(g_0 - jb_0)\dot{V}_1$

(ヲ) $3g_0 V_1^2$

(ワ) $\dfrac{3r_2' V_1^2}{\left(r_1 + \dfrac{r_2'}{s}\right)^2 + X^2}$

(カ) $\dfrac{P_O - W_C - W_m}{P_O + W_I}$

(ヨ) $\dfrac{P_O}{P_O + W_I + W_C + W_m}$

---

**解　説**　(1) (2) (3) 本節 2 項で解説しているので，参照する．

(4) 本文の式（4・23）と式（4・25）より

$$W_C = 3r_1 I_1'^2 + 3r_2' I_1'^2 = \dfrac{3\left(r_1 + r_2'\right)V_1^2}{\left(r_1 + \dfrac{r_2'}{s}\right)^2 + X^2}$$

(5) 機械損 $W_m$ を考慮すると，軸出力は $P_O - W_m$ である．一次入力は $P_O + W_I + W_C$ であるので，効率は $\dfrac{P_O - W_m}{P_O + W_I + W_C}$ となる．

【解答】(1) ル　(2) ヲ　(3) ロ　(4) チ　(5) イ

# 誘導機

## 例題 3　　　　　　　　　　　　　　　　H29　問 5

次の文章は，三相誘導電動機の基本的な特性に関する記述である．文中の□に当てはまる最も適切なものを解答群の中から選べ．

巻線形三相誘導電動機の二次端子を開放した状態で，一次巻線に一定周波数 $f_1$ の三相正弦波交流電圧を印加すると，___(1)___ は流れるが，二次電流が流れないので回転子は回転しない．二次端子を短絡すると二次電流が流れ，これと一次電流により発生する ___(2)___ とによって，回転子にトルクが発生し，回転子は回転し始める．

回転子が滑り $s$ で回転している場合，同期速度を $n_0$ とすれば回転子の回転速度は ___(3)___ で表され，このとき，二次巻線に発生する周波数は ___(4)___ である．

回転子に負荷を接続し，その負荷を増大させると回転速度は低下する．すなわち，滑りは ___(5)___ になり二次巻線に発生する起電力が大きくなる．その結果，二次電流が増加し，負荷トルクと平衡するだけの大きさのトルクを発生する．

【解答群】

(イ) $sn_0$ 　　　(ロ) $(1-s)n_0$ 　　　(ハ) 短絡電流　　　(ニ) 減少すること

(ホ) 励磁電流　　(ヘ) $\dfrac{f_1}{s}$ 　　　(ト) ほぼ一定　　　(チ) $sf_1$

(リ) $(1-s)f_1$ 　(ヌ) 回転磁界　　　(ル) 負荷電流　　　(ヲ) 一次周波数

(ワ) $\dfrac{n_0}{s}$ 　　　(カ) 増加すること　(ヨ) 回転速度

---

**解　説**　(1) 下図に示す通り，巻線形三相誘導電動機の二次端子を開放した状態では，励磁電流 $I_0$ は流れるが，二次電流（∝一次負荷電流）は流れない．

(2)(3) 1 節 2 項で解説しているので，参照する．

(4) 1 節 3 項で解説しているので，参照する．

(5) 本節 3 項で解説しているので，参照する．

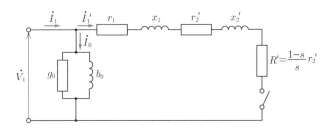

解説図

4-2 誘導機の等価回路・特性

【解答】(1) ホ　(2) ヌ　(3) ロ　(4) チ　(5) カ

---

**例題 4** •••••••••••••••••••••••••••••••••••••••••••••••••••••••••• **H17　問5**

4章
誘導機

　次の文章は，三相誘導電動機の特性算定に関する記述である．文中の□□□に当てはまる語句，式または数値を解答群の中から選べ．

　三相誘導電動機の極数を $2p$，電源電圧（線間）を $V$〔V〕，電源周波数を $f$〔Hz〕とし，星形一相一次換算の L 形等価回路における一次側および二次側の巻線抵抗をそれぞれ $r_1$〔Ω〕および $r_2'$〔Ω〕，一次側および二次側の漏れリアクタンスをそれぞれ $x_1$〔Ω〕および $x_2'$〔Ω〕，滑りを $s$ とすれば

a) 一次側に換算した二次電流 $\dot{I_1}'$〔A〕は次式で表される．

$$\dot{I_1}' = \frac{\boxed{(1)}}{r_1 + \boxed{(2)} + j(x_1 + x_2')} \text{〔A〕} \cdots\cdots\cdots\cdots\cdots ①$$

b) 電動機の機械的出力（発生動力）$P_o$〔W〕は次式となる．

$$P_o = \frac{V^2}{(r_1 + \boxed{(2)})^2 + (x_1 + x_2')^2} \times (\boxed{(3)}) \times r_2' \text{〔W〕} \cdots\cdots\cdots ②$$

c) 電動機の発生トルク $T$〔N·m〕は次式となる．

$$T = \boxed{(4)} \times |\dot{I_1}'|^2 \times \frac{r_2'}{s} \text{〔N·m〕} \cdots\cdots\cdots\cdots\cdots ③$$

d) ③式に $\dfrac{2\pi f}{p}$ を乗じたものを $\boxed{(5)}$ という．

【解答群】

(イ) 最大トルク　　　(ロ) $\dfrac{3p}{2\pi f}$　　　(ハ) $\dfrac{s}{1-s}$　　　(ニ) $V$

(ホ) $\dfrac{1-s}{s}$　　　(ヘ) $r_2'$　　　(ト) $\dfrac{V}{\sqrt{3}}$　　　(チ) $sr_2'$

(リ) $\dfrac{p}{2\pi f}$　　　(ヌ) $\dfrac{1}{s}$　　　(ル) 同期ワット　　　(ヲ) $\dfrac{\sqrt{3}p}{2\pi f}$

(ワ) $\sqrt{3}V$　　　(カ) $\dfrac{r_2'}{s}$　　　(ヨ) 同期トルク

---

**解　説**　　(1) (2) 本問における $V$ は線間電圧なので，相電圧にすると $V/\sqrt{3}$ となる．本文の式（4·18）より

$$\dot{I_1}' = \frac{\dfrac{V}{\sqrt{3}}}{r_1 + \dfrac{r_2'}{s} + j(x_1 + x_2')} \text{〔A〕} \quad\cdots\cdots①$$

153

**誘導機**

(3) 本文の式 (4・27)′ より，電動機の機械的出力 $P_O$ は次式となる．

$$P_O = \frac{3\dfrac{1-s}{s}r_2'\left(\dfrac{V}{\sqrt{3}}\right)^2}{\left(r_1 + \dfrac{r_2'}{s}\right)^2 + (x_1 + x_2')^2} = \frac{V^2}{\left(r_1 + \dfrac{r_2'}{s}\right)^2 + (x_1 + x_2')^2} \cdot \frac{1-s}{s} \cdot r_2' \ \text{〔W〕}$$

......②

(4) 二次入力を $P_2$〔W〕，同期角速度を $\omega_s$〔rad/s〕とすると

$$P_2 = 3\frac{r_2'}{s}\left|\dot{I_1}'\right|^2$$

$$\omega_s = \frac{4\pi f}{2p} = \frac{2\pi f}{p}$$

となる（極数が $2p$ であることに注意）．よって，電動機の発生トルク $T$〔N・m〕は次式となる．

$$T = \frac{P_2}{\omega_s} = \frac{3p}{2\pi f} \cdot \left|\dot{I_1}'\right|^2 \cdot \frac{r_2'}{s} \ \text{〔N・m〕} \quad \text{......③}$$

(5) 式③に $\dfrac{2\pi f}{p}$ をかけると，次式となる．

$$\frac{3p}{2\pi f} \cdot \left|\dot{I_1}'\right|^2 \cdot \frac{r_2'}{s} \cdot \frac{2\pi f}{p} = 3 \cdot \left|\dot{I_1}'\right|^2 \cdot \frac{r_2'}{s} = P_2 \ \text{〔W〕}$$

二次入力 $P_2$ は同期ワットと呼ばれる．

【解答】(1) ト　(2) カ　(3) ホ　(4) ロ　(5) ル

# 4-2 誘導機の等価回路・特性

**例題 5** ••••••••••••••••••••••••••••••••••••••••••••••••••••••••••••• H13 問 5

次の文章は，三相誘導電動機の特性に関する記述である．文中の □ に当てはまる語句または式を解答群の中から選べ．

三相誘導電動機の滑りは負荷によって変化し，一次電流，二次電流，トルク，機械的出力などは滑りの関数として表される．

星形の 1 相の一次電圧を $V_1$ 〔V〕，滑りを $s$，一次回路の抵抗と漏れリアクタンスをそれぞれ $r_1$〔Ω〕および $x_1$〔Ω〕，一次側に換算した二次回路の抵抗と漏れリアクタンスをそれぞれ $r_2'$〔Ω〕および $x_2'$〔Ω〕，同期角速度を $\omega_s$〔rad/s〕とすれば，トルク〔N・m〕は次式で表される．

$$T = \frac{1}{\omega_s} \cdot \frac{\boxed{(1)} \cdot \dfrac{r_2'}{s}}{\left(r_1 + \dfrac{r_2'}{s}\right)^2 + (x_1 + x_2')^2} \text{〔N・m〕}$$

このように，トルク $T$ は滑り $s$ の関数であり，$\dfrac{dT}{ds} = 0$ として得られる滑り $s_t$ から，最大トルク $T_m$ を求めることができる．この $T_m$ は □(2)□ トルクと呼ばれ，滑り $s$ および □(3)□ に関係なく一定であり，負荷トルクがこの値以上になると，電動機は停止する．

誘導電動機のトルク−速度特性において，最大トルク $T_m$ を生じる回転速度以下の範囲では，トルク $T$ は滑り $s$ に対してほぼ □(4)□ の関係を示して変化する．$T_m$ を生じる回転速度以上の範囲では，トルク $T$ は滑り $s$ にほぼ比例して □(5)□ する．

【解答群】

| | | | | | |
|---|---|---|---|---|---|
| (イ) 脱出 | (ロ) $3V_1^2$ | (ハ) 比例 | (ニ) 減少 | (ホ) $r_1$ | (ヘ) 微増 |
| (ト) 同期 | (チ) $r_2'$ | (リ) $V_1^2$ | (ヌ) $x_2'$ | (ル) 二乗 | (ヲ) 増加 |
| (ワ) 反比例 | (カ) 停動 | (ヨ) $3V_1$ | | | |

---

**解 説** 本節 3 項で解説しているので，参照する．

【解答】(1) ロ　(2) カ　(3) チ　(4) ワ　(5) ヲ

4章 誘導機

155

# 4-3 誘導機の運転

**攻略の ポイント**　本節に関して，誘導電動機の始動方法，速度制御方法，制動方法の知識を問う問題が多く出題されている．特に一次周波数制御（*V/f*制御）については，頻出であるため，原理をよく理解しておく必要がある．

## 1 誘導電動機の始動

　三相誘導電動機の始動においては，十分な始動トルクを確保しつつ，始動電流を抑制し，かつ定常運転時の特性を損なわないように適切な方法を選定する必要がある．

### (1) 三相かご形誘導電動機の始動

　三相かご形誘導電動機には，定格電圧を直に加える始動法（全電圧始動法）と一次回路を調整して始動する方法がある．後者には，Y−△ 始動法，始動補償器法，リアクトル始動法などがある．

#### ①全電圧始動法

　全電圧始動法は，定格電圧を直に加える方法であり，直入れ始動法とも呼ばれる．かご形誘導電動機において，定格電流の5〜7倍程度となる始動電流に対して電源容量が十分大きく，その影響を受けないだけの余裕があるときに適用可能である．一般的に，5 kW 以下の小容量な普通かご形誘導電動機で用いる．また，始動電流をある程度抑制可能な特殊かご形誘導電動機では10 kW 程度までであればこの方法を用いることがある．

#### ②Y−△ 始動法

　Y−△ 始動法は，一次巻線を始動時はY結線，通常運転時は△結線にコイルの接続を切り換えてコイルに加わる電圧を下げることにより始動電流を抑制する方法である．定格出力が5〜15 kW程度のかご形誘導電動機に用いられる．△結線に比べて，固定子巻線に加わる電圧が定格電圧の $1/\sqrt{3}$ 倍になるため，始動電流と始動トルクは△結線における始動時の $1/3$ 倍となる．

#### ③始動補償器法

　始動補償器法では，電源と電動機の間に，**始動補償器**として三相単巻変圧器を入れる．使用する変圧器のタップを切り換えることによって低電圧で始動する．回転速度が上がり最終的な運転速度に達すると始動補償器を回路から切り離し，全電圧を加える方法である．定格出力が15kW程度より大きなかご形誘導電動機に用いら

れる．タップにより巻線電圧を $1/a$ 倍にした場合，始動電流と始動トルクは $1/a^2$ 倍となる．始動補償器を回路から切り離す際に突入電流が生じるので，それを防ぐために単巻変圧器の中性点を先に開く方法を**コンドルファ始動**という．

④**リアクトル始動法**

リアクトルを一次側に直列に接続することで始動電流を抑制し，始動後に取り除く方法である．始動電流を $1/a$ 倍にした場合，始動トルクは $1/a^2$ 倍となる．

### (2) 三相巻線形誘導電動機の始動

①**二次抵抗制御法**

巻線形誘導電動機の始動においては，始動抵抗器を用いて始動時に二次抵抗を大きくすることにより始動電流を抑制しながら始動トルクを増大させる二次抵抗制御法（二次抵抗法）を用いる．この方法では，図 4・14 に示すように，誘導電動機のトルクの**比例推移**を利用して，トルクが最大値となる滑りを 1 付近になるようにする．具体的には，二次側にスリップリングを介して抵抗値を変えられる外部抵抗（金属抵抗器あるいは液体抵抗器）を接続し，始動時にはこの値を大きくしてトルクを大きくし，定常運転時にはスリップリングを**短絡する**．二次抵抗法による始動は，力率がよく小さな始動電流でも大きなトルクが得られるので小さな電源容量でも始動が可能である．

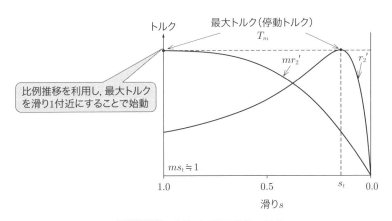

図 4・14　巻線形誘導電動機の始動

誘導機

## 2 誘導電動機の速度制御

式（4·3）より，誘導機の回転速度は次式で表される．

$$N = \frac{120f}{p}(1-s)\ [\text{min}^{-1}]$$

よって，周波数，極数，滑りのいずれかを調整すれば誘導機の回転速度を制御できる．

### (1) 二次抵抗制御

巻線形誘導電動機において，二次抵抗制御は始動だけでなく，速度制御においても用いられる．二次側にスリップリングを介して接続した外部抵抗の抵抗値を加減すると，トルクの比例推移により速度-トルク曲線が変わり，同一トルクとなる滑りが変化することにより速度制御ができる．この方法は，外部抵抗を流れる電流による損失が大きく効率が悪いという欠点があるが，操作が簡単で円滑な速度制御が可能であることから，ポンプや巻上機などに広く用いられる．

### (2) 二次励磁制御

巻線形誘導電動機において，抵抗制御法の欠点であった二次側外部抵抗の損失による低効率を補うため，外部抵抗による電圧降下に等しい起電力を，外部から与えることで滑りを変化させる方法を**二次励磁制御**という．二次励磁制御には，二次抵抗制御では抵抗損となっていたエネルギーを誘導機の動力として返還する**静止クレーマ方式**と電源に電力として返還する**静止セルビウス方式**がある．

### ①静止クレーマ方式

図4·15に示すように，静止クレーマ方式では，巻線誘導電動機と直流電動機を同じ軸で直結する．誘導機への入力を $P$，滑りを $s$ とすると，誘導電動機の機械的出力は $(1-s)P$ となる．二次抵抗制御での抵抗損に対応する電力 $sP$ を，スリップリングを介して整流器で直流に変換し，直流電動機に入力することで動力として負荷軸に返還する．負荷軸への出力は誘導電動機の出力 $(1-s)P$ と直流電動機による出力 $sP$ の和である $P$ となる．直流電動機の界磁を調整し二次励磁電圧を変えることで速度を制御する．誘導機の回転速度が変わっても負荷への出力は $P$ のまま変わらない，定出力の速度制御である．

## 4-3 誘導機の運転

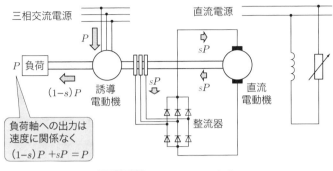

図4・15 静止クレーマ方式

### ②静止セルビウス方式

図4・16に示すように，静止セルビウス方式では，二次抵抗制御での抵抗損に対応する電力 $sP$ を，スリップリングを介して整流器で直流に変換した後，インバータで電源周波数の交流に変換し変圧器を介して，電源に電力として返還する．負荷軸への出力は，誘導電動機の機械的出力である $(1-s)P$ となる．インバータの位相制御をすることで速度を変える．セルビウス方式は，高効率の運転が可能で，定トルクという特徴がある．整流器とインバータを用いず，サイクロコンバータを用いるものを**超同期静止セルビウス方式**という．

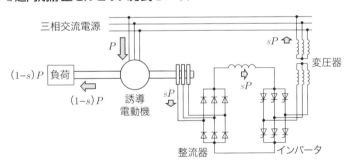

図4・16 静止セルビウス方式

### (3) 極数切換制御

かご形誘導機では，運転中に固定子巻線の接続を変更して**極数**を切り換える速度制御の方法がある．この方法は，効率はよいが，極数切り換えは普通2～3段であり，速度の変化が段階的となるため，連続した可変速を必要とする用途には不向き

である．また，巻線形では固定子巻線だけでなく回転子巻線の極数も切り換える必要があり複雑であるため用いられない．

### (4) 一次電圧制御

誘導電動機の**トルク－速度**特性は，式（4・34）より，電圧のほぼ二乗に比例して変化する．その性質を利用して，滑りを変化させる速度制御を**一次電圧制御**という．図4・17に示す通り，一次電圧を下げると最大トルクが急激に減少するため，速度制御の範囲が狭い．また，速度を低くするために一次電圧を下げると，滑りが大きくなり，式（4・25）より，**二次回路**の損失（二次銅損）が増大し，効率が悪化する．そのため，電動機の効率を重視する用途には不向きであり，適用は小容量機に限られる．

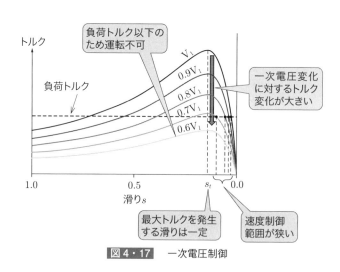

図4・17　一次電圧制御

### (5) 一次周波数制御

一次周波数制御は，周波数に比例して誘導電動機の**同期**速度が変化することを利用し，周波数を連続的に制御する速度制御の方法である．

特にかご形誘導電動機において，直流電力を交流電力に変換し可変の電圧と周波数を得る**VVVF**（Variable Voltage Variable Frequency）インバータを用いた制御が広く利用されている．

## 4-3 誘導機の運転

### ①周波数のみを制御した場合

一次周波数 $f_1$ のみを下げた場合，同期速度が下がることで速度は低下するが，励磁電流が大きくなり過ぎるという問題が生じる．

図 4・5 の T 形等価回路において，励磁回路を流れる励磁電流 $I_0$ は次式で表される．

$$I_0 = \sqrt{g_0^2 + b_0^2} E_1 \text{ [A]} \tag{4・41}$$

励磁サセプタンス $b_0$〔S〕は周波数に反比例するため，一次周波数を下げると $b_0$ が増大する．このとき，$g_0 \ll b_0$ となるので，$g_0$ を無視すると

$$I_0 \cong b_0 E_1 \propto \frac{E_1}{f_1} \tag{4・42}$$

そのため，一次誘導起電力 $E_1$ を一定のまま一次周波数を下げると励磁電流 $I_0$ は周波数にほぼ反比例して増大し，過大な電流が巻線を流れるおそれがある．

また，式 (4・4) より，一次誘導起電力 $E_1 = 4.44 k_1 w_1 f_1 \phi$〔V〕であるから，磁束 $\phi$ は次式で表される．

$$\phi = \frac{E_1}{4.44 k_1 w_1 f_1} \propto \frac{E_1}{f_1} \text{ [Wb]} \tag{4・43}$$

$E_1$ を変えずに一次周波数 $f_1$ のみを下げた場合，式 (4・43) より磁束が大きくなる．磁束が増えて**磁気飽和**を起こすと過大な励磁電流が流れ誘導電動機の巻線を焼損させるおそれがある．

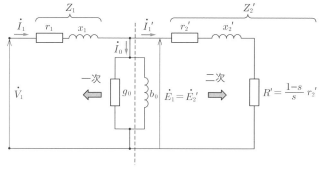

図 4・5 （再掲） T 形等価回路

### ② $V/f$ 一定制御

一次周波数のみを下げると過大な励磁電流が流れる問題が生じるが，誘導式

(4·43) より $\phi \propto E_1/f_1$ のため，$E_1/f_1$ を一定に制御すれば磁束 $\phi$ を一定に保ち磁気飽和を防げる．一次誘導起電力 $E_1$ を制御するよりも，一次電圧 $V_1$ の方が制御しやすいため，一次インピーダンス $r_1+jx_1$ 〔Ω〕による電圧降下を無視し，周波数 $f_1$ にほぼ比例して一次電圧 $V_1$ も変化させる **$V/f$一定制御**が行われる．

図 4·18 に $V/f$ 一定制御の速度−トルク特性を示す（ただし，一次インピーダンスによる電圧降下は無視）．$V/f$ 一定制御では速度を変化させても同一負荷トルクに対する滑りに大きな差はなく，**滑り周波数**がほぼ一定になる．巻線形誘導電動機の二次抵抗制御に比べ，速度の変化の割合に対して滑りの変化の割合が**小さい**ので広い速度範囲にわたって二次損失の増加を抑制した制御ができる．

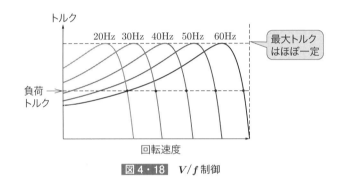

図 4·18　$V/f$ 制御

実際の誘導電動機に $V/f$ 制御を適用する場合，低速領域ではトルクの低下が生じる．これは，**一次巻線抵抗** $r_1$ による電圧降下の影響が相対的に大きくなり，$E_1/f_1$ が低下するためである．この電圧降下の分，**トルクブースト**（一次電圧を高める補償制御）が必要になる場合もある．

また，高速領域では，インバータの出力電圧が飽和し，$V/f$ 制御の比率を一定に制御できない場合がある．このような場合，一次電圧を一定にして回転子の回転速度を増加させる制御方法がある．一次電圧を一定としたとき，滑り周波数が一定であれば，誘導電動機のトルクは回転子の回転速度に対しておおよそ**二乗に反比例**する関係となる．

$V/f$ 一定制御よりも精密な回転機の制御が求められるときには，ベクトル制御による高精度制御が行われる．ベクトル制御では，一次電流に含まれる**トルク成分電流**と**磁束成分電流**は個別に制御できるので，他励直流電動機と同等の良好なトルク

特性となる．

### ③インバータ駆動時の問題
インバータによって誘導電動機を駆動する場合，直流電圧をインバータによって矩形波の交流電圧・電流に変換して誘導電動機に印加する．原理的にそれらの波形は**高調波分**を含んだ**ひずみ波**であるため，電動機トルクが**脈動**したり，正弦波で駆動する場合に比較して**振動**および**騒音**が大きくなるという問題がある．

## 3 誘導電動機の制動

誘導電動機の制動には，機械的制動と電気的制動がある．

機械的制動は，手動や圧縮空気などで，制動片を制動輪に押し付け，摩擦により回転子の運動エネルギーを熱エネルギーに変えて制動する．

電気的制動には，**発電制動**，**回生制動**，**逆相制動（プラッギング）**，**単相制動**がある．

### (1) 発電制動
誘導電動機の一次巻線を交流電源から切り離し，図 4・19 に示すように，3相のうちの2端子と他の1端子との間に直流励磁を与えると，固定磁界を生じて，回転電機子形の交流発電機となる．回転子の二次巻線中には多相の短絡電流が流れるため，回転と反対方向に制動トルクが生じる．これを**発電制動**という．

図 4・19　発電制動

### (2) 回生制動
#### ①発電機動作と回生制動
三相誘導電動機において，滑り $s$ が $0<s<1$ では電磁力の方向は常に回転磁界の方向と同じであり，この滑りでは，回転子の回転方向と電磁力の方向とは常に一致するのでトルクは駆動トルクとなる．

一方，電動機の滑り $s<0$ の領域では，回転子は回転磁界と同方向に**同期速度以上**

で回転する．これは外部から，回転磁界方向に機械的入力が加わることによる．一次入力が**負**となるので，図 4・20 に示すように発生するトルクは回転方向と反対方向（機械的入力とも逆方向）の制動トルクとなる．同期速度を超えた点で，トルクは**負**になり，発電機として動作する．回転体の運動エネルギーを吸収して電源に**電力**として返還されるので，効率よく制動できる．これを**回生制動**という．

　回生制動では，誘導機のトルク-速度曲線と負荷トルクとの交点で決まる回転速度で回転し，過速度になるのを防止する．もし，負荷トルクが発電機としての最大トルクの点を超えると逸走する．三相巻線形誘導機の二次側に抵抗を挿入すると，発電機動作の場合にも比例推移が成り立ち，同一負荷トルクで回転速度は**上がる**．

　回生制動は，電車の下り坂やエレベータなどで用いられる．

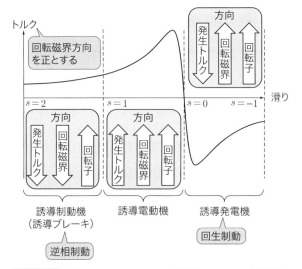

**図 4・20**　滑り-1～2 における誘導機のトルク-速度特性

## ②誘導発電機の特徴

誘導発電機については，以下の特徴がある．
- **励磁電流**を必要とするため，単独では発電できない．
- 系統と連系する場合，機械的入力が変動しても商用周波数の電力が得られる．
- かご形誘導発電機は構造が簡単で低コストであることから，風力発電に広く用いられてきた．かご形誘導発電機は一次端子電圧が一定ならば，その**滑り**だけで出力が決まるため，風速の変動によって出力が変動する．

## 4-3 誘導機の運転

### (3) 逆相制動（プラッギング）

滑り $s > 1$ の領域では，回転子の回転速度 $N < 0$，つまり回転磁界と反対方向に回転する．発生トルクは正（回転磁界方向）であるが回転子の回転方向と反対であるため，制動トルクとなる．この誘導機の運転状態を**誘導ブレーキ（誘導制動機）**という．機械的出力は負であるから，動力は外部から供給され，この動力および一次側から供給される入力は主として**二次抵抗**で熱として消費される．

実際には，運転中の三相誘導電動機を急停止する場合，一次側の3端子のうち，任意の2端子の接続を電源に対して入れ換える．すると，回転磁界の方向が逆転して，誘導ブレーキとして動作し，強力な制動トルクを発生する．その際，電動機の滑りは $s$ から $2-s$ となる．この制動方法を**逆相制動（プラッギング）**という．

逆相制動では，低速度になるほど制動トルクは大きくなり，急速に停止ができるが，切り換えてから停止するまで，大きな電流が流入し，場合によっては電動機が過熱するおそれがある．また，電流が大きい割に制動トルクが小さいので，三相巻線形誘導電動機では二次回路に抵抗を挿入し，比例推移を利用して負荷に適したトルクとし，同時に電流を制限する．

また，逆相制動により減速し停止するとき，そのままでは逆回転してしまうので電源から開放する必要がある．

逆相制動は重量物の低速度巻下ろしなどに利用される．

### (4) 単相制動

**単相制動**は，巻線形誘導電動機で用いられる制動法である．図 4·21 に示すように，一次側3相のうちの2端子と他の1端子との間に単相交流を加えると，単相誘導電動機として動作し，同じ大きさで逆向き（正相と逆相）に回転する交番磁界が生じる．二次側の抵抗を増大させると正相分トルクを減らし，逆相分トルクを増やすができる．逆相分トルクが**正相分**トルクより大きくなれば，その差が制動トルクとなる．

図 4·21　単相制動

誘導機

## 例題6 ······················································· H14 問5

次の文章は，三相誘導電動機の始動特性に関する記述である．文中の　　　　に
当てはまる語句，式または数値を解答群の中から選べ．

a) 誘導電動機では，始動時に全電圧をかけると定格負荷電流の**5～7**倍程度の大き
な電流が流れるにもかかわらず，始動電流の無効分が大きく，有効な始動トルクは
あまり大きくならない．

いま，発生トルクを$T$〔N・m〕，回転部分の慣性モーメントを$J$〔kg・m²〕，角速
度を$\omega$〔rad/s〕とすれば，運動方程式は式①となる．

$$T = \boxed{\phantom{(1)}} \text{(1)} \quad \text{〔N・m〕} \cdots\cdots\cdots\cdots\cdots\cdots\cdots\cdots ①$$

これより，トルクが小さければ始動時間は長くなる．

かご形誘導電動機では，始動電流を抑え，電源電圧変動を小さくするために，電
圧を$1/a$に下げて始動すると，電流が $\boxed{\text{(2)}}$ になって始動トルクは $\boxed{\text{(3)}}$
になり，トルクの減り方が著しい．

巻線形誘導電動機では，$\boxed{\text{(4)}}$ により始動すれば，力率がよく，始動電流が
小さくても大きなトルクが得られ，電源容量が比較的小さくても始動が可能で
ある．

b) 始動時の運動エネルギー$W$〔J〕は

$$W = \boxed{\text{(5)}} \quad \text{〔J〕} \cdots\cdots\cdots\cdots\cdots\cdots\cdots\cdots ②$$

で表され，これと等しいエネルギーが二次銅損として消費される．このため，慣性
モーメントの大きい負荷を負って始動する場合は発熱量も多くなる．

かご形誘導電動機では，この熱量がすべて回転子の温度上昇に関わるので，電動
機が過熱しないよう注意することが必要である．一方，巻線形誘導電動機では，こ
の熱量の大部分が外部に接続した抵抗器で消費されるので，電動機の温度上昇は低
めに抑えられる．

【解答群】

| | | | |
|---|---|---|---|
| (イ) $\dfrac{1}{a^3}$ | (ロ) $\dfrac{1}{2}J\dfrac{d\omega}{dt}$ | (ハ) 始動補償器法 | (ニ) $\dfrac{1}{2}J\omega^2$ |
| (ホ) Y-△始動法 | (ヘ) $\dfrac{1}{2a}$ | (ト) $J\dfrac{d\omega}{dt}$ | (チ) $\dfrac{1}{a^4}$ |
| (リ) $\dfrac{1}{a}$ | (ヌ) $\dfrac{1}{2}J\omega$ | (ル) 二次抵抗法 | (ヲ) $J\dfrac{d^2\omega}{dt^2}$ |
| (ワ) $\dfrac{1}{\sqrt{2}}J\omega^2$ | (カ) $\dfrac{1}{a^2}$ | (ヨ) $a$ | |

166

## 4-3 誘導機の運転

**解 説** 　(1) 発生トルクを$T$〔N·m〕，回転部分の慣性モーメントを$J$〔kg·m²〕，角速度を$\omega$〔rad/s〕とすると，回転系の運動方程式は次式で表される．

$$T = J\frac{d\omega}{dt} \text{〔N·m〕} \quad \cdots\cdots①$$

　角速度$\omega$に達するまでの時間を$t_\omega$とする．$T$を一定として時間$t$で式①の両辺を積分すると

$$\int_0^{t_\omega} T dt = \int_0^\omega J d\omega$$

$$Tt_\omega = J\omega$$

$$\therefore t_\omega = \frac{J}{T}\omega$$

　よって，トルクが小さいほど始動時間は長くなる．

(2) (3) 本文の式 (4·19) より，始動電流は電圧に比例する．また，本文の式 (4·34) より，トルクは電圧の二乗に比例する．よって，電圧を$1/a$に下げて始動すると，電流が$1/a$になって始動トルクは$1/a^2$になる．

(4) 本節1項で解説しているので参照する．

(5) 質量$m$〔kg〕の物体が速度$v$〔m/s〕で移動するときの運動エネルギーは$\frac{1}{2}mv^2$〔J〕である．その物体が回転している時，回転半径を$r$〔m〕，角速度を$\omega$〔rad/s〕とすると，その運動エネルギー$W$は，$v = r\omega$〔m/s〕より次式となる．

$$W = \frac{1}{2}m(r\omega)^2 = \frac{1}{2}mr^2\omega^2 \text{〔J〕}$$

　ここで，$mr^2$は慣性モーメント$J$〔kg·m²〕なので

$$W = \frac{1}{2}J\omega^2 \text{〔J〕}$$

**【解答】**(1) ト　(2) リ　(3) カ　(4) ル　(5) ニ

誘導機

### 例題 7 ・・・・・・・・・・・・・・・・・・・・・・・・・・・・・・・・・・・・・・・・・・・・・・・・・・・・・・・・・・・・・ R2　問 3

　次の文章は，誘導電動機の速度制御に関する記述である．文中の　　　　に当てはまる最も適切なものを解答群の中から選べ．

　誘導電動機の速度を自由に，かつ広範囲に制御できれば，回転機の可変速制御を必要とする分野で広く応用できる．ここに誘導電動機の同期角速度を $\omega_s$，極数を $2p$，滑りを $s$，電源周波数を $f$ とすると，回転角速度 $\omega_m$ は，次式のように表現される．

$$\omega_m = \omega_s(1-s) = \boxed{\quad(1)\quad}(1-s) \cdots\cdots\cdots\cdots\cdots\cdots\cdots\cdots\cdots\cdots\cdots\cdots\cdots\cdots ①$$

　式①より，極数，滑りあるいは周波数のいずれかを変化できれば，誘導電動機の速度は制御できることになる．

　極数を変化させる方法はあらかじめ極数が変更できるように巻線の接続法を工夫しておき，必要に応じてスイッチを切り換えることにより変える方法であるが，段階的な制御であり連続した可変速を必要とする用途には不向きである．

　滑りを変化させる方式では，誘導電動機の発生トルクが入力電圧の $\boxed{\quad(2)\quad}$ ことを利用する $\boxed{\quad(3)\quad}$ 法がある．本方式は滑りの増加とともに電動機の効率が悪化するので，電動機の効率を重視する用途には不向きである．

　周波数を連続的に制御する方式は，近年の自励式インバータ電源（電力変換器）による駆動が可能となったことにより広く採用されるようになった．例えばオープンループ制御のインバータ電源による駆動では $\boxed{\quad(4)\quad}$ が行われ，電動機の $\boxed{\quad(5)\quad}$ が飽和しないようにしている．さらに精密な回転機の制御が求められるときには，ベクトル制御による高精度制御が行われる．

【解答群】

（イ）二次電力制御　　　（ロ）$V/f$ 一定制御　　　（ハ）二乗に比例する

（ニ）抵抗制御　　　　　（ホ）定電力制御　　　　　（ヘ）$\dfrac{\pi f}{2p}$

（ト）磁束　　　　　　　（チ）比例推移制御　　　　（リ）二乗に反比例する

（ヌ）$\dfrac{p}{2\pi f}$　　　　　　（ル）一次電圧制御　　　　（ヲ）銅損

（ワ）$\dfrac{2\pi f}{p}$　　　　　　（カ）同期速度　　　　　　（ヨ）大きさに関係なく一定である

　**解　説**　　（1）本文の式（4・33）より $\omega_s = \dfrac{4\pi f}{2p} = \dfrac{2\pi f}{p}$〔rad/s〕である（本問では極数を $2p$ としていることに注意）．

（2）（3）（4）（5）本節 2 項で解説しているので参照する．

【解答】（1）ワ　（2）ハ　（3）ル　（4）ロ　（5）ト

168

4-3 誘導機の運転

## 例題 8 ......................................... H16 問 5

次の文章は，三相かご形誘導電動機の速度制御に関する記述である．文中の
[　　　] に当てはまる語句を解答群の中から選べ．

三相かご形誘導電動機は，電動機に印加される一次電圧あるいは一次周波数を変
化させることによって速度制御を行うことができる．

一次電圧制御は，誘導電動機の [　(1)　] 特性が電圧のほぼ二乗に比例して変化す
る性質を利用したものである．この方式は電圧の変化に対する速度制御の範囲が狭
く，また，速度を低くするために一次電圧を下げると，滑りが大きくなって
[　(2)　] の損失が増大するので，適用は小容量機に限られる．

一次周波数制御は，周波数に比例して誘導電動機の [　(3)　] 速度が変化すること
を利用したものであり，現在，インバータ制御方式として広く適用されている．この
方式では，通常，誘導電動機のギャップ磁束を一定に保つため，周波数にほぼ比例し
て一次電圧も変化させる．速度を変化させても同一負荷トルクに対する [　(4)　] が
ほぼ一定になり，巻線形誘導電動機の二次抵抗制御に比べ，速度の変化の割合に対し
て滑りの変化の割合が [　(5)　] ので広い速度範囲にわたって二次損失の増加を抑制
した制御ができる．

【解答群】
(イ) 滑り周波数 　　(ロ) 危険 　　　　　(ハ) 二次回路 　　　(ニ) 大きい
(ホ) 負荷速度 　　　(ヘ) 小さい 　　　　(ト) 滑り 　　　　　(チ) 力率速度
(リ) 定格 　　　　　(ヌ) 一次回路 　　　(ル) トルク‐速度 　(ヲ) 誘導起電力
(ワ) 励磁回路 　　　(カ) 同期 　　　　　(ヨ) 零になる

**解 説**　本節 2 項で解説しているので参照する．

【解答】(1) ル　(2) ハ　(3) カ　(4) イ　(5) ヘ

## 例題 9 ......................................... H23 問 1

次の文章は，三相誘導電動機の速度制御に関する記述である．文中の [　　] に
当てはまる最も適切なものを解答群の中から選べ．

三相誘導電動機の可変速制御方式として，三相電圧形 PWM インバータを用いた
$V/f$ 制御が広く用いられている．誘導電動機の回転磁界の回転速度と回転子の回転
速度はほぼ等しいので，回転磁界の回転速度を調節することによって，回転子のおお
よその回転速度を制御することができる．

$V/f$ 制御では，可変速制御を行う際に，目標とする回転子の回転速度が変化して

169

誘導機

も，一次電圧と　(1)　との比率を一定に制御する．これによって，回転子の回転速度にかかわらず，回転磁界を発生するための　(2)　の振幅をほぼ一定に保つことができる．このとき，二次巻線に誘導する起電力および二次漏れリアクタンスは　(3)　に比例する．その結果，回転磁界の回転速度が変化しても，トルクと　(3)　との関係はほとんど変わらない．

　実際の誘導電動機に $V/f$ 制御を適用する場合，低速領域ではトルクの低下が生じる．これは，誘導電動機の　(4)　による電圧降下に起因するものであり，この電圧降下の補償制御が必要になる場合もある．

　また，高速領域では，インバータの出力電圧が飽和し，$V/f$ 制御の比率を一定に制御できない場合がある．このような場合，一次電圧を一定にして回転子の回転速度を増加させる制御方法がある．一次電圧を一定としたとき，滑り周波数が一定であれば，誘導電動機のトルクは回転子の回転速度に対しておおよそ　(5)　の関係となる．

【解答群】

| | | |
|---|---|---|
| (イ) 回転子の回転速度 | (ロ) スイッチング周波数 | (ハ) 一次電流 |
| (ニ) 反比例 | (ホ) 一次周波数 | (ヘ) 二次巻線抵抗 |
| (ト) 滑り周波数 | (チ) 滑り | (リ) 平方根に反比例 |
| (ヌ) 励磁電流 | (ル) 漏れインダクタンス | (ヲ) 二次電流 |
| (ワ) 一次巻線抵抗 | (カ) キャリア周波数 | (ヨ) 二乗に反比例 |

**解　説**　(1) 本節 2 項で解説しているので参照する．

(2) 本文の式（4·42）より，$I_0 \cong b_0 E_1 \propto \dfrac{E_1}{f_1} \cong \dfrac{V_1}{f_1}$ なので $V/f$ 一定制御では励磁電流はほぼ一定となる．

(3) 本文の式（4·6）より，回転時の二次誘導起電力 $E_{2s}$ は，$E_{2s} = 4.44 k_2 w_2 s f_1 \phi$〔V〕である．また，インダクタンスを $L$〔H〕，二次周波数を $f_{2s}$〔Hz〕とすると，二次漏れリアクタンス $x_2'$ は次式で表される．

$$x_2' = 2\pi f_{2s} L = 2\pi s f_1 L \ \text{〔Ω〕} \quad (\because 本文の式（4·7）より，f_{2s} = s f_1)$$

　よって，二次巻線に誘導する起電力および二次漏れリアクタンスは，滑り周波数 $s f_1$ に比例する．

　本文の式（4·43）より，磁束 $\phi$ は $\dfrac{E_1}{f_1}$ に比例する．また，二次電流 $I_2$ は磁束 $\phi$ とすべり周波数 $s f_1$ の積に比例，トルク $T$ は磁束 $\phi$ と二次電流 $I_2$ の積に比例することから，

## 4-3 誘導機の運転

トルク $T$ は次式で表される.

$$T \propto \left(\frac{E_1}{f_1}\right)^2 \cdot sf_1 \quad \cdots\cdots ①$$

よって，$V/f$ 一定制御を適用していれば，トルクは滑り周波数 $sf_1$ に比例する.

(4) 本節 2 項で説明しているので参照のこと.

(5) 式①より，一次電圧（≒誘導起電力 $E_1$）と滑り周波数 $sf_1$ が一定であれば，$T \propto 1/f_1^2$ となる.一次周波数 $f_1$ と回転速度はほぼ比例するので，トルクは回転速度の二乗に反比例する.

【解答】(1) ホ　(2) ヌ　(3) ト　(4) ワ　(5) ヨ

---

### 例題 10 ················································· H24　問 1

　次の文章は，三相誘導電動機の滑りを $s$ とするとき，三つの領域 $s<0$，$0<s<1$，$s>1$ における電動機の動作に関する記述である.文中の ☐ に当てはまる最も適切なものを解答群の中から選びなさい.

　$0<s<1$ の領域は通常の誘導電動機動作で，回転子は回転磁界と同方向に同期速度以下で回転し，発生トルクは正である.

　$s<0$ の領域では，回転子は回転磁界と同方向に同期速度以上で回転する.したがって，入力は ☐(1)☐ であり，トルクは回転方向と反対方向となるので，電動機運転では制動トルクとなる.このため回転体の運動エネルギーを吸収して電源に電力として返還されるので，効率よく制動できる.これを回生制動という.巻上機，クレーンなどで重量物を降下させる場合に使用される.また，この領域では誘導発電機として動作するが，☐(2)☐ を必要とするため単独では発電できない.系統と連系する場合，機械的入力が変動しても商用周波数の電力が得られる.構造が簡単で低コストであるかご形誘導発電機が風力発電に広く用いられてきた.かご形誘導発電機は一次端子電圧が一定ならば，その ☐(3)☐ だけで出力が決まるため，風速の変動によって出力が変動する.

　$s>1$ の領域では，回転子が回転磁界と反対方向に回転する.発生トルクは正であるが回転子の回転方向と反対であるため，機械的出力は負となる.これを ☐(4)☐ といい，重量物の低速度巻下ろしなどに利用される.機械的出力は負であるから，動力は外部から供給され，この動力および一次側から供給される入力は主として ☐(5)☐ で熱として消費される.

【解答群】

(イ) 鉄損抵抗　　　　(ロ) 滑り　　　　(ハ) 発電ブレーキ　　(ニ) 零

誘導機

| | | | |
|---|---|---|---|
| （ホ）始動電流 | （ヘ）標準抵抗 | （ト）励磁電流 | （チ）単相ブレーキ |
| （リ）誘導ブレーキ | （ヌ）定格速度 | （ル）同期速度 | （ヲ）負 |
| （ワ）定格電流 | （カ）二次抵抗 | （ヨ）正 | |

**解 説** 本節3項で説明しているので参照する.

【解答】 (1) ヲ　(2) ト　(3) ロ　(4) リ　(5) カ

---

**例題 11** ‥‥‥‥‥‥‥‥‥‥‥‥‥‥‥‥‥‥‥‥‥‥‥‥‥‥ H10　問1

　次の文章は, 三相誘導電動機の電気制動法に関する記述である. 文中の [　　　] に当てはまる語句を解答群の中から選べ.

　回生制動は, 誘導電動機を電源につないだまま, 回転磁界と同方向に [ (1) ] 以上の速度で駆動して誘導発電機として動作させ, 制動トルクを発生させながら, 回転体のもつエネルギーを [ (2) ] に変換する制動法である.

　[ (3) ] は, 誘導電動機の一次巻線を交流電源から切り離し, 3相のうちの2端子と他の1端子との間に直流励磁を与えて固定磁界を作り, 二次巻線中に短絡電流を流すことにより制動トルクを発生させる制動法である.

　[ (4) ] は, 回転中の誘導電動機の一次側の3端子のうち, 任意の2端子の接続を電源に対して入れ換え, 回転磁界の方向を反対にして制動トルクを発生させる制動法である.

　単相制動は, 巻線形誘導電動機の一次側3相のうちの2端子と他の1端子との間に単相交流を供給し, 二次側に適当な大きさの抵抗を入れて, 逆相分トルクを [ (5) ] トルクより大きくし, その差を制動トルクとして利用する制動法である.

**【解答群】**

| | | | |
|---|---|---|---|
| （イ）起電力 | （ロ）逆相制動 | （ハ）逆転制動 | （ニ）最大速度 |
| （ホ）正相分 | （ヘ）最大 | （ト）定格速度 | （チ）電力 |
| （リ）電力制動 | （ヌ）同期速度 | （ル）動力 | （ヲ）発電制動 |
| （ワ）零相分 | （カ）励磁制動 | （ヨ）誘導制動 | |

**解 説** 本節3項で説明しているので参照する.

【解答】 (1) ヌ　(2) チ　(3) ヲ　(4) ロ　(5) ホ

# 4-4 特殊な誘導電動機

**攻略のポイント**　本節に関して，特殊かご形誘導電動機（深溝かご形，二重かご形）に関する知識，単相誘導電動機の交番磁界と始動方法に関する知識を問う問題は頻出である．

## 1 特殊かご形誘導電動機

普通かご形誘導電動機は，定格負荷時に比べ，**始動電流が大きい割に，始動トルクが小さい**という欠点がある．そこで，**二次実効抵抗**（二次巻線の実効抵抗）が始動時に大きくなり，運転時には小さくなる構造としたものが，特殊かご形電動機である．特殊かご形電動機には**深溝かご形誘導電動機**と**二重かご形誘導電動機**などがある．

### (1) 深溝かご形誘導電動機

深溝かご形誘導機の回転子は，図4・22に示すように，普通かご形と比べてスロットの形が半径方向に細長い構造となっている．

始動時の二次周波数が高い間は，スロットの底に近い導体部分ほど多くの磁束と鎖交し，**漏れリアクタンス**が大きくなる．そのため，導体中の電流は表皮効果により外周の近くに集中し，あたかも導体の断面が小さくなったのと同様の作用をして，**実効抵抗**が増加する．速度が上昇するにしたがって二次周波数は低くなり，**電流分布**は次第に底部へ広がる．やがて同期速度付近では電流は導体中に一様に分布するようになるので，普通のかご形誘導電動機として動作する．

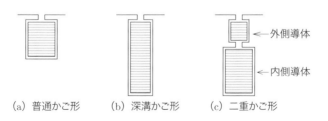

**図4・22**　特殊かご形回転子の形状

### (2) 二重かご形誘導電動機

二重かご形誘導機の回転子は，図4・22 (c) に示すように，2つのかご形導体を有している．回転子表面に近い外側導体は，高抵抗材料を用いていること，断面積

が小さいことから，抵抗値が大きい．軸に近い内側導体は，低抵抗材料を用いていることと断面積が大きいことから，抵抗値が小さい．

　始動時の二次周波数が高い間は，内側導体が構成する二次回路の**漏れリアクタンス**が外側導体に比べてはるかに大きいため，二次回路を流れる電流の大部分は外側導体を流れる．そのため，二次抵抗の高い誘導機として始動され，大きな**始動トルク**を得ることができる．速度が上昇し，二次周波数が低くなると，二次電流の大部分は抵抗の低い内側導体に流れる．

### (3) 様々なかご形回転子の特性

　一般に，かご形誘導電動機は回転子の**スロット**形状や回転子導体の抵抗などにより，始動特性が異なる．図 4・23 に種々のかご形回転子の滑りに対する一次電流とトルクの一般的な特性を示す．

　深溝かご形回転子は，普通かご形回転子と比べて始動電流が小さいという特徴がある．また，二重かご形回転子は，普通かご形回転子と比べて始動トルクが大きいという特徴がある．しかし，二次漏れリアクタンスが大きいことから停動トルクは少し小さくなる．

　**高抵抗かご形回転子**は，普通かご形回転子と比べて始動電流が小さく始動トルクは大きい．しかし，運転時の滑りが大きく，効率が悪いという特徴がある．

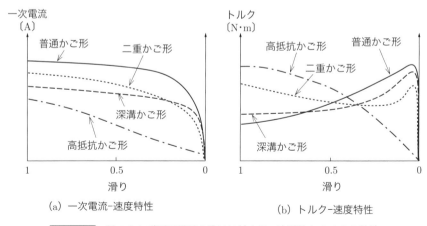

(a) 一次電流-速度特性　　　(b) トルク-速度特性

**図 4・23**　種々のかご形回転子の滑りに対する一次電流とトルクの特性

## 2　単相誘導電動機

### (1) 単相誘導電動機の動作原理

単相誘導電動機は，固定子に単相巻線を施し，回転子をかご形にした構造の電動機であり，単相交流電源に接続して用いる．単相誘導電動機は，家庭用電気機器や小形作業機械など，三相電源がない場合に使用されてきたが，近年は，洗濯機やエアコン等の家電ではインバータを用いて単相交流電源から三相交流電動機を運転することが多くなっている．

単相巻線に交流電圧を加えると**交番磁界（交番磁束）**が発生する．これをかご形誘導電動機の回転子に印加した場合，図 4・24 に示す通り，交番磁束 $\phi$ は，角速度 $\omega_s$ で正回転する回転磁界 $\phi_f$ と，同じ速度で逆回転する回転磁界 $\phi_b$ とに分けて考えることができる．$\phi$ の最大値を $\phi_m$ とすると，$\phi_f$ と $\phi_b$ の大きさはどちらも $\dfrac{\phi_m}{2}$ である．

回転子が無負荷の状態で，角速度 $\omega$ で正回転している場合，回転子の $\phi_f$ に対する滑り $s$ と $\phi_b$ に対する滑り $s'$ は次のように表される．

$$s = \frac{\omega_s - \omega}{\omega_s}, \quad s' = \frac{\omega_s - (-\omega)}{\omega_s} = \frac{\omega_s + \omega}{\omega_s} \tag{4・44}$$

式 (4・44) より，$s'$ は $s$ を用いて次式で表される．

$$s' = 2 - s \tag{4・45}$$

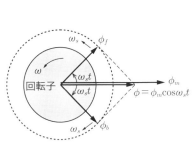

図 4・24　単相交流による交番磁束

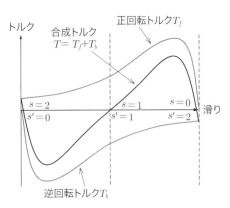

図 4・25　単相誘導機のトルク

$\phi_f$ により生じるトルクを $T_f$, $\phi_b$ により生じるトルクを $T_b$ とすると，これらのトルク特性は図 4・25 に示す通り，滑り $s=1$ の点を中心とした点対称となる．この図からわかるように，合成トルク $T=T_f+T_b$ は，**静止時（$s=1$）にトルクを発生しない**．しかし，正方向又は逆方向のいずれかの方向に何らかの方法でわずかにでも回転させると，その回転方向にトルクを発生して**同期速度**付近まで加速し，一定速度で回転する．

### (2) 単相誘導電動機の始動装置による分類

単相誘導電動機は，静止時のトルクが零のため，主巻線だけでは始動しない．そこで，主巻線とは位相が異なる電流が流れる補助巻線やくま取りコイルを固定子に設けて回転磁界や移動磁界を作って始動する．

単相誘導電動機は，始動装置の種類により，分相始動形，コンデンサ始動形，くま取りコイル形などに分けられる．

#### ①分相始動形

**分相始動形**の単相誘導電動機では，図 4・26 に示すように，主巻線と電気角 $\pi/2$ 〔rad〕だけずれた位置に**補助巻線**（始動巻線）を設ける．補助巻線は主巻線よりも細く（抵抗大），巻数が少ない（リアクタンス小）．そのため，補助巻線電流の位相が主巻線電流よりも進み，**楕円形回転磁界**（磁界の大きさが変化する歪みのある回転磁界）を生じる．これにより，始動トルクの発生と回転方向の決定が行われる．回転数がある程度以上になると，遠心力スイッチが切れ，主巻線のみでの運転となる．なお，単相電源から位相の異なる電流を得ることを分相という．

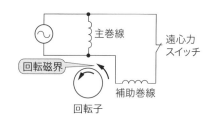

図 4・26　分相始動形

#### ②コンデンサ始動形

**コンデンサ始動形**は，分相始動形の一種であり，図 4・27 に示すように補助巻線と直列に**コンデンサ**を設ける．分相始動形に比べて，回転磁界が円形に近くなるた

め，**トルク脈動**が少なく，効率・力率が良好であることから，広く利用される．コンデンサ始動形の派生形として，図 4·28 に示すように，始動時と運転時でコンデンサ容量を切り換える**二値コンデンサ形**や，図 4·29 に示すように，運転時も始動時と同じコンデンサ容量で運転し続ける**永久コンデンサ形**がある．

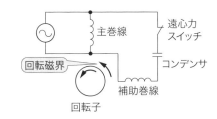

図 4·27　コンデンサ始動形

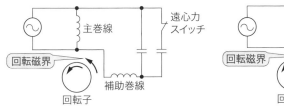

図 4·28　二値コンデンサ形

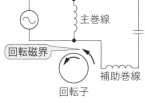

図 4·29　永久コンデンサ形

### ③ くま取りコイル形

**くま取りコイル形**では，図 4·30 に示すように，固定子の磁極の一部に，くま取りコイル（短絡コイル）がはめ込まれている．

主磁束を $\phi_m$，くま取りコイルを通過する磁束を $\phi_s$ とすると，$\phi_s$ によってくま取りコイルに短絡電流が流れ，それにより磁束 $\phi_k$ が発生する．$\phi_k$ は $\phi_s$ の変化を妨げるので，$\phi_s$ は主磁束 $\phi_m$ より位相

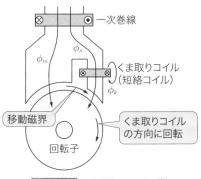

図 4·30　くま取りコイル形

が遅れる．よって，くま取りコイルの方向（図 4·30 では時計回り）に移動磁界が生じ，回転子は始動トルクを得る．回転方向はくま取りコイルの位置で決まり，変えられない．

誘導機

---

### 例題 12 ········································································ R3　問 3

　次の文章は，特殊かご形誘導機に関する記述である．文中の　　　　　に当てはまる最も適切なものを解答群の中から選べ．

　かご形誘導機の始動特性の特徴として　(1)　が大きい割に　(2)　が小さいことがあげられる．始動特性を改良するために二次周波数の変化に対する二次抵抗の変化を利用したのが特殊かご形誘導機である．

　　(3)　かご形誘導機の回転子は，2 つのかご形導体を有している．回転子表面に近い外側導体は断面積が小さく，抵抗値が大きい．軸に近い内側導体は断面積が大きく，抵抗値が小さい．始動時の二次周波数が高い間は，内側導体が構成する二次回路の　(4)　が大きいため，二次回路を流れる電流の大部分は外側導体を流れる．そのため，二次抵抗の高い誘導機として始動され，大きな　(2)　を得ることができる．二次周波数の低下に伴い，二次電流の大部分は抵抗の低い内側導体に流れる．

　　(5)　かご形誘導機の回転子には半径方向に長い導体を用いている．始動時の二次周波数が高い間は，二次電流は表皮効果により導体の回転子表面近くに集中する．二次周波数の低下に伴い，二次電流が導体の軸に近い部分まで広がるので，二次抵抗は低くなる．

【解答群】
(イ) 始動電流　　　(ロ) 始動トルク　　(ハ) 鉄損　　　　　　　(ニ) コンダクタンス
(ホ) 一次巻線　　　(ヘ) 短絡環　　　　(ト) スキュー　　　　　(チ) 巻線
(リ) 一次抵抗　　　(ヌ) 始動抵抗　　　(ル) 漏れリアクタンス　(ヲ) 二重
(ワ) 深みぞ　　　　(カ) 細みぞ　　　　(ヨ) 浅みぞ

---

**解　説**　　本節 1 項で解説しているので参照する．

【解答】(1) イ　(2) ロ　(3) ヲ　(4) ル　(5) ワ

---

### 例題 13 ········································································ H28　問 2

　次の文章は，かご形誘導電動機の一般的な始動特性に関する記述である．文中の　　　　　に当てはまる最も適切なものを解答群の中から選べ．

　一般に，かご形誘導電動機は回転子の　(1)　形状や回転子導体の抵抗などにより，始動特性が異なる．図に種々のかご形回転子の滑りに対する (a) 一次電流および (b) トルクの一般的な特性を示す．A は普通かご形回転子を示している．B は　(1)　形状を変更した　(2)　であり，A と比べて　(3)　が小さいという特徴がある．C は　(1)　形状に加えて回転子導体も工夫した二重かご形回転子であ

---

178

り，Aと比べて (4) が大きいという特徴がある．Dは (5) であり，Aと比べて (3) が小さく (4) が大きいという特徴を併せもつ．しかし，運転時の滑りが大きく，効率が悪い．

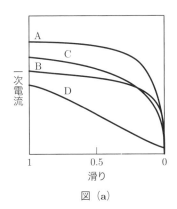

図(a)

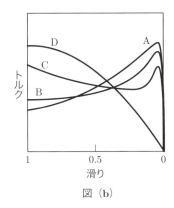

図(b)

【解答群】
(イ) 浅溝かご形回転子　　(ロ) 一次抵抗　　　　　　(ハ) 低抵抗かご形回転子
(ニ) スリット　　　　　　(ホ) 深溝かご形回転子　　(ヘ) 始動トルク
(ト) 騒音　　　　　　　　(チ) ヒステリシス形回転子　(リ) 高抵抗かご形回転子
(ヌ) スロット　　　　　　(ル) 巻線形回転子　　　　(ヲ) 同期速度
(ワ) ギャップ長　　　　　(カ) スリップリング　　　(ヨ) 始動電流

**解説** 本節1項で解説しているので参照する．

【解答】(1) ヌ　(2) ホ　(3) ヨ　(4) ヘ　(5) リ

## 例題14　　　　　　　　　　　　　　　　　　　　　　H25 問1

次の文章は，二重かご形誘導電動機に関する記述である．文中の ☐ に当てはまる最も適切なものを解答群の中から選びなさい．

一般的な誘導電動機の商用周波数の三相電源で駆動する場合，定格負荷時に比べ，始動時の一次電流は大きいが，始動トルクは小さい．一次電流を低減し，始動トルクを増加させる方法として，巻線形誘導電動機では (1) の原理を利用し，二次巻線と直列に抵抗を挿入して二次抵抗を増加する方法が用いられている．

かご形誘導電動機の場合は二次巻線に抵抗器を接続することができないので， (2) ，二重かご形などの回転子構造が用いられる．

図1は二重かご形の回転子構造である．回転子の表面に近い外側巻線は断面積が

小さく，巻線抵抗 $r_2$ が大きい．一方，下部の内側巻線は断面積が大きく，巻線抵抗 $r_3$ は $r_2$ に比べて小さい．また，内側巻線にだけ鎖交する磁束 $\phi_3$ が生じるため，外側巻線に比べ，内側巻線の方が [(3)] が大きい．誘導電動機の滑りを考慮して二次側のインピーダンスを一次換算すると，図2の等価回路が得られる．通常の運転時には，滑り $s$ は小さく，$x_3'$ に比べて，$r_3'/s$ の等価抵抗が大きくなる．このとき $x_3'$ を無視すれば，$\dfrac{r_2'}{s}$ と $\dfrac{r_3'}{s}$ との並列接続とみなせる．

したがって，$r_2'$ と $r_3'$ との並列抵抗が二次抵抗として働くため，二次銅損を低減して，高効率な運転ができる．これに対して，始動時は [(4)] が高くなるため，[(5)] 巻線にはほとんど電流が流れず，通常の運転時に比べて二次抵抗が増加したことになり，始動トルクを増加させることができる．

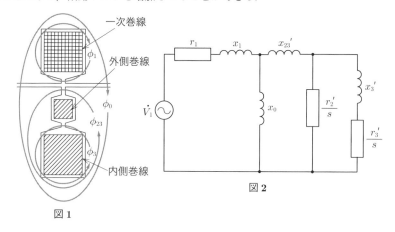

図1　図2

【解答群】
(イ) コンデンサ始動形　　(ロ) 比例推移　　(ハ) 一次
(ニ) 二次周波数　　　　　(ホ) 励磁電流　　(ヘ) スキュー形
(ト) 巻線抵抗　　　　　　(チ) 外側　　　　(リ) 漏れインダクタンス
(ヌ) 一次周波数　　　　　(ル) 増磁作用　　(ヲ) 内側
(ワ) 2回転磁界理論　　　(カ) 鉄損抵抗　　(ヨ) 深溝かご形

**解説**　(1) 4-3節1項で解説しているので参照する．
(2) 本節1項で解説しているので参照する．
(3) 二重かご形の回転子の内側巻線導体は漏れリアクタンスが大きい（本節1項参照）．設問図2を見ても，内側巻線回路には漏れリアクタンス $x_3'$ がある一方で，外側巻線回

4-4 特殊な誘導電動機

路の漏れリアクタンスは非常に小さいため記載されていない．漏れリアクタンスは漏れインダクタンスと角周波数の積である．内側巻線の漏れリアクタンスが大きいのは，漏れインダクタンスが大きいからなので，解答群にある「漏れインダクタンス」が正解となる．

(4) (5) 本節1項で解説しているので参照する．

【解答】(1) ロ　(2) ヨ　(3) リ　(4) ニ　(5) ヲ

4章
誘導機

### 例題 15 ···································· H26　問2

　次の文章は，単相誘導電動機に関する記述である．文中の ☐ に当てはまる最も適切なものを解答群の中から選びなさい．

　家庭用電気機器や小形作業機械など，三相電源がない場合に使用される単相誘導電動機は，固定子に単相巻線を施し，回転子はかご形にした構造の電動機である．

　この単相巻線に交流電圧を加えると，交番磁束が発生する．この交番磁束は同期角速度 $\omega_s$ で互いに反対方向に回転する2つの回転磁束 $\phi_f$ および $\phi_b$ に分解することができる．各回転磁束の大きさは交番磁束の最大値の ☐(1)☐ 倍である．

　いま，回転子が無負荷の状態において角速度 $\omega$ で正回転しているとき，正方向の回転磁束 $\phi_f$ に対する滑りを $s$ とすると，普通の多相誘導電動機の場合と同様に滑り $s$ は，$\omega_s$ および $\omega$ を用いて表すと次式となる．

$$s = \frac{\omega_s - \omega}{\omega_s} \quad \cdots\cdots\cdots\cdots\cdots\cdots\cdots\cdots\cdots\cdots\cdots\cdots\cdots ①$$

　同様にして，逆方向の回転磁束 $\phi_b$ に対する滑り $s'$ は，$\omega_s$ および $\omega$ を用いて表すと次式となる．

$$s' = \boxed{(2)} \quad \cdots\cdots\cdots\cdots\cdots\cdots\cdots\cdots\cdots\cdots\cdots\cdots\cdots ②$$

　したがって，式①，式②によって $s'$ は，$s$ を用いて表すと

$$s' = \boxed{(3)}$$

となる．

　$\phi_f$ によって生じるトルクを $T_f$，$\phi_b$ によって生じるトルクを $T_b$ とすれば，両トルクは図に示すように，$s = 1$ の点を対象の中心として互いに点対称のトルク特性となる．単相誘導電動機のトルク特性は，両トルクを合成した $T = T_f + T_b$ となる．この図からわかるように，☐(4)☐ 時には始動トルクは生じないが，正方向又は逆方向のいずれかの方向に何らかの方法でわずかでも回転させるとその方向にトルクを生じて ☐(5)☐ 付近まで加速して運転を続ける．

181

# 誘導機

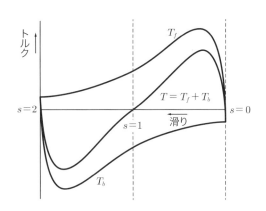

【解答群】

(イ) $\dfrac{1}{\sqrt{2}}$　　　(ロ) $\dfrac{\omega_s+\omega}{\omega_s}$　　　(ハ) 逆回転

(ニ) 最小トルク　　(ホ) $s+1$　　　(ヘ) 正回転

(ト) $\dfrac{1}{2}$　　　　(チ) 静止　　　(リ) $-s$

(ヌ) 2　　　　(ル) $2-s$　　　(ヲ) $\dfrac{2\omega_s-\omega}{\omega_s}$

(ワ) $\dfrac{\omega-\omega_s}{\omega_s}$　　(カ) 同期速度　　(ヨ) 最大トルク

**解 説**　本節 2 項で解説しているので参照する.

【解答】(1) ト　(2) ロ　(3) ル　(4) チ　(5) カ

## 例題 16　　　　　　　　　　　　　　　　　　　　　H24　問 5

次の文章は，単相誘導電動機に関する記述である．文中の □ に当てはまる最も適切なものを解答群の中から選びなさい．

一般に，単相交流電源に接続して用いる誘導電動機を単相誘導電動機と呼ぶ．単相交流によって発生する (1) をかご形誘導電動機の回転子に印加した場合，正回転する磁界と逆回転する磁界とに分けて考えることができ，それぞれの磁界に対する滑りが異なるため，一度正方向または逆方向に回転すると，回転方向のトルクが増加し，継続して回転を続ける．

図 1 は，(2) 誘導電動機の原理図である．集中巻された一次コイルの磁極に短絡コイルをはめ込んでいる．短絡コイルの漏れ磁束を無視し，短絡コイルを通過し

## 4-4 特殊な誘導電動機

ない磁束を $\phi_A$,通過する磁束を $\phi_B$ とすると,図 2 の励磁電流に関する等価回路を得る.ただし,$V_1$ は一次コイルの供給電圧,$r_s'$ は短絡コイルの抵抗の一次換算値,$E_A$ および $E_B$ は磁束 $\phi_A$ および $\phi_B$ に対する起電力である.また,鉄損および巻線抵抗は無視している.短絡コイルには [ (3) ] と同位相の短絡電流 $I_s'$ が流れる.一方,一次コイルには,$\phi_B$ を励起する電流 $I_B$ と短絡電流 $I_s'$ との和が流れ,起電力 $E_A$ は $E_B$ よりも進み位相となる.したがって,磁束 $\phi_B$ は $\phi_A$ に対して [ (4) ] となり,図 1 の回転子に発生するトルクは [ (5) ] となる.

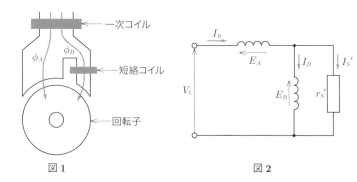

図 1　　　　　　　　図 2

【解答群】
(イ) 一次電圧 $V_1$　　(ロ) 反時計方向　　(ハ) 零　　(ニ) 起電力 $E_B$
(ホ) 磁束 $\phi_B$　　(ヘ) 交番磁界　　(ト) 遅れ位相　　(チ) 回転磁界
(リ) 反発始動形　　(ヌ) 時計方向　　(ル) くま取りコイル形　　(ヲ) 直流磁界
(ワ) 進み位相　　(カ) 分相始動形　　(ヨ) 同位相

**解説**　(1) (2) 本節 2 項で解説しているので参照する.
(3) 設問図 2 より,短絡電流 $\dot{I}_s'$ は次式で表される.

$$\dot{I}_s' = \frac{\dot{E}_B}{r_s'} \quad \cdots\cdots ①$$

よって,$\dot{I}_s'$ は $\dot{E}_B$ と同相である.
(4) (5) 設問図 2 より,短絡コイルのリアクタンスを $jx_B$ とすると,$\dot{I}_B$ は次式で表される.

$$\dot{I}_B = \frac{\dot{E}_B}{jx_B} = -j\frac{\dot{E}_B}{x_B} \quad \cdots\cdots ②$$

式①,式②より

**誘導機**

$$\dot{I}_0 = \dot{I}_\mathrm{B} + \dot{I}_{s}{}' = \frac{\dot{E}_\mathrm{B}}{r_{s}{}'} - j\frac{\dot{E}_\mathrm{B}}{x_\mathrm{B}} = \dot{E}_\mathrm{B}\left(\frac{1}{r_{s}{}'} - j\frac{1}{x_\mathrm{B}}\right) \quad \cdots\cdots③$$

設問図 2 より，主巻線のリアクタンスを $jx_\mathrm{A}$ とすると，$\dot{E}_\mathrm{A}$ は次式で表される．

$$\dot{E}_\mathrm{A} = \dot{V}_1 - \dot{E}_\mathrm{B} = jx_\mathrm{A}\dot{I}_0 \quad \cdots\cdots④$$

式④に式③を代入すると

$$\dot{E}_\mathrm{A} = jx_\mathrm{A}\dot{E}_\mathrm{B}\left(\frac{1}{r_{s}{}'} - j\frac{1}{x_\mathrm{B}}\right) = \dot{E}_\mathrm{B}\left(\frac{x_\mathrm{A}}{x_\mathrm{B}} + j\frac{x_\mathrm{A}}{r_{s}{}'}\right) \quad \cdots\cdots⑤$$

よって，起電力 $E_\mathrm{A}$ は $E_\mathrm{B}$ よりも進み位相となる．

したがって，磁束 $\phi_\mathrm{B}$ は $\phi_\mathrm{A}$ に対して遅れ位相となり，時計回り（短絡コイルの方向）に移動磁界が生じ，回転子はその方向に始動トルクを得る．

【解答】 (1) ヘ　(2) ル　(3) ニ　(4) ト　(5) ヌ

# 章 末 問 題

## ■1 ══════════════════════════════════════════ R1　問1

　次の文章は，誘導電動機に関する記述である．文中の　　　　　に当てはまる最も適切なものを解答群の中から選べ．

　三相誘導電動機の一次巻線に三相交流電源を接続すると回転磁界が発生する．回転磁界と回転子の回転速度に差があると，回転子の二次巻線に　(1)　が流れ，回転磁界との間でトルクが生じる．このとき，発生するトルクは，回転磁界と回転子の回転速度の差を　(2)　方向に働く．

　二極機のギャップに生じる磁束密度分布を正弦波状と仮定し，回転角速度を $\omega$ とすると，任意の位置 $\theta$ で観測される磁束密度は

$$B\left(\theta,t\right)=B_m\cos\left(\theta-\omega t\right) \cdots\cdots\cdots\cdots\cdots\cdots\cdots\cdots\cdots\cdots ①$$

と表すことができる．ただし，$B_m$ は最大磁束密度である．式①は，$\theta=$　(3)　の位置に最大磁束密度 $B_m$ が現れることを示している．

　一方，二極の純単相誘導電動機の磁束密度分布は

$$B'\left(\theta,t\right)=B_m{}'\cos(\theta)\ \cos(\omega t) \cdots\cdots\cdots\cdots\cdots\cdots\cdots\cdots\cdots ②$$

と表せる．この場合，$\theta=$　(4)　の位置で最大値となる正弦波状 $\cos(\theta)$ の磁束密度分布となり，その大きさは $\cos(\omega t)$ で変化する．このような磁束は，回転磁界に対して，交番磁束と呼ばれる．式②を書き換えると，磁束密度分布は

$$B'\left(\theta,t\right)=\frac{B_m{}'}{2}\cos(\theta-\omega t)+\ \boxed{\quad(5)\quad} \cdots\cdots\cdots\cdots\cdots\cdots ③$$

と2つの成分の和で表すことができる．式③の第1項は式①と同じ方向に回転する回転磁界であり，第2項はそれとは逆方向に回転する回転磁界である．

【解答群】

(イ) 減少させる　　　(ロ) 維持する　　　(ハ) 0　　　　(ニ) $\dfrac{B_m{}'}{2}\cos(\theta+\omega t)$

(ホ) $\dfrac{B_m{}'}{2}\sin(\theta+\omega t)$ (ヘ) $\dfrac{2\pi}{3}$　　　(ト) 漏れ電流　　(チ) $\dfrac{\pi}{2}$

(リ) $-\omega t$　　　　　(ヌ) $\omega t$　　　(ル) $2\omega t$　　　(ヲ) 励磁電流

(ワ) 誘導電流　　　　(カ) 増加させる　　(ヨ) $\left[-\dfrac{B_m{}'}{2}\cos(\theta+\omega t)\right]$

## ■2 ══════════════════════════════════════════ H15　問2

　次の文章は，三相誘導電動機の特性に関する記述である．文中の　　　　　に当てはまる語句，式または数値を解答群の中から選べ．

185

## 誘導機

三相誘導電動機の一次端子から見た $\boxed{\quad(1)\quad}$ は，二次抵抗 $r_2$ と滑り $s$ の比 $r_2/s$ の関数になる．したがって，一次電流，力率，トルクなども $r_2/s$ の関数となる．このことは電動機の $\boxed{\quad(2)\quad}$ が変わっても，$r_2/s$ が一定ならばトルクは同じ値になることを示している．このような特性をトルクの $\boxed{\quad(3)\quad}$ という．なお，$\boxed{\quad(4)\quad}$ トルクは，二次抵抗値にかかわらず一定であり，これを生じる滑りは，二次抵抗が大きいほど大きくなる．

この特性を利用して，巻線形誘導電動機では，二次側にスリップリングを介して抵抗値を変えることができる外部抵抗を接続し，始動時にはこの値を大きくしてトルクを大きくし，定常運転時にはスリップリングを $\boxed{\quad(5)\quad}$．このための二次挿入抵抗には，金属抵抗器あるいは液体抵抗器が用いられる．

【解答群】

| | | | |
|---|---|---|---|
| （イ）不変性 | （ロ）インピーダンス | （ハ）平均 | （ニ）電源周波数 |
| （ホ）短絡する | （ヘ）電源電圧 | （ト）切り離す | （チ）最大 |
| （リ）リアクタンス | （ヌ）比例推移 | （ル）開路する | （ヲ）回転速度 |
| （ワ）追従性 | （カ）同期 | （ヨ）サセプタンス | |

### ■3　　　　　　　　　　　　　　　　　　　　　　　　　　　　　　　　R4　問2

次の文章は，インバータにより $V/f$ 一定制御されている誘導電動機に関する記述である．文中の $\boxed{\qquad}$ に当てはまる最も適切なものを解答群の中から選べ．

三相誘導電動機の速度制御として PWM インバータを用いた $V/f$ 一定制御が広く用いられている．ここで，$V$ は電動機の端子電圧，$f$ は端子電圧の周波数である．$V/f$ 一定制御されている誘導電動機の定常状態のトルク特性が，端子電圧の周波数 $f_1$，$f_2$ に対し，図のように与えられている．また，負荷のトルク特性は回転数 $N$ に関わらず $T_L$ 一定で図のように与えられている．このとき，電動機の回転数はそれぞれ，$N_1$，$N_2$ である．今，この電動機が周波数 $f_2$ にて運転中で，回転数が $N_2$ のときに，周波数 $f_1$ に切り換え，$N_1$ まで減速して，点 A で負荷トルクと電動機トルクが釣り合う．

$N_2$ からの減速過程のうち，$N_0 < N < N_2$ では電動機は $\boxed{\quad(1)\quad}$ をするので，電動機は $\boxed{\quad(2)\quad}$ トルクを発生する．これにより減速する回転系としては，軸受の摩擦などを無視すると，この $\boxed{\quad(1)\quad}$ のトルクと負荷トルクの合成が減速トルクとなる．

続いて，$N = N_0$ まで減速すると，このとき，電動機は $\boxed{\quad(3)\quad}$ で運転しているので，負荷トルクのみが減速トルクとなる．

さらに減速して，$N_1 < N < N_0$ となると，電動機は $\boxed{\quad(4)\quad}$ をするので，$\boxed{\quad(5)\quad}$ トルクを発生する．この区間では電動機の発生トルクは負荷トルクより小さいので，負荷トルクから電動機トルクを差し引いた差が減速トルクとして働く．

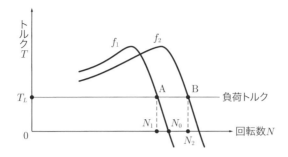

**【解答群】**
(イ) 逆転運転　　(ロ) 負の　　(ハ) 同期速度　　(ニ) 逆相動作
(ホ) 電動機動作　(ヘ) 逆相　　(ト) スイッチング周波数の　(チ) 制動機動作
(リ) 発電機動作　(ヌ) 拘束状態　(ル) インバータの　(ヲ) 高周波の
(ワ) 加速動作　　(カ) ゼロの　(ヨ) 正の

### ■ 4　　　　　　　　　　　　　　　　　　　　　　　　　H19 問 5

次の文章は，特殊かご形誘導電動機に関する記述である．文中の　　　　に当てはまる語句を解答群の中から選べ．

　かご形誘導電動機の始動特性を改良するために考案された特殊かご形誘導電動機は，二次　(1)　が自動的に始動時には大きくなり，運転時には小さくなるような構造となっている．

　　(2)　かご形誘導電動機の回転子は，表面に近い外側導体に高抵抗材料を用い，中心に近い内側導体に低抵抗材料を用いている．始動時の二次周波数が高い間は，　(3)　は外側のかご形導体に比べて，内側のかご形導体の方がはるかに大きいため，大部分の二次電流は高抵抗の外側導体を流れる．速度が上昇し，二次周波数が低くなると，大部分の二次電流は低抵抗の内側導体を流れるようになる．

　　(4)　かご形誘導電動機の回転子は，スロットの形が半径方向に細長い構造となっている．始動時の二次周波数が高い間は，スロットの底に近い導体部分ほど多くの磁束と鎖交し，　(3)　が大きくなる．したがって，導体中の電流は外周の近くに集中し，あたかも導体の断面が小さくなったのと同様の作用をして，　(1)　が増加する．速度が上昇するにしたがって二次周波数は低くなり，　(5)　は次第に底部へ広がる．やがて同期速度付近では電流は導体中に一様に分布するようになるので，普通のかご形誘導電動機として動作する．

**【解答群】**
(イ) 漏れ電流　　(ロ) 浅溝　　(ハ) 高抵抗　　(ニ) 漏れ抵抗　　(ホ) 深溝

**誘導機**

（ヘ）始動抵抗　　（ト）内外　　（チ）電流分布　　（リ）磁束分布　　（ヌ）二重
（ル）有効電力　　（ヲ）電界　　（ワ）実効抵抗　　（カ）細溝　　　　（ヨ）漏れリアクタンス

## ■5　　　　　　　　　　　　　　　　　　　　　　　　　　　　　　　　　　H14　問 1

　次の文章は，単相誘導電動機に関する記述である．文中の $\boxed{\phantom{xxx}}$ に当てはまる語句，数値または式を解答群の中から選べ．

　単相誘導電動機の固定子巻線に単相交流を流すと交番磁界を発生する．交番磁界は，その振幅の $\boxed{(1)}$ 倍で，回転方向が互いに逆向きの等速度回転磁界に分解できる．この両回転磁界によって回転子巻線に電流が誘導し，両方向のトルクが発生する．2 つの回転磁界の 1 つを正方向回転とし，正方向回転磁界に対する回転子の滑りを $s$ とすると，逆方向回転磁界に対する回転子の滑りは $\boxed{(2)}$ となる．

　単相誘導電動機は，始動時の正・逆方向の回転トルクが等しく，始動トルクが零となるので自己始動できない．そのため，単相誘導電動機の始動には，分相始動，反発始動，くま取りコイル始動などの方式が用いられている．

　分相始動は，固定子に主巻線と電気角 $\boxed{(3)}$ 〔rad〕だけずれた位置に補助巻線を設け，両巻線に位相の異なる電流を流して，不平衡二相電動機として始動する方式である．この原理を用いた $\boxed{(4)}$ 誘導電動機は回転磁界が円形に近くなるため，$\boxed{(5)}$ が少なく，効率および力率が他の方式のものに比べ良好であることなどから広く利用されている．

【解答群】

（イ）2　　　　　　　（ロ）トルク脈動　　（ハ）$1-s$　　　　（ニ）リアクトル形　（ホ）$\dfrac{\pi}{2}$

（ヘ）抵抗形　　　　（ト）1　　　　　　　（チ）磁気飽和　　　（リ）コンデンサ形　（ヌ）$1-2s$

（ル）$\dfrac{2\pi}{3}$　　　　（ヲ）$\dfrac{1}{2}$　　　　　（ワ）フリッカ　　　（カ）$\dfrac{\pi}{3}$　　　　　（ヨ）$2-s$

# 5章

## 保護機器

### 学習のポイント

　本分野は，他の章の分野に比べて出題数は少なく，遮断器と避雷器の機能が重要である．特に，遮断器では，ガス遮断器や真空遮断器の構造と特徴，遮断能力と異常電圧などを重点的に学習する．また，避雷器では，酸化亜鉛形避雷器の特性と特徴を中心に学ぶ．この分野は電験3種と概ね同等レベルであるが，遮断器が厳しい責務を要求される各種遮断性能，変成器の比誤差の定義等は少しレベルが高い．出題される場合は必須問題なので，学習としては，本書により，これまでの知識の整理と基本事項の確認を確実に行う．

## 5-1 遮断器

**攻略のポイント**　本節に関して，電験3種では電力分野では出題されるものの，機械分野では出題されない．しかし，2種では遮断器の原理，ガス遮断器，真空遮断器などが出題される．

### 1 遮断器の遮断特性

#### (1) 遮断器の原理

**遮断器**は，接触子を開極したときに極間に発生するアークを冷却させたり，吹き飛ばしたりすることにより消滅させ，電極間に生じる過渡回復電圧（再起電圧）の立ち上がりよりも速く絶縁耐力を回復させることにより，遮断能力をもたせる．遮断器の理想的な遮断特性を図5・1に示す．

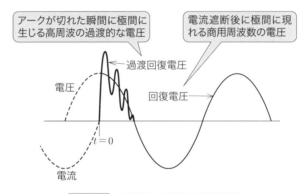

図5・1　遮断器の理想的な遮断特性

遮断器は，アークを限定された領域に制限し制御するため，通常，接触子を消弧室に収納し，その内部を油，空気，六ふっ化硫黄（$SF_6$）ガスなどで満たしているか，または高真空にしている．

他方，遮断能力が十分でないときは，遮断後に再びアークがつながってしまうことがある．電流がいったん遮断された後，商用周波数の1/4サイクル未満の時点で，開離した接触子間に再び電流が流れることを**再発弧**という（図5・2参照）．一方，電流がいったん遮断された後，商用周波数の1/4サイクル以上の時点で，開離した接触子間に再び電流が流れることを**再点弧**といい，再点弧は電力系統に与える影響が大きい．

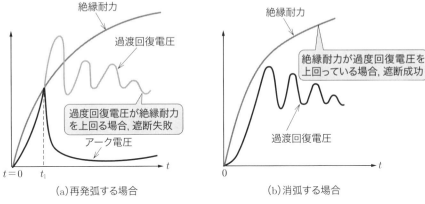

**図5・2** 再発弧と消弧

## (2) 遮断器の主要性能

① **遮断性能**：遮断器の遮断性能は**遮断容量**で表され，遮断容量を保証するものとして定格遮断電流がある．使用する回路の最大故障電流を計算し，それを上回る定格遮断電流の遮断器を選定する．

② **通電性能**：通電性能は，遮断器に電流が流れるとき導体よりジュール熱が発生するが，その熱による温度上昇に耐えることができる性能である．これは遮断器の定格電流として選定される．

③ **機械的強度**：遮断器の各部は，短絡時の電磁力，操作時の衝撃荷重等に十分耐える機械的強度をもつことが必要である．

④ **絶縁耐力**：遮断器の絶縁耐力は，変圧器等と同様に，商用周波数に対するものと，衝撃電圧に対するものとがある．

⑤ **回復電圧（再起電圧）の許容能力**：遮断器がどの程度まで回復電圧を許容できるかの尺度に，過渡回復電圧がある．後述する進み小電流遮断，遅れ小電流遮断，近距離線路故障遮断は過渡回復電圧が大きくなるので注意する．

⑥ **高速度再閉路の機能**：電圧階級の高い送電線の遮断器には，高速度再閉路の性能が求められる．高速度再閉路は，消イオンと系統安定度を考慮し，20～50サイクルの無電圧時間とする．

**保護機器**

## 2 遮断器の遮断能力と異常電圧

交流遮断器は，交流電流が必ず零点を通過することを利用して遮断を行う．遮断器が厳しい責務を要求されるのは次のケースである．

### (1) 端子短絡故障（BTF；Breaker Terminal Fault）遮断性能

変電所の構内など遮断器近傍で発生した地絡および短絡故障電流を遮断するとき，過渡的に高い電圧が発生する．この故障電流を遮断する性能を**端子短絡故障遮断性能**という．

### (2) 近距離線路故障（SLF；Short Line Fault）遮断性能

遮断器から数km離れた架空送電線で故障が発生した場合の遮断で，遮断器と故障点の間の進行波の往復反射により高い電圧が発生する．変電所に近い距離の架空送電線で発生した短絡故障を遮断する性能を**近距離線路故障遮断性能**という．

### (3) 進み小電流遮断性能

電力用コンデンサまたは無負荷送電線の進み小電流を遮断するとき，再点弧が原因となり，開閉過電圧を生じることがある．電力用コンデンサや無負荷送電線の回

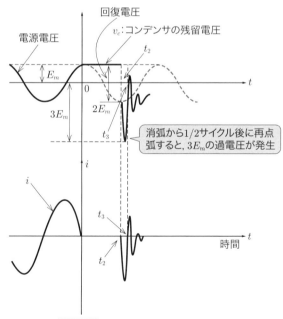

図 5・3　進み小電流遮断時の過電圧

路では，図5·3に示すように，進み小電流が流れているため，回路を遮断するとコンデンサ回路の残留電圧と電源電圧によって遮断器極間に回復電圧が生じる．そこで，極間の電圧は遮断してから1/2サイクル後には電源電圧 $E_m$ の2倍に達する．遮断器がこの極間電圧に耐えられなければ再点弧し，最過酷ケースとして，消弧から1/2サイクル後に再点弧すると，$3E_m$ の過電圧が発生する．この再点弧は高いサージ電圧を発生させるので，高電圧遮断器は再点弧を起こさないよう作られる．

### (4) 遅れ小電流遮断性能

分路リアクトル回路，変圧器の励磁電流などの遅れ小電流を消弧力の強い空気遮断器や真空遮断器で遮断すると，電流が零になる前に強制的に遮断する**電流さい断現象**が発生し，負荷側に過電圧を発生することがある．図5·4はこの等価回路を示している．電流 $i$ が瞬

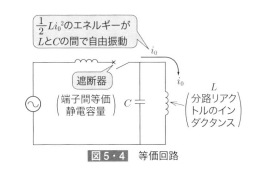

図5·4 等価回路

時値 $i_0$ のときに遮断されると，遮断直前の $L$ に蓄えられたエネルギー $Li_0^2/2$ は，等価的に並列に入っている静電容量 $C$ を通して振動電流を生じる．この過電圧は常規対地電圧の3～5倍になることがあって機器の絶縁を脅かすため，電流さい断現象の過電圧抑制対策として，①**抵抗投入・抵抗遮断方式の遮断器の採用**，②**消弧力の軽減**，③**サージアブソーバの挿入**を行う．

さらに，進み小電流遮断時や遅れ小電流遮断時の過電圧を抑制する観点から，遮断器極間電圧を最小とする位相で投入する**開閉極位相制御方式**が調相設備の開閉制御に用いられている．

### (5) 脱調遮断性能

故障点をはさむ両系統が同期状態をはずれ，両系統の電圧ベクトルが最大180°の位相差を生じた状態で，遮断器が遮断できる性能である．

## 3 ガス遮断器

**ガス遮断器**は，優れた消弧能力，絶縁性能を有する**六ふっ化硫黄（$SF_6$）ガス**を消弧媒体として利用する遮断器である．ガス遮断器は遮断性能が優れるため，500 kV～22 kV の遮断器まで幅広く利用される．

ガス遮断器では，遮断して電流が零値となった直後の数マイクロ秒は，極間に導電性の高い高温ガスが存在しているため，急しゅんな過渡回復電圧が加わると残留電流と呼ばれる微小電流がアークの存在していた空間に流れる．この電流によって空間に注入されるエネルギーがガスの熱伝導などによる冷却能力を上回らないようにして，熱的再発弧が発生することがないようにしている．さらに，その後も極間の絶縁耐力が過渡回復電圧を常時上回ることで遮断過程が完了する．

ガス遮断器には，$SF_6$ ガスを圧縮機で圧縮して吹き付ける二重圧力式と，ピストンとシリンダで遮断時に高圧ガスにして吹き付ける**単圧式（パッファ式）**とがあるが，近年の大容量遮断器は後者のパッファ式が使われる．パッファ式のガス遮断器の構造を図 5・5 に示す．

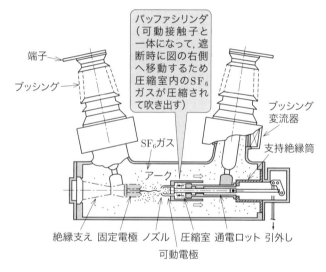

図 5・5　パッファ式ガス遮断器

[ガス遮断器の特徴]

① 多重切りの場合，空気遮断器に比べて，遮断点数が 1/2〜1/3 となるので，小形になる．
② 消弧性能が優れているので，小電流遮断時の異常電圧が小さい．
③ タンク形は耐震性に優れ，またブッシング変流器を使用できるため，据付面積が小さい．
④ 不燃性で安全性が高く，開閉時の騒音も小さい．

## (1) パッファ式

0.5 MPa 程度の $SF_6$ ガスを満たした消弧室内に，固定接触子，可動接触子とともにシリンダとピストンが収納されている．遮断動作時に可動接触子と一体構造のパッファシリンダを駆動し，内部ガスを圧縮して高圧ガスを発生させ，この高圧ガスを接触子間に導き，固定接触子と可動接触子間に伸びるアークに吹き付けて消弧する．この方式は，構造が簡単で保守が容易であるなどの特長があり，GIS（$SF_6$ ガス絶縁開閉装置）の普及と相まって急速に発達した．

## (2) 二重圧力式

1.5 MPa 程度の $SF_6$ ガスが封入された高圧ガス室と低圧ガス室を有し，高圧ガス室には吹付弁が，低圧ガス室には可動接触子と高圧ガス室に連接したノズル状固定接触子が収納されている．遮断動作時，接触子を開くと同時に吹付弁を開いて，高圧ガス室のガスを主接点間のアークに吹き付けて消弧する．この方式の欠点は，ガス圧縮機が必要であること，高圧ガスの液化を防止するために冬季にヒータで加熱する必要があることなどである．

## (3) がいし形と接地タンク形

ガス遮断器の構造には，がいしで遮断器全体を対地絶縁し，遮断部をがい管内に設けた**がいし形**と，接地した金属容器内に遮断部を収納した**接地タンク形**とがある．

がいし形は耐震性を必要としないヨーロッパなどで広く用いられている．一方，接地タンク形は，耐震性に優れていること，GISとの組合せが容易であること，ブッシング変流器を内蔵することができることなどの特長があるので，わが国で早くから発達し広く普及している．

### 4 真空遮断器

**真空遮断器**（VCB）は $10^{-5}$ MPa 以下の高真空中での高い絶縁耐力と強力な拡散作用による消弧能力を利用した遮断器である．高真空では，残存する気体分子の数が少ないので，気体は絶縁破壊に関係しないため，大気の数倍，油の2倍以上の高い絶縁耐力が得られる性質を利用している．

真空中で接点を開極して電流遮断を行うと，電極から蒸発した金属蒸気が電離して，アーク放電が形成される．電流が零近傍になると，このアーク中の荷電粒子の拡散が急速に起こり消弧する．このとき発生する金属蒸気が真空バルブ内面に付着するのを防止するため，対向する電極の周囲に円筒状の金属シールドが設けられて

保護機器

いる．遮断部の構造が単純で，遮断動作に必要なストロークが短いので，操作機構に必要とされる駆動力も小さい．

真空遮断器の電流遮断性能は，主として真空バルブ内に配置された電極の構造および材料で決定される．電極構造は，遮断電流の小さいものでは単なる突合せ構造であるが，遮断電流が大きなものでは遮断時の電流によって磁界を発生させ，電磁力を利用して，アークを駆動することによってアークスポットが局部的に集中するのを防ぎ，電極の局部加熱と溶融を防止している．磁気駆動形電極や軸方向磁界形電極が用いられる．

真空遮断器は，アーク電圧が低く電極の消耗が少ないので長寿命であり，多頻度の開閉用途に適していること，小形で簡素な構造，保守が容易などの特長があり，広く使用されている．

---

**例題 1** ..................................................... **H24 問2**

遮断器は，接触子を開極したときに極間に発生するアークを消滅させて絶縁状態に変化させることによって電流を遮断する．

遮断器は，アークを限定された領域に制限し制御するために，通常，接触子を　(1)　室に収納し，その内部を油，空気，　(2)　ガスなどで満たしているか，または高真空にしている．

ガス遮断器の場合，遮断して電流が零値となった直後の数マイクロ秒は，極間に導電性の高い高温ガスが存在しているため，急しゅんな　(3)　が加わると　(4)　と呼ばれる微小電流がアークの存在していた空間に流れる．この電流によって空間に注入されるエネルギーがガスの熱伝導などによる冷却能力を上回らないようにして，熱的　(5)　が発生することがないようにしている．さらにその後も極間の絶縁耐力が　(3)　を常時上回ることで遮断過程が完了する．

【解答群】
(イ) 過渡回復電圧　(ロ) 再通弧　　　　(ハ) 残留電流　　(ニ) 遮断
(ホ) 立上がり電圧　(ヘ) 絶縁回復電圧　(ト) 消弧　　　　(チ) 水素
(リ) 冷却　　　　　(ヌ) 六っ化硫黄　　(ル) 回復電流　　(ヲ) グロー電流
(ワ) 再着弧　　　　(カ) ヘリウム　　　(ヨ) 再発弧

---

**解説** ▶ 本節 1，3 項で解説しているので，参照する．

【解答】(1) ト　(2) ヌ　(3) イ　(4) ハ　(5) ヨ

5-1 遮断器

## 例題 2 ·············································· H16 問 2

　真空遮断器は，高真空では，大気の数倍，油の **2** 倍以上の高い [ (1) ] が得られる性質を利用したものである．これは，高真空中では，残存する気体分子の数が少ないので，気体は [ (2) ] に関係しないからである．真空中で接点を開極して電流遮断を行うと，電極から蒸発した金属蒸気が電離して，アーク放電が形成される．電流が零近傍になると，このアーク中の荷電粒子の [ (3) ] が急速に起こり消弧する．このとき発生する金属蒸気が，真空バルブ内面に付着するのを防止するために，対向する電極の周囲に円筒状の [ (4) ] が設けられている．遮断部の構造が単純で，遮断動作に必要なストロークが短いので，操作機構に必要とされる駆動力も小さい．

　真空遮断器の電流遮断性能は，主として真空バルブ内に配置された電極の構造および材料で決定される．電極構造は，遮断電流の小さいものでは，単なる突合せ構造であるが，遮断電流が大きなものでは，遮断時の電流によって磁界を発生させ，電磁力を利用して，アークを [ (5) ] することによってアークスポットが局部的に集中するのを防ぎ，電極の局部加熱と溶融を防止している．

【解答群】
(イ) 絶縁破壊　　　(ロ) 転流　　　　　(ハ) 金属シールド　　(ニ) 冷却能力
(ホ) 中性子化　　　(ヘ) 駆動　　　　　(ト) 対流　　　　　　(チ) 金属ベローズ
(リ) 熱伝導　　　　(ヌ) 可動接触子　　(ル) 転移　　　　　　(ヲ) 拡散
(ワ) 熱分解　　　　(カ) 帯電　　　　　(ヨ) 絶縁耐力

5章
保護機器

**解　説**　本節 4 項で解説しているので，参照する．

【解答】(1) ヨ　(2) イ　(3) ヲ　(4) ハ　(5) ヘ

197

# 5-2 計器用変成器

**攻略の
ポイント**
本節に関して，電験3種の機械分野ではあまり出題されない．しかし，2種では計器用変圧器や変流器の基本的な事項が出題されることがある．

高電圧や大電流を，計器および制御・保護に使用しやすい低電圧（通常110 V）や小電流（通常5 Aまたは1 A）に変換する変圧器を**計器用変成器**と呼び，電圧測定用の**計器用変圧器（VT）**と電流測定用の**変流器（CT）**がある．計器用変成器の二次側負荷は計器や継電器であって，線路の負荷と区別するため，これを**負担**と呼ぶ．

## (1) 計器用変圧器

①**電磁形（PT，VT）**：変圧器と同一原理である（図5·6参照）が，インピーダンス電圧降下を少なくし，鉄心には低損失で透磁率の高い方向性けい素鋼板を採用して励磁電流を抑制することで，変圧比の精度をよくしている．また，二次回路は危険防止のため，一端を接地し，短絡しないようにしなければならない．PT（VT）は，精度は高いものの，電圧が高くなると絶縁面で不利になるので，77 kV級以下の回路で広く採用されている．

②**コンデンサ形（PD）**：直列コンデンサの分圧を応用したもので，がいし形，油入密封式が多い．図5·7に原理図を示すが，共振リアクトル$L$を分圧コンデンサ$C_1$と$C_2$に共振させると

$$\frac{\dot{V_1}}{\dot{V_2}} = \frac{C_1+C_2}{C_1} + \frac{1-\omega^2 L(C_1+C_2)}{j\omega C_1 \dot{Z_b}} = \frac{C_1+C_2}{C_1} \tag{5·1}$$

（ただし，$\omega^2 L(C_1+C_2)=1$）

が成り立ち，負荷インピーダンス$\dot{Z_b}$に無関係に一定電圧を供給できる．

コンデンサ形は，PTに比べ，絶縁の信頼性が高く，高電圧では安価となり，電力線搬送結合用コンデンサと兼用できるメリットがあるため，110 kV級以上の高電圧回路で多く採用されている．

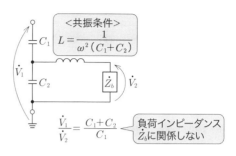

図5・6 電磁形計器用変圧器（PT）　　図5・7 コンデンサ形計器用変圧器（PD）

### (2) 変流器

変流器は，一次定格電流領域から，使用される主回路で想定される大きな故障電流に至るまでの変成精度および大きな故障電流に伴う電磁機械力への対応が必要となる．このため，鉄心には損失の少ない材料を使用し，断面積を大きくして磁束密度を低くすること，巻線の抵抗および漏れリアクタンスを小さくすることが必要である．運転中に二次回路を開放すると，一次電流すべてが励磁電流となり，鉄心の磁束飽和が発生する．これにより二次誘導電圧は高い波高値をもつひずみ波となり，巻線の絶縁を破壊するおそれがある．したがって，運転中に二次回路に接続されている機器を切り離す場合には，まず変流器の二次端子を短絡しておかなければならない．

> POINT
> CTは二次回路を開放してはならない

### (3) 変成器の比誤差

実際の計器用変成器では誤差が含まれるため，公称変圧比または公称変流比と実際の変圧比または変流比との差を，実際の変圧比または変流比で除して百分率で表したものを計器用変成器の**比誤差** $\varepsilon$〔%〕という．

$$\varepsilon = \frac{k_n - k}{k} \times 100 \; [\%] \tag{5・2}$$

（$k_n$：公称変圧比または公称変流比，$k$：測定した実際の変圧比または変流比）

変流器は等価回路としては通常の変圧器と同じであるから，励磁インピーダンスが十分大きければ，一次電流 $I_1$ と二次電流 $I_2$ の比はほぼ正確に巻数に反比例する．励磁インピーダンスの大きさおよび負担のインピーダンスの大きさと位相角により $I_1$ と $I_2$ の比が変化し，両者の間に位相差が生じる．定格の一次電流および二次電流を $I_{1n}$，$I_{2n}$ とするとき，式（5・2）の比誤差は次式となる．

保護機器

$$\varepsilon = \frac{\dfrac{I_{1n}}{I_{2n}} - \dfrac{I_1}{I_2}}{\dfrac{I_1}{I_2}} \times 100 \ [\%] \tag{5・3}$$

$I_1$ と $I_2$ との間の位相差は，電力測定の場合に誤差の原因となる．変流器の誤差を少なくするには，高透磁率の鉄心を使用し，励磁電流を小さくする．

**例題3** ·········································· R4　問3

　交流の高電圧または大電流を測定する場合，変圧器を用いて計器の測定範囲に適した電圧や電流に変換することがある．これらの変圧器を計器用変成器といい，電圧測定用のものを計器用変圧器（VT，PT），電流測定用のものを変流器（CT）という．計器用変成器の二次側負荷は計器や継電器などであり，線路の一般的な負荷と区別するためこれを ☐(1)☐ という．

　計器用変成器は，等価回路としては普通の電力用変圧器と同じであるが，変圧比および変流比の精度をよくするためには，高透磁率の鉄心を使用して ☐(2)☐ 電流を小さくするとともに，一次および二次巻線の巻線抵抗と漏れリアクタンスを極力 ☐(3)☐ くする必要がある．実際の計器用変成器では誤差が含まれるため，公称変圧比または公称変流比と実際の変圧比または変流比との差を，実際の変圧比または変流比で除して百分率で表したものを計器用変成器の ☐(4)☐ という．

　変流器の使用中に二次側に接続されている機器を切り離す場合には，まず，変流器の二次端子を ☐(5)☐ するなどの過電圧対策をしておかなければならない．

【解答群】
(イ) 短絡　　　(ロ) 開放　　　(ハ) 負担　　　(ニ) 励磁　　　(ホ) 絶縁
(ヘ) 負荷　　　(ト) 等し　　　(チ) 小さ　　　(リ) 許容　　　(ヌ) 抵抗
(ル) 損失　　　(ヲ) 大き　　　(ワ) 相対誤差　(カ) 比誤差　　(ヨ) 誤差率

**解　説**　本節で解説しているため，参照する．

【解答】　(1) ハ　(2) ニ　(3) チ　(4) カ　(5) イ

# 5-3 避雷器

**攻略の ポイント**　本節に関して，電験3種の機械分野ではあまり出題されない．しかし，2種では避雷器に関する基本的な事項が出題される．

## 1 電力系統の過電圧と絶縁協調

　電力系統に発生する過電圧は，**雷過電圧**，**開閉過電圧**，**短時間過電圧（持続性過電圧）** に分けられる．そして，雷過電圧は外部より侵入するので，**外部異常電圧**または**外雷**ともいい，開閉過電圧および短時間過電圧は**内部異常電圧**または**内雷**ともいう．このような過電圧が発生する中で，特に，雷は電力機器の絶縁を破壊させうる非常に高い電圧に達するので，避雷装置によって機器絶縁を保護する必要がある．この避雷装置によって，過電圧の波高値を各機器の雷インパルス電圧に対する絶縁強度以下に低減する電圧値を**保護レベル**という．

　したがって，電力系統の過電圧に対する絶縁設計は，発生する過電圧，保護レベル，機器の絶縁強度を考慮し，系統内の電力機器や送配電線の絶縁強度を保護レベルより高くとり，最も経済的で信頼性ある合理的な状態になるよう協調を図る．これを**絶縁協調**という．この絶縁協調の基本的な考え方は，地絡故障や線路の開閉に伴う**内部異常電圧に対しては，系統各部の絶縁はこれに十分耐えるように設計し，外部異常電圧の雷に対しては，避雷装置によって機器絶縁を安全に保護すること**を前提としている．

## 2 避雷器の概要

　**避雷器**は，外部異常電圧または内部異常電圧によって過電圧の波高値が一定の値を超えたとき，放電により過電圧を制限し，電気機器の絶縁を保護する．そして，放電が実質的に終了した後は，引き続き電力系統から供給されて避雷器に流れる電流（**続流**）を短時間のうちに遮断し，系統の正常の状態を乱すことなく，元の状態に自復する機能をもつ装置である．避雷器には，従来使われていた**直列ギャップ付避雷器**と，近年広く適用されている**酸化亜鉛形避雷器**（**ギャップレスアレスタ**ともいう）とがある．避雷器の構成を図5・8に示す．

5章

保護機器

保護機器

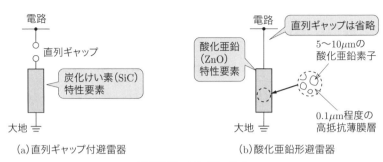

図5・8　避雷器の構成

[避雷器の種類と特徴]
### (1) 直列ギャップ付避雷器
　直列ギャップと特性要素からなり，侵入した異常電圧は直列ギャップで放電し，特性要素によって**制限電圧**以下に抑えられる．なお，被保護機器の耐圧値はこの制限電圧よりも高くとることが必要である．特性要素は，非直線特性をもつ抵抗体が使われ，従来，**炭化けい素（SiC）**を主材にした高温焼成素子がよく使われていた．**非直線抵抗形避雷器（弁抵抗形避雷器）**ともいう．
### (2) 酸化亜鉛形避雷器
　特性要素は**酸化亜鉛（ZnO）素子**でできており，ZnO素子はZnOの結晶の周りに酸化ビスマスなどによる高抵抗薄膜層が立体的に密着した状態にして作られる．ZnOの特性は，図5・9のように理想的な特性に近く，SiCに比べて非直線性が優れている．このため，定格電圧を印加しても電流は1 mA以下とわずかであるため，直列ギャップを省略でき，**ギャップレスアレスタ**とも呼ばれる．近年，発変電所ではギャップレス避雷器を用いるこ

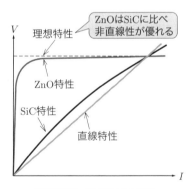

図5・9　特性要素の特性

とが主流であるが，配電用や直流電気鉄道の電線路のがいし保護に用いられる避雷器では，万一ZnO素子が短絡状態になっても送電が可能なように，直列ギャップ付ZnO避雷器も多く使用されている．
　なお，**がいし形避雷器**は，絶縁容器（磁器，ポリマーがい管など）内部を絶縁媒

体（気体，液体または固体）で満たし，この中に酸化亜鉛素子またはこの素子と直列ギャップとを収納したものである．

[酸化亜鉛形避雷器の特徴]

①直列ギャップがないため，**放電遅れがない**．また，放電による電圧変動が少ないため並列使用が可能となり，吸収エネルギーの増加が図れ，**制限電圧を下げる**ことができる．

②微小電流から大電流サージ領域まで，**ほぼ理想的な非直線抵抗特性**をもつ．繰り返し動作に強く，多重雷責務に優れる．

③直列ギャップがないうえに，**素子の単位体積当たりの処理エネルギーが大きいため，構造が簡単で小形にできる**．

④**耐汚損性能に優れる**．直列ギャップ付避雷器では，直列ギャップに加わる電圧が汚損により変化するため，放電電圧のばらつき，低下がみられるが，ギャップレスアレスタでは直列ギャップがないため，こうしたことはない．

⑤$SF_6$ ガス絶縁機器に組み込まれる場合，ギャップ中のアークによる分解ガスの生成がない．

次に，避雷器の動作を図 5・10 に示す．

[避雷器に関する重要なキーワード]

①**定格電圧**：避雷器の定格電圧とは，その電圧を両端子間に印加した状態で，所定の動作責務を所定の回数反復遂行できる，商用周波数の電圧の最高限度（実効値）をいう．

②**制限電圧**：避雷器の放電（避雷器内部に電流を流すこと）中に，過電圧が制限されて，避雷器と大地との両端子間に残留する電圧である．制限電圧は，保護される機器の絶縁破壊強度よりも低くしなければならない．

③**動作開始電圧**：ギャップレス避雷器の $V-I$ 特性において，小電流域の所定の電流（1〜3 mA）に対する避雷器の端子電圧波高値をいう．

④**放電開始電圧**：ギャップ付避雷器が放電を開始する電圧をいう．

⑤**公称放電電流**：避雷器の保護性能および復帰性能を表現するために用いる放電電流の規定値．避雷器規格では，避雷器の保護性能を評価するため，8/20 $\mu s$（波頭長 8 $\mu s$/波尾長 20 $\mu s$）の雷インパルス電流（波高値）が公称放電電流として定められており，この電流が流れるときの避雷器の両端子間に発生する電圧が制限電圧である．

**保護機器**

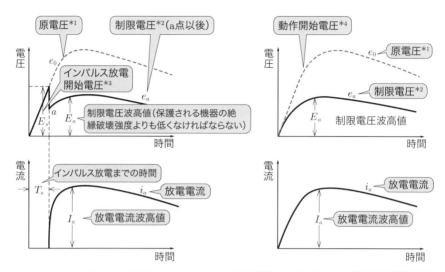

*1 避雷器が放電しない場合の端子間電圧
*2 避雷器の放電中，過電圧が制限されて避雷器と大地との両端子間に残留するインパルス電圧
*3 避雷器と大地との両端子間にインパルス電圧が印加され，避雷器が放電する場合，その初期において放電前に達し得る端子間電圧の最高値
*4 直列ギャップを使用しない酸化亜鉛形避雷器では放電開始電圧がないので，小電流域の所定の電流に対する避雷器の端子電圧波高値

**図5・10** 直列ギャップ付避雷器と酸化亜鉛形避雷器の動作特性

⑥**放電耐量**：避雷器が障害を起こすことなく，所定の回数を流すことができる所定波形の放電電流波高値の最大限度をいう．

⑦**漏れ電流**：酸化亜鉛形避雷器に，定格電圧，運転電圧など所定の電圧が印加された状態で流れる電流をいう．この電流は抵抗分と容量分に分けられる．

⑧**単位動作責務**：商用電源につながれた避雷器が，雷または開閉過電圧により放電し，所定の放電電流を流した後，原状に復帰する一連の動作をいう．

⑨**放圧装置**：万一の内部破損により内部圧力が上昇した際に内部ガスを放出し，容器の爆発的飛散を防止する装置をいう．

⑩**安定性評価**：酸化亜鉛形避雷器が長年の運転中に所定の雷過電圧・開閉過電圧・短時間過電圧のストレスを受けた後に，開閉サージなどの熱トリガを受けても熱暴走を生じず，実使用に耐えることを確認することをいう．この熱暴走とは，酸化亜鉛形避雷器が所定の周囲温度と電圧印加のもとで，避雷器の熱発生が放熱を

5-3 避雷器

上回り，漏れ電流が増大し，破壊に至る現象である．

---

**例題4** ···················································· H29 問2

避雷器は，雷，回路の開閉などに起因するサージ電圧がある値を超えたときに，サージ電圧を抑制して電力設備の絶縁破壊事故を防ぐものである．避雷器に非直線の電圧−電流特性をもつ ___(1)___ を組み込むことで，サージ電圧抑制後の通常電圧による続流を遮断して系統を元の状態に復帰させる．

発変電所ではギャップレス避雷器を用いることが主流であるが，配電用や直流電気鉄道の電線路のがいし保護に用いられる避雷器では，万一 ___(1)___ が ___(2)___ 状態になっても送電が可能なように，直列ギャップ付き避雷器も多く使用されている．

避雷器規格では，避雷器の保護性能を評価するために $8/20\,\mu s$ の ___(3)___ 電流が公称 ___(4)___ として定められている．この電流が流れるときの避雷器の両端子間に発生する電圧を ___(5)___ といい，値はその避雷器が保護する機器や設備の耐電圧レベルよりも低くなければならない．

【解答群】
(イ) 誘導雷          (ロ) 動作開始電圧      (ハ) 短絡          (ニ) 保護電圧
(ホ) 制限電圧        (ヘ) $PbO_2$ 素子      (ト) $ZnO$ 素子    (チ) 高抵抗
(リ) 通電電流        (ヌ) 開放             (ル) $TiO_2$ 素子   (ヲ) 放流電流
(ワ) 開閉サージ      (カ) 雷インパルス      (ヨ) 放電電流

---

**解 説**  本節で解説しているので，参照する．

【解答】(1) ト  (2) ハ  (3) カ  (4) ヨ  (5) ホ

5章
保護機器

# 章 末 問 題

## ■1 ──────────────────────────────────────────── H17　問3

　今日，高電圧遮断器の主流であるガス遮断器は，SF₆（六ふっ化硫黄）ガスを絶縁，
　(1)　として利用したもので，そのほとんどがアークにSF₆ガスを吹き付けて消弧
する方式であり，次の2つがある．

a)　二重圧力式は，1.5 MPa程度のSF₆ガスが封入された高圧ガス室と低圧ガス室を
　有し，高圧ガス室には吹付弁が，低圧ガス室には可動接触子と高圧ガス室に連接した
　ノズル状固定接触子が収納されている．遮断動作時，接触子を開くと同時に吹付弁を
　開いて，高圧ガス室のガスをアークに吹き付けて消弧する．この方式は，ガス圧縮機
　が必要である，高圧ガスの　(2)　を防止するために冬季にヒータで加熱する必要
　があるなどの欠点がある．

b)　(3)　式は，0.5 MPa程度のSF₆ガスを満たした消弧室内に，固定接触子，可
　動接触子とともにシリンダとピストンが収納されており，遮断動作時，ピストンを連
　動させてガスを加圧し，この高圧ガスをアークに吹き付けて消弧する．この方式は，
　構造が簡単で保守が容易であるなどの特長があり，GIS（密閉形開閉装置）の普及と
　相まって急速に発達した．

　　なお，ガス遮断器の構造には，がいしで遮断器全体を対地絶縁し，　(4)　をが
　い管内に設けたがいし形と，接地した金属容器内に　(4)　を収納した接地タンク
　形とがある．がいし形は　(5)　を必要としないヨーロッパなどで広く用いられて
　いる．一方，接地タンク形は　(5)　に優れている，GISとの組み合わせが容易で
　ある，ブッシング変流器を内蔵することができるなどの特長があるので，わが国で早
　くから発達し広く普及している．

### 【解答群】

| | | | |
|---|---|---|---|
| （イ）耐侯性 | （ロ）操作部 | （ハ）消弧媒体 | （ニ）耐熱性 |
| （ホ）操作媒体 | （ヘ）耐震性 | （ト）制御部 | （チ）自己消弧 |
| （リ）パッファ | （ヌ）化学変化 | （ル）液化 | （ヲ）駆動媒体 |
| （ワ）遮断部 | （カ）圧力上昇 | （ヨ）並切 | |

章末問題

■ 2                                                    H19  問 2

変流器は，主回路に流れる交流の大電流を，測定しやすい大きさの電流に変換する場合や主回路と測定回路を絶縁する場合などに使われる変圧器である．変流器の二次側には電流計などが接続されるが，これらの負荷は　(1)　と呼ばれる．

変流器の一次巻線の巻数は 1～数回程度で，一次電流が定格電流のとき二次電流が 1 A または 5 A となるように作るのが標準である．等価回路としては通常の変圧器と同じであるから，　(2)　が十分大きければ，一次電流 $I_1$ と二次電流 $I_2$ の比はほぼ正確に巻数に反比例する．　(2)　の大きさおよび　(1)　のインピーダンスの大きさと位相角により $I_1$ と $I_2$ の比が変化し，両者の間に位相差が生じる．定格の一次電流および二次電流を $I_{1n}$，$I_{2n}$ とするとき

$$\varepsilon = \frac{\dfrac{I_{1n}}{I_{2n}} - \dfrac{I_1}{I_2}}{\boxed{(3)}} \times 100 \ [\%]$$

を　(4)　誤差といい，変流比に対する誤差を示す．

$I_1$ と $I_2$ との間の位相差は，電力測定の場合に誤差の原因となる．変流器の誤差を少なくするには　(5)　の鉄心を使用し，励磁電流を小さくすることである．一次電流の大きさは一次側回路の条件で決まり，一次電流の起磁力を打ち消すように二次電流が流れるので，二次側を開くと一次電流が励磁電流となって，二次端子には極めて高い電圧が発生して危険である．

【解答群】

(イ) 比透磁率　　　　　　(ロ) 負担　　　　　(ハ) $\dfrac{I_{2n}}{I_{1n}}$　　　　(ニ) 許容

(ホ) 励磁インピーダンス　(ヘ) 高誘電率　　　(ト) 抵抗　　　　　(チ) 比

(リ) リアクタンス　　　　(ヌ) 高透磁率　　　(ル) 打切り　　　　(ヲ) $\dfrac{I_{1n}}{I_{2n}}$

(ワ) 励磁アドミタンス　　(カ) $\dfrac{I_1}{I_2}$　　　　(ヨ) 漏れインピーダンス

**保護機器**

■ 3 ━━━━━━━━━━━━━━━━━━━━━━━━━━━━━━━━━━━━━━━━━━━ H21　問3

　高電圧系統の施設・機器の絶縁を過電圧から保護するための避雷器として近年，主に用いられているのは非直線抵抗体に ▭(1)▭ 素子を用いた避雷器である．この素子だけで一切のギャップを用いないギャップレス避雷器と，この素子に直列または並列に何らかのギャップを用いたギャップ付避雷器とがある．

　絶縁容器（磁器，ポリマーがい管など）内部を絶縁媒体（気体，液体または固体）で満たし，この中にこの素子またはこの素子と直列ギャップとを収納した構造のものをその構造から ▭(2)▭ 避雷器と呼ぶ．

　この避雷器の保護性能および復帰性能を表現するために用いる放電電流の規定値を ▭(3)▭ という．また，放電中，この避雷器の両端子間に発生する電圧を ▭(4)▭ という．この避雷器が障害を起こすことなく，所定の回数を流すことができる所定波形の放電電流波高値の最大限度を ▭(5)▭ という．

【解答群】

（イ）シリコン　　　（ロ）動作責務　　　（ハ）サージ電流　　　（ニ）制限電圧

（ホ）課電寿命　　　（ヘ）がいし形　　　（ト）炭化けい素　　　（チ）アーク電圧

（リ）酸化亜鉛　　　（ヌ）定格電圧　　　（ル）タンク形　　　　（ヲ）公称放電電流

（ワ）弁形　　　　　（カ）放電耐量　　　（ヨ）急しゅん波電流

208

# 6章
## パワーエレクトロニクス

### 学習のポイント

　本分野では，サイリスタや IGBT などのパワー半導体デバイスの特徴, スイッチ損失, 整流回路, チョッパ回路, インバータ, 無停電電源装置（UPS），サイクロコンバータに関する語句選択式の出題が中心である．回路の動作原理や特徴, 出力波形を理解しておくことが求められる．電験 3 種と比べて, 回路動作の詳細な知識が必要となる．学習方法としては，回路図と波形を描き，動作を視覚的に理解しつつ，重要な語句や原理を覚えていくことが大切である．

# 6-1 パワー半導体デバイス

**攻略のポイント**　本節に関して，サイリスタ，IGBT 等のパワー半導体デバイスの動作原理やスイッチの損失に関する知識を問う出題がされている．

## 1 パワー半導体デバイスの種類

電力用半導体バルブデバイスは，そのスイッチとしての機能に基づいて，非可制御デバイス，オン機能可制御デバイスおよびオンオフ機能可制御デバイスの 3 種類に分類できる．それぞれの代表的なデバイスを以下に示す．

・非可制御デバイス：ダイオード
・オン機能可制御デバイス：逆阻止三端子サイリスタ
・オンオフ機能可制御デバイス：バイポーラトランジスタ，GTO，パワー MOSFET，IGBT

### (1) ダイオード

ダイオードは，図 6・1 (a) に示すように，p 形半導体と n 形半導体をつなげた二層構造をしており，1 つの pn 接合を持つ．ダイオードは p 形半導体側に**アノード**（陽極），n 形半導体側に**カソード**（陰極）という端子を持つ．図 6・2 に示すように，アノードからカソードの方向（順方向）に電圧を印加すると，p 形半導体内の正孔は n 形半導体の方向に，n 形半導体内の自由電子は p 形半導体の方向に移動する．正孔と自由電子は電源から順次供給されるので継続して電流が流れる．カソードからアノードの方向（逆方向）に電圧を印加すると，p 形半導体内の正孔はアノード側に，n 形半導体内の自由電子はカソード側に引き寄せられ，空乏層が広がり，電流は流れない．ただし，逆方向にかける電圧が一定以上大きくなると電流が流れる．この電圧を**降伏電圧**という．

ダイオードは一方向にしか電流を流さない性質から，整流に用いられる．

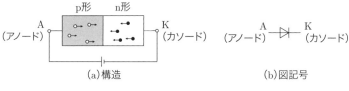

**図 6・1**　ダイオード

図6・2 ダイオードの電圧-電流特性

## (2) バイポーラトランジスタ

バイポーラトランジスタは，p形半導体とn形半導体を3つ組み合わせた半導体素子で，2つのpn接合を持つ．図6・3に示すように，npn形と，図6・4に示すpnp形の二種類があるが，npn形が一般的に用いられる．

バイポーラトランジスタには，**コレクタ**，**エミッタ**および**ベース**の3つの端子がある．図6・5に示すように，ベース電流$I_B$が零のときには，コレクタ電流$I_C$が流れないオフ状態（遮断領域）となる．$I_B$を上げていくと$I_C$が流れるオン状態（飽和領域）となり，$I_B$が十分大きければダイオードとほぼ同じ特性となる．

パワーデバイスとしては，$I_B$を零と十分に大きな値の二通りで用い，**スイッチング動作**（オンとオフの切り換え）を行うパワースイッチとして使用する．

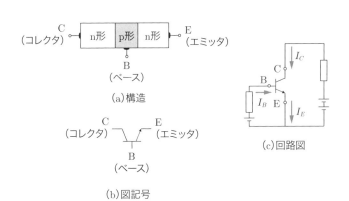

図6・3　npn形トランジスタ

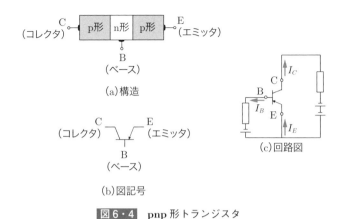

図6・4 pnp形トランジスタ

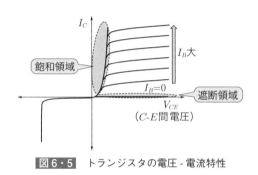

図6・5 トランジスタの電圧-電流特性

### (3) サイリスタ

#### ①逆阻止三端子サイリスタ

電力用半導体素子のうち，サイリスタとは一般に**逆阻止**三端子サイリスタを指す．サイリスタは，図6・6に示すように，p形半導体とn形半導体を4つ組み合わせた半導体素子で，3つのpn接合をもつ．サイリスタには**アノード**，**カソード**のほか，制御信号を加える**ゲート**の3つの端子がある．

アノード・カソード間に**順電圧**を印加した状態でゲート電流を流すと，オフ状態からオン状態に移行する．図6・7にサイリスタの電圧-電流特性を示す．ゲート電流が零のときに順方向電圧をある一定の値まで増大させると，オフ状態を保つことができず，オン状態に移行する．この電圧をブレークオーバ電圧という．ブレークオーバ電圧はゲート電流が上がるにつれて低下する．サイリスタは一度オン状態に

なってからゲート電流を零としても，アノード電流が保持電流以上であれば，オン状態は**持続**する．

サイリスタのゲート電流で制御できるのはターンオン（オン状態にすること）のみである．導通状態のサイリスタをターンオフ（オフ状態にすること）するためには，ゲート電流を零としてアノード電流を保持電流より小さくする必要がある．それには，アノード電流を流す元になっている電源電圧を零にするか，アノードとカソード間に**逆電圧**を一定時間以上印加する．これによりアノード電流は**消滅**する．

アノード電流を零としてからオフ状態を回復するまでの時間を**ターンオフ時間**といい，それぞれのサイリスタによって定まる．

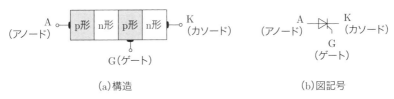

図 6・6　逆阻止三端子サイリスタ

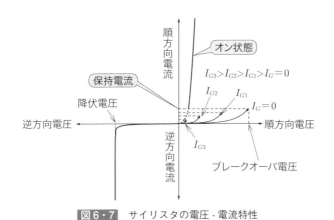

図 6・7　サイリスタの電圧 - 電流特性

② **GTO（ゲートターンオフサイリスタ）**

GTO（Gate Turn-Off Thyristor，ゲートターンオフサイリスタ）は，**サイリスタ**の一種だが，図6・8に示すように，カソードの幅を狭くして，その周りにゲート

を配置することで，負のゲート電流を流しターンオフできるという特徴がある．GTO はゲートの順電流，逆電流によりオン状態・オフ状態の双方向に制御可能な自己消弧素子である．

　GTO には，回路の電流をゲート信号により遮断する能力があるが，電流を強制的に遮断すると，急しゅんな立上りの電圧が**アノード・カソード**間に加わる．このため，ターンオフ時の**電力損失**が大きく，しかもそれが局部に集中するため GTO が破壊するおそれがある．それを避けるため，GTO と並列にスナバ回路が設けられる．図 6・9 に示すようなコンデンサ $C$，抵抗 $R_s$ およびダイオード D からなるスナバ回路がよく用いられる．ターンオンとターンオフのたびにコンデンサの充放電が繰り返されるが，抵抗にはターンオン時の**放電電流**を制限する作用がある．

　図 6・10 に示すように，GTO のターンオフ時には下降時間の**終期**に，電圧波形にスパイク状の電圧が重畳する．スパイク電圧は GTO のターンオフによりスナバ回路に分流する電流の変化率 $di/dt$ とスナバ回路のインダクタンス $L$ の積 $Ldi/dt$ で決まり，スパイク電圧を小さくするためには，スナバ回路の配線はできるだけ短くする必要がある．

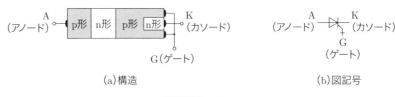

図 6・8　GTO

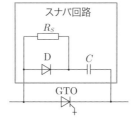

図 6・9　GTO のスナバ回路

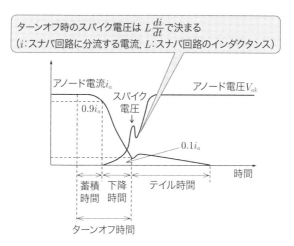

図6・10　GTOターンオフ時のスパイク電圧

### ③光トリガサイリスタ

**光トリガサイリスタ（光サイリスタ）** は，ゲート電流の代わりに，光をゲート信号にするサイリスタである．図6・11に示すように，サイリスタ素子内に光パルスを照射すると，光励起により電子－正孔対が発生するので，これらのキャリアによりターンオンが可能となる．サイリスタ主回路と**点弧用光パルス発生回路**を電気的に完全に**分離**できるので，ノイズによる誤動作を低減できるという特長がある．

回路の構成上，多数のサイリスタを直列に使用することが不可欠となる高電圧・大電力変換装置に，このような長所を有する光トリガサイリスタを用いることにより，**ノイズ耐量**の向上と使用部品点数の大幅な低減が可能となり，電力変換装置の**高信頼化**ならびに小形化が実現できる．

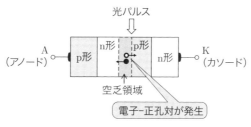

図6・11　光トリガサイリスタ

## パワーエレクトロニクス

### ④トライアック

トライアックとは，双方向の電流を1つのゲートで制御可能なパワー半導体デバイスである．構造としては，一方向の電流を制御することができる逆阻止3端子サイリスタ2つを逆向きに並列に接続する．これにより，図6・12に示すように双方向の電流を制御することができる．用途としては，交流電源の制御や調光器の制御などに用いられる．

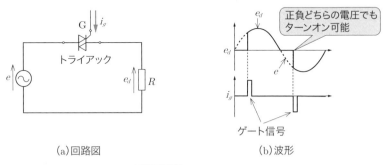

(a)回路図　　　　　　　(b)波形

図6・12　トライアック

### (4) パワーMOSFET

パワーMOSFETは，電子または正孔のいずれか1種類のキャリアのみがその動作に関与するユニポーラ形のパワートランジスタである．図6・13に示す通り，パワーMOSFETは**ドレイン**，**ソース**および**ゲート**の3つの端子を持つ．ゲート・ソース間の順電圧および逆電圧によりオン状態・オフ状態の双方向に制御可能な電圧駆動形のデバイスである．

動作原理としては，ゲートに正の電圧を印加すると，ゲート付近のp形半導体内の自由電子が引き寄せられ，n形半導体と同じ作用をする反転層（nチャネル）が形成され，ドレインからソースまでが導通する．

オフ状態のパワーMOSFETは，ソース電極の一部がp形半導体に接していることから，オンのゲート電圧が与えられなくても逆電圧が印加されれば逆方向の電流が流れる．つまり，ボディーダイオードを内蔵している．

パワーMOSFETには以下の特徴がある．

① バイポーラ形のIGBTと比べてターンオン時間が短い一方，オン状態の抵抗が高く，流せる電流は小さい．

② 主に電圧が低い変換装置において高い周波数でスイッチングする用途に用いられる．
③ 電圧駆動形であり，キャリア蓄積効果がないことからスイッチング損失が少ない．
④ シリコンのかわりにSiC（炭化けい素）を用いると，高耐圧化をしつつオン状態の抵抗を低くすることで高耐熱化が可能になる．

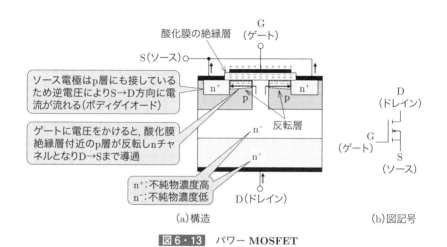

**図 6・13** パワー MOSFET

## (5) IGBT

IGBT（Insulated Gate Bipolar Transistor：絶縁ゲート型バイポーラトランジスタ）は，MOSFET を入力段とし，バイポーラトランジスタを出力段とする**ダーリントン接続**の構造を同一の半導体基板上に構成した複合機能デバイスである．IGBT には，n チャネルと p チャネル，および縦形と横形の構造があるが，電力用としては，図 6·14 に示すように，主に**縦形 n チャネル形**が主に採用されている．IGBT は，コレクタ，エミッタおよびゲートの 3 つの端子を持ち，ゲート・エミッタ間の印加電圧によってオン状態・オフ状態の双方向に制御可能である．IGBT のコレクタ・エミッタ間に，順電圧を印加しオンのゲート電圧を与えると順電流を流すことができ，その状態からゲート電圧を取り去ると非導通となる．

IGBT はバイポーラトランジスタと MOSFET の特徴を兼ね備え，主に以下の特徴がある．
① バイポーラトランジスタ並みにオン電圧が低い．

## パワーエレクトロニクス

② MOSFET のように，電圧駆動および**高速**スイッチングが可能である．
③ バイポーラトランジスタに比べ**破壊耐量**が大きい．
④ 並列動作時の安定性が優れているので，チップサイズの大面積化および複数のチップを並列接続することによる**大電流化**が容易である．
⑤ IGBT はキャリアの蓄積作用のためターンオフ時に時間をかけてオフ状態に移る電流（**テイル電流**）が流れ，パワーMOSFET と比べオフ時間が長い．

　IGBT は，民生機器から汎用・大型インバータ，電車用電動機の制御装置，産業用大型プラント機器に至るさまざまな分野で用いられる．図6·15 に示すように，IGBT はパワーエレクトロニクス分野での中心的な素子である．

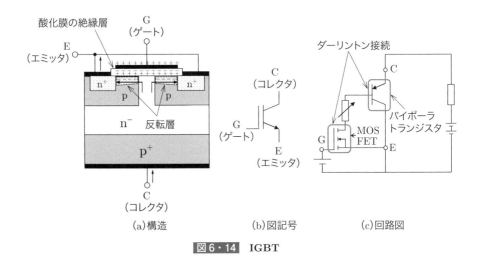

(a) 構造　　　(b) 図記号　　　(c) 回路図

**図 6·14**　IGBT

## 6-1 パワー半導体デバイス

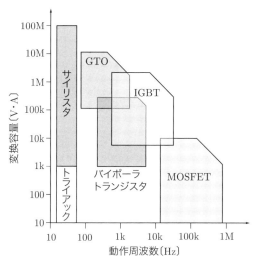

**図6・15** パワー半導体素子のカバー範囲

### 2 パワースイッチの損失

#### (1) パワースイッチの理想条件

パワー半導体バルブデバイスのパワースイッチとしての理想条件は以下の3つである．

① スイッチがオフ状態のときの**漏れ電流**が0
② スイッチがオン状態のときの**電圧降下**が0
③ **スイッチング時間**が0

しかしながら，実際のバルブデバイスはこれらの条件を完全には満たさないため，内部損失が生じる．

#### (2) パワースイッチの損失

パワースイッチの損失には，スイッチの状態により，オン損失，オフ損失，スイッチング損失がある．

#### ① オン損失

スイッチがオン状態の損失を**オン損失**と呼ぶ．オン状態のスイッチの端子間電圧は理想的には零であるが，実際には零ではなく数Vの電圧降下があるため，損失が生じる．この電圧を**オン電圧**と呼び，この値が**大きい**スイッチのオン損失は大きい．

パワーエレクトロニクス

一般に，オン状態の損失はデバイスの損失のかなりの部分を占める．

## ②オフ損失

スイッチがオフ状態の損失を**オフ損失**と呼ぶ．オフ状態のスイッチを流れる電流は理想的には零であるが実際には零にならず，微小な**漏れ電流**が流れる．しかし漏れ電流は非常に小さく，オフ損失はオン損失に比べて十分に小さい．

## ③スイッチング損失

スイッチのターンオン・ターンオフ時に，スイッチの端子間電圧とスイッチを流れる電流がともに零ではない期間に生じる損失を**スイッチング損失**と呼ぶ．

スイッチのターンオンとターンオフの繰返し周期が**短いほど**（スイッチング周波数が高いほど）単位時間あたりの損失は**大きくなる**．この対策の1つが**ソフトスイッチング**である．スイッチ素子の端子間電圧または導通電流が零になった後にスイッチングを行うことで，スイッチング損失を低減する．

---

**例題 1** ······························································ H7　問 2

次の文章は，半導体素子に関する記述である．文中の　　　　　に当てはまる語句を解答群の中から選べ．

電力用半導体素子のうち，サイリスタとは一般に　(1)　三端子サイリスタを指す．これは pnpn の4層から構成されており，陽極と陰極のほかに制御信号を加えるゲートをもつ．陽極・陰極間に　(2)　を印加した状態でゲートに制御信号を与えると，オフ状態からオン状態に移行する．一度オン状態になってから制御信号を取り去った場合，電流は　(3)　する．陽極・陰極間に　(4)　を一定時間以上印加すれば電流は　(5)　する．

【解答群】

| | | | | |
|---|---|---|---|---|
|（イ）パルス電圧|（ロ）減少|（ハ）逆阻止|（ニ）逆導通|（ホ）逆電圧|
|（ヘ）順電圧|（ト）交流|（チ）直流|（リ）持続|（ヌ）消滅|
|（ル）転流|（ヲ）増大|（ワ）逆電|（カ）二方向性|（ヨ）高周波パルス|

---

**解　説**　本節1項で解説しているので参照する．

【解答】(1) ハ　(2) ヘ　(3) リ　(4) ホ　(5) ヌ

## 6-1 パワー半導体デバイス

### 例題 2　　　　　　　　　　　　　　　　　　　　　　　H12　問2

次の文章は，ターンオフサイリスタ（GTO）のスナバ回路に関する記述である．文中の □ に当てはまる語句を解答群の中から選べ．

GTO には，回路の電流をゲート信号により遮断する能力があるが，電流を強制的に遮断すると，急しゅんな立上りの電圧が (1) 間に加わる．このため，ターンオフ時の (2) が大きく，しかもそれが局部に集中するためにGTOが破壊するおそれがある．それを避けるため，GTO と並列に，図のようなコンデンサ $C$，抵抗 $R_s$ およびダイオード D からなる，スナバ回路がよく用いられる．ターンオンとターンオフのたびごとにコンデンサの充放電が繰り返されるが，抵抗にはターンオン時の (3) を制限する作用がある．

GTO のターンオフ時には下降時間の (4) に，電圧波形にスパイク状の電圧が重畳する．このスパイク電圧は，GTOのターンオフによりスナバ回路に分流する電流の (5) とスナバ回路のインダクタンスの積で決まる．そのため，スパイク電圧を小さくするためには，スナバ回路の配線はできるだけ短くする必要がある．

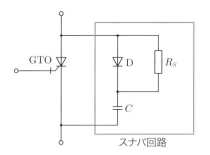

スナバ回路

【解答群】
(イ) 波形率　　　　　(ロ) 放電電流　　　　(ハ) ゲート・カソード
(ニ) 初期　　　　　　(ホ) 変化率　　　　　(ヘ) スナバ損失
(ト) ゲート・アノード　(チ) 終期　　　　　　(リ) 充電電流
(ヌ) 電圧降下　　　　(ル) ゲート電流　　　　(ヲ) オン電圧
(ワ) 電力損失　　　　(カ) 中期　　　　　　(ヨ) アノード・カソード

**解　説**　　本節1項で解説しているので参照する．

【解答】(1) ヨ　(2) ワ　(3) ロ　(4) チ　(5) ホ

パワーエレクトロニクス

---

**例題3** ········································································· **H17　問4**

次の文章は，IGBT に関する記述である．文中の ☐☐☐ に当てはまる語句を解答群の中から選べ．

IGBT は，MOSFET を入力段とし，バイポーラトランジスタを出力段とする ☐(1)☐ 接続の構造を同一の半導体基板上に構成したパワートランジスタであり，入力信号によってオン・オフの **2** つの状態に制御できるバルブデバイスである．ゲートに正の電圧を加えるとオン状態となり，ゲートに零か負の電圧がかかるとオフ状態となる．このバルブデバイスには，n チャネルと p チャネルおよび縦形と横形の構造があるが，電力用としては，主に ☐(2)☐ が採用されている．

IGBT は，バイポーラトランジスタ並みの ☐(3)☐ オン電圧，MOSFET の電圧駆動および ☐(4)☐ スイッチング特性を兼ね備え，かつ，バイポーラトランジスタに比べ破壊耐量が大きい．さらに，並列動作時の安定性が優れているので，チップサイズの大面積化および複数のチップを並列接続することによる ☐(5)☐ 化が容易である．このような特長を有するため IGBT は，民生機器から汎用・大型インバータ，電車用電動機の制御装置，産業用大型プラント機器に至る広範囲の分野で用いられている．

【解答群】

| | | | |
|---|---|---|---|
| (イ) 大電流 | (ロ) 縦形 p チャネル形 | (ハ) 並列 | (ニ) 低い |
| (ホ) 同期 | (ヘ) 高電圧 | (ト) 低速 | (チ) ランダム |
| (リ) 逆方向 | (ヌ) ダーリントン | (ル) 複 | (ヲ) 縦形 n チャネル形 |
| (ワ) 直列 | (カ) 高速 | (ヨ) 横形 p チャネル形 | |

---

**解　説**　本節 1 項で解説しているので参照する．

【解答】(1) ヌ　(2) ヲ　(3) ニ　(4) カ　(5) イ

**6-1 パワー半導体デバイス**

### 例題4 ・・・・・・・・・・・・・・・・・・・・・・・・・・・・・・・・・・・・・・ H14　問4

次の文章は，パワー半導体バルブデバイスに関する記述である．文中の [ ] に
当てはまる語句を解答群の中から選べ．

半導体電力変換装置では，その主たる構成素子である半導体バルブデバイスのオ
ンとオフの2つの状態を切り換える [ (1) ] が，その基本となっている．今日実用
されているパワー半導体バルブデバイスは，数 kHz から数百 kHz という高速でのオ
ン・オフが可能であり，寿命が長く，電力をきめ細かく，しかも高効率で変換制御で
きる特徴がある．

パワースイッチとしての理想条件は

(a)　スイッチがオフ状態のとき漏れ電流が零であること

(b)　スイッチがオン状態のとき [ (2) ] が零であること

(c)　[ (3) ] が零であること

などであるが，実際のバルブデバイスでは，これらの条件が満たされていないために
内部損失が発生する．一般に，漏れ電流はごく小さいためオフ状態の損失はほとんど
無視できるが，オン状態の損失はデバイスの損失のかなりの部分を占める．

ターンオンおよびターンオフの過渡時には，それぞれの [ (3) ] の間，スイッチ
ング損失を生じる．これらの損失は，スイッチング [ (4) ] が高くなると，上述の
オン状態の損失に比べて大きくなり，問題となる．ターンオン時のスイッチング損失
を減らす方法として，[ (5) ] スイッチングがある．

【解答群】

| | | |
|---|---|---|
| (イ) スイッチング動作 | (ロ) レベル | (ハ) 電圧降下 |
| (ニ) サンプリング動作 | (ホ) オフ時間 | (ヘ) ソフト |
| (ト) 周期 | (チ) スイッチング時間 | (リ) ハイブリッド |
| (ヌ) 周波数 | (ル) オン時間 | (ヲ) インダクタンス |
| (ワ) サイクリック動作 | (カ) ハード | (ヨ) 容量 |

**解説**　(1) 半導体バルブデバイスのオンとオフの2つの状態を切り換えることを
スイッチング動作という．

(2)(3)(4)(5) 本節2項で解説しているので参照する．

【解答】(1) イ　(2) ハ　(3) チ　(4) ヌ　(5) ヘ

**6章**

パワーエレクトロニクス

# 6-2 整流回路 (交流→直流)

**攻略の ポイント**
本節に関して，単相半波整流回路や単相ブリッジ整流回路などの整流回路において，抵抗負荷や誘導性負荷の場合の動作の違いや出力波形に関する知識を問う問題，出力電圧等の計算問題が出題されている．

## 1 単相半波整流回路

交流電力を直流電力に変換する回路を**整流回路**という．整流回路で交流-直流変換を行う装置を**コンバータ（順変換装置）**という．

単相半波整流回路では，交流の正負の波のうち片方のみを取り出して直流に変換する．

### (1) 抵抗負荷の場合

図 6·16 に負荷が抵抗負荷の場合の単相半波整流回路の回路図と電圧波形を示す．単相半波整流回路の交流電圧を $\sqrt{2}E\sin\theta$ 〔V〕，制御角を $\alpha$ 〔rad〕$(0 < \alpha < \pi)$ とすると，直流平均電圧 $E_d$ は次式で表される．

$$E_d = \frac{1}{2\pi}\int_{\alpha}^{\pi}\sqrt{2}E\sin\theta d\theta = \frac{\sqrt{2}E}{2\pi}\left[-\cos\theta\right]_{\alpha}^{\pi} = \frac{\sqrt{2}E}{2\pi}\left(-\cos\pi + \cos\alpha\right)$$

$$= \frac{\sqrt{2}E}{2\pi}\left(1 + \cos\alpha\right)〔V〕$$

$\dfrac{\sqrt{2}}{\pi} \cong 0.45$ より

$$\boldsymbol{E_d \cong 0.45E\frac{1+\cos\alpha}{2}}〔\mathrm{V}〕 \qquad\qquad (6\cdot1)$$

式 (6·1) より，制御角 $\alpha = 0$ rad のとき，$E_d$ は最大値である $0.45E$〔V〕となり，$\alpha = \pi$〔rad〕のとき，最小値である 0 V となる．なお，サイリスタをダイオードに置き換えた場合は，制御角 $\alpha = 0$ rad でサイリスタを使用した場合と同様の電圧波形となる．

### (2) 誘導性負荷の場合

図 6·16 (c) に示すように，負荷が誘導性負荷の場合，インダクタンスの影響により，ターンオン時は電流の**立上りが遅れる**．また，$\theta = \pi$〔rad〕になり，$e_d$ が零となっても，インダクタンスの影響により，しばらく負荷電流 $i_d$ は流れ続ける．$e_d$ が負になっても，$i_d$ が流れている間は，サイリスタはオン状態を維持する．

## 6-2 整流回路（交流→直流）

$\theta = \pi + \beta$ [rad] で $i_d$ が零になると，サイリスタはターンオフする．直流平均電圧 $E_d$ は次式で表される．

$$E_d = \frac{1}{2\pi} \int_\alpha^{\pi+\beta} \sqrt{2} E \sin\theta d\theta = \frac{\sqrt{2}E}{2\pi} [-\cos\theta]_\alpha^{\pi+\beta} = \frac{\sqrt{2}}{2\pi} E (\cos\alpha + \cos\beta)$$

$$\simeq 0.45 E \frac{\cos\alpha + \cos\beta}{2} \text{ [V]} \quad\quad (6\cdot2)$$

$\pi < \theta < \pi + \beta$ [rad] では，$e_d$ が負になるため，$E_d$ が抵抗負荷の場合に比べて小さくなる．そこで，負荷に並列に**還流ダイオード**（**フリーホイーリングダイオード**）が設けられる．これにより，$\pi < \theta < \pi + \beta$ [rad] の間に，サイリスタに流れていた電流が負荷に流れるようになるため，サイリスタは位相 $\pi$ [rad] でターンオフ可能となる．よって，$e_d$ が負になる期間がなくなるので $E_d$ の低下を防げる．

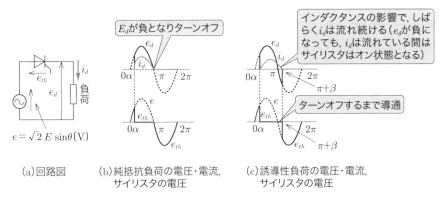

図6・16　単相半波整流回路の回路図と出力波形

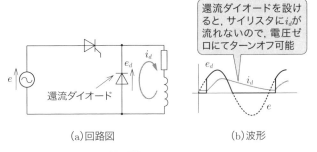

図6・17　還流ダイオード

## 2 単相全波整流回路

単相全波整流回路は，交流の正負の波の両方を取り出して直流に変換する回路である．図6·18に単相全波整流回路の1つである**単相ブリッジ整流回路**の回路図を示す．

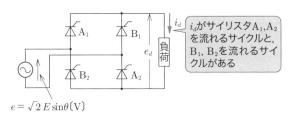

**図6·18** 単相ブリッジ整流回路　回路図

### (1) 抵抗性負荷の場合

単相全波整流回路の負荷が抵抗負荷の場合，整流回路の交流電圧 $e_d = \sqrt{2}E\sin\theta$ 〔V〕，制御角を $\alpha$ 〔rad〕$(0 < \alpha < \pi)$ とすると，図6·19（a）に示すように，位相 $\theta = \alpha$ 〔rad〕でサイリスタ $A_1$ と $A_2$ がターンオンし，負荷に電流 $i_d$ が流れる．そして $\theta = \pi$ 〔rad〕で $e_d$ が零になりターンオフした後，$\theta = \pi + \alpha$ 〔rad〕でサイリスタ $B_1$ と $B_2$ がターンオンし，$\theta = 2\pi$ 〔rad〕で $e_d$ が零になりターンオフする．

直流平均電圧 $E_d$ は次式で表される．

$$E_d = \frac{1}{\pi}\int_\alpha^\pi \sqrt{2}E\sin\theta d\theta = \frac{\sqrt{2}E}{\pi}\left[-\cos\theta\right]_\alpha^\pi$$
$$= \frac{\sqrt{2}E}{\pi}(-\cos\pi + \cos\alpha) = \frac{\sqrt{2}}{\pi}E(1+\cos\alpha)\text{〔V〕}$$

$\dfrac{\sqrt{2}}{\pi} \cong 0.45$ より

$$E_d \cong 0.45E(1+\cos\alpha) = \boldsymbol{0.9E\frac{1+\cos\alpha}{2}}\text{〔V〕} \qquad (6\cdot3)$$

単相全波整流回路では，電源交流の正負の波の両方を取り出すので，出力電圧 $e_d$ の周波数（脈動周波数）は電源周波数の2倍となる．

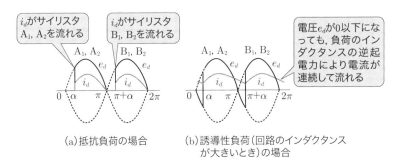

図6・19 単相ブリッジ整流回路 出力波形

## (2) 誘導性負荷の場合

図6・19（b）に示すように，負荷が誘導性負荷の場合は，ターンオン時の電流の立上りが遅れる．また，$e_d$ が負となっても $i_d$ が流れていればターンオフはしない．$i_d$ が零になる前に $\theta = \pi + \alpha$〔rad〕となると，サイリスタ $B_1$ と $B_2$ がターンオンし，サイリスタ $A_1$ と $A_2$ には逆電圧がかかりターンオフする．この場合，$i_d$ はインダクタンスの影響により，常に流れ続ける**脈流**となる．直流平均電圧 $E_d$ は次式で表される．

$$E_d = \frac{1}{\pi}\int_{\alpha}^{\pi+\alpha}\sqrt{2}E\sin\theta d\theta = \frac{\sqrt{2}E}{\pi}[-\cos\theta]_{\alpha}^{\pi+\alpha} = \frac{2\sqrt{2}}{\pi}E\cos\alpha$$

$$\cong \mathbf{0.9}E\cos\alpha$$

(6・4)

## (3) キャパシタ入力形

整流回路においては，出力電圧・電流の**脈動**（**リプル**）が生じる．脈動を低減するために**平滑リアクトル**や**平滑コンデンサ**が用いられる．

図6・19の出力電流波形を見ると，抵抗負荷の場合よりも誘導性負荷の場合の方が脈動は小さい．誘導性負荷ではなくても，平滑化を目的として負荷と直列に平滑リアクトルが挿入される場合がある．

図6・20（a）にダイオードを用いたキャパシタ入力形単相ブリッジ整流回路の例を示す．直流の脈動を吸収するため，負荷と並列に平滑コンデンサ $C_d$〔F〕を挿入している．コンデンサにかかる電圧と電流の関係は，図中の記号を用いると，

$i_c = C_d \cdot \dfrac{de_d}{dt}$〔A〕となる．

**パワーエレクトロニクス**

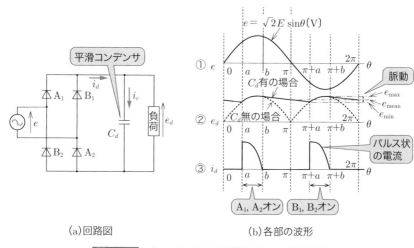

(a) 回路図　　　　　　　　(b) 各部の波形

**図6・20** キャパシタ入力形単相ブリッジ整流回路

図6・20 (b) に電源電圧 $e$，出力電圧 $e_d$，交流電源からの出力電流 $i_d$ の波形を示す．

位相 $0 \leq \theta \leq a$ 〔rad〕では $e \leq e_d$ なので，全ダイオードが逆電圧のためオフとなる．この期間は平滑コンデンサから負荷に電流が供給される．$a < \theta < b$ 〔rad〕では，$e > e_d$ よりダイオード $A_1$ と $A_2$ に順電圧がかかりオン状態となるので，$e$ と $e_d$ は同じ波形になる．このとき，平滑コンデンサが充電される．交流電源からの出力電流 $i_d$ はパルス状の波形となる．$b \leq \theta \leq \pi$ 〔rad〕では，$e \leq e_d$ なので，全ダイオードが逆電圧のためオフとなる．

位相 $\pi < \theta \leq 2\pi$ 〔rad〕においては，$0 \leq \theta \leq \pi$ 〔rad〕と電源電圧の極性が逆になるが，回路動作は基本的に同じである．$\pi + a < \theta < \pi + b$ 〔rad〕ではダイオード $B_1$ と $B_2$ がオンになる．

出力電圧 $e_d$ の波形を見ると，平滑コンデンサがない場合に比べて，脈動は小さいことがわかる．

出力電圧平均値を $e_{\mathrm{mean}}$ 〔V〕，出力電圧の最大値を $e_{\mathrm{max}}$ 〔V〕，最小値を $e_{\mathrm{min}}$ 〔V〕とすると，脈動の大きさを表す**脈動率**は $\dfrac{e_{\mathrm{max}} - e_{\mathrm{min}}}{e_{\mathrm{mean}}}$ で表される．直流電源では，多くの場合，**脈動率を小さく**するよう設計する．そのためには平滑コンデンサの容量を大きくすればよいが，そうすると交流電源から流入するパルス状の電流の

ピーク値が高くなり，入力電圧波形が歪んだり，**入力側の高調波電流が多くなる**などの影響が出る．この波形を改善するために，交流電源とダイオードブリッジの間，またはダイオードブリッジと $C_d$ との間に**リアクトル**を挿入することがある．これにより，損失をあまり大きくしないで，通流幅を拡大してピークを抑えた電流波形とすることができ，入力側の力率も改善される．

### 3 三相半波整流回路

三相半波整流回路は，図6・21 (a) に示すように，3個のサイリスタで構成される．負荷の負側の端子は交流電源の中性点につなげられる．図6・21 (b) に示すように，電源の1周期の間に，サイリスタA，B，Cの間で3回の転流が行われる．そのため，出力電圧 $e_d$ の周波数は電源周波数の3倍となる．

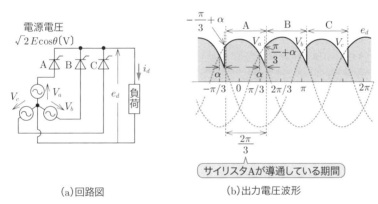

(a) 回路図　　　　　　(b) 出力電圧波形

図6・21　三相半波整流回路

電源電圧（相電圧）の実効値を $E$ 〔V〕，サイリスタ A にかかる電圧 $v_a$ が最大となる位相を $\pi = 0$ 〔rad〕とすると，$v_a = \sqrt{2}E\cos\theta$ 〔V〕であり，サイリスタ B にかかる電圧 $v_b = \sqrt{2}E\cos(\theta - 2\pi/3)$ 〔V〕，サイリスタ C にかかる電圧 $v_c = \sqrt{2}E\cos(\theta - 4\pi/3)$ 〔V〕である．

図6・21 (b) より，$v_a$ と $v_c$ が等しい $\theta = -\pi/3$ 〔rad〕から制御角 $\alpha$ 〔rad〕だけ進んだ $\theta = \pi/3 + \alpha$ 〔rad〕でサイリスタ A がターンオンする．このとき，サイリスタ C は逆電圧がかかりオフとなる．同様に，$v_b$ と $v_a$ が等しい $\theta = \pi/3$ 〔rad〕から制御角 $\alpha$ 〔rad〕だけ進んだ $\theta = \pi/3 + \alpha$ 〔rad〕でサイリスタ B がターンオンする．このとき，サイリスタ A は逆電圧がかかりオフとなる．よって，サイリスタ A の導通

**パワーエレクトロニクス**

期間は $2\pi/3$〔rad〕であるので，直流平均電圧 $E_d$ は次式で表される．

$$E_d = \frac{1}{\dfrac{2\pi}{3}} \int_{-\frac{\pi}{3}+\alpha}^{\frac{\pi}{3}+\alpha} \sqrt{2}\,E \cos\theta\,d\theta = \frac{3\sqrt{2}\,E}{2\pi} \left[\sin\theta\right]_{-\frac{\pi}{3}+\alpha}^{\frac{\pi}{3}+\alpha}$$

$$= \frac{3\sqrt{2}\,E}{2\pi} \left\{ \sin\left(\frac{\pi}{3}+\alpha\right) - \sin\left(-\frac{\pi}{3}+\alpha\right) \right\}$$

$$= \frac{3\sqrt{2}\,E}{2\pi} \left( \sin\frac{\pi}{3}\cos\alpha + \cos\frac{\pi}{3}\sin\alpha + \sin\frac{\pi}{3}\cos\alpha - \cos\frac{\pi}{3}\sin\alpha \right)$$

$$= \frac{3\sqrt{2}\,E}{2\pi}\, 2\frac{\sqrt{3}}{2}\cos\alpha = \frac{3\sqrt{6}}{2\pi}\,E\cos\alpha \ \ \text{〔V〕}$$

$\dfrac{3\sqrt{6}}{2\pi} \cong 1.17$ より

$$E_d \cong \mathbf{1.17}\,\boldsymbol{E}\cos\boldsymbol{\alpha}\,\text{〔V〕} \tag{6・5}$$

なお，式 (6·5) は制御角 $\alpha$ が $0 \leq \alpha \leq \pi/6$〔rad〕の場合に成り立ち，$\alpha$ が $\pi/6$〔rad〕を超えると，出力電圧 $e_d$〔V〕が 0 になる期間が生じるので，連続波形ではなく断続波（のこぎり波）となる．

## 6-2 整流回路（交流→直流）

### 4 三相全波整流回路

　三相全波整流回路は，三相ブリッジ整流回路とも呼ばれ，図6・22（a）に示すように，6個のサイリスタで構成される．出力の正側につながる3個のサイリスタ A，B，C 間での転流と，出力の負側につながるサイリスタ D，E，F 間での転流が交互に行われる．図6・22（b）に示すように，電源の1周期の間に6回の転流が行われるので，出力電圧 $e_d$ の周波数は電源周波数の6倍となる．

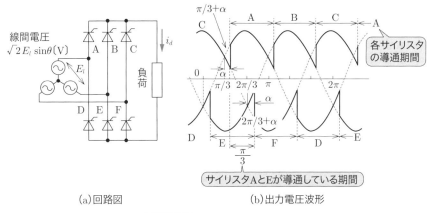

(a) 回路図　　(b) 出力電圧波形

図6・22　三相全波整流回路

　ここで，サイリスタ A と E の導通を考える．整流回路に入力される線間電圧の実効値を $E_l$〔V〕とし，サイリスタ A-E 間の線間電圧が 0 となる位相を $\theta = 0$〔rad〕とすると，サイリスタ A-E 間の線間電圧は $\sqrt{2}E_l \sin\theta$〔V〕となる．サイリスタ A とサイリスタ C にかかる相電圧が等しい $\theta = \pi/3$〔rad〕から，制御角 $\alpha$ だけ進んだ $\theta = \pi/3 + \alpha$〔rad〕でサイリスタ A はターンオンし，サイリスタ C は逆電圧がかかるのでオフになる．また，サイリスタ E とサイリスタ F にかかる相電圧が等しい $\theta = 2\pi/3$〔rad〕から，制御角 $\alpha$ だけ進んだ $\theta = 2\pi/3 + \alpha$〔rad〕でサイリスタ F はターンオンし，サイリスタ E は逆電圧がかかるのでオフになる．サイリスタ A と E が導通している期間は $\pi/3$〔rad〕であるので，直流平均電圧 $E_d$ は次式で表される．

$$E_d = \frac{1}{\pi/3} \int_{\frac{\pi}{3}+\alpha}^{\frac{2\pi}{3}+\alpha} \sqrt{2} E_l \sin\theta d\theta = \frac{3\sqrt{2} E_l}{\pi} \left[ -\cos\theta \right]_{\frac{\pi}{3}+\alpha}^{\frac{2\pi}{3}+\alpha}$$

$$= \frac{3\sqrt{2} E_l}{\pi} \left\{ -\cos\left(\frac{2\pi}{3}+\alpha\right) + \cos\left(\frac{\pi}{3}+\alpha\right) \right\}$$

$$= \frac{3\sqrt{2} E_l}{\pi} \left( -\cos\frac{2\pi}{3}\cos\alpha + \sin\frac{2\pi}{3}\sin\alpha + \cos\frac{\pi}{3}\cos\alpha - \sin\frac{\pi}{3}\sin\alpha \right)$$

$$= \frac{3\sqrt{2} E_l}{\pi} \left( \frac{1}{2}\cos\alpha + \frac{\sqrt{3}}{2}\sin\alpha + \frac{1}{2}\cos\alpha - \frac{\sqrt{3}}{2}\sin\alpha \right)$$

$$= \frac{3\sqrt{2}}{\pi} E_l \cos\alpha \,\text{(V)}$$

$\dfrac{3\sqrt{2}}{\pi} \cong 1.35$ より

$$E_d \cong 1.35 E_l \cos\alpha \,\text{(V)} \tag{6・6}$$

制御角 $\alpha$ を 0 から $\pi$ まで変化させた場合の出力波形を図 6・23 に示す．直流平均電圧 $E_d$ は制御角が $0 \le \alpha < \pi/2$〔rad〕のとき正となり，電力は交流側から直流側に流れる．この領域を**整流器運転領域**という．$\alpha = \pi/2$〔rad〕のとき $E_d$ は零となり，零力率運転と呼ばれる．$\pi/2 < \alpha \le \pi$〔rad〕のとき，$E_d$ は負となる．負荷には電流 $i_d$ が流れるため，負の電力が負荷に供給される．つまり，直流側から交流側に電力が供給される．この領域を**インバータ運転領域**という．

6-2 整流回路（交流→直流）

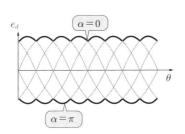

(a) 制御角 $\alpha=0, \pi$ (rad) の場合

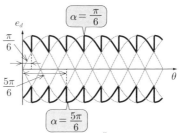

(b) 制御角 $\alpha=\dfrac{\pi}{6}, \dfrac{5\pi}{6}$ (rad) の場合

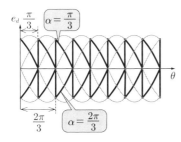

(c) 制御角 $\alpha=\dfrac{\pi}{3}, \dfrac{2\pi}{3}$ (rad) の場合

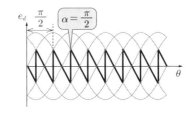

(d) 制御角 $\alpha=\dfrac{\pi}{2}$ (rad) の場合

図 6・23　三相全波整流回路で制御角 $\alpha$ を変化させた場合の出力波形

## 5　重なり角

単相全波整流回路や三相半波整流回路，三相全波整流回路における直流平均電圧 $E_d$ を表す式 (6・3)～式 (6・6) は，電源側のリアクタンスを考慮していない．しかし，実際にはリアクタンスがあるため，サイリスタの転流をする際に，同時に2つの相のサイリスタが導通する．これを**重なり現象**という．重なり現象が生じている期間を**重なり角**または重なり期間といい電気角で表す．

重なり現象が生じている間は2相が短絡状態になり，出力電圧が低下する．そのため，重なり現象を考慮すると，直流平均電圧 $E_d$ は式 (6・3)～式 (6・6) よりも低下する．

## パワーエレクトロニクス

### 例題 5 ･･･････････････････････････････････････････････ H27 問 2

次の文章は，単相半波整流回路とその交流電源に使われる変圧器に関する記述である．文中の □ に当てはまる最も適切なものを解答群の中から選びなさい．

図 1 に示すように還流ダイオード $D_F$ をもつ単相半波整流回路があり，その回路には交流電源から単相変圧器を介して電力が供給されている．変圧器は，巻数比が 1：1 で巻線抵抗，漏れインダクタンスなどは無視でき，その鉄心の磁化特性は，飽和およびヒステリシスを無視して，直線で近似できるものとする．このとき，交流電源電圧 $v_1$ に対して変圧器二次電流 $i_{12}$ が流れ，直流電流 $i_2$ は $i_2 = I_d$ 一定とみなせるとすると，$i_{12}$ の波形は図 2 に示す波形 (1) となる．

変圧器には交流電源から交流励磁電流 $i_0$ が流れ，その波高値が $I_{0p} = \dfrac{I_d}{4}$ であったとする．このとき，この交流励磁電流 $i_0$ の位相は，電源電圧に対して (2) である．

ここで，変圧器一次側の交流回路において，定常状態では電流 1 サイクルの平均値は (3) でなければならない．これは (4) 条件と呼ばれる．二次電流 $i_{12}$ の平均値は $\dfrac{I_d}{2}$ であるので，その電流を流すために変圧器には直流偏磁の電流が流れる．

以上から，変圧器の一次電流 $i_{11}$ は，二次電流 $i_{12}$ のアンペアターンを打ち消す電流と，交流励磁電流と，直流偏磁の電流との和の電流となるので，その波形は図 2 に示す波形 (5) となる．

実際の変圧器では，直流偏磁の電流が飽和領域にあるのが普通であり，大きな励磁電流が必要となってしまう．このような望ましくない変圧器の使い方を避けるために，電力変換器の入力電流には直流分が含まれないようにしなければならない．

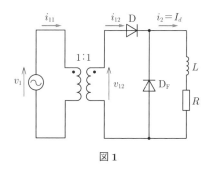

図 1

## 6-2 整流回路（交流→直流）

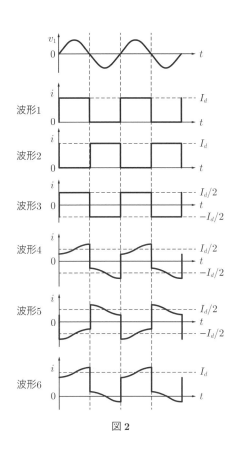

図2

【解答群】
(イ) 1　　　　　　　(ロ) 0　　　　　　　(ハ) 変圧器　　　　(ニ) 90°進み
(ホ) 90°遅れ　　　　(ヘ) 4　　　　　　　(ト) 6　　　　　　(チ) 3
(リ) 同じ　　　　　(ヌ) 交流　　　　　(ル) 直流　　　　　(ヲ) 2
(ワ) 励磁電流相当　(カ) 5　　　　　　　(ヨ) 励磁電流相当以上で定格電流以下

**解　説**　(1) 一次電圧 $v_1$ が正のときは二次電圧 $v_{12}$ も正であり，ダイオードDが導通して $i_{12}$ が流れる．しかし，$v_1$ と $v_{12}$ が負のときは，ダイオードDに逆電圧がかかり導通しないため，$i_{12}$ は零となる．これを満たすのは設問図2の波形1である．
(2) 変圧器の交流励磁電流における抵抗分は小さく，ほとんどがリアクタンス分である．そのため，電源電圧に対して 90°遅れとなる．

パワーエレクトロニクス

(3) (4) 変圧器一次電流は，定常状態では電流1サイクルの平均値は0となる．これ
は交流条件と呼ばれる．

(5) 変圧器の一次電流 $i_{11}$ は，二次電流 $i_{12}$ のアンペアターンを打ち消す電流（波形1）
と，電源電圧に対して $90°$ 遅れで波高値が $I_d/4$ である交流励磁電流と，直流偏磁の電
流 $(-I_d/2)$ との和となるため，その波形は，設問図2の波形4である．

【解答】(1) イ　(2) ホ　(3) ロ　(4) ヌ　(5) ヘ

---

**例題6** ································································· **H20　問3**

　図は単相ブリッジ順変換回路を示している．この図において，下記のように重な
り期間を求めたい．文中の　　　　　に当てはまる式または数値を解答群の中から
選べ．

　交流電源を $e_u = \sqrt{2}E_2 \sin\omega t$〔V〕とする．転流インダクタンスを $L_{ac}$〔H〕とし，
各サイリスタ $\mathrm{Th_1} \sim \mathrm{Th_4}$ の電流をそれぞれ $i_u$〔A〕，$i_v$〔A〕，電源電流を $i_{ac}$〔A〕，
直流電流を $I_d$〔A〕とする．また，直流リアクトルのインダクタンス $L_{dc}$〔H〕は十分
大きく，直流電流は一定とする．各アームを流れる電流は $\mathrm{Th_1}$ と $\mathrm{Th_4}$ および $\mathrm{Th_3}$
と $\mathrm{Th_2}$ が対になって同一電流が流れ，かつ，重なり期間中もこの通流関係は変化し
ないものとする．いま，重なり角を $u$〔rad〕として，$\mathrm{Th_3}$ から $\mathrm{Th_1}$ へ制御遅れ角 $\alpha$
〔rad〕にて転流する場合を考える．

　重なり期間中は $i_u + i_v =$ 　(1)　であり，転流直前は $i_v = I_d$ である．

$$L_{ac} \cdot \frac{d}{dt}(i_u - i_v) = \boxed{\quad(2)\quad} \quad \text{である．また，} \quad i_{ac} = i_u - i_v \text{ であるので}$$

$$i_u = \frac{\boxed{\quad(3)\quad}}{2\omega L_{ac}} \cdot (\cos\alpha - \cos\omega t)$$

$$i_c = I_d - \left(\frac{\boxed{\quad(3)\quad}}{2\omega L_{ac}}\right) \cdot (\cos\alpha - \cos\omega t)$$

となる．

　重なり期間の終期では，$i_v = 0$ であるので

$$\cos\alpha - \cos(\boxed{\quad(4)\quad}) = \frac{2\omega L_{ac}I_d}{\sqrt{2}E_2}$$

となる．

　なお，重なり期間中の直流電圧 $V_d$〔V〕は，　(5)　〔V〕である．

## 6-2 整流回路（交流→直流）

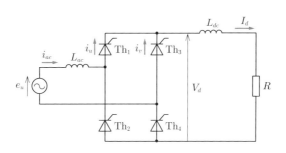

【解答群】
(イ) $2I_d$　　　(ロ) $\alpha+2u$　　(ハ) $\sqrt{3}E_2$　　(ニ) $e_u$　　　(ホ) $2\alpha+u$
(ヘ) $0$　　　　(ト) $-e_u$　　　(チ) $\sqrt{2}E_2$　　(リ) $2$　　　(ヌ) $\alpha+u$
(ル) $I_d$　　　(ヲ) $3I_d$　　　(ワ) $\sqrt{2}e_u$　　(カ) $\sqrt{6}E_2$　(ヨ) $1$

**解説**　(1) $\mathrm{Th}_1$ と $\mathrm{Th}_4$ を流れる電流は常に等しい．また，$\mathrm{Th}_2$ と $\mathrm{Th}_3$ を流れる電流は常に等しいので

$$i_u + i_v = I_d \quad \cdots\cdots ①$$
$$i_{ac} = i_u - i_v \quad \cdots\cdots ②$$

(2) 電源〜$L_{ac}$〜$\mathrm{Th}_1$〜$\mathrm{Th}_3$ の回路では次式が成り立つ．

$$L_{ac} \cdot \frac{d}{dt} i_{ac} = e_u \quad \cdots\cdots ③$$

式②より，式③は，$L_{ac} \cdot \dfrac{d}{dt}(i_u - i_v) = e_u \quad \cdots\cdots ④$

(3) 式④に式①と $e_u = \sqrt{2}E_2 \sin\omega t$ を代入すると

$$L_{ac} \cdot \frac{d}{dt}(2i_u - I_d) = \sqrt{2}E_2 \sin\omega t$$

$$\therefore 2L_{ac} \cdot \frac{di_u}{dt} - L_{ac} \cdot \frac{dI_d}{dt} = \sqrt{2}E_2 \sin\omega t \quad \cdots\cdots ⑤$$

$I_d$ は一定なので，$\dfrac{dI_d}{dt} = 0$ より，式⑤は次式で表される．

$$2L_{ac} \cdot \frac{di_u}{dt} = \sqrt{2}E_2 \sin\omega t \quad \cdots\cdots ⑥$$

式⑥を積分すると

# パワーエレクトロニクス

$$i_u = -\frac{\sqrt{2}E_2}{2\omega L_{ac}}\cos\omega t + C \ [\text{A}] \quad (C\text{ は積分定数}) \quad \cdots\cdots ⑦$$

転流直前は $i_v = I_d$ であるので，$\omega t = \alpha$ において $i_u = 0$ である．式⑦より，

$$0 = -\frac{\sqrt{2}E_2}{2\omega L_{ac}}\cos\alpha + C$$

$$\therefore C = \frac{\sqrt{2}E_2}{2\omega L_{ac}}\cos\alpha \quad \cdots\cdots ⑧$$

式⑧を式⑦に代入すると

$$i_u = \frac{\sqrt{2}E_2}{2\omega L_{ac}}(\cos\alpha - \cos\omega t) \ [\text{A}] \quad \cdots\cdots ⑨$$

式⑨を式①に代入すると

$$i_v = I_d - i_u = I_d - \frac{\sqrt{2}E_2}{2\omega L_{ac}}(\cos\alpha - \cos\omega t) \ [\text{A}] \quad \cdots\cdots ⑩$$

(4) 重なり期間の終期，つまり，$\omega t = \alpha + u$ では，$i_v = 0$ となるので，式⑩より

$$0 = I_d - \frac{\sqrt{2}E_2}{2\omega L_{ac}}\{\cos\alpha - \cos(\alpha + u)\}$$

$$\therefore \cos\alpha - \cos(\alpha + u) = \frac{2\omega L_{ac}I_d}{\sqrt{2}E_2} \quad \cdots\cdots ⑪$$

(5) 重なり期間中は，サイリスタにより，交流電源が短絡されているので，直流電圧 $V_d$ は 0 となる．重なり期間中の $V_d$，$i_u$，$i_v$ の波形を解説図に示す．

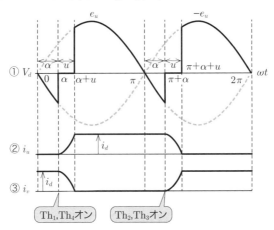

【解答】(1) ル　(2) ニ　(3) チ　(4) ヌ　(5) ヘ

# 6-3 直流変換回路（直流→直流）

**攻略の
ポイント**　本節に関して，降圧チョッパ，昇圧チョッパ，昇降圧チョッパなどの動作原理・出力波形に関する知識を問う問題や，出力電圧に関する計算問題が出題されている．

## 1 直流チョッパ回路

交流電力は変圧器を用いて変換できるが，直流電力は半導体バルブデバイスを用いた直流チョッパで返還できる．チョッパとは「切り刻むもの」という意味である．直流チョッパは直流電圧を切り刻み，ほかの大きさの直流電圧に変換する．

図 6・24（a）に簡単な直流チョッパ回路の例を示す．直流電源にスイッチを接続し，それをオンしている時間とオフしている時間の割合を変えることで，負荷に加わる平均電圧を制御できる．

スイッチをオンする時間 $T_{on}$〔s〕，オフする時間を $T_{off}$〔s〕，直流電源電圧を $E$〔V〕とすると，出力平均電圧 $E_d$ は，次式で表される．

$$E_d = \frac{T_{on}}{T_{on} + T_{off}} E \text{〔V〕} \tag{6・7}$$

式（6・7）における $\dfrac{T_{on}}{T_{on} + T_{off}}$ を**通流率**または**デューティ比**という．また，$T_{on} + T_{off}$ を**スイッチング周期**という．

図 6・23（b）に通流率を変えた場合の出力電圧 $e_d$ の波形を示す．図 6・24 の回路では，通流率は 1 以下であり，出力電圧は電源電圧よりも小さくなるが，このようなチョッパを**降圧チョッパ**という．直流チョッパには降圧チョッパのほかに，**昇圧チョッパ**，**昇降圧チョッパ**がある．

直流チョッパ回路は，直流電動機の速度制御などに使用される．**抵抗制御**方式に比べて，**電力損失**が小さいため発熱が少なく，**効率**が向上するとともに，保守性，信頼性が高まるなどの利点がある．

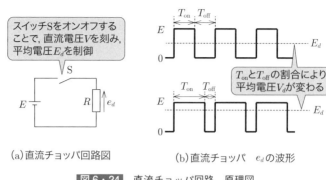

(a) 直流チョッパ回路図　　(b) 直流チョッパ $e_d$ の波形

図 6・24　直流チョッパ回路　原理図

## 2　降圧チョッパ

**降圧チョッパ**の回路図を図 6・25 (a) に示す．図 6・24 (a) のスイッチ S として IGBT を用い，出力電流を平滑化するためにリアクトル $L$ と還流ダイオード D を加えている．

スイッチ S がオンになると，電源 E → スイッチ S → リアクトル $L$ → 負荷 $R$ の経路で電流 $i_d$ が流れる．このとき，リアクトル $L$ に電磁エネルギーが蓄積される．次に，S がオフになると，リアクトル $L$ が電流を流し続けようとするため，負荷電流はすぐには減少しない．この電流 $i_L$ は，$L$ → $R$ → D の経路で循環する．図 6・25 (b) に示す通り，負荷電流は連続した**脈流**となる．

ダイオード D にかかる電圧 $e_2$ の平均値 $E_2$ は，$L$ の端子間で電圧降下は生じないため，負荷にかかる電圧 $e_d$ の平均値 $E_d$ と等しい．スイッチ S のオン時間を $T_\mathrm{on}$ 〔s〕，オフ時間を $T_\mathrm{off}$ 〔s〕とすると，式 (6・7) より，$E_2, E_d$ は次式で表される．

$$E_2 = E_d = \frac{T_\mathrm{on}}{T_\mathrm{on}+T_\mathrm{off}} E = dE \ \text{〔V〕} \tag{6・8}$$

ただし $\dfrac{T_\mathrm{on}}{T_\mathrm{on}+T_\mathrm{off}}$ を通流率 $d$ とする．

式 (6・8) より，降圧チョッパ回路では，通流率を変えることで，出力電圧を直流電源電圧以下の範囲で調整できる．

## 6-3 直流変換回路（直流→直流）

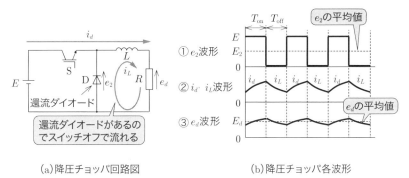

(a) 降圧チョッパ回路図　　(b) 降圧チョッパ各波形

図 6・25　降圧チョッパ回路

### 3 昇圧チョッパ

**昇圧チョッパ**は，電源電圧よりも高い出力電圧を得る直流チョッパ回路である．昇圧チョッパの回路構成を図 6・26 (a) に示す．

スイッチ S を $T_{on}$ [s] の間オンにすると，直流電源 E →リアクトル L → S の経路で電流 $i$ が流れ，L に電磁エネルギーが蓄えられる．次に S を $T_{off}$ [s] の間オフにすると，L に蓄えられたエネルギーは，直流電源電圧 E に加わって，ダイオード D を通りキャパシタ C，負荷 R からなる負荷回路に流れ，C を充電する．図 6・26 (b) にリアクトルを流れる電流 $i$ と負荷電圧 $e_d$ の波形を示す．

電流 $i$ の平均値を $I$，負荷電圧 $e_d$ の平均値を $E_d$ とすると，$T_{on}$ 時にリアクトル L に蓄積されるエネルギーは，$E \cdot I \cdot T_{on}$ である．また，$T_{off}$ 時に L から放出されるエネルギーは $(E_d - E) \cdot I \cdot T_{off}$ である．これらは，エネルギー保存則より等しいため，次式が成り立つ．

$$E \cdot I \cdot T_{on} = (E_d - E) \cdot I \cdot T_{off} \tag{6・9}$$

式 (6・9) を変形すると

$$E_d = \frac{T_{on} + T_{off}}{T_{off}} E = \frac{1}{1-d} E \text{ [V]} \quad (d：通流率) \tag{6・10}$$

式 (6・10) において，$\dfrac{T_{on} + T_{off}}{T_{off}}$ は **1 より大きい**ので，$E_d$ は $E$ よりも大きい．

**パワーエレクトロニクス**

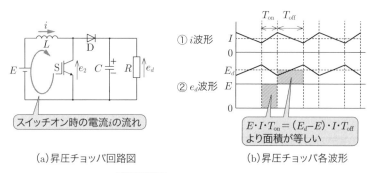

(a)昇圧チョッパ回路図　　(b)昇圧チョッパ各波形

図6・26　昇圧チョッパ回路

## 4 昇降圧チョッパ

**昇降圧チョッパ**は，スイッチのオンとオフの期間によって，負荷電圧として電源電圧より高い電圧，低い電圧のどちらも出力可能である．昇降圧チョッパの回路構成を図6・27（a）に示す．

スイッチSを$T_\text{on}$〔s〕の間オンにすると，直流電源$E$→S→リアクトル$L$の経路で電流$i$が流れ，$L$に電磁エネルギーが蓄えられる．このとき，ダイオードDがあるため，電源電圧は直接負荷にはかからない．また，キャパシタ$C$の放電により負荷$R$に電流が流れる．

次にSを$T_\text{off}$〔s〕の間オフにすると，$L$に蓄えられたエネルギーによって，電流$i$が$C$と$R$からなる負荷回路に流れ，$C$を充電する．リアクトルの電圧$e_L$は図6・27（b）に示す通り，充電時と放電時で電圧の極性が逆になる．

負荷電圧を$E_d$とすると，定常状態において，$T_\text{on}$時にリアクトル$L$に蓄積されるエネルギー$E \cdot i \cdot T_\text{on}$と，$T_\text{off}$時に$L$から放出されるエネルギーは$E_d \cdot i \cdot T_\text{off}$は等しいため，次式が成り立つ．

$$E \cdot i \cdot T_\text{on} = E_d \cdot i \cdot T_\text{off} \tag{6・11}$$

式（6・11）を変形すると

$$E_d = \frac{T_\text{on}}{T_\text{off}} E = \frac{d}{1-d} E \text{〔V〕}(d：通流率) \tag{6・12}$$

式（6・12）より，$0 \leqq d < 0.5$の範囲では，$0 \leqq E_d < E$となり，**降圧チョッパ**として動作する．$0.5 < d < 1$の範囲では，$E < E_d$となり，**昇圧チョッパ**として動作する．

## 6-3 直流変換回路（直流→直流）

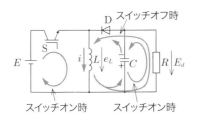
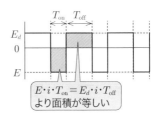

(a) 昇降圧チョッパ回路図　　　　(b) 昇降圧チョッパ $e_L$ の波形

**図 6・27**　昇降圧チョッパ回路

### 5　スイッチングレギュレータ

**スイッチングレギュレータ**は，直流をいったん交流に変換し，変圧器により絶縁・電圧変換後に再び直流に戻す装置であり，**DC/DC コンバータ**とも呼ばれる．直流チョッパ回路では，入力回路と出力回路が電気的に絶縁されていないのに対し，スイッチングレギュレータでは，入力回路と出力回路を電気的に絶縁できる．スイッチングレギュレータは，小容量の電子機器用の安定化電源としてよく用いられる．

スイッチングレギュレータには様々な方式があるが，代表的なものとして，図 6・28 に一石式フォワード形のスイッチングレギュレータ回路例を示す．

スイッチとしては，低損失かつ高速スイッチングが可能なパワートランジスタや**パワーMOSFET** が用いられる．

スイッチ S を $T_{on}$ 〔s〕の間オンにすると，変圧器 T を介してダイオード $D_1$ にと順方向電圧が印加され，リアクトル L を介して負荷 R に電流が流れる．このとき L に電磁エネルギーが蓄積される．

次に S を $T_{off}$ 〔s〕の間オフにすると，$D_1$ はオフとなり，L に蓄えられたエネルギーによって，R →ダイオード $D_2$ → L の経路で電流が流れる．

また，変圧器には電磁エネルギーが蓄積し磁気飽和することを防ぐために，リセット巻線（三次巻線）とダイオード $D_3$ を設けられている．S がオフの間，リセット巻線には逆起電力が生じ，$D_3$ が導通して変圧器の電磁エネルギーが放出され，そのエネルギーは電源に戻される．

電源電圧 E，変圧器の一次，二次巻線の巻数をそれぞれ $n_1$, $n_2$ とすると，この

回路の出力電圧 $E_d$ は，次式で表される．

$$E_d = \frac{n_2}{n_1} \cdot \frac{T_{\mathrm{on}}}{T_{\mathrm{on}} + T_{\mathrm{off}}} \cdot E \;[\mathrm{V}]$$

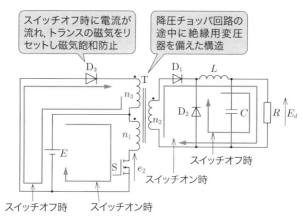

図6・28　スイッチングレギュレータ回路（一石式フォワード形）

## 例題7　　　　　　　　　　　　　　　　　　　　　R2　問2

次の文章は，降圧チョッパに関する記述である．文中の ◯ に当てはまる最も適切なものを解答群の中から選べ．

図1は降圧チョッパの回路図である．この回路は直流電圧源 $V_{dc}$ を入力とし，出力電流 $I_{dc}$ が半導体スイッチSとダイオードの間を転流する代表的な電力変換回路である．インダクタンスは十分に大きく，電流 $I_{dc}$ にリプル成分はないものとする．また，ダイオードの順電圧降下は無視する．

図1の半導体スイッチSを理想的であると仮定した場合の電流 $i_s$ と電圧 $v_s$ の波形を図2に示す．スイッチSは定数 $D$ $(0 \leqq D \leqq 1)$ とスイッチング周期 $T$ の積である $DT$ の期間に導通し，$D$ を　(1)　と呼ぶ．ダイオード電圧 $v$ の平均値 $V$ は $V = $　(2)　と表され，$D$ を変化させることによってダイオード電圧 $v$ の平均値を変えることができる．図2のどの時刻でも，理想的な半導体スイッチSの電流 $i_s$ と電圧 $v_s$ の一方は零であることから，スイッチング損失は発生しない．

半導体スイッチSのターンオン期間とターンオフ期間を考慮するため，図3に示す電流 $i_s$ と電圧 $v_s$ のモデル波形を考えてみよう．ターンオフ期間とターンオン期間には，電流 $i_s$ と電圧 $v_s$ が共に　(3)　期間が存在する．図3において，ターンオフ期間では $v_s = V_{dc}$ となった後に電流 $i_s$ は減少し，ターンオン期間では $i_s = I_{dc}$ と

## 6-3 直流変換回路（直流→直流）

なった後に電圧 $v_s$ は低下する．そのため，半導体スイッチ S は損失を発生し，そのエネルギーは電流 $i_s$ と電圧 $v_s$ の積 $i_s v_s$ の面積によって求められる．電流 $i_s$ と電圧 $v_s$ の変化は直線的と仮定すると，1回のターンオフ期間の損失 $W_{\mathrm{off}}$ 〔J〕は $W_{\mathrm{off}} =$ ┌(4)┐ である．1回のターンオン期間の損失 $W_{\mathrm{on}}$ 〔J〕も同様に求められる．したがって，半導体スイッチ S におけるスイッチング損失 $P_s$ 〔W〕は $P_s =$ ┌(5)┐ である．

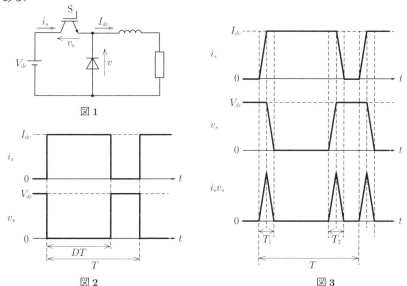

図1　図2　図3

【解答群】

(イ) 負である　　(ロ) $\left(\dfrac{1}{1-D}\right)V_{dc}$　　(ハ) 零である　　(ニ) $\dfrac{W_{\mathrm{off}} - W_{\mathrm{on}}}{T}$

(ホ) $\dfrac{W_{\mathrm{off}} + W_{\mathrm{on}}}{T}$　　(ヘ) $\dfrac{1}{6}V_{dc}I_{dc}T_2$　　(ト) $DV_{dc}$　　(チ) $\dfrac{1}{2}V_{dc}I_{dc}T_1$

(リ) $\dfrac{1}{2}V_{dc}I_{dc}T_2$　　(ヌ) $\dfrac{1}{6}V_{dc}I_{dc}T_1$　　(ル) $W_{\mathrm{off}} + W_{\mathrm{on}}$　　(ヲ) 還流率

(ワ) $\left(\dfrac{D}{1-D}\right)V_{dc}$　　(カ) 通流率　　(ヨ) 正である

**解　説**　(1) 本節1項で解説しているので参照する．
(2) 本節2項で解説しているので参照する．

パワーエレクトロニクス

(3) 実際の半導体スイッチのターンオン・ターンオフ時には，スイッチの端子間電圧と
スイッチを流れる電流がともに正となる期間があるため，スイッチング損失が生
じる．

(4) 題意より，電流 $i_s$ と電圧 $v_s$ は設問図3に示す直線的な変化をすることから，1回
のターンオフ期間の損失 $W_{\mathrm{off}}$〔J〕は，底辺 $T_2$〔s〕，高さ $V_{dc}\cdot I_{dc}$〔W〕の三角形の面
積となるので

$$W_{\mathrm{off}} = \frac{1}{2}V_{dc}I_{dc}T_2 \ \text{〔J〕}$$

(5) 周期 $T$〔s〕の間に，1回のターンオフ期間の損失 $W_{\mathrm{off}}$〔J〕と1回のターンオン期間
の損失 $W_{\mathrm{on}}$〔J〕が生じるので，半導体スイッチSにおけるスイッチング損失 $P_s$〔W〕
は，次式で表される．

$$P_s = \frac{W_{\mathrm{off}} + W_{\mathrm{on}}}{T} \ \text{〔W〕}$$

【解答】(1) カ　(2) ト　(3) ヨ　(4) リ　(5) ホ

---

**例題8** ........................................................... **H28　問3**

　次の文章は，チョッパに関する記述である．文中の　　　　　に当てはまる最も適
切なものを解答群の中から選べ．

　図1の　(1)　チョッパの動作を考える．入力電圧は一定値 $V_{\mathrm{in}}$〔V〕とし，コン
デンサの静電容量 $C$〔F〕は十分に大きく，出力の電圧および電流を一定値 $V_{\mathrm{out}}$〔V〕
および $I_{\mathrm{out}}$〔A〕と仮定する．バルブデバイスSおよびダイオード $D_1$，$D_2$ は理想ス
イッチ，理想ダイオードとする．バルブデバイスSは，周期的にオンとオフを繰り
返し，1周期中のオンしている時間を $T_{\mathrm{on}}$〔s〕，オフしている時間を $T_{\mathrm{off}}$〔s〕とする
と，周期は $T_{\mathrm{on}}+T_{\mathrm{off}}$ となる．また，直流リアクトルのインダクタンスを $L$〔H〕とし，
入力電流は常に $i_{\mathrm{in}} > 0$ とする．

　ここで，Sがオンしている $T_{\mathrm{on}}$ の期間中は，直流リアクトルには入力電圧 $V_{\mathrm{in}}$ が印

加して $v_{\mathrm{L}} = V_{\mathrm{in}}$ となり，入力電流 $i_{\mathrm{in}}$〔A〕の単位時間当たりの変化は，$\dfrac{di_{\mathrm{in}}}{dt} = \dfrac{V_{\mathrm{in}}}{L}$

〔A/s〕となる．一方，Sがオフしている $T_{\mathrm{off}}$ の期間中は，$\dfrac{di_{\mathrm{in}}}{dt} = \boxed{\phantom{(2)}}$ となる．

　チョッパが動作してから十分に時間が経つと，入力電流 $i_{\mathrm{in}}$ は周期的な繰り返し波
形となる．入力電流 $i_{\mathrm{in}}$ が周期的な繰り返し波形となるためには，$\boxed{\phantom{(3)}} = 0$ で
なければならないので，出力電圧は，$V_{\mathrm{out}} = \boxed{\phantom{(4)}} V_{\mathrm{in}}$ となる．このとき，ダイ
オード $D_2$ を通る電流 $i_2$〔A〕は図2の $\boxed{\phantom{(5)}}$ の波形となる．

246

## 6-3 直流変換回路（直流→直流）

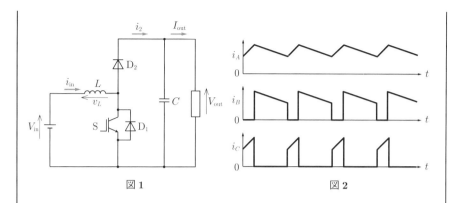

図1  　　　　　　　　　図2

【解答群】

(イ) $i_C$　　　　　　　　　　(ロ) $\dfrac{T_{on}}{T_{off}}$　　　　　　　　(ハ) $-\dfrac{V_{out}}{L}$

(ニ) $V_{in}T_{on}+V_{out}T_{off}$　　(ホ) $-\dfrac{V_{in}}{L}$　　　　　　　(ヘ) $i_B$

(ト) 降圧　　　　　　　　　(チ) $\dfrac{T_{on}+T_{off}}{T_{off}}$　　　　(リ) $\dfrac{T_{on}}{T_{on}+T_{off}}$

(ヌ) 昇圧　　　　　　　　　(ル) $V_{in}T_{on}+(V_{in}-V_{out})T_{off}$　　(ヲ) $\dfrac{V_{in}-V_{out}}{L}$

(ワ) $V_{in}T_{on}-V_{out}T_{off}$　　(カ) $i_A$　　　　　　　　　(ヨ) 昇降圧

**解説**　(1) 本節3項で解説しているので参照する．

(2) 設問図1の回路より，Sがオフしている $T_{off}$ の期間中，直流リアクトル $L$ にかかる電圧は $V_{in}-V_{out}$ [V] であるので，次式が成り立つ．

$$V_{in}-V_{out}=L\dfrac{di_{in}}{dt}\,[\text{V}]$$

$$\therefore \dfrac{di_{in}}{dt}=\dfrac{V_{in}-V_{out}}{L}\,[\text{A/s}]$$

(3) 題意より，入力電流 $i_{in}$ が周期的な繰り返し波形となる場合，入力電流 $i_{in}$ [A] の変化量はSオン時とSオフ時で釣り合うので，次式が成り立つ．

$$\dfrac{V_{in}}{L}T_{on}+\dfrac{V_{in}-V_{out}}{L}T_{off}=0$$

$$\therefore V_{in}T_{on}+(V_{in}-V_{out})T_{off}=0 \quad \cdots\cdots ①$$

(4) 式①を $V_{out}$ について整理すると

$$V_{\text{out}} = \frac{T_{\text{on}} + T_{\text{off}}}{T_{\text{off}}} V_{\text{in}} \,[\text{V}] \quad \cdots\cdots ②$$

(5) Sがオンの間，電流 $i_{\text{in}}$ は，リアクトル→S→電源には流れるが，ダイオード $D_2$ には流れないので，電流 $i_2 = 0$ である．Sがオフになると，$i_2 = i_{\text{in}}$ となる．リアクトルに蓄積されていたエネルギーが放出されることで，Sがオフとなった直後の $i_2$ は大きくなるが，リアクトルのエネルギーが減衰するにつれて，$i_2$ も減少する．よって，$i_2$ の波形は設問図2の $i_B$ となる．

【解答】(1) ヌ　(2) ヲ　(3) ル　(4) チ　(5) ヘ

## 例題 9　　　　　　　　　　　　　　　　　　　　　H30　問3

次の文章は，チョッパ回路に関する記述である．文中の ☐ に当てはまる最も適切なものを解答群の中から選べ．

図1は，(1) チョッパの回路図である．平滑コンデンサ $C$ の静電容量は十分に大きく，出力電圧 $V_{\text{out}}$ および出力電流 $I_{\text{out}}$ のリプルは無視できるものとする．図2，3は，定常状態におけるインダクタの電圧 $v_L$ および電流 $i_L$ の波形であり，スイッチSがオンの期間を $T_{\text{on}}$，オフの期間を $T_{\text{off}}$ とする．

図2は出力電流 $I_{\text{out}}$ が大きく，インダクタ電流 $i_L$ が常に正の場合で，電流連続モードと呼び，このときの出力電圧が，$V_{\text{out}} = $ (2) となることは，よく知られている．ここで，デューティ比 $D = \dfrac{T_{\text{on}}}{T_{\text{on}} + T_{\text{off}}}$ を用いると，$V_{\text{out}} = $ (3) $V_{\text{in}}$ と表すこともできる．

一方，出力電流 $I_{\text{out}}$ を低減すると，図3のようにインダクタ電流 $i_L$ に零となる期間が現れる．図3の場合を電流断続モード（電流不連続モード）と呼ぶ．定常状態では，インダクタ電圧 $v_L$ の1周期の平均値は常に (4) でなければならない．電流連続モードと電流断続モードとでスイッチSのゲート信号が同じであれば，$V_{\text{out}}$ は (5) なる．

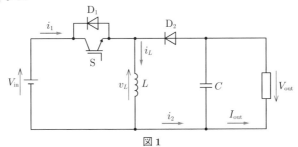

図1

## 6-3 直流変換回路（直流→直流）

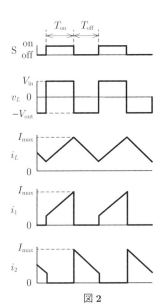

図 2

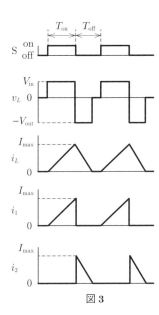

図 3

【解答群】

(イ) 昇降圧　　　　　　(ロ) 正　　　　　　　　(ハ) $\dfrac{T_{\text{on}}}{T_{\text{off}}} V_{\text{in}}$

(ニ) 降圧　　　　　　　(ホ) 両者で等しく　　　(ヘ) $\dfrac{T_{\text{on}} + T_{\text{off}}}{T_{\text{off}}} V_{\text{in}}$

(ト) 負　　　　　　　　(チ) $D$　　　　　　　　(リ) 電流断続モードの方が高く

(ヌ) $\dfrac{T_{\text{on}}}{T_{\text{on}} + T_{\text{off}}} V_{\text{in}}$　(ル) $1-D$　　　　　　　(ヲ) $\dfrac{D}{1-D}$

(ワ) 零　　　　　　　　(カ) 昇圧　　　　　　　(ヨ) 電流連続モードの方が高く

**解　説**　(1) (2) (3) 本節 4 項で解説しているので参照する．

(4) 定常状態では，インダクタ電圧の平均電圧は零である必要がある．

(5) 電流断続モードにおいても，インダクタ電圧の平均電圧は零である必要がある．電流断続モードでは，$T_{\text{off}}$ 期間に電圧零となる期間があるため，$V_{\text{out}}$ は電流連続モードよりも高くなる．

【解答】(1) イ　(2) ハ　(3) ヲ　(4) ワ　(5) リ

# 6-4 インバータ（直流→交流）

**攻略のポイント**　本節に関して，電圧形ハーフブリッジインバータ，電圧形フルブリッジインバータなどのインバータの通電パターンや出力波形，インバータの出力電圧制御，無停電電源システムに関する知識を問う出題がされている．

## 1　インバータの分類

直流電力を交流電力に変換する装置を**インバータ**または**逆変換装置**という．図6・29にインバータ回路と出力波形の例を示す．時間 $t_0$ においてスイッチ $S_1$ と $S_4$ をオンにすると，負荷 $R$ にかかる出力電圧 $e_{ab}$ は $E$〔V〕となり，$S_1 \to R \to S_4$ の経路で負荷電流が流れる．次に，時間 $t_1$ においてスイッチ $S_1$ と $S_4$ をオフにすると同時にスイッチ $S_2$ と $S_3$ をオンにすると，$e_{ab}$ は $-E$〔V〕となり，$S_3 \to R \to S_2$ の経路で電流が流れる．これらを繰り返すと負荷電圧は方形波の交流波形となる．

インバータは転流方式によって，**他励式インバータ**と**自励式インバータ**に分けられる．

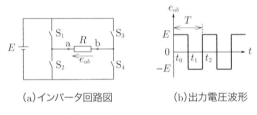

(a)インバータ回路図　　　　(b)出力電圧波形

図6・29　インバータの原理

### (1) 他励式インバータ

他励式インバータは，スイッチング素子としてサイリスタを用いるインバータで，転流時のオフ制御には出力交流側の電圧を逆バイアスとして利用する必要がある．6-2節4項で述べたように，サイリスタによる三相全波整流回路において，制御角 $\alpha$ を $\pi/2 < \alpha \leq \pi$〔rad〕の範囲で制御すると，直流側から交流側に電力を供給するインバータ運転となる．

### (2) 自励式インバータ

自励式インバータは，スイッチング素子として，GTOやIGBTなどの自己消弧素子を用いるインバータであり，他励式インバータと異なり独立した交流を発生できる．

## 6-4 インバータ（直流→交流）

自励式インバータは，電流源として動作する**電流形インバータ**と電圧源として動作する**電圧形インバータ**とに分けられる．

### 2 電流形インバータ

図6・30（a）に三相電流形インバータ回路の例を示す．電流形インバータでは，一定の電流を平滑化して負荷に供給するため，直流回路に**直流リアクトル**が設けられる．そのため，交流出力側から見たインバータのインピーダンスが高く，**電流源**として動作する．パワースイッチのオン・オフ制御により，負荷側には方形波の交流電流が出力される．図6・30（b）に示すように三相電流形インバータでは電流は，各相とも120°の間出力される．

電流形インバータでは，電流の逆流を阻止するため，トランジスタやIGBTなどのパワースイッチと**直列**にダイオードを設ける．ただし，パワースイッチが逆阻止特性を持つサイリスタやGTOの場合は不要である．

出力電圧は，抵抗負荷の場合は電流と同じく方形波となるが，誘導性負荷の場合は正弦波に近い形となる．交流側の周波数は，パワースイッチのオン・オフ制御信号の周波数により決まる．

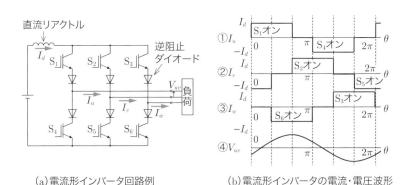

(a)電流形インバータ回路例　　(b)電流形インバータの電流・電圧波形

図6・30　三相電流形インバータ

### 3 電圧形インバータ

図6・31に電圧形インバータ回路例を示す．電圧形インバータは，直流電圧の変動を抑制するため，直流電源と並列に**直流コンデンサ**（平滑コンデンサ）を備える．

そのため，交流出力側から見たインバータのインピーダンスが低く，**電圧源**として動作する．負荷側には方形波の交流電圧が出力される．出力電流は，抵抗負荷の場合は電圧と同じく方形波となるが，誘導性負荷の場合は正弦波に近い形となる．パワースイッチと逆並列に接続されるダイオードは**帰還ダイオード**と呼ばれ，抵抗負荷の場合には電流は流れないが，誘導性負荷の場合はオン状態のパワースイッチと逆極性に電流が流れる時間帯があるので，その電流を流すために設けられる．インバータにおけるスイッチと帰還ダイオードの組は**アーム**と呼ばれ，上下2つのアームのペアは**レグ**と呼ばれる．負荷の両側にレグがあるものを**フルブリッジ**，片側にのみレグがあるものを**ハーフブリッジ**という．

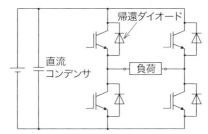

**図 6・31**　電圧形インバータ（単相電圧形フルブリッジインバータ）

## (1) 単相電圧形ハーフブリッジインバータ

図 6・32（a）に**単相電圧形ハーフブリッジインバータ**の回路図を示す（直流コンデンサの記載は省略）．ハーフブリッジインバータは，直列に接続された2つの直流電源と上下2つのパワースイッチ $S_1$，$S_2$ と帰還ダイオード $D_1$，$D_2$ で構成される．

誘導性負荷として抵抗 R とリアクトル L が直列に接続されている場合の電圧・電流出力について考える．直流電源の**中間電位点** O 端子から A 端子を見たときの電圧を $e_o$〔V〕，A 端子から O 端子の方向に流れる電流を $i_o$〔A〕とする．図 6・32（b）に示す通り，スイッチ $S_1$ と $S_2$ を交互にオン・オフすると，$e_o$ は交互に $+E/2$〔V〕と $-E/2$〔V〕が現れる方形波の交流波形となる．また，$i_o$ は最大値を $I_m$〔A〕として方向が交互に入れ替わる連続した交流波形となる．

スイッチ $S_1$ をオンにしたときの位相を $\omega t = 0$〔rad〕とすると，$0 \leq \omega t \leq \pi$〔rad〕において，$i_o$ は $-I_m$〔A〕から $I_m$〔A〕まで連続的に増加し，その途中で $i_o$ は負から正に反転する．その位相を $a$〔rad〕とすると，図 6・32（c）に示す通り，各スイッ

## 6-4 インバータ（直流→交流）

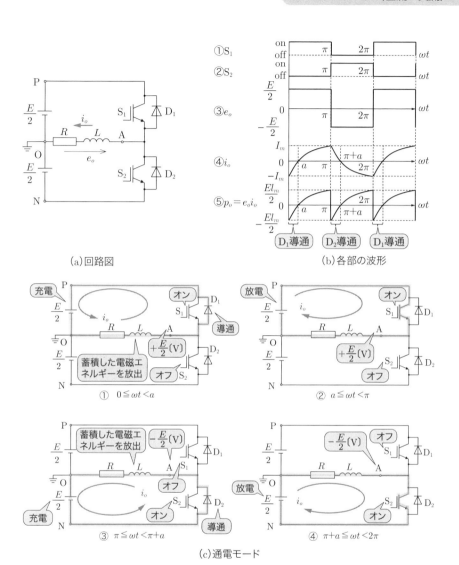

図6・32　単相電圧形ハーフブリッジインバータ

パワーエレクトロニクス

チの状態と電圧・電流の正負により，① $0 \leq \omega t < a$〔rad〕，② $a \leq \omega t < \pi$〔rad〕，③ $\pi \leq \omega t < \pi + a$〔rad〕，④ $\pi + a \leq \omega t < 2\pi$〔rad〕の 4 つの通電モードがある．

**通電モード①：$0 \leq \omega t < a$〔rad〕**

スイッチ $S_1$ がオンになり，負荷には $e_o = E/2$〔V〕の電圧がかかるが，誘導性負荷 $L$ が O → A の方向に電流を流し続けようとする．そのため，電流は $S_1$ ではなく帰還ダイオード $D_1$ を通り，O → A → $D_1$ → P → O の経路で流れる．インバータから負荷に供給する電力を $p_o = e_o i_o$〔W〕とすると，$e_o > 0$，$i_o < 0$ より，$p_o < 0$ であり，リアクトルに蓄えられていた電磁エネルギーが電源に返還される．

**通電モード②：$a \leq \omega t < \pi$〔rad〕**

$i_o \geq 0$ となると，スイッチ $S_1$ を通り，O → P → $S_1$ → A → O の経路で電流が流れる．$e_o > 0$，$i_o \geq 0$ より，$p_o \geq 0$ であり，電源から負荷に電力が供給される．

**通電モード③：$\pi \leq \omega t < \pi + a$〔rad〕**

スイッチ $S_1$ がオフとなった直後にスイッチ $S_2$ がオンとなる．負荷には $e_o = -E/2$〔V〕の電圧がかかるが，誘導性負荷 $L$ が A → O の方向に電流を流し続けようとするため，O → N → $D_2$ → A → O の経路で電流が流れる．$e_o < 0$，$i_o > 0$ より，$p_o < 0$ であり，リアクトルに蓄えられていた電磁エネルギーが電源に返還される．

なお，電圧形インバータ回路の**インダクタンスは小さい**ので，スイッチ $S_1$ と $S_2$ が同時にオンになると，電源がスイッチで短絡され過大な短絡電流が流れるおそれがある．そのため，実際の電圧形インバータでは，ターンオフの遅れなどによって，短絡電流が流れるのを防ぐために，スイッチ $S_1$〔$S_2$〕にオフ信号を与えてからスイッチ $S_2$〔$S_1$〕にオン信号を与えるまでに所定の時間を取っている．この時間を**デッドタイム**という．

**通電モード④：$\pi + a \leq \omega t < 2\pi$〔rad〕**

$i_o \leq 0$ となると，スイッチ $S_2$ を通り，O → A → $S_2$ → N → O の経路で電流が流れる．$e_o < 0$，$i_o \leq 0$ より，$p_o \geq 0$ であり，電源から負荷に電力が供給される．

## (2) 単相電圧形フルブリッジインバータ

図 6・33（a）に**単相電圧形フルブリッジインバータ**の回路図を示す（直流コンデンサの記載は省略）．フルブリッジインバータは，ハーフブリッジインバータと異なり，直流電源は 1 つでよい．パワースイッチ $S_1$ と $S_2$ が 1 つのレグを構成し，$S_3$ と $S_4$ がもう 1 つのレグを構成する．帰還ダイオード $D_1$，$D_2$，$D_3$，$D_4$ はそれぞれ対応するパワースイッチに逆並列に接続される．

## 6-4 インバータ（直流→交流）

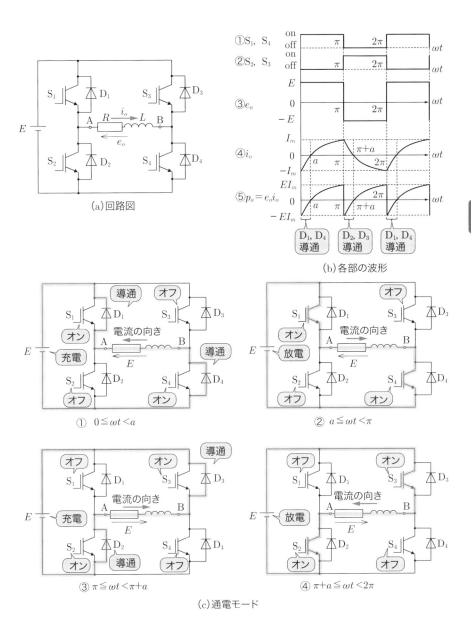

図6・33　単相電圧形フルブリッジインバータ

誘導性負荷として抵抗 $R$ とリアクトル $L$ が直列に接続されており，B端子から
A端子を見たときの電圧を $e_o$〔V〕，A端子からB端子の方向に流れる電流を $i_o$
〔A〕とする．図6·33 (b) に示す通り，スイッチ $S_1$ と $S_4$ のペアと $S_2$ と $S_3$ のペア
を交互にオン・オフすると，$e_o$ は交互に $+E$〔V〕と $-E$〔V〕とが現れる方形波の
交流波形となる．また，$i_o$ はハーフブリッジインバータと同じく最大値を $I_m$〔A〕
として方向が交互に入れ替わる連続した交流波形となる．

スイッチ $S_1$ と $S_4$ をオンにしたときの位相 $\omega t$ を 0〔rad〕として，$0 \leq \omega t \leq \pi$
〔rad〕において，$i_o$ が負から正に反転する位相を $a$〔rad〕とすると，図6·33 (c)
に示す通り，ハーフブリッジインバータと同様に①$0 \leq \omega t < a$〔rad〕，②
$a \leq \omega t < \pi$〔rad〕，③$\pi \leq \omega t < \pi + a$〔rad〕，④$\pi + a \leq \omega t < 2\pi$〔rad〕の4つの通
電モードがある．

**通電モード①：** $0 \leq \omega t < a$〔rad〕

スイッチ $S_1$ と $S_4$ がオンになり，負荷には $e_o = E$〔V〕の電圧がかかるが，誘導
性負荷 $L$ がB→Aの方向に電流を流し続けようとするため，B→A→$D_1$→E
→$D_4$→Bの経路で電流が流れる．インバータから負荷に送られる電力を $p_o = e_o i_o$
〔W〕とすると，$e_o > 0$，$i_o < 0$ より，$p_o < 0$ であり，リアクトルに蓄えられていた
電磁エネルギーが電源に返還される．

**通電モード②：** $a \leq \omega t < \pi$〔rad〕

$i_o \geq 0$〔A〕となると，E→$S_1$→A→B→$S_4$→Eの経路で電流が流れる．
$e_o > 0$，$i_o \geq 0$ より，$p_o \geq 0$ であり，電源から負荷に電力が供給される．

**通電モード③：** $\pi \leq \omega t < \pi + a$〔rad〕

スイッチ $S_1$ と $S_4$ がオフとなった直後にスイッチ $S_2$ と $S_3$ がオンとなる．負荷に
は $e_o = -E$〔V〕の電圧がかかるが，誘導性負荷 $L$ がA→Bの方向に電流を流し続
けようとするため，A→B→$D_3$→E→$D_2$→Aの経路で電流が流れる．$e_o < 0$，
$i_o > 0$ より，$p_o < 0$ であり，リアクトルに蓄えられていた電磁エネルギーが電源に
返還される．

**通電モード④：** $\pi + a \leq \omega t < 2\pi$〔rad〕

$i_o \leq 0$ となると，E→$S_3$→B→A→$S_2$→Eの経路で電流が流れる．$e_o < 0$，
$i_o \leq 0$ より，$p_o \geq 0$ であり，電源から負荷に電力が供給される．

## 6-4 インバータ（直流→交流）

### (3) 三相電圧形インバータ

**三相電圧形インバータ**は，三相交流を出力するインバータである．図6・34 (a) に示す通り，3つのレグで構成され，A（a相），B（b相），C（c相）の3つの出力端子を持つ．

$E/2$〔V〕の直流電源を2個直列に接続し，その間の点Oを接地したとする．負荷を対称三相負荷とした場合，図6・34 (b) の①に示す順序で，スイッチ$S_1 \sim S_6$をオンオフ制御すると，各相の相電圧$v_a$, $v_b$, $v_c$は$2\pi/3$〔rad〕ずれた，$+E/2$〔V〕と$-E/2$〔V〕の2値で変化する方形波の交流波形となる．また，線間電圧$v_{ab}$, $v_{bc}$, $v_{ca}$は，$2\pi/3$〔rad〕ずれた，$+E$〔V〕，0V，$-E$〔V〕の3値で変化するステップ状の交流波形となる．なお，負荷の中性点$X$の電位は$+E/6$〔V〕と$-E/6$〔V〕の2値で変化する方形波の交流波形となり，0Vとはならない．

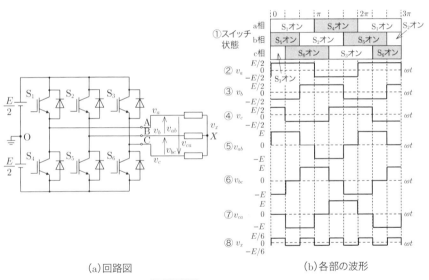

(a) 回路図　　　　　　(b) 各部の波形

**図6・34**　三相インバータ

### (4) インバータの出力電圧制御

電圧形インバータでは，出力電圧を可変にしたり，負荷変動に対して出力波形を一定に保つために電圧制御が行われる．電圧制御の方法は主に2つある．1つは，インバータへの直流入力電圧の振幅を変化させる方法で，**PAM**（Pulse Amplitude Modulation，パルス振幅変調）制御と呼ばれる．直流チョッパの通流率を調

整したり，サイリスタ整流回路の制御角を調整することで入力電圧を制御する．

もう1つは，直流電源の電圧は一定にして，出力である**方形形**のパルス幅を変えることによって電圧制御する方法である．この制御には，パルスの繰返し周波数を一定とし，そのパルス幅を変えて出力を制御する**パルス幅制御**と，基本波1周期の間に多数のスイッチングを行い，その多数のパルス幅を変化させて全体で基本波1周期の電圧波形を作り出す**PWM**（Pulse Width Modulation，パルス幅変調）制御とがある．

### ①パルス幅制御

図 6・33 (a) のフルブリッジインバータ回路において，スイッチ $S_1$ と $S_2$ のオン・オフ制御タイミングをスイッチ $S_3$ と $S_4$ から遅らせると，図 6・35 に示す通り，$S_1$ と $S_3$，または $S_2$ と $S_4$ が同時にオンとなる期間が生じる．この期間は A 端子と B 端子が同電位となるので出力電圧 $e_o$ は零となる．遅らせる位相を調整することで，出力電圧 $e_o$ のパルス幅が変わり，実効値を $0 \sim E$ [V] まで制御できる．

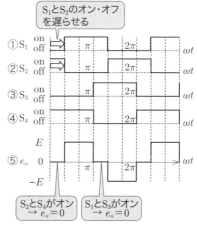

**図 6・35** 制御タイミング調整による出力電圧制御

### ② PWM 制御

PWM 制御において一般によく用いられる方法は，図 6・36 (a) に示す通り，目的とする出力波形である**正弦波**（信号波）の基本波成分と，信号波より高い周波数の三角波形の搬送波との**振幅**比較を行い，信号波の方が大きい期間だけ半導体バルブデバイスをオンして出力パルス列を作る方法である．これにより，図 6・36 (a)

## 6-4 インバータ（直流→交流）

に示す通り，半周期の出力パルス列は中央部分のパルス幅は広く，両端のパルス幅は狭くなって，等価的に正弦波の出力が得られる．信号波の振幅を小さくすれば，図6・36（b）に示す通り，出力パルスの幅が狭まり，出力電圧は下がる．PWM制御では，出力の基本波周波数は搬送波の周波数に影響されず，かつ，出力波形は信号波と位相差がなく，信号波に忠実な波形となる．

電圧形インバータにおけるPWM制御には以下の特徴がある．

- **直流電圧制御**用の主回路デバイスが不要のため小形化，低コスト化が可能
- **低次高調波**の除去が容易
- **ベクトル制御**のような交流電動機の高速ドライブに不可欠な高速電流制御が可能

なお，インバータの上下アームの短絡を防止するために設ける**デッドタイム**が搬送周波数を高周波化するときの障害になることがあるので，安定性を確保するために**高速スイッチング素子**を用いることが望ましい．

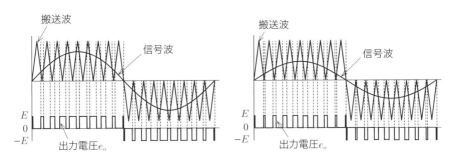

図6・36　PWM制御

### (5) 多重インバータ

インバータを大容量化するための方法の1つに多重化がある．例えば2個のインバータを直列に接続すれば，出力電圧を高くすることができる．また，直列に接続したインバータのオン・オフのタイミングを調整することで，出力波形の歪みを減らすことができる．

図6・37（a）にユニット $n$ 多重インバータの回路構成を示す．ユニットには**三相ダイオードブリッジ整流器**および**単相インバータ**が含まれる．ユニット $n$ 多重インバータのY結線三相出力の各相には $n$ 段のユニットが直列接続される．直列接続されたユニットの間を**絶縁**するため，入力側は変圧器の別巻線に接続している．

図 6・37（b）に $n=2$ の場合の，出力電圧波形を示す．複数の電圧ステップがあるため，高調波を低減することができる．

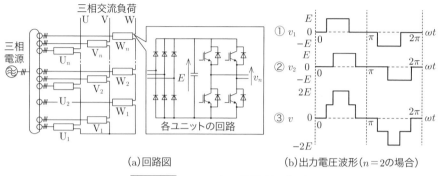

(a) 回路図　　　　　　　(b) 出力電圧波形（$n=2$の場合）

**図 6・37**　ユニット $n$ 多重インバータ

## 4　インバータの応用例①：無停電電源装置（UPS）

**無停電電源装置**（UPS：Uninterruptible Power Supply）は，予期せぬ停電や電圧・周波数の変動が生じても，重要なシステムに安定した交流電力を供給し続けるための装置である．UPS は整流器やインバータ等の変換装置と蓄電池の組み合わせで構成される．直流回路に接続された蓄電池が電源異常時のエネルギー源となる．整流器とインバータからなる変換装置は，負荷に対して定電圧・定周波数の交流出力を供給することから，定電圧定周波数電源装置（CVCF：Constant Voltage Constant Frequency）と呼ばれる．（ただし，「CVCF」が「UPS」と同様の意味で用いられる場合もある）．

### (1) UPS の給電方式

UPS の給電方式には，主に，常時インバータ給電方式，常時商用給電方式，ラインインタラクティブ方式の 3 種類がある．

#### ①常時インバータ給電方式

**常時インバータ給電方式**は，図 6・38 に示す通り，通常運転状態では，整流器とインバータを介して負荷に電力を連続的に供給する．交流電源の異常時には，蓄電池運転に切り替わり，蓄電池からインバータを介して負荷に電力を供給する．負荷に安定した交流電力を供給できるが，常に整流器と充電器という 2 つの変換器を経由するため損失が問題になる場合がある．

## 6-4 インバータ（直流→交流）

常時インバータ給電方式は，蓄電池接続方式の違いにより，フロート方式と直流スイッチ方式に分けられる．

**フロート方式**は図6・39（a）に示す通り，整流器とインバータと蓄電池という簡単な構成をしている．整流器が蓄電池の充電器を兼ねているので，比較的大型の整流器が必要となる．

**直流スイッチ方式**は，図6・39（b）に示す通り，蓄電池を整流器とは別の充電器で充電する．交流電源の停電を検出すると，即座にサイリスタなどの**直流スイッチ**を入れて蓄電池をインバータと接続し，蓄電池から負荷に電力を供給する．充電器によって蓄電池に適した条件で充電できるので，大容量の蓄電池をもつシステムなどで使われる．

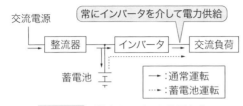

図6・38　常時インバータ給電方式

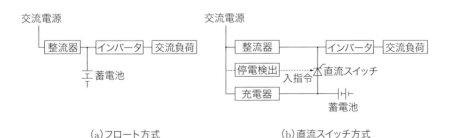

(a)フロート方式　　　　　　　　　(b)直流スイッチ方式

図6・39　蓄電池接続方式

### ②常時商用給電方式

**常時商用給電方式**は，図6・40に示す通り，常時は商用交流電源をそのまま負荷に給電するとともに，充電器を介して蓄電池を充電する．交流電源の異常を検出すると，UPSスイッチを切り換え，交流電源を切り離すとともに，蓄電池からインバータを介して負荷に電力を供給する．常時は交流電源から直接負荷に給電するため効率がよい．しかし，交流電源の異常検出から蓄電池運転に切り換わる際に出力

電圧の瞬断が発生する．

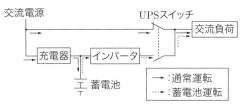

**図6・40** 常時商用給電方式

③ラインインタラクティブ方式

**ラインインタラクティブ方式**は，図6・41に示す通り，常時は交流電源が正常であればそのまま負荷に給電するとともに，双方向コンバータを介して蓄電池を充電する．ラインインタラクティブ方式が備える電力インタフェースには，電源異常時に交流電源を切り離す機能のほか，入力電圧を調整する機能があり，常時商用給電方式を強化したシステムとなっている．

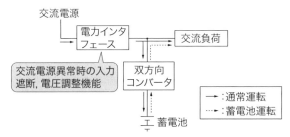

**図6・41** ラインインタラクティブ方式

(2) UPSの高信頼化

UPSの信頼性を向上する方法には，バイパス方式，並列冗長方式などがある．

①バイパス方式

**バイパス方式**は，図6・42に示す通り，運転しているUPSの故障時やメンテナンス時に，切換スイッチによりバイパス回路に切り換えて交流電源から直接負荷に給電できるため，システムの信頼度が向上する．切換スイッチにサイリスタなどの半導体スイッチを用いると，UPSが故障した瞬間に交流電源に切り換え可能だが，そのためには常時のインバータ運転を**商用電源と同期**させておく必要がある．

## 6-4 インバータ（直流→交流）

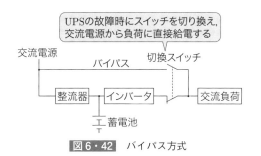

図 6・42　バイパス方式

### ②並列冗長方式

**並列冗長方式**は，図 6・43 に示す通り，複数台の UPS を用いる方式である．1 台の UPS が故障した場合に速やかに検出して，それをインタラプタで解列することによって，残りの健全な UPS で負荷への給電を継続する．必要な負荷容量が UPS $n$ 台分の場合，$n+1$ 台の UPS を導入することで高信頼度のシステムにできる．

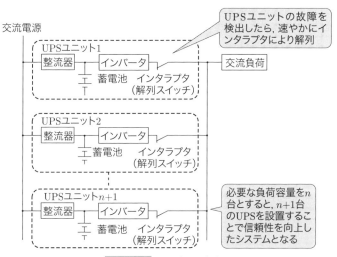

図 6・43　並列冗長方式

### 5　インバータの応用例②：汎用インバータ

汎用インバータは，商用電源を入力し，**可変周波数**の三相電力を出力するインバータであり，交流を直流に変換する**整流回路**，直流電圧を平滑するコンデンサ，および直流を可変電圧・可変周波数の三相交流に変換する PWM インバータで構成

される.

　専用インバータがエレベータや車両用，あるいは鉄鋼圧延機用など，特定用途向けのインバータであるのに対し，汎用インバータは幅広い分野への適用を考え，量産による低価格化を狙っている.

　汎用インバータは，**誘導**電動機を可変速駆動する交流電源装置として用いられる．この場合，電動機の**磁束**を一定に保つため，インバータの出力電圧を**周波数**に**比例**して変えるよう制御される（$V/f$ 制御）．

## 6　インバータの応用例③：パワーコンディショナ

　太陽光発電設備を低圧配電線に連系する場合，太陽電池と配電線との間に**パワーコンディショナ**が設置される．

　パワーコンディショナの基本的な構成を図 6・44 に示す．パワーコンディショナは**昇圧チョッパ**，**PWM インバータ**，**系統連系用保護装置**などで構成される．

　昇圧チョッパは太陽電池の出力電圧を，インバータ入力電圧が系統連系可能な範囲となるように昇圧する．PWM インバータは入力された直流電圧を商用周波数の交流に変換する．なお，日射が変化すると，太陽電池の最大電力や最大電力時の出力電圧が変化するので，昇圧チョッパ回路では，常に最大の電力を取り出す最大電力点追従（**MPPT**，Maximum Power Point Tracking）制御が行われる．

　パワーコンディショナは，連系中の配電線で事故が生じた場合に，太陽光発電設備が**単独運転**状態を継続しないように，これを検出して太陽光発電設備を系統から切り離す機能をもつ．単独運転の検出のためには，**電圧位相**や**周波数**の急変などを常時監視する機能が組み込まれているが，配電線側で発生する**瞬時電圧低下**に対しては，系統からの不要な切り離しをしないよう対策がとられている．

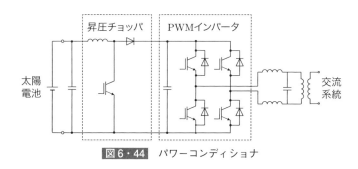

図 6・44　パワーコンディショナ

## 6-4 インバータ（直流→交流）

### 例題 10　　　　　　　　　　　　　　　　　　　　　　H29　問 3

次の文章は，電圧形インバータに関する記述である．文中の　　　　　に当てはまる最も適切なものを解答群の中から選べ．

図1には電圧形ハーフブリッジインバータを示す．負荷は誘導性負荷 $L$ で，今 $Q_1$ がオンして負荷電流が P − $Q_1$ − L − O の経路で流れているとする．その後のある時刻で，$Q_1$ をオフして $Q_2$ にオン信号を与えた．

この直後に流れる電流の経路は　(1)　となる．実際の電圧形インバータでは，$Q_1$ にオフ信号を与えてから $Q_2$ にオン信号を与えるまでに所定の時間をとっている．この時間を　(2)　といい，ターンオフの遅れなどによって短絡電流が流れるのを未然に防止する目的で設けている．電圧形インバータでは，直流電源とインバータからなる回路の　(3)　してあるので，もし短絡すると大きな短絡電流が流れてしまう．

図1のインバータの出力電圧波形を図2に示す．この電圧 $v_a$ は，直流電源の　(4)　端子から a 端子を見たときの電圧である．図1のハーフブリッジインバータを2台使用したのが，図3の電圧形フルブリッジインバータである．このときの出力電圧 $v_{ab}$ は，$v_{ab}=v_a-v_b$ と表せる．インバータ1とインバータ2が位相差 120° で運転したときの出力電圧波形は図4となり，この電圧 $v_{ab}$ の波高値は　(5)　となる．

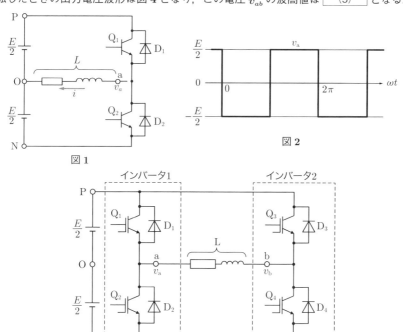

図1

図2

図3

## パワーエレクトロニクス

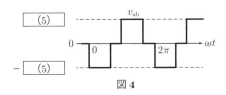

図4

【解答群】
(イ) $O-L-Q_2-N$  (ロ) プラス母線 $P$  (ハ) キャパシタンスを小さく
(ニ) デッドタイム  (ホ) $O-L-D_1-P$  (ヘ) インダクタンスを小さく
(ト) マイナス母線 $N$  (チ) $\dfrac{E}{2}$  (リ) $N-D_2-L-O$
(ヌ) 電流零期間  (ル) ターンオフタイム  (ヲ) インダクタンスを大きく
(ワ) 中間電位点 $O$  (カ) $E$  (ヨ) $\dfrac{\sqrt{3}}{2}E$

**解 説**　(1) (2) (3) (4) 本節3項で解説しているので参照する.
(5) 設問図3において，$Q_1$ と $Q_4$ がオン，$Q_2$ と $Q_3$ がオフのとき，$v_{ab}$ は $+E$ となる．また，$Q_1$ と $Q_4$ がオフ，$Q_2$ と $Q_3$ がオンのとき，$v_{ab}$ は $-E$ となる．よって，$v_{ab}$ の波高値は $E$ である．

【解答】(1) リ　(2) ニ　(3) ヘ　(4) ワ　(5) カ

---

### 例題11　H15　問3

次の文章は，インバータの出力電圧制御に関する記述である．文中の ☐ に当に当てはまる語句を解答群の中から選べ．

電圧形インバータでは，出力電圧を可変にしたり，また，負荷変動に対して出力波形を一定に保つために電圧制御が行われる．

一般に，出力である (1) のパルス幅を変えることによって電圧制御している．この制御には，パルスの繰返し周波数を一定とし，そのパルス幅を変えて出力を制御するパルス幅制御と，1周期のパルス列中の各パルスの幅と繰返し周波数の一方又は両方を変調させて行う (2) 制御とがある．後者の制御において一般によく用いられる方法は，三角波形の搬送波と (3) の信号波との (4) 比較を行い，信号波の方が大きい期間だけ半導体バルブデバイスをオンして出力パルス列を作る方法である．これにより，正側半周期の出力パルス列を例に取れば，中央部分のパルス幅は広く，両端のパルス幅は狭くなって，等価的に正弦波の出力が得られる．

出力の基本波周波数は (5) の周波数に影響されず，かつ，出力の波形は信号

## 6-4 インバータ（直流→交流）

波との間に位相差がなく，信号波に忠実な波形となる．

【解答群】

| | | | |
|---|---|---|---|
| （イ）PAM | （ロ）周波数 | （ハ）搬送波 | （ニ）PCM |
| （ホ）正弦波 | （ヘ）インパルス | （ト）信号波 | （チ）振幅 |
| （リ）変調波 | （ヌ）低周波 | （ル）方形波 | （ヲ）位相 |
| （ワ）高周波 | （カ）PWM | （ヨ）基本波 | |

**解　説**　本節3項で解説しているので参照する．

【解答】(1) ル　(2) カ　(3) ホ　(4) チ　(5) ハ

### 例題 12 ‥‥‥‥‥‥‥‥‥‥‥‥‥‥‥‥‥‥‥‥‥‥‥ H26　問3

　次の文章は，無停電電源システムとその信頼性向上の方法に関する記述である．文中の [　　　] に当てはまる最も適切なものを解答群の中から選びなさい．

　無停電電源システム（UPS）の1つの基本構成である常時インバータ給電方式を単線系統図に示す．このUPSは，図の破線で囲まれた部分をここではCVCF（Constant Voltage Constant Frequency）装置と定義すると，その [(1)] 回路に蓄電池を接続して，商用電源が停電した際のエネルギー源としている．

　図に示すように，蓄電池を整流器とは別の充電器で充電し，サイリスタを用いて蓄電池をCVCF装置と接続する方法は，[(2)] と呼ばれることがある．充電器によって蓄電池に適した条件で充電できるので，この方法は大容量の蓄電池をもつシステムなどで使われる．

　常時インバータ給電方式のUPSの信頼性を向上する方法には，バイパス方式，[(3)] 方式などがある．前者は運転しているUPSが故障した際には，切換スイッチを使用して商用電源から直接負荷に給電する方法であり，その一例が図に示されている．切換スイッチAおよびBにサイリスタなどを用いた半導体スイッチを使用すると回路を無瞬断で切り換えることができるが，常時のインバータ運転は商用電源 [(4)] 運転であることが必要である．また，後者は，複数台のUPSを用いる方法であり，1台のUPSが故障した場合に速やかにそれを検出して切り離すことによって，残りの健全なUPSで負荷に給電を続ける方法である．この方式を用いると，必要な負荷容量を複数台（$n$ 台）のUPSの合計容量で給電する際に，信頼性を向上したシステムが [(5)] 台だけのUPSで実現できる特長がある．

## パワーエレクトロニクス

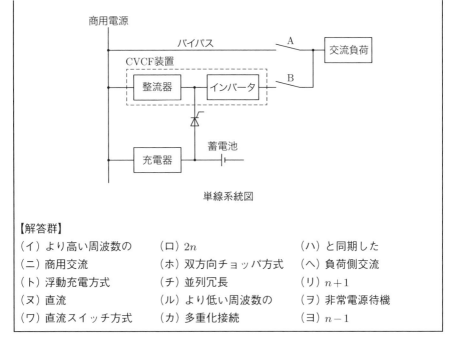

単線系統図

【解答群】
(イ) より高い周波数の　　(ロ) $2n$　　　　　　　　(ハ) と同期した
(ニ) 商用交流　　　　　　(ホ) 双方向チョッパ方式　(ヘ) 負荷側交流
(ト) 浮動充電方式　　　　(チ) 並列冗長　　　　　　(リ) $n+1$
(ヌ) 直流　　　　　　　　(ル) より低い周波数の　　(ヲ) 非常電源待機
(ワ) 直流スイッチ方式　　(カ) 多重化接続　　　　　(ヨ) $n-1$

**解説** 本節4項で解説しているので参照する．

【解答】(1) ヌ　(2) ワ　(3) チ　(4) ハ　(5) リ

# 6-5 交流電力変換装置（交流→交流）

**攻略の
ポイント**　本節に関して，交流電力調整装置や，サイクロコンバータなどの周波数変換装置の装置構成や出力波形に関する知識を問う問題，交流電力調整装置に流れる電流の計算問題などの出題がされている.

## 1 ▶ 交流電力調整装置

　交流電力を電圧や周波の異なる交流電力に変換する装置を**交流電力変換装置**という. 交流電力変換装置には，周波数を変えずに電圧を変換する**交流電力調整装置**と，周波数と電圧，または周波数のみを変換する**周波数変換装置**がある.

　商用交流電圧を入力として同じ周波数の交流電圧を出力とする交流電力調整装置では，**制御角**を変えることにより，交流電圧を制御する方式が広く用いられる. このときに使用するパワーデバイスとしては，サイリスタが一般的である.

　図6·45（a）にサイリスタを逆並列接続した単相交流電力調整装置の回路を示す. 2つのサイリスタ $T_1$ と $T_2$ は制御角 $\alpha$〔rad〕で点弧されるものとする. 正弦波の交流電源電圧を $v_s = \sqrt{2}V\sin\theta$，負荷電圧を $v_L$，負荷電流を $i_L$ とする.

　負荷が純抵抗負荷の場合，これらの波形は図6·45（b）に示す通りとなる. 抵抗性負荷のため，$v_L$ と $i_L$ は同位相となる. $v_L$ の実効値 $V_L$ は次式で表される.

$$
V_L = \sqrt{\frac{1}{\pi}\int_\alpha^\pi v_L{}^2 d\theta} = \sqrt{\frac{1}{\pi}\int_\alpha^\pi (\sqrt{2}V\sin\theta)^2 d\theta} = V\sqrt{\frac{2}{\pi}\int_\alpha^\pi \sin^2\theta d\theta}
$$

$$
= V\sqrt{\frac{2}{\pi}\int_\alpha^\pi \left(\frac{1-\cos 2\theta}{2}\right)d\theta} = V\sqrt{\frac{1}{\pi}\left[\theta - \frac{\sin 2\theta}{2}\right]_\alpha^\pi}
$$

$$
= V\sqrt{1 - \frac{\alpha}{\pi} + \frac{\sin 2\alpha}{2\pi}} \tag{6·13}
$$

　誘導性負荷の場合の各波形を図6·45（c）に示す. 誘導性負荷の場合，$i_L$ は $v_L$ よりも変化が遅れる. そのため，制御角 $\alpha$ で $T_1$ がオンになった後，位相 $\pi$ を過ぎて $T_1$ に逆電圧がかかっても，誘導性負荷の電磁エネルギーがなくなるまで $i_L$ は流れ $T_1$ はオンのままとなる. $i_L$ が零になると $T_1$ はオフとなる. 位相 $\pi + \alpha$ で $T_2$ がオンとなり，以降同じ動作を繰り返す. $i_L$ が零になる位相 $\phi$ を**消弧角**と呼び，負荷の抵抗とインダクタンスによる**力率角**に等しい. サイリスタは電圧が順方向かつ通

6章

パワーエレクトロニクス

## パワーエレクトロニクス

電すれば電流が順方向となる場合にオンできる．$0 \leq \alpha \leq \phi$〔rad〕の場合，電流が通電可能な方向と逆であり，$\pi \leq \alpha$ では電圧が逆方向になるので制御できない．有効な制御角は $\phi < \alpha < \pi$〔rad〕の範囲である．

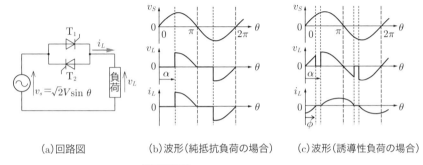

(a) 回路図　　(b) 波形（純抵抗負荷の場合）　　(c) 波形（誘導性負荷の場合）

**図 6・45**　単相交流電力調整装置

### 2　周波数変換装置

交流電力を異なる周波数の交流電力に変換することを**周波数変換**という．半導体バルブデバイスを用いた周波数変換方式には，間接形と直接形がある．

**(1) 間接形**

**間接形**は，入力電源の交流電力を一度直流電力に**順変換**（整流）し，この電力をインバータにより入力電源と異なる周波数の交流電力に変換する方式である．低い周波数から高い周波数まで**連続的**に制御できる．

**(2) 直接形**

**直接形**は，入力電源の交流電力を，間接形のようにいったん直流電力に変換することなく，周波数の異なる交流電力に直接変換する方式である．直接形の周波数変換装置として代表的なものにサイクロコンバータとマトリクスコンバータがある．

**①サイクロコンバータ**

**サイクロコンバータ**では，出力の各相に正側の出力電流を通電するための正群コンバータと負側の出力電流を通電するための負群コンバータが**逆並列**に接続される．図 6・46 に正群と負群のコンバータとして三相ブリッジ整流回路を用いた回路構成を示す．1 相分が 12 個のサイリスタアーム（サイリスタおよび周辺回路）で構成され，3 相で 36 個と数が多いので，複雑なゲート回路となる．

## 6-5 交流電力変換装置（交流→交流）

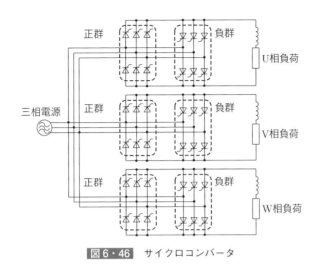

図 6・46　サイクロコンバータ

サイクロコンバータには，**変換効率**が優れていること，転流が**自然転流**であること，エネルギーの流れが**双方向性**であることなどの特長がある．出力周波数については，高周波数になると出力波形が正弦波からずれてくるので，実用的には入力周波数の 1/3 〜 1/2 程度が上限となる．

図 6・47 に誘導性負荷の場合のサイクロコンバータ出力波形例を示す．サイクロコンバータでは，以下のように正群と負群のコンバータを動作させることで図に示すような電圧波形を出力できる．

・電圧と電流が正の期間は，正群コンバータを順変換させる（負群はオフ）
・電圧が負で電流が正の期間は正群コンバータを逆変換させる（負群はオフ）
・電圧と電流が負の期間は負群コンバータを順変換させる（正群はオフ）
・電圧が正で電流が負の期間は負群コンバータを逆変換させる（正群はオフ）

なお，正群と負群のコンバータが同時に動作すると電源短絡となるため，正群から負群に，負群から正群に動作が切り替わる際には，**電流休止期間**を設ける．

図 6・48 に示すように，**循環電流リアクトル**を設け，正群と負群のコンバータの間で**循環電流**を流す**循環形サイクロコンバータ**では，電流休止期間は不要である．回路が複雑になるが，出力周波数の上限をより高くできる，入力無効電力をほぼ一定にできるという特長がある．なお，図 6・46 のサイクロコンバータは非循環形サイクロコンバータという．

**パワーエレクトロニクス**

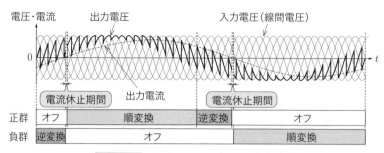

図 6・47　サイクロコンバータの出力波形

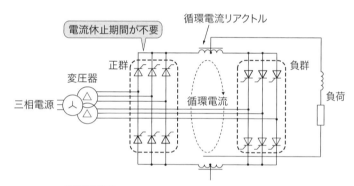

図 6・48　循環形サイクロコンバータ（単相分）

## ②マトリクスコンバータ

**マトリクスコンバータ**は，交流電力を周波数の異なる交流電力に直接変換する周波数変換装置である．図 6・49 に示すように，双方向に電流を流せる**双方向スイッチ** 9 個が三相入力の各相と交流出力の各相に接続される．双方向スイッチには，高速スイッチングが可能な IGBT が用いられ，IGBT に逆バイアスがかからないように，ダイオードが逆並列に接続される．

マトリクスコンバータはサイクロコンバータと比べて以下の特徴がある．
・双方向スイッチを用いることで，スイッチ数を低減できる
・高速かつ任意のタイミングでオン・オフ制御可能な双方向スイッチを用いて PWM 制御を行える．電源周波数よりも**高い周波数**の交流を出力できる．

## 6-5 交流電力変換装置（交流→交流）

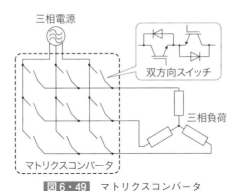

図6・49　マトリクスコンバータ

### 例題 13　　　　　　　　　　　　　　　　　　　　　　　　　　R1　問3

次の文章は，単相交流電力調整装置に関する記述である．文中の□に当てはまる語句を解答群の中から選べ．

同じ制御遅れ角で点弧されるサイリスタが逆並列接続された単相交流電力調整装置を図に示す．まず負荷が純抵抗 $R$ の場合の運転について考える．

電源電圧を $v = \sqrt{2}V\sin\omega t$ とすると，サイリスタ $T_1$，$T_2$ に印加される可能性がある電圧の最大値は ┌(1)┐ である．制御遅れ角 $\alpha$ で運転したとき，2つあるサイリスタのうち一方のサイリスタ $T_1$ に流れる電流 $i_{T1}$ の平均値 $I_{0(av)}$ を求めるためには，$\omega t$ が $\alpha$ から $\pi$ までの負荷電圧波形から1サイクル（0から$2\pi$）の平均値を計算して $R$ で除すればよい．したがって，$I_{0(av)} = $ ┌(2)┐ $\times(1+\cos\alpha)$ となる．使用するサイリスタはこれらの電圧，電流値を参考にして選択される．

負荷で消費される交流電力は，制御遅れ角 $\alpha$ によって調整する．$\alpha$ が $\pi/2$ のときに負荷で消費される電力は，$\alpha$ が0のときに消費される電力に対して ┌(3)┐ となる．

次に，負荷が力率角 $\theta$ の誘導性負荷の場合の運転について考える．

この交流電力調整装置で出力の交流電圧すなわち交流電力を調整することができるのは，制御遅れ角 $\alpha$ を ┌(4)┐ の範囲で運転したときである．負荷が純インダクタンスであったときに，出力の交流電圧を調整できるある制御遅れ角 $\alpha_1$ で運転したとすると，入力の交流電流 $i$ は，$v$ に対して基本波ベースで位相が ┌(5)┐ となり，無効電力の大きさを調整する手段に使われる．

## パワーエレクトロニクス

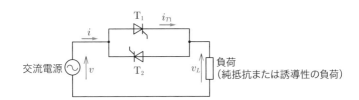

**【解答群】**

(イ) 同相　　　　　　(ロ) 90°進み　　　　(ハ) 順方向に $\sqrt{2}V$，逆方向に $\sqrt{2}V$

(ニ) $\dfrac{1}{\sqrt{2}}$　　　　　(ホ) $0<\alpha<\theta$　　　(ヘ) $\dfrac{\sqrt{2}V}{\pi R}$

(ト) $0<\alpha<\pi$　　　(チ) $\dfrac{1}{4}$　　　　　(リ) 順方向に 0，逆方向に $\sqrt{2}V$

(ヌ) 90°遅れ　　　　(ル) $\dfrac{V}{\sqrt{2}R}$　　　　(ヲ) $\dfrac{V}{\sqrt{2}\pi R}$

(ワ) $\dfrac{\pi}{2}<\alpha<\theta$　　(カ) $\dfrac{1}{2}$　　　　　(ヨ) 順方向に $\sqrt{2}V$，逆方向に 0

**解説**　(1) サイリスタがオフのときには電源電圧 $v=\sqrt{2}V\sin\omega t$ がそのままサイリスタに印加される．制御遅れ角 $\alpha$ が $\pi/2<\alpha<\pi$ の場合，$\omega t=\pi/2$ においてもサイリスタはオフなので電源電圧の最大値である $\sqrt{2}V$ が順方向にかかる．同様に，$\omega t=3\pi/2$ においてもサイリスタはオフなので，$\sqrt{2}V$ が逆方向にかかる．

(2) 題意より，サイリスタ $T_1$ に流れる電流 $i_{T1}$ の平均値 $I_{0(av)}$ は次式で表される．

$$I_{0(av)} = \frac{1}{R}\cdot\frac{1}{2\pi}\int_{\alpha}^{\pi}\sqrt{2}V\sin\omega t\,d\omega t = \frac{\sqrt{2}V}{2\pi R}\int_{\alpha}^{\pi}\sin\omega t\,d\omega t$$

$$= \frac{V}{\sqrt{2}\pi R}\left[-\cos\omega t\right]_{\alpha}^{\pi} = \frac{V}{\sqrt{2}\pi R}(1+\cos\alpha)$$

(3) 制御遅れ角 $\alpha$ が 0 のときと $\pi/2$ のときの負荷電流の波形を解説図に示す．負荷で消費される電力は，負荷抵抗 $R$ と負荷電流の二乗の積である．図より，$\alpha=0$ のとき，位相 $0\sim\pi/2$ の電流波形と位相 $\pi/2\sim\pi$ の電流波形は線対称であり，消費電力は等しい．位相 $\pi\sim3\pi/2$ と位相 $3\pi/2\sim2\pi$ の消費電力も同様である．よって，$\alpha=\pi/2$ の場合の消費電力は，$\alpha=0$ の場合の消費電力の $1/2$ となる．

## 6-5 交流電力変換装置（交流→交流）

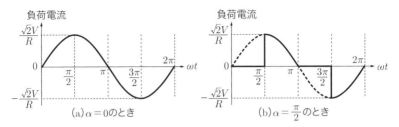

解説図　制御遅れ角αが0，π/2の場合の負荷電流

(4) 本節1項で解説しているので参照する．

(5) 負荷が純インダクタンスであるので，入力の交流電流 $i$ は，$v$ に対して基本波ベースで位相が90°遅れとなる．

【解答】(1) ハ　(2) ヲ　(3) カ　(4) ト　(5) ヌ

### 例題14　　　　　　　　　　　　　　　　　　　H8 問6

次の文章は，交流電力の変換方法に関する記述である．文中の□□□に当てはまる語句，式または数値を解答群の中から選べ．

交流電力を異なる周波数の交流電力に変換することを (1) というが，サイリスタを用いた静止形変換方式には直接式と間接式がある．

直接式は，一般に (2) と呼ばれている．この方式はサイリスタの数も多く，ゲート回路も複雑であるが，エネルギーの流れは (3) であること，転流は (4) であることなどの特長がある．

間接式は，交流電力を整流し，いったん直流に変換した後，(5) で負荷の要求する交流電力に変換する方式である．

【解答群】
(イ) 周波数調整　　　　(ロ) 順変換装置　　　　(ハ) 一方向性
(ニ) インパルス転流　　(ホ) インバータ　　　　(ヘ) 周波数変換
(ト) コンバータ　　　　(チ) 位相制御装置　　　(リ) 双方向性
(ヌ) 強制転流　　　　　(ル) 逆方向性　　　　　(ヲ) 自然転流
(ワ) 周波数変調　　　　(カ) チョッパ　　　　　(ヨ) サイクロコンバータ

**解説**　本節2項で解説しているので参照する．

【解答】(1) ヘ　(2) ヨ　(3) リ　(4) ヲ　(5) ホ

パワーエレクトロニクス

## 例題 15 •••••••••••••••••••••••••••••••••••••••••••••••••••••••••••••••••••••••••••••••••• H23　問5

　次の文章は，サイクロコンバータに関する記述である．文中の　　　　　に当てはまる語句または数値を解答群の中から選びなさい．

　サイクロコンバータは　(1)　変換装置である．出力の各相に正側の出力電流を通電するためのサイリスタ変換器と負側の出力電流を通電するためのサイリスタ変換器とを逆並列接続して構成される．各変換器を三相ブリッジ変換器としたとき，三相出力のサイクロコンバータの全体のアーム数は　(2)　である．

　一般的なサイクロコンバータでは，逆並列接続した 2 台の変換器は，電流の向きを切り替えるときに電流休止期間が必要である．出力周波数の上限は，入力周波数の　(3)　倍程度である．

　電流休止期間を設けずに動作させるためには 2 台の変換器の間で　(4)　電流を流す方式を用いる．この方式は，　(4)　電流リアクトルを追加するなどの対策が必要で，複雑化するが，出力周波数の上限をより高くすることができる，入力無効電力をほぼ一定にすることができるなどの特長がある．

　サイクロコンバータは，電動機の可変速駆動電源として用いられるほか，可変速揚水発電機の交流励磁装置としても用いられている．可変速揚水発電機の回転速度を±10% 可変としたとき，揚水運転時の電力を一定回転速度の場合に対して　(5)　〔%〕程度制御できる．

【解答群】

(イ) 回生　　　　　(ロ) 直接交流　　(ハ) ±20　　(ニ) 1　　　　(ホ) 循環

(ヘ) マトリックス　(ト) $\dfrac{1}{10}$　　(チ) 36　　　(リ) ±30　　(ヌ) $\dfrac{1}{2}$

(ル) ±10　　　　　(ヲ) 18　　　　(ワ) 72　　　(カ) 横流　　(ヨ) 間接交流

---

**解　説**　　(1) サイクロコンバータは入力電源の交流電力を周波数の異なる交流電力に直接変換する直接交流変換装置である．

(2) (3) (4) 本節 2 項で解説しているので参照する．

(5) 揚水運転時の電力は回転速度の三乗に比例する．よって，回転速度が 1.1 倍のとき，入力電力は $1.1^3 ≒ 1.3$ 倍（+30%），また，回転速度が 0.9 倍のとき，入力電力は $0.9^3 ≒ 0.7$ 倍（−30%）となる．

【解答】(1) ロ　(2) チ　(3) ヌ　(4) ホ　(5) リ

# 章末問題

## ■ 1 　　　　　　　　　　　　　　　　　　　　　　　R4　問 4

次の文章は，パワートランジスタ，パワーMOSFET，IGBT などのスイッチングデバイス（以下，スイッチと略す）の損失に関する記述である．文中の　　　　に当てはまる最も適切なものを解答群の中から選べ．

スイッチがオン状態の損失をオン損失と呼ぶ．オン状態のスイッチの端子間電圧は理想的には零であるが，実際には零ではない．この電圧をオン電圧と呼び，この値が　(1)　スイッチのオン損失は大きい．

一方，スイッチがオフ状態の損失をオフ損失と呼ぶ．オフ状態のスイッチを流れる電流は理想的には零であるが実際には零にならず，微小な　(2)　が流れる．しかし　(2)　は非常に小さく，オフ損失はオン損失に比べて十分に小さい．

スイッチのターンオンとターンオフは瞬時に行われることが理想的である．しかし，実際の回路では，スイッチのターンオン・ターンオフ時に，スイッチの端子間電圧とスイッチを流れる電流がともに零ではない期間が存在し，この期間に生じる損失は　(3)　と呼ばれる．単位時間あたりの損失は，スイッチのターンオンとターンオフの繰返し周期　(4)　．　(3)　を低減する方法の 1 つが　(5)　であり，ターンオン時の端子間電圧 $v_{sw}$ と電流 $i_{sw}$ の波形は，例えば，図のようになり，$v_{sw}$ がオン電圧になった後に $i_{sw}$ が上昇する．

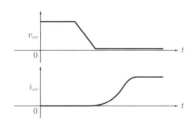

【解答群】

(イ) 漏れ電流　　　　　(ロ) が短いほど大きい　　　(ハ) 大きい
(ニ) 遮断電流　　　　　(ホ) が長いほど大きい　　　(ヘ) 回路損
(ト) スイッチング損失　(チ) に無関係である　　　　(リ) 強制転流
(ヌ) 逆電流　　　　　　(ル) ソフトスイッチング　　(ヲ) 小さい
(ワ) 自然転流　　　　　(カ) ハードスイッチング　　(ヨ) 定常損失

## パワーエレクトロニクス

### ■2 R5 問4

次の文章は，直流電源を得る回路に関する記述である．文中の□□□に当てはまる最も適切なものを解答群の中から選べ．

図1には三相サイリスタ整流器を，図2には三相ダイオード整流器に降圧チョッパを接続した回路を示す．ともに直流電源を得る回路である．交流電源は線間電圧実効値を $V$ とする三相対称交流電源であり，電源のインピーダンスおよびパワー半導体デバイスなどの回路要素のオン電圧，抵抗分は無視できるものとする．

三相サイリスタ整流器の出力直流電圧平均値 $V_{d1}$ は，サイリスタの制御遅れ角を $\alpha$ 〔rad〕とすると，次式となる．

$$V_{d1} = \boxed{(1)} \quad \cdots\cdots\cdots ①$$

正の電圧 $V_{d1}$ は，制御遅れ角 $\alpha$ を $\boxed{(2)}$ の範囲で制御することにより，変化させることができる．

一方，三相ダイオード整流器の出力直流電圧平均値 $V_{d2}$ は，サイリスタとダイオードとのターンオン動作の違いから，式①において $\alpha = \boxed{(3)}$ 〔rad〕としたときの電圧に等しい．交流電源の電圧に変動がなければ電圧 $V_{d2}$ は $\boxed{(4)}$．さらに，後段の降圧チョッパの $\boxed{(5)}$ を制御することにより，降圧チョッパの出力直流電圧平均値

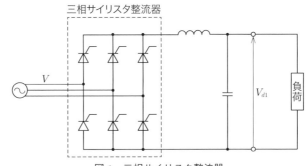

図1　三相サイリスタ整流器

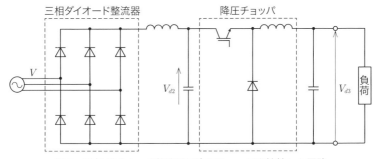

図2　三相ダイオード整流器に降圧チョッパを接続した回路

$V_{d3}$ を変化できる．[(5)] を $d$ とすると，電圧 $V_{d3}$ は次式となる．
$$V_{d3} = d \cdot V_{d2} \cdots\cdots\cdots\cdots\cdots\cdots\cdots\cdots\cdots\cdots\cdots\cdots\cdots\cdots\cdots\cdots\cdots\cdots\cdots\cdots\cdots\cdots ②$$
したがって，図1，図2のいずれの回路でも電圧制御ループを組むことにより，たとえ交流電源の電圧が変動したときでも，負荷の電圧を一定にできる．

【解答群】

(イ) 効率　　　　　　　(ロ) $1.35V\cos\alpha$　　　　　(ハ) $\pi \leqq \alpha \leqq 2\pi$

(ニ) 通流率　　　　　　(ホ) $0.9V\cos\alpha$　　　　　　(ヘ) $0.45V\cos\alpha$

(ト) $\dfrac{\pi}{3}$　　　　　　　(チ) $\dfrac{\pi}{2} \leqq \alpha \leqq \pi$　　　　　(リ) $\dfrac{\pi}{6}$

(ヌ) 変調率　　　　　　(ル) 一定である　　　　　　(ヲ) 0

(ワ) $0 \leqq \alpha \leqq \dfrac{\pi}{2}$　　　　(カ) 負荷電流に比例して増加する

(ヨ) 負荷電流に反比例して減少する

## ■3　　　　　　　　　　　　　　　　　　　　　　　　　　　H21　問6

次の文章は，直流チョッパに関する記述である．文中の　　　に当てはまる最も適切な語句または式を解答群の中から選べ．

図に示すチョッパは，入出力電圧の関係で分類すると [(1)] チョッパである．この図のチョッパに用いられているオンオフ制御バルブデバイス（スイッチングデバイス．以下デバイスと略す．）Q は，その図記号から [(2)] である．

デバイス Q は，T の周期で，$T_{\mathrm{on}}$ の時間はオンし，残りの $T_{\mathrm{off}}$ の時間はオフする．デバイス Q をオンすると，リアクトル $L$ に流れている電源電流 $i_S$ は，電源 S →リアクトル $L$ →デバイス Q →電源 S の経路で流れ，リアクトル $L$ に蓄えられるエネルギーが増加する．

デバイス Q をオフすると，リアクトル $L$ に蓄えられたエネルギーが負荷側に放出され，電源電流 $i_S$ は，電源 S →リアクトル $L$ →ダイオード D →コンデンサ $C$ ・負荷→電源 S の経路を流れる．このとき，電源電流 $i_S$ のリプルが十分に小さく一定値 $I_S$ と見なせると仮定すると，ダイオード D に流れる電流 $i_D$ の平均値 $I_D$ は，次式となる．

$I_D =$ [(3)]

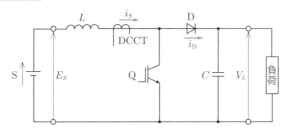

チョッパの出力電圧は，コンデンサ $C$ で十分に平滑化されて一定値と見なせるものとし，その値を $V_L$ とする．チョッパ内での損失がないと仮定すれば，電源 S からチョッパへの入力電力 $E_S \times I_S$ と，チョッパから負荷への出力電力 $V_L \times I_D$ とは等しくなり，これと上記の式から出力電圧 $V_L$ は次式となる．

$V_L = $ ☐(4)

なお，出力電圧制御を行うときは，出力回路にコンデンサがあることからコンデンサの充電電圧を変化させようとしたときの悪影響などを防止するため，マイナループ制御として ☐(5) 制御を加えて行う．

【解答群】

(イ) IGBT　　(ロ) $E_S \times \dfrac{T_{\text{on}}}{T_{\text{off}}}$　　(ハ) $I_S \times \dfrac{T_{\text{on}}}{T}$　　(ニ) 昇降圧

(ホ) $I_S \times \dfrac{T_{\text{off}}}{T}$　　(ヘ) 降圧　　(ト) 電流　　(チ) $I_S \times \dfrac{T_{\text{off}}}{T_{\text{on}}}$

(リ) MOSFET　　(ヌ) 電力　　(ル) $E_S \times \dfrac{T}{T_{\text{off}}}$　　(ヲ) 電圧

(ワ) 昇圧　　(カ) $E_S \times \dfrac{T}{T_{\text{on}}}$　　(ヨ) GTO

## ■4　　　　　　　　　　　　　　　　　　　　　　　　　　R3　問2

次の文章は，インバータの動作に関する記述である．文中の ☐ に当てはまる最も適切なものを解答群の中から選べ．

図1にハーフブリッジ電圧形インバータに負荷を接続した回路図を示す．図2には負荷にかかる交流電圧 $v_0$ と負荷に流れる定常状態の交流電流 $i_0$ の波形を示す．

電圧形インバータでは，スイッチングデバイス $Q_1$ と $Q_2$ に交互にオン信号とオフ信号を与える．図2の期間Bは ☐(1) 期間に相当する．

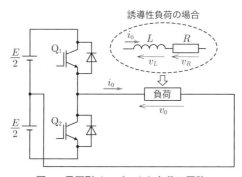

図1　電圧形インバータと負荷の回路

ここで負荷が誘導性の場合を考える．図2の交流電流 $i_o$ の波形は，負荷の種類（抵抗，誘導性，容量性）に応じて流れる電流波形を順不同に示しているが，負荷が誘導性の場合に電圧 $v_o$ に対して流れる電流 $i_o$ としてとり得る波形は図2 (2) である．このときに，負荷の内で抵抗 $R$ にかかる電圧 $v_R$ の波形は図3 (3) である．また，インダクタンス $L$ にかかる電圧 $v_L = v_o - v_R$ の波形は図4 (4) である．図2の電圧 $v_o$ と図2 (2) の電流 $i_o$ において，高調波成分を除いた基本波成分の電圧 $v_f$ と電流 $i_f$ の関係は，電圧 $v_f$ に対して (5) の電流 $i_f$ が流れている．

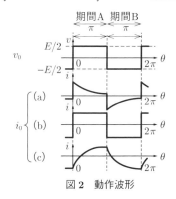

図2 動作波形

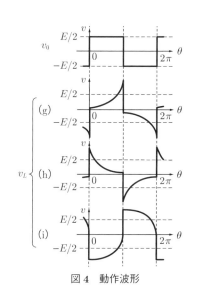

図4 動作波形

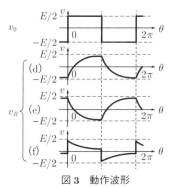

図3 動作波形

【解答群】
(イ) 遅れ位相　　　　(ロ) 進み位相　　　　(ハ) 同位相　　　　(ニ) (a)
(ホ) (b)　　　　　　(ヘ) (c)　　　　　　(ト) (d)　　　　　　(チ) (e)
(リ) $Q_2$ にオン信号を与える　　(ヌ) (f)　　　　　　(ル) (g)
(ヲ) $Q_1$ にオン信号を与える　　(ワ) (h)　　　　　　(カ) (i)
(ヨ) $Q_1$ に負荷電流が流れる

パワーエレクトロニクス

■ 5 ══════════════════════════════════════ H11 問6

次の文章は，周波数変換方式に関する記述である．文中の □□□□ に当てはまる語句または数値を解答群の中から選べ．

半導体バルブデバイスを用いた交流電力の周波数変換方式には，間接形と直接形がある．

間接形は，入力電源の交流電力を一度直流電力に □(1)□ 変換し，この電力をインバータにより入力電源と異なる周波数の交流電力に変換する方式である．低い周波数から高い周波数まで □(2)□ 的に制御できる．

直接形は，サイクロコンバータと呼ばれ，各相ごとに 2 組のサイリスタ整流回路を □(3)□ に接続し，これを制御することにより，入力電源の交流電力を周波数の異なる交流電力に直接変換する方式である．変換 □(4)□ は優れているが，出力周波数が高くなるにつれて出力波形が正弦波からずれてくるので，実用的には出力周波数の上限は入力周波数の □(5)□ 程度である．

【解答群】

| | | | | |
|---|---|---|---|---|
| （イ）相対 | （ロ）直列 | （ハ）効率 | （ニ）交番 | （ホ）1/5 |
| （ヘ）逆並列 | （ト）連続 | （チ）並列 | （リ）逆 | （ヌ）1/10 |
| （ル）段階 | （ヲ）順 | （ワ）比率 | （カ）周波数 | （ヨ）1/3 |

282

# 7章

章

# 電動力応用

学習のポイント

本分野では，電気鉄道に関する電動機制御方式，回生ブレーキ，電食対策，リニアモータが，電動力応用では送風機の風量制御に関する語句選択式の問題が出題されている．計算問題はほとんどなく，基本的な知識を問われる．電験3種ではあまり出題されない電気鉄道が出題される．他の章の分野に比べて出題数は少なめではあるが，本書により効率的に基本事項を理解し，重要事項を押さえておくとよい．

# 7-1 電気鉄道

**攻略の
ポイント**

本節に関して，電気鉄道の電動機制御方式や回生ブレーキ，電食等の障害，リニアモータに関する知識を問う出題がされている．

## 1 電気鉄道の電動機制御

### (1) 直流直巻電動機 – 抵抗制御方式

電気鉄道用の電動機は，大きな始動トルクを必要とする．そのため，電気鉄道の利用開始当初より長らく（1980 年代まで），低速でトルクが大きく，速度制御が容易な**直流直巻**電動機が使用されてきた．その制御には，抵抗制御方式が使われてきた．この方式は，制御そのものは簡単だが，抵抗での発熱が大きく，エネルギー効率が悪いことや，整流子の摩耗といった保守上の欠点がある．

### (2) 直流直巻電動機 – チョッパ制御方式

1970 年代より，パワーエレクトロニクス技術の発展により，サイリスタを使用した**チョッパ制御**が用いられるようになった．これは電源電圧を高速でスイッチングして刻むチョッパ回路を主回路に繋いで電圧制御を行うものである．抵抗制御方式と同等以上に直流電動機のきめ細かい制御が可能となり，抵抗器の省略による始動時の損失低減と**電力回生**ブレーキによる省エネルギー化が図られ，総合的なエネルギー変換効率の向上が進んだ．

### (3) 誘導電動機 – インバータ制御

近年は，GTO や IGBT などのパワー半導体デバイスが開発されたことから，これらを用いて，構造が簡単で堅ろう，保守が容易な**三相かご形誘導電動機**を制御することが一般的になっている．

これにより，車両保守の省力化，車両装置の小形・軽量化，および車両の高性能化が図られている．大容量の**可変電圧・可変周波数（VVVF）インバータ** 1 台で複数台の**誘導電動機**の運転が可能である．この方式には，車輪径のばらつきやレールと車輪間の粘着差によるそれぞれの車輪の回転速度差を電動機の**滑り**で吸収できる特長がある．

この制御方式では，図 7・1 に示すように，電動機の回転速度に応じて，定加速域，定出力域，特性域の 3 種類の制御を行っている．

## ①定加速域

可変電圧可変周波数変換装置の出力電圧を $V$, 出力周波数を $f$, 電動機電流を $I_M$, 滑り周波数を $f_s$ とすると，定加速域では，**$V/f$ 一定・$I_M$ 一定・$f_s$ 可変**制御を行う．$V/f$ 一定制御であるため，トルクは一定となる．速度が上がり，電圧が定格電圧まで上昇すると，$V/f$ 一定制御はできなくなるので，電圧一定制御を行う定出力域になる．

## ②定出力域

定出力域では **$V$ 一定・$I_M$ 一定・$f_s$ 可変**制御を行う．電圧・電流が一定であるので出力は一定である．この領域では，滑り周波数を増加させることで加速することができる．出力が一定のためトルクは速度に反比例する．

## ③特性域

低出力域では，滑り周波数は一定程度まで増加すると，停動トルクに近づくため，安定運転のためにそれ以上増加できなくなる．この領域を特性域といい，**$V$ 一定・$f_s$ 一定制御**が行われる．トルクは速度の二乗に反比例して減少していく．

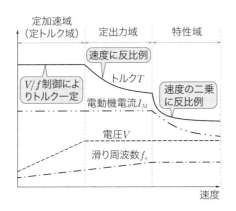

**図7・1** 電気鉄道　誘導電動機制御

## 2 回生ブレーキ

電気鉄道の制動において，駆動用の電動機を用いて，運動エネルギーを**電気エネルギー**に変換する方式を**回生ブレーキ**という．変換されたエネルギーは，電気鉄道では架線・レールを通じて，電力を要する他の列車により消費される．この方式で

制動をかける列車を**電力回生車**という．また，電気鉄道の加速または上がり勾配で
近郊速度を保つことを力行という（自動車におけるアクセル動作に相当）．回生ブ
レーキで電力を受け取る列車は**力行車**（力行中の列車）である．

　回生ブレーキで，他の列車で電気エネルギーを消費できないことを**回生失効**とい
う．その場合には，**制動**する車両の電動機を用いて変換した**電気エネルギー**を車上
の抵抗で消費する方法などが用いられる．

　広く使われているかご形の回生ブレーキでは，1インバータで複数台の回生ブ
レーキを駆動する方式が主流である．

　直流電気鉄道の場合，通常の直流用変電所では，ダイオード整流器は直流側から
交流側への**逆変換**ができない．そのため，電力回生車のブレーキの電力を**力行車**で
消費しきれない場合には回生失効を招くことになる．回生失効防止策としては，自
励整流装置やインバータなどを設備し，交流側へ逆変換させる方法のほか，直流側
に**電力貯蔵装置**を適用する方法がある．日本では電力貯蔵装置としてフライホイー
ル，二次電池，**キャパシタ**が実用化されている．首都圏のように電車密度の高い路
線では，回生車の電力は力行車で有効利用され，貯蔵装置は設置されていないが，
電車の**運行間隔**が5〜10分程度の都市近郊区間を中心に貯蔵装置の設置が進められ
ている．

## 3　電気車への電力供給方式

　変電所から，電気車に対して電力を供給することを**き電**という．き電方式には，
**直流き電方式**と**交流き電方式**とがある．

### (1) 直流き電方式

　直流き電方式の回路構成を図7・2に示す．直流き電方式では，数kmごとに設置
される変電所の整流器から線路に直流で電力が供給される．電気車コストや絶縁離
隔の点から，運転頻度の高いエリアや地下鉄では直流き電方式が交流き電方式と比
べて有利である．直流き電方式では，後述する**電食**が問題となる．

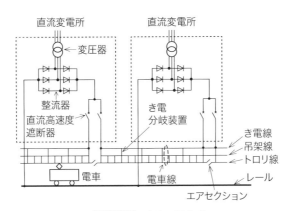

図7・2　直流き電方式

### (2) 交流き電方式

都市間輸送や新幹線などでは，変電所間隔を長くとり，大電流を流せる交流き電方式が直流き電方式と比べて有利である．

交流き電方式には，図7・3に示すように，直接き電方式，BTき電方式，ATき電方式などがある．変電所間隔が大きくでき，かつ，通信誘導障害にも比較的有利な**ATき電方式**（AT：単巻変圧器）が多く採用されている．

直接き電方式は，回路構成が簡単で経済性はよいが，帰線電流を全区間に渡りレールに流すことから通信線への誘導障害が大きく，日本ではほぼ採用されていない．

**BTき電方式**（BT：吸上変圧器）は，交流電化された当初より普及した方式で，吸上変圧器によりレールを流れる電流を負き電線に吸い上げることで通信線への誘導障害を軽減できる．しかし，約4kmごとに設けるBTセクションでアークが生じ架線を損傷する等の問題があったことから，BTセクションの不要なATき電方式が主流となった．

交流き電方式の変電所では，三相交流を位相が異なる二つの単相交流に変換する．単相負荷が三相電源系統に及ぼす不平衡を軽減するため，スコット結線変圧器や変形ウッドブリッジ結線変圧器が使用される．154kV以下系統から受電する場合には，中性点接地が不要であることから，き電変圧器に，図7・4に示すような**スコット結線変圧器**を用いる．新幹線の変電所のように275kV系統から受電する場合は，図7・5に示すような，**変形ウッドブリッジ結線変圧器**を使用し，中性点を接地する

# 電動力応用

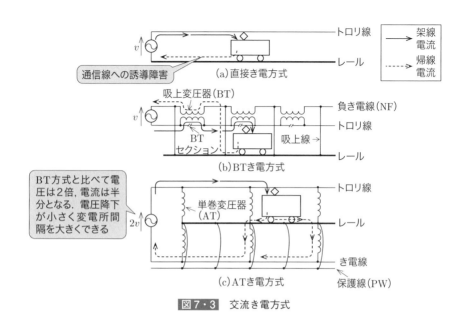

図7・3　交流き電方式

ことにより経済的な絶縁レベルとしている．なお，スコット結線変圧器で中性点を接地すると，負荷の不平衡がある場合に中性点電流が流れ，通信線への誘導障害を生じるおそれがある．変形ウッドブリッジ結線変圧器は，不平衡負荷による電源への不平衡を軽減し中性点電流を流さない．近年では，昇圧用変圧器が不要で設備を簡素化できるルーフデルタ結線変圧器も用いられている．

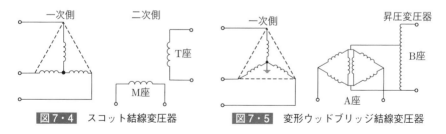

図7・4　スコット結線変圧器　　図7・5　変形ウッドブリッジ結線変圧器

## （3）漏れ電流等による障害と対策

直流き電方式および交流き電方式のどちらの方式においても，電流の帰路であるレールからの**漏れ電流**が種々の障害を発生させる場合がある．

## ①電食

直流き電方式では,線路に近接して水道管などの地中埋設金属があると,図7·6に示すように,漏れ電流は大地より抵抗の低い地中埋設金属を通り,変電所付近で流出してレールに帰る.その際,地下水が**電解液**として働き,地中埋設金属からの電流流出部位が電気化学的に腐食する.このような現象を**電食**という.

電食対策としては,鉄道設備における対策としては,レールからの漏れ電流を減らすために,変電所間隔の短縮,帰線抵抗の低減などが行われる.また,埋設管などにおける対策としては,**流電陽極**や**排流器**の設置などが行われる.流電陽極については,図7·7に示すように,埋設管よりイオン化傾向の高い金属(流電陽極)を設置して,埋設管と電気的に接続することで,電気化学的腐食を埋設管ではなく流電陽極で起こさせる.流電陽極の腐食が進めば交換する必要がある.排流器は,図7·8に示すように,埋設金属管に流入した漏れ電流を大地に流出させずレールに戻す装置である.排流方式としては,埋設金属管の電位がレールよりも高い時にレールに電流を戻す選択排流器を用いるのが一般的である.

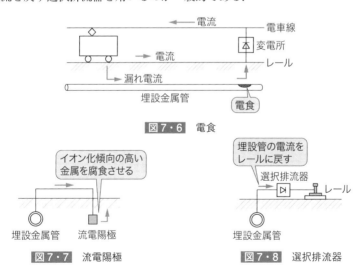

図7·6 電食

図7·7 流電陽極

図7·8 選択排流器

## ②通信誘導障害

交流き電方式においても,**漏れ電流**があるため,架線を流れる電流とレールを流れる電流とが**等しくない**ことから,併設された電話線に影響を及ぼす通信誘導障害を発生させる場合がある.この対策として,BT方式やAT方式の採用によるレー

電動力応用

ルからの漏れ電流の低減，通信線のき電回線からの離隔確保や通信線ケーブル化による金属遮蔽等がある．

### ③電波ノイズ

漏れ電流以外に電気鉄道周辺に影響を及ぼすものとして，パンタグラフの**離線**によって生じるアーク放電に起因する電波がある．通常パンタグラフは架線に対して押し付けられ，接触を保ったまま電車は移動する．しかし，この接触力は変動するので，変動が一定以上大きくなると，パンタグラフと架線が離れ（離線），アーク放電に至る．発生するアークにより架線やすり板が損耗するだけでなく，電波を生じ，ラジオ放送，テレビ放送，無線通信などにノイズとして混入する場合がある．

## 4 リニアモータ

リニアモータとは，可動体に直線的な運動をさせる力を与える駆動装置である．回転形モータを半径方向に切り開いて展開した構造となっている．近年は工場内輸送装置，鉄道の駆動システムなどの移動体のドライブに実用化されている．リニアモータには，リニア誘導モータとリニア同期モータがある．

### (1) リニア誘導モータ

リニア誘導モータ（LIM：Linear Induction Motor）は，回転形誘導電動機を切り開き展開した構造をしている．

移動磁界を作る電機子巻線を設ける方を一次側，誘導電流を流すための導体を設ける方を二次側という．可動体（電気鉄道の場合は，車両）は固定部（電気鉄道の場合は線路）よりも短いことから，可動子が一次側になる場合を短一次形，固定子が一次側となる場合を長一次形という．電気鉄道では，長一次形とすると線路全体に電機子巻線を設ける必要があり高コストとなることから，車両を一次側とする短一次形が多く用いられる．

電気鉄道で多く用いられる短一次片側リニア誘導モータでは，一次側は**積層鉄心**に電機子巻線が施され，二次側は磁路を形成するための鉄心の上にアルミニウム，銅等の非磁性導体板をかぶせた構造で，**リアクションプレート**と呼ばれる．

その動作原理は回転形誘導電動機と同様で，一次側巻線の三相交流電流が作る移動磁界に対して二次導体に磁束の変化を妨げる向きに**渦電流**を生じ，これと移動磁界との相互作用によって，フレミング左手の法則にしたがう方向に推力が発生する．リニア誘導モータでは，二次側に導体を設けるだけなので構造が簡単である．また，

7-1 電気鉄道

進行磁界と非同期で動くので，駆動のために速度検知や位置検知を行う必要がない．国内の鉄道では，LIM は常電導磁気浮上式鉄道および小断面地下鉄に適用されている．

## (2) リニア同期モータ

一方，リニア同期モータ（LSM）は，一次側巻線の三相交流電流が作る移動磁界の速度に同期して**界磁磁極**のある可動体側が同期速度で移動する．LSM は三相交流周波数を上げて高速とした場合でも推力特性は良好である．国内の鉄道では，LSMは超電導磁気浮上式鉄道に適用されている．

---

**例題 1** ............................................................... H28　問5

次の文章は，直流電気鉄道における電動機制御に関する記述である．文中の [＿＿＿] に当てはまる最も適切なものを解答群の中から選べ．

直流電気鉄道用の電動機には，大きな始動トルクを必要とすることから，かつては主として直流 [ (1) ] 電動機が採用されてきた．直流電動機の抵抗制御は古くから使われてきた方式で，構成は簡単であるがエネルギー効率が悪い欠点をもっていた．その後パワーエレクトロニクス技術で使用した [ (2) ] が導入されるに至り，よりきめ細かい直流電動機の制御が可能となり，抵抗器の省略による始動時の損失低減と [ (3) ] ブレーキによる省エネルギー化が図られ，総合的なエネルギー変換効率の向上が進んだ．

現在の新製車両には，車両保守の省力化，車両装置の小形・軽量化，および車両の高性能化が可能な [ (4) ] 電動機方式が多く採用されている．この方式では，大容量の電力変換装置一台で複数台の [ (4) ] 電動機を駆動しており，車輪径のばらつきやレールと車輪間の粘着差によるそれぞれの車輪の回転速度差を電動機の [ (5) ] で吸収できる特長をもっている．

【解答群】

(イ) ブラシレス　　(ロ) 界磁電流　　(ハ) 電磁　　　　(ニ) 誘導

(ホ) 内部相差角　　(ヘ) 電力回生　　(ト) 位相制御　　(チ) 直巻

(リ) ディスク　　　(ヌ) 同期　　　　(ル) 永久磁石　　(ヲ) 直並列制御

(ワ) 分巻　　　　　(カ) 滑り　　　　(ヨ) チョッパ制御

---

**解 説**　本節 1 項で解説しているので，参照する．

【解答】(1) チ　(2) ヨ　(3) ヘ　(4) ニ　(5) カ

7章

電動力応用

電動力応用

---

**例題2** ·············································· R5　問2

　次の文章は，電気鉄道・電気自動車における電動機制御に関する記述である．文中の　　　　に当てはまる語句を解答群の中から選べ．

　電気鉄道や電気自動車は，搭載された電動機により車輪・タイヤに回転力を伝え，レールや路面と車輪・タイヤとの摩擦により駆動する．電気自動車では，永久磁石同期電動機が主流であるが，電気鉄道では，かご形の　(1)　が現在広く使われており，1インバータで複数台の　(1)　を駆動する方式が主流である．また，　(2)　する際に，駆動用の電動機を用いて，運動エネルギーを　(3)　に変換する方式がある．変換されたエネルギーは，電気鉄道では架線・レールを通じて他の列車により消費され，電気自動車では　(4)　に蓄えられる．この制動方法のことを　(5)　と呼び，エネルギーの再利用が可能である．しかし，電気自動車の　(4)　が満充電である場合には，　(5)　を利用する事は出来ないため，このようなときには，従来の摩擦によるブレーキに切り替える制御が用いられる．また，電気鉄道では，他の列車により　(3)　を消費できない場合には，　(2)　する車両の電動機を用いて変換した　(3)　を車上の抵抗で消費する方法などが用いられている．

【解答群】

| | | |
|---|---|---|
| (イ) 直流直巻電動機 | (ロ) 誘導電動機 | (ハ) 巻線界磁同期電動機 |
| (ニ) 力行 | (ホ) 制動 | (ヘ) 始動 |
| (ト) 位置エネルギー | (チ) 電気エネルギー | (リ) 熱エネルギー |
| (ヌ) エンジンブレーキ | (ル) 回生ブレーキ | (ヲ) 空気ブレーキ |
| (ワ) バッテリー | (カ) 燃料タンク | (ヨ) 充電器 |

---

**解　説**　　(1) (2) (3) (5) 本節2項で解説しているので，参照する．

(4) 電気自動車では，回生ブレーキにより運動エネルギーから変換された電気エネルギーを搭載したバッテリーに貯蔵する．満充電の場合には，従来の摩擦によるブレーキに切り替えられる．

【解答】(1) ロ　(2) ホ　(3) チ　(4) ワ　(5) ル

## 7-1 電気鉄道

**例題3** ......................................................... **H27　問3**

　次の文章は，電気鉄道の電力回生車の導入に関する記述である．文中の◻︎◻︎に当てはまる最も適切なものを解答群の中から選びなさい．

　直流電気鉄道においては，ブレーキ時に電動機を発電機として動作させ，電力を架線に戻す電力回生車の導入が増えている．しかしながら，通常の直流電気鉄道の変電所では，ダイオード整流器は直流側から交流側への　(1)　ができないため，電力回生車のブレーキの電力を　(2)　で消費しきれない場合には　(3)　を招くことになって，エネルギーの有効活用が阻害される．　(3)　防止策としては，自励整流装置やインバータなどを設備し，交流側へ　(1)　させる方法のほか，直流側に電力貯蔵装置を適用する方法がある．日本では電力貯蔵装置としてフライホイール，二次電池，　(4)　が実用化されている．

　首都圏のように電車密度の稠密（ちゅうみつ）な路線では，回生車の電力は　(2)　で有効利用され，貯蔵装置は設置されていない．貯蔵装置は，電車の　(5)　が5〜10分程度の都市近郊区間を中心に設置が進められている．現在我が国の直流電気鉄道では，変電所や鉄道沿線に20か所程度の電力貯蔵装置が設備されている（2013年度末）．

**【解答群】**

|  |  |  |
|---|---|---|
| （イ）単独運転 | （ロ）沿線配電負荷 | （ハ）燃料電池 |
| （ニ）停車時間 | （ホ）連続制御 | （ヘ）逆変換 |
| （ト）回生失効 | （チ）キャパシタ | （リ）電圧低下 |
| （ヌ）力行車 | （ル）力行時間 | （ヲ）運行間隔 |
| （ワ）SMES | （カ）トロリ線 | （ヨ）ブレーキ故障 |

**解　説**　本節2項で解説しているので，参照する．

【解答】(1) ヘ　(2) ヌ　(3) ト　(4) チ　(5) ヲ

**7章**

**電動力応用**

電動力応用

## 例題 4 ······························································ H23　問 4

　次の文章は，電気鉄道のき電システムに関する記述である．文中の　　　　に当てはまる最も適切なものを解答群の中から選びなさい．

　電気鉄道のき電方式には直流き電方式および交流き電方式がある．わが国では両方式ともレールを電流の帰路とするため，レールからの　(1)　が種々の障害を発生させる場合がある．

　直流き電方式では，線路に近接して水道管などの地中埋設金属があると，　(1)　は大地より抵抗の低い金属体を通り，変電所付近で流出してレールに帰るため，地下水が　(2)　として働き，流出部分が腐食する．

　このような現象を電食といい，これを防止するために，変電所間隔の短縮，帰線抵抗の低減，流電陽極や　(3)　の設置などが行われる．

　交流き電方式では，この　(1)　があるため，架線を流れる電流とレールを流れる電流とが　(4)　ので，併設された電話線に影響を及ぼす通信誘導障害を発生させる場合がある．

　また，　(1)　以外に電気鉄道周辺に影響を及ぼすものとして，パンタグラフの　(5)　によって生じるアーク放電に起因する電波があり，ラジオ放送，テレビ放送，無線通信などにノイズとして混入する場合がある．

【解答群】
(イ) 離線　　　　(ロ) 加算される　(ハ) 培養液　　(ニ) 緩衝液　　　　(ホ) 排流器
(ヘ) 等しい　　　(ト) 漏れ電流　　(チ) 減線　　　(リ) 等しくない　　(ヌ) 励磁電流
(ル) 無効電流　　(ヲ) 電解液　　　(ワ) 変流器　　(カ) 転線　　　　　(ヨ) 排障器

> **解　説**　本節 3 項で解説しているので参照する．
>
> 【解答】 (1) ト　(2) ヲ　(3) ホ　(4) リ　(5) イ

7-1 電気鉄道

## 例題 5 ......................................................... H18 問 5

次の文章は，リニア誘導モータ（LIM）に関する記述である．文中の [　　] に
当てはまる語句を解答群の中から選べ．

リニア誘導モータ（LIM：Linear Induction Motor）は，回転形誘導電動機を半径
方向に切り開いて，平面展開したような構造となっており，工場内搬送装置や列車の
駆動などに用いられている．

短一次片側リニア誘導モータでは，通常，一次側は [(1)] に電機子巻線が施さ
れ，二次側は磁路を形成するための鉄心の上にアルミニウムか銅の非磁性導体板をか
ぶせた [(2)] プレート形の二次導体から構成されている．

リニア誘導モータの動作原理は，回転形誘導電動機と同様で，一次側の電機子巻
線に三相交流電流を供給すると，進行磁界を発生する．この磁束が変化すると，二次
導体に磁束の変化を妨げる向きに [(3)] を生じ，これと進行磁界との相互作用に
より，[(4)] の法則に従う方向に推力が発生する．

このようなリニア誘導モータは，二次側に導体のみを設備すればよく，構造が簡
単であり，また，進行磁界と [(5)] 動くので，駆動のために必ずしも速度検知や
位置検知を行う必要がない．

【解答群】
(イ) 積層鉄心　　　(ロ) 共振して　　　(ハ) 渦電流　　　　(ニ) フレミング右手
(ホ) アクション　　(ヘ) 横軸電流　　　(ト) 塊状鉄心　　　(チ) 非同期で
(リ) ファラデー　　(ヌ) 同期して　　　(ル) フレミング左手　(ヲ) 受動
(ワ) 励磁電流　　　(カ) 巻鉄心　　　　(ヨ) リアクション

**解 説**　本節 4 項で解説しているので参照する．

【解答】(1) イ　(2) ヨ　(3) ハ　(4) ル　(5) チ

7 章

電動力応用

295

# 7-2 電動力応用

**攻略の
ポイント**　本節に関して，出題頻度は低いものの，送風機（ターボ形送風機）に関する風量制御と熱損失，始動時には生じる熱損失に関する知識を問う出題がされている．

## 1 電動力応用の基本

### (1) 回転体にかかるトルク

回転体にかかるトルクは，加える力を $F$〔N〕，回転半径を $r$〔m〕とすると次式で表される．

$$T = Fr \text{〔N·m〕} \tag{7·1}$$

電動機等により回転体に対して加えた動力（仕事率）$P$ は，周速度を $v$〔m/s〕，角速度 $\omega$〔rad/s〕とすると，次式で表される．

$$\boldsymbol{P = Fv = Fr\omega = \omega T} \text{〔W〕} \tag{7·2}$$

### (2) 回転運動エネルギー

質量 $m$〔kg〕の物体が周速度 $v$〔m/s〕，角速度 $\omega$〔rad/s〕，回転半径 $r$〔m〕で円運動をしているときの運動エネルギーは次式で表される．

$$E = \frac{1}{2}mv^2 = \frac{1}{2}m(r\omega)^2 = \frac{1}{2}mr^2\omega^2 \text{〔J〕} \tag{7·3}$$

ここで，$J = mr^2$〔kg·m²〕とすると，式（7·3）は次式で表される．

$$\boldsymbol{E = \frac{1}{2}J\omega^2} \text{〔J〕} \tag{7·3}'$$

この $J = mr^2$ を**慣性モーメント**といい，物体の回されにくさを表す．

また，回転直径を $D = 2r$〔m〕，質量 $G = m$〔kg〕とすると，$\boldsymbol{GD^2 = 4J}$〔kg·m²〕と表すことができる．この $\boldsymbol{GD^2}$ を**はずみ車効果**と呼ぶ．はずみ車効果は慣性モーメントと同じく物体の回されにくさを表し，単位も同じである．

### (3) 回転体の運動方程式

慣性モーメントを $J$〔kg·m²〕，角速度を $\omega$〔rad/s〕，電動機トルクを $T_M$〔N·m〕，負荷トルクを $T_L$〔N·m〕とすると，回転体の運動では次式が成り立つ．

$$\boldsymbol{J\frac{d\omega}{dt} = T_M - T_L} \tag{7·4}$$

$T_M - T_L$ は加速トルクと呼ばれる．加速トルク $T$〔N·m〕が一定と仮定し，角速

296

度 $\omega$ に達するまでの時間（始動時間）を $t_\omega$ として，時間 $t$ で式 (7・4) の両辺を積分すると

$$\int_0^\omega J d\omega = \int_0^{t_\omega} T dt$$

$$J\omega = T t_\omega$$

$$\therefore t_\omega = \frac{J}{T}\omega \tag{7・5}$$

よって，始動時間は，慣性モーメントに比例し，加速トルクに反比例する．

### (4) 安定運転

図 7・9 に示すように，電動機のトルク特性曲線と負荷トルク曲線が交差する点で一定の運転速度（平衡速度）$N_0$ に落ち着き，定常運転となる．

始動時には，電動機トルク $T_M$（始動トルク）を負荷トルク $T_L$ よりも大きくする必要がある．

定常運転中，負荷変動等により，回転速度 $N$ が $N_0$ からずれることもある．$N$ が $N_0$ よりも下がる場合，$T_M > T_L$ であれば電動機は加速し，速度 $N$ は $N_0$ に戻り安定である．また，$N$ が $N_0$ よりも上がる場合，$T_M < T_L$ であれば電動機は減速し，速度は $N_0$ に戻り，安定である．

逆に，$N$ が $N_0$ よりも下がる場合に，$T_M < T_L$ であれば，電動機はさらに減速してしまい不安定である．また，$N$ が $N_0$ よりも上がる場合に，$T_M > T_L$ であれば，電動機はさらに加速してしまい，不安定である．

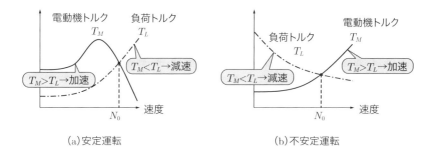

図 7・9　安定運転と不安定運転

## 2 電動機の応用機器

### (1) 負荷のトルク特性

電動機の負荷は大別すると，定トルク負荷，低減トルク負荷，定出力負荷の三つがある．各負荷の速度に対する動力とトルクの特性を図7・10に示す．

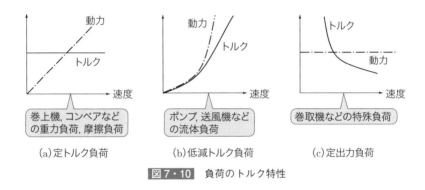

図7・10　負荷のトルク特性

①**定トルク負荷**

式（7・2）より，$P = \omega T$〔W〕なので，定トルク負荷では，図7・10（a）に示すように，**回転速度に比例**した動力を供給する必要がある．

定トルク特性を持つ負荷は，巻上機等の重力負荷やコンベア等の摩擦負荷である．

②**低減トルク負荷**

低減トルク負荷は，図7・10（b）に示すように，**回転速度の二乗に比例**したトルクの負荷である．トルクを$T$〔N・m〕，回転速度を$N$〔min$^{-1}$〕とすると，$T \propto N^2$となる．

式（7・2）より，$P = \omega T$である．$\omega \propto N$，$T \propto N^2$より，$P \propto N^3$であり，動力$P$は**回転速度の三乗**に比例する．

低減トルク特性を持つ負荷は，ポンプや送風機等の流体負荷である．

③**定出力負荷**

定出力負荷は，図7・10（c）に示すように，出力が一定の負荷である．

式（7・2）より，$P = \omega T$であるが，これを変形すると，$T = P/\omega$となる．$P$が一定なので，$T \propto \dfrac{1}{\omega} \propto \dfrac{1}{N}$であり，**トルクは回転速度に反比例**する．

定出力特性を持つ負荷は，巻取機等の特殊負荷である．

## (2) 各負荷の所要動力

### ①クレーン・巻上機

巻き上げる荷物の質量を $M$〔t〕，垂直方向の巻上速度を $v$〔m/s〕とすると，式 (7·2)
より，理論動力 $P_0$ は次式で表される．

$$P_0 = Fv = 9.8Mv \text{〔kW〕}$$

巻上装置の効率を $\eta$ とすると，所要動力 $P$ は次式で表される．

$$P = \frac{P_0}{\eta} = \frac{9.8Mv}{\eta} \text{〔kW〕}$$

### ②ポンプ

ポンプの毎分の揚水量を $Q$〔m³/min〕，全揚程を $H$〔m〕とすると，式 (7·2) より，
理論動力 $P_0$ は次式で表される．

$$P_0 = Fv = \frac{9.8QH}{60} \cdot 10^3 \text{〔W〕} = \frac{9.8QH}{60} = \frac{QH}{6.12} \text{〔kW〕} \qquad (7 \cdot 6)$$

ポンプの効率を $\eta$，設計上の余裕係数を $k$（1.1〜1.2 程度）とすると，所要動力
$P$ は次式で表される．

$$P = \frac{P_0}{\eta} = \frac{9.8kQH}{60\eta} = \frac{kQH}{6.12\eta} \text{〔kW〕} \qquad (7 \cdot 7)$$

### ③送風機

送風機の毎分の風量を $Q$〔m³/min〕，風圧を $H$〔Pa〕，送風管の断面積を $S$〔m²〕，
空気の密度を 1 kg/m³ とすると，断面に加わる力 $F$ は次式で表される．

$$F = SH \text{〔N〕} \qquad (7 \cdot 8)$$

空気の移動速度 $v$ と送風管の断面積の積は一秒間の風量と等しいので次式が成り
立つ．

$$Sv = \frac{Q}{60} \text{ よって，} v = \frac{Q}{60S} \text{〔m/s〕} \qquad (7 \cdot 9)$$

式 (7·2)，式 (7·8)，式 (7·9) より，理論動力 $P_0$ は次式で表される．

$$P_0 = Fv = SH \cdot \frac{Q}{60S} = \frac{QH}{60} \text{〔W〕} = \frac{QH}{60\,000} \text{〔kW〕}$$

送風機の効率を $\eta$，設計上の余裕係数を $k$ とすると，所要動力 $P$ は次式で表さ
れる．

$$P = \frac{P_0}{\eta} = \frac{kQH}{60\,000\eta} \, [\mathrm{kW}] \tag{7・10}$$

## (3) 送風機の種類

送風機は，羽根車を回転させて風を送り出す装置である．送風機は羽根車の形状によって，遠心送風機，軸流送風機，斜流送風機，横断流送風機に分類できる．

### ①遠心送風機

**遠心送風機**は，図7・11 (a) に示すように，ファンの軸方向から空気が入り，遠心方向に送り出す．代表的なファンに，シロッコファン（多翼ファン），ターボファンなどがある．

**シロッコファン**は，回転方向に対して前向きの複数の羽根がついている．小形・安価だが効率は悪い．ダクト用換気扇など小形で風量・風圧を必要とするところに用いられる．

**ターボファン**（ターボ形送風機）は，回転方向に対して後ろ向きの強度の高い羽根がついている．大型・高価だが効率がよい．一般に**風量**が大きく，それに伴って**翼車**（**羽根車**）の直径も大きくなるため，慣性モーメントが他の負荷機械に比べて大きい場合が多い．

### ②軸流送風機

**軸流送風機**は，図7・11 (b) に示すように，ファンの軸方向から空気が入り，軸方向に空気を送り出す．代表的なものに，プロペラファンがある．低圧力で大風量を要するところに適し，換気扇などで用いられる．

### ③斜流送風機

**斜流送風機**は，遠心送風機と軸流送風機の中間的な構造・性能を持つ送風機であ

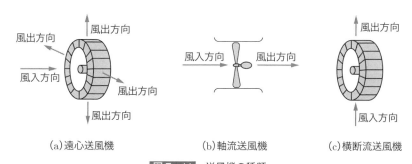

(a)遠心送風機　　　(b)軸流送風機　　　(c)横断流送風機

**図7・11** 送風機の種類

る．軸方向から空気が入り，軸方向から遠心方向に広がって空気を送り出す．ダクトの中継用ファンとして多く用いられる．

④ **横断流送風機**

**横断流送風機**は，図7・11 (c) に示すように，ファンの軸に対して垂直方向から，軸を巻き込むように空気が入り，軸の垂直方向に送り出す．幅広く空気を送り出すのに適する．エアコンなどに用いられる．

### (4) 送風機の風量制御
#### ① $QH$ 曲線と送風抵抗曲線

送風機の $QH$ 曲線は，回転速度を一定としたときの風量と風圧の関係を表す．また，送風抵抗曲線は，風量による摩擦や渦流による損失圧力を表す．送風機は，$QH$ 曲線と送風抵抗曲線の交点で運転する．図7・12に送風機の $QH$ 曲線と，送風抵抗曲線の例を示す．この例では，送風抵抗曲線1と $QH$ 曲線1の交点 A が運転点となる．

式 (7・10) より，送風機の所要動力 $P$ は $QH$ に比例するので，図7・12の例では面積 $Q_1H_1$ に比例する動力が必要である．

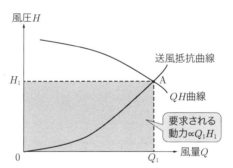

**図7・12** 送風機の $QH$ 曲線と送風抵抗曲線

#### ② 送風機の風量制御

送風機の風量制御では，ダンパ開度で調整する方法と，回転速度で調整する方法がある．

ダンパを絞って風量を下げる場合，図7・13 (a) に示すように，回転速度は $n_1$ のまま変わらないので，運転点は $QH$ 曲線1に沿って，送風抵抗曲線1（ダンパ全開）との交点 A から送風抵抗曲線2（ダンパを絞った状態）との交点 B に移動する．送

風機に要求される動力は面積 $Q_2H_2$ に比例したものとなる．

次に，回転速度を下げて風量を下げる場合，図7・13 (b) に示すように，ダンパ開度は変わらないので，運転点は送風抵抗曲線1に沿って，$QH$曲線1（回転速度 $n_1$）との交点 A から，回転速度を $n_2$ に下げた $QH$ 曲線2との交点 C に移動する．送風機に要求される動力は面積 $Q_2H_3$ に比例したものとなる．

面積 $Q_2H_3$ は面積 $Q_2H_2$ よりも小さく，回転速度を調整する方が，ダンパ開度を調整するよりも，これらの面積の差に相当する電力を節約できる．また，送風機では，所要動力は回転速度の三乗に比例するのでこの差は大きい．

このような送風機の特性に適した駆動方式としては，インバータを用いた三相かご形誘導電動機の可変速駆動が主流となっている．この方式では，電源周波数を制御することで，低速運転時でも**滑りを小さく**できるので，電動機自身の損失を抑えながら回転速度を制御できる．

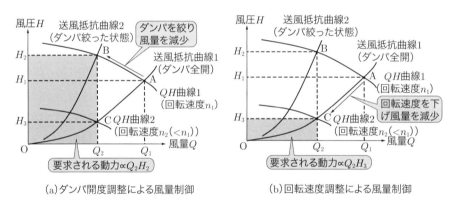

(a) ダンパ開度調整による風量制御　　(b) 回転速度調整による風量制御

図7・13　送風機の風量制御

## (5) ターボファンの始動と損失
### ①ターボファンの始動
ターボファンは風量が多く，羽根車の直径も大きい．そのため，慣性モーメントが大きく，始動電流も大きくなるので，できるだけ軽負荷にするため，送風機**出口側のダンパを閉じて始動する**．

### ②ターボファンの始動時の損失
ターボファンの角速度を $\omega$ は，同期角速度を $\omega_s$ 〔rad/s〕，誘導電動機の滑りを $s$

とすると，次式で表される．

$$\omega = \omega_s(1-s) \ \text{〔rad/s〕} \tag{7・11}$$

式 (7・4)，式 (7・11) より，加速トルク（電動機トルクと負荷トルクの差）を $T$ 〔N・m〕，慣性モーメントを $J$〔kg・m²〕とすると，次式が成り立つ．

$$T = J\frac{d\omega}{dt} = J\frac{d\{\omega_s(1-s)\}}{dt} = -J\omega_s\frac{ds}{dt} \ \text{〔N・m〕} \tag{7・12}$$

なお，送風機出口側のダンパを閉じると，負荷トルクは零となり，電動機トルクがすべて回転体の加速に使われる．

4 章の式 (4・28) に示す通り，二次入力を $P_2$〔W〕，二次銅損を $P_{c2}$〔W〕，機械的出力を $P_0$〔W〕，とすると，これらの関係は次式で表される．

$$P_2 : P_{c2} : P_0 = 1 : s : (1-s) \tag{4・28}$$

式 (7・2)，式 (4・28) より，トルク $T$ は次式で表される．

$$T = \frac{P_o}{\omega} = \frac{P_{c2}(1-s)/s}{\omega_s(1-s)} = \frac{P_{c2}}{s\omega_s} \ \text{〔N・m〕} \tag{7・13}$$

式 (7・13) を式 (7・12) に代入すると

$$\frac{P_{c2}}{s\omega_s} = -J\omega_s\frac{ds}{dt}$$

$$\therefore \ P_{c2} = -J\omega_s{}^2 \cdot s\frac{ds}{dt} \ \text{〔W〕} \tag{7・14}$$

最終回転角速度 $\omega_0$ は同期角速度 $\omega_s$ に近い値となるので $\omega_s \cong \omega_0$ とすると，式 (7・14) は次式で表される．

$$P_{c2} = -J\omega_0{}^2 \cdot s\frac{ds}{dt} \ \text{〔W〕} \tag{7・14}'$$

始動開始（$t=0$）から最終の回転角速度 $\omega_0$〔rad/s〕に達するまでにかかる時間を $t=t_0$ とする．$t=t_0$ における滑りは非常に小さいので $s \cong 0$ として，式 (7・14) の両辺を $t$ で積分すると，回転子における熱損失 $W$ は次式で表される．

$$W = \int_0^{t_0} P_{c2}dt = -J\omega_0{}^2\int_1^0 sds = -J\omega_0{}^2\left[\frac{s^2}{2}\right]_1^0 = \frac{1}{2}J\omega_0{}^2 \ \text{〔J〕} \tag{7・15}$$

よって，始動完了までに $\frac{1}{2}J\omega_0{}^2$〔J〕の熱量が発生する．これは，式 (7・3) に示すように，回転角速度 $\omega_0$ における回転子の運動エネルギーに等しい．

電動力応用

ターボファンのように慣性モーメントが大きいと発生熱量も大きくなるので，かご形巻線の**温度上昇**による影響に留意する必要がある．

### 例題6 　　　　　　　　　　　　　　　　　　　　　　　　　　H15　問7

次の文章は，送風機の風量制御に関する記述である．文中の　　　に当てはまる語句または英数記号を解答群の中から選べ．

図は送風機の運転特性を示す．図において，曲線 $C_1$ および $C_2$ は回転速度が $n_1$ および $n_2$ のときの風量 $Q$ と風圧との関係を示す $QH$ 曲線であり，曲線 $R_1$ および $R_2$ はそれぞれダンパが全開および部分的に絞った状態での送風抵抗曲線である．

送風機が図の点 $a_1$ で運転しているとき，風量を $Q_1$ から $Q_2$ に変更する場合を考える．回転速度を一定とし，ダンパの開度を調節してこれを行うと運転点は　(1)　になり，そこでは面積　(2)　に比例する動力が要求される．一方，同じ風量変更を回転速度を制御して行うと運転点は　(3)　になり，そこでは面積　(4)　に比例する動力が要求される．したがって，回転速度の制御により風量調節を行えば，これらの面積の差に相当する電力が節約できる．ターボ形送風機（後向き羽根ファン）では，効率を一定とすれば回転速度制御時の所要動力は回転速度の三乗に比例するので，その効果は著しい．

このような送風機の特性に適した駆動方式として，インバータを用いた三相かご形誘導電動機の可変速駆動が最近の主流となっている．この方式では低速運転時に滑りが　(5)　ので，電動機自身の損失が低減され，また，始動時に電源に与える影響が少ない．

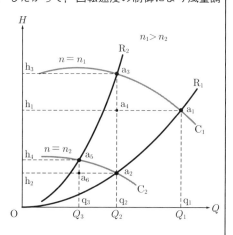

【解答群】
(イ) $a_3h_3Oq_2$　　(ロ) $a_6$　　(ハ) $a_1$　　(ニ) $a_3h_3h_2a_2$
(ホ) $a_4$　　(ヘ) $a_2$　　(ト) $a_5h_4Oq_3$　　(チ) 大きい
(リ) $a_2h_2Oq_2$　　(ヌ) 変わらない　　(ル) $a_2a_6q_3q_2$　　(ヲ) $a_3$
(ワ) $a_5$　　(カ) $a_3h_3h_1a_4$　　(ヨ) 小さい

## 7-2 電動力応用

**解 説** (1) (2) 回転速度が一定で，ダンパ開度を調節することから，運転点は回転速度 $n_1$ における $QH$ 曲線 $C_1$ とダンパ開度調節後の送風抵抗曲線 $R_2$ との交点 $a_3$ に移動する．本文の式（7·10）より，所要動力は風量と風圧の積に比例するので，運転点 $a_3$ で必要な動力は，面積 $a_3 h_3 O q_2$ に比例する．

(3) (4) ダンパ開度を調節せず，回転速度を制御することから，運転点は回転速度 $n_2$ における $QH$ 曲線 $C_2$ とダンパ全開の送風抵抗曲線 $R_1$ との交点 $a_2$ に移動する．運転点 $a_2$ で必要な動力は，面積 $a_2 h_2 O q_2$ に比例する．

(5) 電源周波数を制御するインバータ方式では，滑りが小さい状態で回転速度を制御できるため，電動機の損失を低減できる．

【解答】(1) ヲ (2) イ (3) ヘ (4) リ (5) ヨ

# 章 末 問 題

■ 1 ═══════════════════════════════════════════════════ H26　問 5

次の文章は，電気鉄道の直流電気車に関する記述である．文中の □□□ に当てはまる最も適切なものを解答群の中から選びなさい．

直流電気車の駆動用電動機には大きな □(1)□ が要求され，長い間，直流 □(2)□ 電動機が使用されてきた．

この電動機の制御に古くから使われているのは抵抗制御方式であるが，その後，パワー半導体デバイスの進化によってサイリスタを使用したチョッパ制御が導入され，電動機のきめ細かい制御が可能となり，エネルギー効率も向上した．

現在では，パワー半導体デバイスとして IGBT などを使用した大容量の可変電圧可変周波数変換装置が開発され，電動機の高度な制御が可能となっている．この電動機として，主に我が国では，構造が簡単で堅ろう，保守が容易な □(3)□ が使用されており，1 台の変換装置で複数台の制御が容易である．また，その電動機の制御方式には，可変電圧可変周波数変換装置の出力電圧を $V$，出力周波数を $f$，電動機電流を $I_M$，滑り周波数を $f_s$ とすると，定加速域では □(4)□ 制御，定出力域では □(5)□ 制御，更に高速の特性域では $V$ 一定・$f_s$ 一定制御が一般的に適用されている．

【解答群】

(イ) 永久磁石同期電動機　　　　　　　(ロ) 始動時のトルク

(ハ) 複巻　　　　　　　　　　　　　　(ニ) $V$ 一定・$I_M$ 一定・$f_s$ 可変

(ホ) $V/f$ 可変・$I_M$ 可変・$f_s$ 一定　(ヘ) $V$ 可変・$I_M$ 一定・$f_s$ 一定

(ト) 中速域のトルク　　　　　　　　　(チ) $V/f$ 可変・$I_M$ 一定・$f_s$ 可変

(リ) 直巻　　　　　　　　　　　　　　(ヌ) 分巻

(ル) $V$ 一定・$I_M$ 一定・$f_s$ 一定　　(ヲ) $V/f$ 一定・$I_M$ 一定・$f_s$ 可変

(ワ) 三相巻線形誘導電動機　　　　　　(カ) 三相かご形誘導電動機

(ヨ) 高速域のトルク

**章末問題**

■2 ━━━━━━━━━━━━━━━━━━━━━━━━━━━━━━━━━━━━━━━━ H9 問7

次の文章は，電動機駆動のターボ形送風機に関する記述である．

文中の [＿＿＿＿] に当てはまる語句，式または数値を解答群の中から選べ．

ターボ形送風機は，一般に [(1)] が大きく，それに伴って [(2)] の直径も大きくなるため，慣性モーメントが他の負荷機械に比べて大きい場合が多い．三相かご形誘導電動機で駆動する場合は，送風機 [(3)] のダンパを閉じて始動しても回転子巻線には，慣性モーメントを $J$〔kg·m²〕，最終の回転角速度を $\omega_0$〔rad/s〕とするとき，$\omega_0$ に達するまでに [(4)] 〔J〕の熱量が発生するので，この熱量によるかご形巻線の [(5)] による影響も検討しておく必要がある．

【解答群】

(イ) 風量 　　　　(ロ) 破損 　　　　(ハ) バイパス 　　　(ニ) 翼車（羽根車）

(ホ) 入口側 　　　(ヘ) ロータ 　　　(ト) $\frac{1}{2}J\omega_0$ 　　　(チ) 回転速度

(リ) $\frac{1}{2}J\omega_0{}^2$ 　　(ヌ) ケーシング 　(ル) 出口側 　　　(ヲ) $\frac{1}{2}J^2\omega_0$

(ワ) 出力 　　　　(カ) 損傷 　　　　(ヨ) 温度上昇

7章

電動力応用

307

# 8章

## 自動制御

### 学習のポイント

　本分野は，一次試験の出題数は少なく，必須問題として出題される．計算問題は，伝達関数，定常位置偏差，制御系の安定判別に関する内容である．PID 制御やフィードフォワード制御，ナイキスト軌跡やボード線図による安定判別はキーワードの定義に関する語句選択式として出題される．自動制御分野は，二次試験で本格的に計算問題として出題されるため，一次試験は基礎的事項が扱われる．自動制御分野は学習して深く理解すればそのまま二次試験でも活用できるので，まずは基礎的事項から十分に学習してほしい．

# 8-1 伝達関数・ブロック線図

**攻略のポイント**　本節に関して，電験3種では基本的なブロック線図・伝達関数が出題されるが，2種ではラプラス変換をベースにしてもう少し高度な自動制御系・ブロック線図・伝達関数・定常位置偏差などが扱われる．

## 1 自動制御

### (1) 自動制御の分類

**自動制御**を大別すると，フィードバック制御とシーケンス制御がある．**フィードバック制御**は，制御量を常に測定し，これと目標値とを比較して，目標値と制御量が一致するよう訂正動作を行う制御方式である．

一方，**シーケンス制御**は，あらかじめ定められた順序にしたがって制御の各段階を逐次進めていく制御であり，オープンループ制御系である．

### (2) フィードバック制御系の構成と分類

図8・1はフィードバック制御系の構成を示す．フィードバック制御系では制御結果を目標と比較するために入力側にフィードバックし，全体として一つの閉ループが構成される．

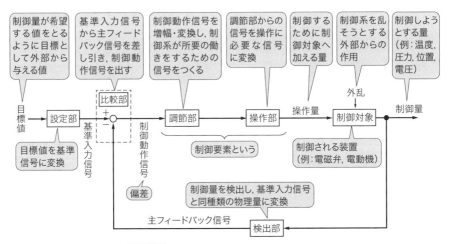

図8・1　フィードバック制御系の基本構成

次に，フィードバック制御を分類すると，表8・1のようになる．

## 8-1 伝達関数・ブロック線図

**表8・1** フィードバック制御系の分類

| 分類 | 名称 | 制御内容 ||
|---|---|---|---|
| 目標値の時間的性質による分類 | 定値制御 | 目標値が変化しない一定の制御 ||
| | 追値制御(目標値が時間経過とともに変化する) | 追従制御 | 目標値が時間的に任意に変化する場合の制御 |
| | | 比率制御 | 目標値が他の量と一定の比率で変化する制御 |
| | | プログラム制御 | 目標値が時間経過とともにあらかじめ定められた値に変化する制御 |
| | | カスケード制御 | 一つの制御系の出力信号で,他の制御系の目標値が変更される制御 |
| 使用分野による分類 | 自動調整 | 目標値が一定の定値制御 ||
| | プロセス制御 | 制御量が温度,流量,圧力などのプロセス量の制御 ||
| | サーボ機構 | 追従制御で,制御量が機械的位置や回転角などを主体とする制御 ||

### 2 ラプラス変換

フィードバック制御系の性質や動作を理解するためには,ラプラス変換を使いこなす必要がある.ラプラス変換に関しては本シリーズの「理論」で詳述しているので,ここでは簡単に基本事項についてまとめておく.

#### (1) ラプラス変換

電気回路の過渡現象において,電圧や電流を時間の関数のまま求めようとすると,複雑な微分方程式を解くことになって計算に手間がかかる場合がある.このため,時間関数($t$関数)から別の関数($s$関数)に一旦変換(**ラプラス変換**)して計算し,その後,時間関数に逆変換(**逆ラプラス変換**)することによって電圧や電流の時間関数を求めるという数学的手法をよく用いる.

時間関数を $f(t)$,それに対応する $s$ 関数を $F(s)$ として,ラプラス変換と逆ラプラス変換の関係を整理したのが図8・2である.ラプラス変換は

$\mathcal{L}[f(t)] = F(s)$,逆ラプラス変換は $\mathcal{L}^{-1}[F(s)] = f(t)$ と表される.

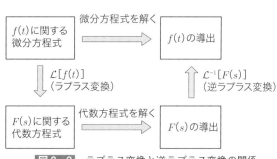

**図8・2** ラプラス変換と逆ラプラス変換の関係

### (2) ラプラス変換の定義

ラプラス変換は

$$F(s) = \int_0^\infty f(t)e^{-st}dt \tag{8・1}$$

で定義される．この式は，例えば $f(t) = A$ で一定の場合，図8・3に示すように，$A$ に $e^{-st}$ を乗じた関数のグラフにおける斜線部分の面積を示す．$e^{-st}$ を乗じる理由は，$f(t) = A$ をそのまま $t = 0 \sim \infty$ まで積分すると収束せず発散するが，$e^{-st}$ を乗じることによりその積分結果は収束するからである．このため，ラプラス変換では $e^{-st}$ を乗じたうえで積分する形式になっている．

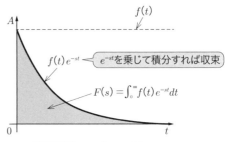

図8・3　ラプラス変換のイメージ

### (3) よく出る関数のラプラス変換

関数をラプラス変換するには式 (8・1) に基づいて計算すればよいが，その結果を表8・2にまとめておく．これらの公式を覚えておけば効率的にラプラス変換を用いた計算ができる．

表8・2で，デルタ関数（δ 関数，単位インパルス）は次式で表される．

$$\delta(t) = \begin{cases} 0 & (t \neq 0) \\ \infty & (t = 0) \end{cases}$$

表8・2　ラプラス変換表

| $t$ 関数 | | $s$ 関数 |
|---|---|---|
| デルタ関数 | $\delta(t)$ | $1$ |
| ステップ関数 | $1$ | $\dfrac{1}{s}$ |
| ランプ関数 | $t$ | $\dfrac{1}{s^2}$ |
| 加速度関数 | $t^2$ | $\dfrac{2}{s^3}$ |
| 指数関数 | $e^{-at}$ | $\dfrac{1}{s+a}$ |
| 三角関数 | $\sin \omega t$ | $\dfrac{\omega}{s^2+\omega^2}$ |
| | $\cos \omega t$ | $\dfrac{s}{s^2+\omega^2}$ |
| 双曲線関数 | $\sinh \omega t$ | $\dfrac{\omega}{s^2-\omega^2}$ |
| | $\cosh \omega t$ | $\dfrac{s}{s^2-\omega^2}$ |
| 相似法則 | $f(at)$ | $\dfrac{1}{a}F\left(\dfrac{s}{a}\right)$ |
| 推移法則 | $f(t-a)$ | $e^{-as}F(s)$ |
| | $e^{-at}f(t)$ | $F(s+a)$ |
| 微分法則 | $\dfrac{df(t)}{dt}$ | $sF(s)-f(0)$ |
| 積分法則 | $\int f(t)dt$ | $\dfrac{F(s)}{s}+\dfrac{1}{s}\int_{-\infty}^{0}f(t)dt$ |

## (4) 初期値の定理と最終値の定理

時間関数 $f(t)$ に対応する $s$ 関数を $F(s)$ とするとき，$f(t)$ の初期値 $f(0)$ は

$$f(0) = \lim_{s \to \infty} sF(s) \tag{8・2}$$

で求められる．これを**初期値の定理**という．この定理は，時間関数 $f(t)$ の初期値をラプラス変換から求める方法である．

同様に，$f(t)$ の最終値 $f(\infty)$ は

$$f(\infty) = \lim_{s \to 0} sF(s) \tag{8・3}$$

で求められる．これを**最終値の定理**という．この定理は，時間関数 $f(t)$ の最終値をラプラス変換から求める方法である．

## 3 伝達関数とその合成

入力を $r(t)$，出力を $c(t)$ とする要素があり，すべての初期条件が零であるとき，次の関係が成り立つ．下式の $G(s)$ を**伝達関数**という．言い換えれば，出力信号と入力信号とのラプラス変換の比が伝達関数である．

$$C(s) = G(s)R(s) \tag{8・4}$$

例えば，図 8・4 の伝達関数は次式となる．

$$G(s) = \frac{1/(sC)}{R + 1/(sC)} = \frac{1}{1+sCR} = \frac{K}{1+sT} \tag{8・5}$$

（ただし，$K$：ゲイン定数，$T$：時定数）

式 (8・5) では $K = 1$，$T = CR$ であるが，最も右側の式が一次遅れ系の伝達関数を表す一般的な形である．

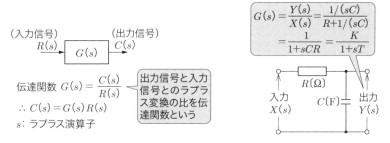

**図 8・4**　伝達関数と一次遅れ系

### (1) 並列接続

図8・5のように，2要素が並列に接続した制御系を考える．

$$C_1(s) = G_1(s)R(s), \quad C_2(s) = G_2(s)R(s)$$

両出力の和 $c(t) = c_1(t) + c_2(t)$ のラプラス変換は $C(s) = C_1(s) + C_2(s)$ であるから，これに上式を代入すれば $C(s) = (G_1(s) + G_2(s))R(s)$

したがって，合成された伝達関数は

$$\boldsymbol{G(s) = G_1(s) + G_2(s)} \tag{8・6}$$

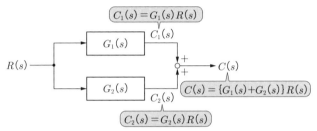

図8・5　並列接続のブロック線図

### (2) 縦続接続

図8・6のように，2要素が縦続に接続した制御系を考える．

$$Y(s) = G_1(s)R(s)$$
$$C(s) = G_2(s)Y(s)$$
$$\therefore C(s) = G_1(s)G_2(s)R(s)$$

そこで，合成された伝達関数が次式となる．

$$\boldsymbol{G(s) = G_1(s)G_2(s)} \tag{8・7}$$

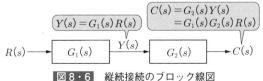

図8・6　縦続接続のブロック線図

### (3) 負帰還

**負帰還**とは，フィードバック制御系において帰還させる主フィードバック信号が入力信号と逆相の場合をいう．負帰還をかけることで，制御が安定になる．

図8・7の負帰還の制御系において

## 8-1 伝達関数・ブロック線図

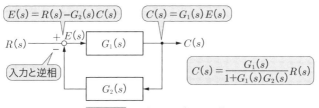

図 8・7 負帰還のブロック線図

$$E(s) = R(s) - G_2(s)C(s) \tag{8・8}$$
$$C(s) = G_1(s)E(s) \tag{8・9}$$

が成り立つから，式 (8・8) を式 (8・9) へ代入して変形すれば

$$C(s) = \frac{G_1(s)}{1+G_1(s)G_2(s)}R(s) \tag{8・10}$$

となる．したがって，合成された伝達関数は次式となる．

$$\boldsymbol{T(s) = \frac{G_1(s)}{1+G_1(s)G_2(s)}} \tag{8・11}$$

式 (8・11) の $T(s)$ を**総合伝達関数**または**閉ループ伝達関数**，$G_1(s)$ を**開ループ伝達関数**と呼ぶ．また，式 (8・11) の分母のうち $G_1(s)G_2(s)$ を**一巡伝達関数**と呼び，ボード線図やナイキスト線図で制御系の安定性を議論するときに用いられる．

### 4 定常偏差

時間が十分に経過した後の目標値と出力の偏差 $e$ を**定常偏差（オフセット）**という．図 8・8 の直結フィードバック制御系（図 8・7 の $G_2(s)=1$）では，
$E(s) = R(s) - C(s)$，$C(s) = \dfrac{G(s)}{1+G(s)}R(s)$ が成り立つから，目標値量 $R(s)$ と制御量 $C(s)$ との偏差 $E(s)$ は

$$\boldsymbol{E(s) = \frac{R(s)}{1+G(s)}} \tag{8・12}$$

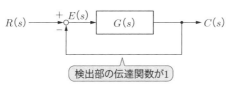

図 8・8 直結フィードバック制御

となる．定常偏差 $e$ は，ラプラス変換の最終値の定理の式（8・3）を用いれば

$$e = \lim_{t \to \infty} e(t) = \lim_{s \to 0} sE(s) \tag{8・13}$$

で求められる．フィードバック制御系の定常特性の評価においては，ステップ関数（$r(t)=1$，$R(s)=1/s$），ランプ関数（$r(t)=t$，$R(s)=1/s^2$），加速度関数（$r(t)=t^2/2$，$R(s)=1/s^3$）に対する定常特性が多く用いられる．このときの偏差を，**定常位置偏差**，**定常速度偏差**，**定常加速度偏差**といい，それぞれ図8・9，図8・10，図8・11に示す．

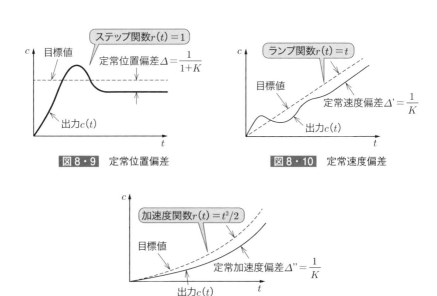

図8・9　定常位置偏差

図8・10　定常速度偏差

図8・11　定常加速度偏差

それでは，具体的な制御系の型を事例とし，定常位置偏差，定常速度偏差，定常加速度偏差を計算してみよう．まず，図8・8の直結フィードバック制御系において，一巡伝達関数（開ループ伝達関数）は一般的に次式で表される．

$$G(s) = \frac{K}{s^N} \cdot \frac{1 + b_1 s + b_2 s^2 + \cdots + b_m s^m}{1 + a_1 s + a_2 s^2 + \cdots + a_r s^r} \tag{8・14}$$

上式の積分要素（$1/s$）の次数 $N$ の数に基づいて，$N=0$ は 0 型，$N=1$ は 1 型，$N=2$ は 2 型などと呼ぶ．そこで，式（8・14）を式（8・12）へ代入すれば

**8-1 伝達関数・ブロック線図**

$$E(s) = \cfrac{1}{1 + \cfrac{K}{s^N} \cdot \cfrac{1 + b_1 s + b_2 s^2 + \cdots + b_m s^m}{1 + a_1 s + a_2 s^2 + \cdots + a_r s^r}} R(s) \qquad (8 \cdot 15)$$

となる．したがって，定常偏差は式（8·13）と式（8·15）から次式で求められる．

$$\lim_{t \to \infty} e(t) = \lim_{s \to 0} \{ s E(s) \} = \lim_{s \to 0} \left\{ s \cdot \cfrac{1}{1 + \cfrac{K}{s^N}} \cdot R(s) \right\} \qquad (8 \cdot 16)$$

## (1) 0 次の型の直結フィードバック制御系における定常偏差

0 次の型は，式（8·16）で $N = 0$ を代入すれば

$$\lim_{t \to \infty} e(t) = \lim_{s \to 0} \left\{ s \cdot \frac{1}{1 + K} \cdot R(s) \right\} \qquad (8 \cdot 17)$$

### ①定常位置偏差

$$\lim_{t \to \infty} e(t) = \lim_{s \to 0} \left\{ s \cdot \frac{1}{1 + K} \cdot \frac{1}{s} \right\} = \lim_{s \to 0} \frac{1}{1 + K} = \frac{1}{1 + K}$$

### ②定常速度偏差

$$\lim_{t \to \infty} e(t) = \lim_{s \to 0} \left\{ s \cdot \frac{1}{1 + K} \cdot \frac{1}{s^2} \right\} = \lim_{s \to 0} \frac{1}{s(1 + K)} = \infty$$

### ③定常加速度偏差

$$\lim_{t \to \infty} e(t) = \lim_{s \to 0} \left\{ s \cdot \frac{1}{1 + K} \cdot \frac{1}{s^3} \right\} = \lim_{s \to 0} \frac{1}{s^2(1 + K)} = \infty$$

## (2) 1 次の型の直結フィードバック制御系における定常偏差

1 次の型は，式（8·16）で $N = 1$ を代入すれば

$$\lim_{t \to \infty} e(t) = \lim_{s \to 0} \left\{ s \cdot \cfrac{1}{1 + \cfrac{K}{s}} \cdot R(s) \right\} \qquad (8 \cdot 18)$$

### ①定常位置偏差

$$\lim_{t \to \infty} e(t) = \lim_{s \to 0} \left\{ s \cdot \cfrac{1}{1 + \cfrac{K}{s}} \cdot \frac{1}{s} \right\} = \lim_{s \to 0} \cfrac{1}{1 + \cfrac{K}{s}} = 0$$

**8章**

自動制御

自動制御

②定常速度偏差

$$
\lim_{t \to \infty} e(t) = \lim_{s \to 0} \left\{ s \cdot \cfrac{1}{1 + \cfrac{K}{s}} \cdot \cfrac{1}{s^2} \right\} = \lim_{s \to 0} \cfrac{1}{s + K} = \cfrac{1}{K}
$$

③定常加速度偏差

$$
\lim_{t \to \infty} e(t) = \lim_{s \to 0} \left\{ s \cdot \cfrac{1}{1 + \cfrac{K}{s}} \cdot \cfrac{1}{s^3} \right\} = \lim_{s \to 0} \cfrac{1}{s(s + K)} = \infty
$$

## (3) 2次の型の直結フィードバック制御系における定常偏差

1次の型は，式（8・16）で $N = 2$ を代入すれば

$$
\lim_{t \to \infty} e(t) = \lim_{s \to 0} \left\{ s \cdot \cfrac{1}{1 + \cfrac{K}{s^2}} \cdot R(s) \right\} \tag{8・19}
$$

①定常位置偏差

$$
\lim_{t \to \infty} e(t) = \lim_{s \to 0} \left\{ s \cdot \cfrac{1}{1 + \cfrac{K}{s^2}} \cdot \cfrac{1}{s} \right\} = \lim_{s \to 0} \cfrac{1}{1 + \cfrac{K}{s^2}} = 0
$$

②定常速度偏差

$$
\lim_{t \to \infty} e(t) = \lim_{s \to 0} \left\{ s \cdot \cfrac{1}{1 + \cfrac{K}{s^2}} \cdot \cfrac{1}{s^2} \right\} = \lim_{s \to 0} \cfrac{1}{s + \cfrac{K}{s}} = 0
$$

③定常加速度偏差

$$
\lim_{t \to \infty} e(t) = \lim_{s \to 0} \left\{ s \cdot \cfrac{1}{1 + \cfrac{K}{s^2}} \cdot \cfrac{1}{s^3} \right\} = \lim_{s \to 0} \cfrac{1}{s^2 + K} = \cfrac{1}{K}
$$

　上記のとおり，型の数が大きくなるほど定常特性は良くなるが，過渡特性や安定性の問題が生じる．このため，一般のサーボ系では，1次の型を用い，一巡伝達関数のゲイン（$K$）を大きくとり，定常速度偏差を小さくするよう設計する．

## 5 具体的な制御系

### (1) PID 制御〔P:Proportional(比例), I:Integral(積分), D:Differential(微分)〕

自動制御系の調節部は **PID 動作** を組み合わせて構成する．PID 動作の伝達関数は式 (8・20) で表されるとともに，図 8・12 に概要を示す．プロセス制御では PID 制御が非常によく用いられ，調節計も PID 動作形が多い．

$$G_{\mathrm{PID}}(s)=K_{\mathrm{P}}\left(1+\frac{1}{T_{\mathrm{I}}s}+T_{\mathrm{D}}s\right) \tag{8・20}$$

(ここで，$K_{\mathrm{P}}$：**比例感度（比例ゲイン）**，$T_{\mathrm{I}}$：**積分時間（リセット時間）**，$T_{\mathrm{D}}$：**微分時間（レート時間）**である．)

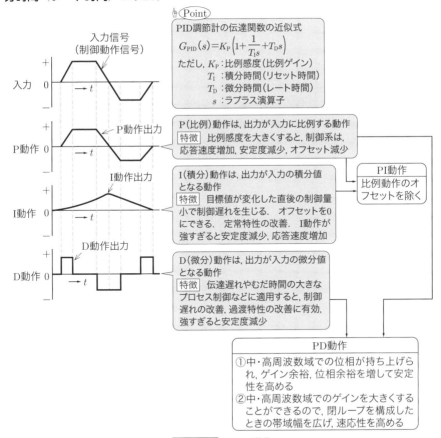

**図 8・12** PID 動作

式 (8・20) から，PID 動作は，出力が誤差に比例する部分（**比例動作**），誤差の積分に比例する部分（**積分動作**），誤差の微分に比例する部分（**微分動作**）の三つの和である．

自動制御系の特性を改善するため，増幅器などに補償回路を組み込むことがある．これを**位相遅れ補償**といい，制御の精度を高め，定常偏差を小さくすることができる．図 8・13 の回路の伝達関数は

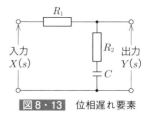

図 8・13　位相遅れ要素

$$G(s) = \frac{Y(s)}{X(s)} = \frac{R_2 + \dfrac{1}{sC}}{R_1 + R_2 + \dfrac{1}{sC}} = \frac{1 + sCR_2}{1 + sC(R_1 + R_2)} = \frac{1 + sT}{1 + \alpha sT} \quad (8・21)$$

と表される（ $T = CR_2$，$\alpha = (R_1 + R_2)/R_2$ ）．

位相遅れ要素は，$T$ を十分に大きくしておけば，速応性や安定性を下げずに，低周波数域のゲインを増大して，定常偏差を小さくすることができる．

## (2) フィードフォワード制御

フィードバック制御では，制御を乱す様々な外的要因が発生してもその影響が現れてからでなければ訂正を行えない．このため，動作が後追いとなるため，外的要因が生じると必ずその影響を受ける．そこで，このフィードバック制御の欠点を補うために用いられるのがフィードフォワード制御である．これは，図 8・14 に示すように，制御を乱す外的要因が発生した場合に，影響が現れる前に，事前にその影

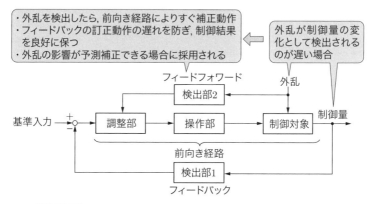

図 8・14　フィードフォワード制御を加えたフィードバック制御

## 8-1 伝達関数・ブロック線図

響を極力なくすように必要な補正動作を行う制御方式である．

---

**例題 1** ................................................ H15 問4

次の文章は，図のようなシステムのブロック線図の変換に関する記述である．

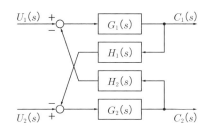

a) $C_2(s)$ を考慮することなく，$U_2(s)=0$ としたときの $U_1(s)$ に対する出力 $C_1(s)$ を $C_{11}(s)$ とおけば

$$C_{11}(s)=\frac{\boxed{(1)}}{1+\boxed{(2)}}U_1(s) \cdots ①$$

となる．

b) 次に，$C_2(s)$ を考慮することなく，$U_1(s)=0$ としたときの $U_2(s)$ に対する出力 $C_1(s)$ を $C_{12}(s)$ とおけば

$$C_{12}(s)=\frac{\boxed{(3)}}{1+\boxed{(2)}}U_2(s) \cdots\cdots\cdots\cdots\cdots\cdots\cdots\cdots\cdots\cdots\cdots\cdots\cdots\cdots ②$$

c) 以上の結果から $\boxed{(4)}$ を用いて，入力 $U_1(s)$ および $U_2(s)$ から出力 $C_1(s)$ までの伝達特性は，次のようにして求められる．

$$C_1(s)=C_{11}(s)+C_{12}(s) \cdots\cdots\cdots\cdots\cdots\cdots\cdots\cdots\cdots\cdots\cdots\cdots\cdots\cdots\cdots ③$$

d) 上記 a～c と同様にして，入力 $U_1(s)$ および $U_2(s)$ から出力 $C_2(s)$ までの伝達特性は，次のように求められる．

$$C_2(s)=\boxed{(5)} \cdots\cdots\cdots\cdots\cdots\cdots\cdots\cdots\cdots\cdots\cdots\cdots\cdots\cdots\cdots\cdots ④$$

【解答群】

(イ) $-G_1G_2H_2$　　(ロ) $G_1H_1+G_2H_2$　　(ハ) $\dfrac{G_2U_2+G_1H_1G_2U_1}{1-G_1H_1G_2H_2}$

(ニ) 重ね合わせの理　(ホ) $G_1G_2H_2$　　(ヘ) $G_1$

(ト) $G_1H_1G_2H_2$　(チ) 加法定理　　(リ) $-G_1H_1G_2H_2$

(ヌ) 相反定理　　(ル) $\dfrac{G_2U_2-G_1H_1G_2U_1}{1+G_1H_1G_2H_2}$　(ヲ) $G_1H_1$

(ワ) $-G_1H_1G_2$　(カ) $G_2$　　(ヨ) $\dfrac{G_2U_2-G_1H_1G_2U_1}{1-G_1H_1G_2H_2}$

---

**解説**　(1)　(2) $C_2$ を考慮することなく $U_2(s)=0$ としたときの $U_1(s)$ に対する出力 $C_1(s)$ は，解説図 1 のように出力 $C_1$ から始めて各部の信号を①，②，…⑥と順に書いて求めればよい．⑥の段階では

$(U_1 + H_1 H_2 G_2 C_1) G_1 = C_1$

$\therefore C_{11}(s) = C_1(s) = \dfrac{G_1}{1 - G_1 G_2 H_1 H_2} U_1(s)$

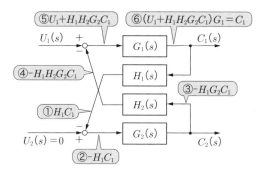

解説図 1　$U_1(s)$ に対する出力 $C_1(s)$

(3) $C_2$ を考慮することなく，$U_1(s) = 0$ としたときの $U_2(s)$ に対する出力 $C_1(s)$ は，解説図 2 のように，出力 $C_1$ から始めて各部の信号を①，②，…⑥と順に書いて求める．⑥の段階では

$-H_2 G_1 G_2 (U_2 - H_1 C_1) = C_1$

$\therefore C_{12}(s) = C_1(s) = \dfrac{-G_1 G_2 H_2}{1 - G_1 G_2 H_1 H_2} U_2(s)$

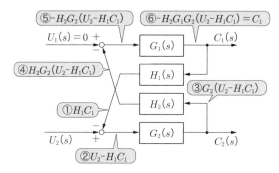

解説図 2　$U_2(s)$ に対する出力 $C_1(s)$

(4) 重ね合わせの理より，$C_1(s) = C_{11}(s) + C_{12}(s)$ となる．

$\therefore C_1(s) = C_{11}(s) + C_{12}(s) = \dfrac{G_1 U_1(s) - G_1 G_2 H_2 U_2(s)}{1 - G_1 H_1 G_2 H_2}$

## 8-1 伝達関数・ブロック線図

(5) 上記（1）〜（4）と同様にして，入力 $U_1(s)$ および $U_2(s)$ から出力 $C_2(s)$ までの伝達関数を求めて，重ね合わせの理を用いる（解説図3，4を参照）．

$$\therefore C_2(s) = C_{21}(s) + C_{22}(s) = \frac{G_2 U_2(s) - G_1 H_1 G_2 U_1(s)}{1 - G_1 H_1 G_2 H_2}$$

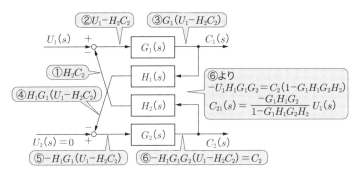

解説図3　$U_1(s)$ に対する出力 $C_2(s) \to C_{21}(s)$

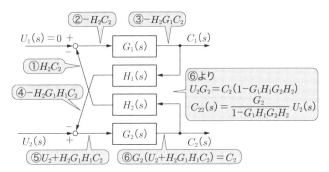

解説図4　$U_2(s)$ に対する出力 $C_2(s) \to C_{22}(s)$

【解答】（1）ヘ　（2）リ　（3）イ　（4）ニ　（5）ヨ

## 例題2  H21 問4

図に示す二つの補償器を含む2自由度制御系に関する記述である．ただし，$R(s)$は目標値，$E(s)$は偏差，$D(s)$は外乱，$U(s)$は操作量，$Y(s)$は出力を表す．また，$P(s)$は制御対象，$K(s)$と$C(s)$はそれぞれの補償器の伝達関数とする．

図の制御系において，$R(s)=0$のとき，$D(s)$から$E(s)$までの伝達関数は (1) で与えられ，補償器$C(s)$によらない．補償器$C(s)$は，(2) と呼ばれ，(3) 特性を改善する目的で導入される補償器である．図から，$D(s)=0$のとき，$R(s)$から$E(s)$までの伝達関数は (4) となる．

いま，$P(s)=\dfrac{1}{s+1}$，$K(s)=K_C$，$D(s)=0$のとき，$C(s)=0$の場合は，単位ステップ関数の目標値$R(s)$に対する定常位置偏差は，$\dfrac{1}{1+K_C}$となるが，一方，$C(s)=C_C$を導入した場合は，$C_C=$ (5) と選ぶことによって定常位置偏差を零にできる．

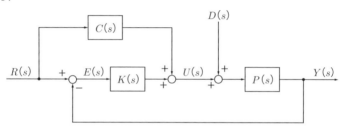

【解答群】

(イ) フィードバック補償器　　(ロ) $-\dfrac{K(s)}{1+K(s)P(s)}$　　(ハ) $1$

(ニ) $-\dfrac{K(s)P(s)}{1+K(s)P(s)}$　　(ホ) 減衰　　(ヘ) $-\dfrac{1+C(s)P(s)}{1+K(s)P(s)}$

(ト) フィードフォワード補償器　　(チ) $-1$　　(リ) 目標値追従

(ヌ) 外乱抑制　　(ル) $\dfrac{1-C(s)P(s)}{1+K(s)P(s)}$　　(ヲ) 安定化補償器

(ワ) $\dfrac{1+C(s)P(s)}{1+K(s)P(s)}$　　(カ) $2$　　(ヨ) $-\dfrac{P(s)}{1+K(s)P(s)}$

**解 説** (1) $R(s)=0$ のとき解説図1のように各部の信号を①, ②, …⑤のように順々に調べる．⑤の段階で

$$E(s) = -P(s)(D(s)+U(s)) = -P(s)(D(s)+K(s)E(s))$$

$$\therefore \frac{E(s)}{D(s)} = -\frac{P(s)}{1+K(s)P(s)}$$

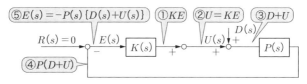

解説図1

(2) (3) $C(s)$ は目標値への応答速度を速めるなど目標値追従特性を改善するもので，フィードフォワード補償器である．フィードフォワード制御は，フィードバック制御のような信号の流れが閉ループを構成せず，目標値の変化をあらかじめ制御対象に作用させ目標値への到達時間を極力少なくすることを狙った制御でもある．

(4) $D(s)=0$ のとき，解説図2のように，各部の信号を①, ②, …⑤のように順々に調べる．⑤の段階で

$$E(s) = R(s) - P(s)\{K(s)E(s) + R(s)C(s)\}$$

$$\therefore G(s) = \frac{E(s)}{R(s)} = \frac{1-C(s)P(s)}{1+K(s)P(s)}$$

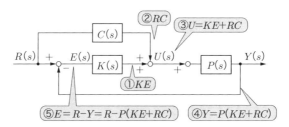

解説図2

(5) $P(s)=\dfrac{1}{s+1}$, $K(s)=K_C$, $C(s)=0$ を (4) の式へ代入すれば

$$G(s) = \frac{1}{1+\dfrac{K_C}{s+1}} = \frac{s+1}{s+1+K_C}$$

**自動制御**

単位ステップ関数（＝$1/s$）を加えたときの定常位置偏差 $e$ はラプラス変換の最終値の定理の式（8・3）より

$$e = \lim_{s \to 0} sG(s) \cdot \frac{1}{s} = \lim_{s \to 0} \frac{s+1}{s+1+K_C} = \frac{1}{1+K_C}$$

となる．一方 $C(s) = C_C$ の場合（4）の式へ代入すれば

$$G(s) = \frac{1 - \dfrac{C_C}{s+1}}{1 + \dfrac{K_C}{s+1}} = \frac{s+1-C_C}{s+1+K_C}$$

そこで，定常位置偏差 $e$ は式（8・3）より

$$e = \lim_{s \to 0} sG(s) \frac{1}{s} = \lim_{s \to 0} \frac{s+1-C_C}{s+1+K_C} = \frac{1-C_C}{1+K_C}$$

したがって，定常位置偏差 $e = 0$ とするためには $e = \dfrac{1-C_C}{1+K_C} = 0$，すなわち $C_C = 1$

とすればよい．

【解答】(1) ヨ　(2) ト　(3) リ　(4) ル　(5) ハ

# 8-2 制御系の周波数応答と過渡応答

**攻略のポイント**　本節に関して，電験3種では基本的な周波数伝達関数やボード線図等が出題されるが，2種では過渡応答の考え方などが出題されている．次節の制御系の安定判別の基本となるので，十分に学習する．

## 1 制御系の周波数応答

### (1) 周波数応答

制御系の入力信号が正弦波の場合の定常状態における応答を**周波数応答**という．ラプラス演算子を用いた伝達関数 $G(s)$ で $s=j\omega$ とおいた角周波数 $\omega$ の関数 $G(j\omega)$ を**周波数伝達関数**という．図8・15に示すように，$G(j\omega)$ は一般的に複素数で与えられ，大きさ $|G(j\omega)|$ は振幅比すなわち（出力の大きさ）/（入力の大きさ）を表し，**ゲイン**という．一方，角度 $\angle G(j\omega)$ は，｛（出力の位相角）-（入力の位相角）｝を表し，**位相差**または**位相**という．

そして，$G(j\omega)$ の角周波数 $\omega$ を $0\sim\infty$ まで変化したときの $|G(j\omega)|$ の変化を振幅特性または**ゲイン特性**，$\angle G(j\omega)$ の変化を**位相特性**といい，両者をまとめて**周波数特性**と呼んでいる．

周波数応答を図的に表現するために，ボード線図，ゲイン-位相図，ベクトル軌跡が用いられる．

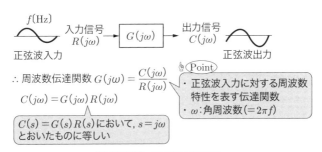

図8・15　周波数伝達関数

### (2) ボード線図

自動制御系の全体あるいは各ブロックの周波数特性を表す方法の一つがボード線図である．**ボード線図**は，横軸に角周波数，縦軸にゲインと位相をとって，ゲイン特性と位相特性を別々の曲線で描いたものである．このボード線図は，片対数グラフを用い，常用対数目盛を横軸にして角周波数 $\omega$ をとる．縦軸は平等目盛とし，式

(8・22) のデシベル値表示のゲイン g〔dB〕と位相角〔°〕をとる.

$$g = 20 \log_{10} |G(j\omega)| \tag{8・22}$$

### ① 一次遅れ要素のボード線図

一次遅れ系の周波数伝達関数は，式 (8・5) で $s = j\omega$ とすれば，次式となる.

$$G(j\omega) = \frac{K}{1+j\omega T} \tag{8・23}$$

(ただし，$K$：ゲイン定数，$\omega$：角周波数〔rad/s〕，$T$：時定数〔s〕)

式 (8・23) のゲイン $g$ および位相角 $\theta$ は，上述の定義により次式で表される.

$$g = 20 \log_{10} |G(j\omega)| = 20 \log_{10} \frac{K}{\sqrt{1+(\omega T)^2}}$$

$$= 20 \log_{10} K - 10 \log_{10} \{1+(\omega T)^2\} \text{〔dB〕} \tag{8・24}$$

$$\theta = -\tan^{-1} \omega T \text{〔°〕} \tag{8・25}$$

例えば，$K=1$，$T=2$ のボード線図は，それを式 (8・24) や式 (8・25) に代入し $\omega$ に様々な数値を代入して計算すれば図 8・16 のようなボード線図を描くことができる.

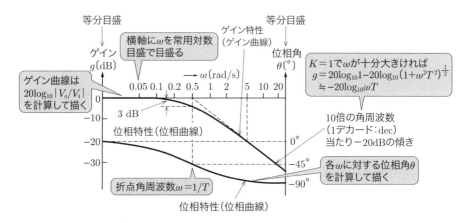

**図 8・16** 一次遅れ系 $G(j\omega) = \dfrac{1}{1+j2\omega}$ のボード線図

式 (8・24) において，ゲイン定数 $K=1$ で $\omega$ が十分に大きいときには

$$g = 20 \log_{10} 1 - 10 \log_{10} \{1+(\omega T)^2\} \fallingdotseq -20 \log_{10} \omega T$$

となり，$\omega$ が 1 デカード（dec；10 倍）ごとに 20 dB 下がることがわかる．この特

性が低周波数と高周波数に対して直線漸近線で表され，両漸近線は $\omega T = 1$ のところで交わる．この $\omega = 1/T$ を**折点角周波数**という．この点における実際の $g$ は，漸近線から 3 dB 下方を通る．

### ②二次遅れ要素のボード線図

二次遅れ要素は，$\zeta$ を減衰係数，$\omega_n$ を固有角周波数とし，一般的に式（8・26）の形で表される．

$$G(s) = \frac{\omega_n^2}{s^2 + 2\zeta\omega_n s + \omega_n^2} \qquad (8\cdot 26)$$

式（8・26）に $s = j\omega$ を代入すれば，周波数伝達関数が次式となる．

$$G(j\omega) = \frac{\omega_n^2}{(\omega_n^2 - \omega^2) + j2\zeta\omega_n\omega} \qquad (8\cdot 27)$$

式（8・27）のボード線図を描くと，図 8・17 が得られる．

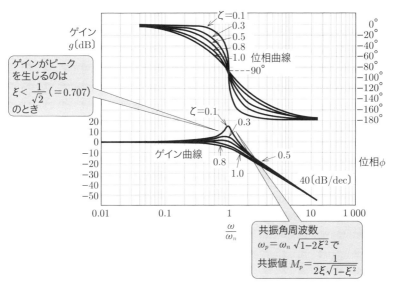

**図 8・17** 二次遅れ伝達関数 $\dfrac{\omega_n^2}{\omega_n^2 - \omega^2 + j2\zeta\omega_n\omega}$ のボード線図

二次遅れ要素は，$\zeta < \dfrac{1}{\sqrt{2}} = 0.707$ のときにゲイン曲線にピークを生じる．ピークを生じる角周波数 $\omega_p$ は $\omega_p = \omega_n\sqrt{1-2\zeta^2}$ で，この $\omega_p$ を**共振角周波数**といい，ゲ

自動制御

インのピーク値 $M_p = |G(j\omega)| = \dfrac{1}{2\zeta\sqrt{1-2\zeta^2}}$ を**共振値（ピークゲイン）**という.

これは次のように求めればよい．まず，式（8·27）のゲインは次式で表される.

$$|G(j\omega)| = \frac{\omega_n{}^2}{\sqrt{(\omega_n{}^2 - \omega^2)^2 + (2\zeta\omega_n\omega)^2}} \qquad (8\cdot28)$$

式（8·28）は，分母の平方根の中だけが角周波数 $\omega$ の関数なので，これを $f(\omega)$ とおくと，$f(\omega) = \omega^4 + 2(2\zeta^2\omega_n{}^2 - \omega_n{}^2)\omega^2 + \omega_n{}^4$ である．$f(\omega)$ が最小値をとるときにゲインはピークを生じるので，$f(\omega)$ を微分して $f'(\omega) = 0$ となる角周波数 $\omega_p$ を求める.

$$f'(\omega) = 4\omega^3 + 4(2\zeta^2 - 1)\omega_n{}^2\omega = 4\omega\{\omega^2 + \omega_n{}^2(2\zeta^2 - 1)\} = 0$$

$$\therefore \omega^2 + \omega_n{}^2(2\zeta^2 - 1) = 0$$

$$\therefore \boldsymbol{\omega_p = \omega_n\sqrt{1-2\zeta^2}} \qquad (8\cdot29)$$

式（8·29）がピークを生じるときの角周波数である．また，$\omega_p$ が実在するためには，式（8·29）の平方根の中が正となること（$1 - 2\zeta^2 > 0$）が条件だから

$$\boldsymbol{\zeta < \frac{1}{\sqrt{2}} = 0.707} \qquad (8\cdot30)$$

がゲイン曲線にピークを生じる条件になる．さらに，式（8·28）に式（8·29）を代入すれば，共振値（ピークゲイン）は次式として求められる.

$$\boldsymbol{M_p = |G(j\omega_p)| = \frac{1}{2\zeta\sqrt{1-\zeta^2}}} \qquad (8\cdot31)$$

**ピークゲイン $M_p$ は，制御系の安定性を表す尺度として重要**で，減衰特性の指標になっており，$M_p = 1.1 \sim 1.5$ という値が経験的に採用されている．また，**共振角周波数 $\omega_p$ は速応性を表す特性量**である.

## (3) ゲイン−位相図

ゲイン−位相図は，横軸に位相角〔°〕，縦軸にゲイン〔dB〕をとり，横軸・縦軸ともに平等目盛とし，角周波数をパラメータとして，ゲイン特性と位相特性を1本の曲線にまとめたものである.

## (4) ベクトル軌跡

周波数伝達関数 $G(j\omega)$ は複素数なので，角周波数 $\omega$ の値を定めれば，$G(j\omega) = X + jY$（直交座標系表示）$= Z\angle\theta$（極座標系表示）として表される．これを複素平面上のベクトルとして描き，角周波数 $\omega$ を $0 \sim \infty$ まで変化させたときに，

## 8-2 制御系の周波数応答と過渡応答

このベクトルの先端を結んだ軌跡を**ベクトル軌跡**という．

以上のボード線図，ゲイン-位相図，ベクトル軌跡に関して，基本要素の特性をまとめたのが表8・3である．

**表8・3** 基本要素の特性

| 伝達関数 | ボード線図 | ゲイン-位相図 | ベクトル軌跡 |
|---|---|---|---|
| 比例要素 $G(s)=K$ | $G$[dB]: $20\log_{10}K$；$\angle G$: $0$ | $G$[dB] $20\log_{10}K$，$\angle G=0$ | $K$ (実軸上) |
| 一次遅れ要素 $G(s)=\dfrac{1}{1+Ts}$ | $\omega T=1$ で折れ点，$-20$dB/dec，$\angle G$: $0°\to-90°$ | $-90° \le \angle G \le 0°$，$\omega T=0$から$\omega T=\infty$ | 半円（$\omega T=0$ で $1$，$\omega T=\infty$ で $0$） |

## 2 制御系の過渡応答

### (1) 過渡応答

制御系の目標値の変化や外乱に対して制御系に変化を生じるとき，この系が定常状態に落ち着くまでの出力信号の過渡的な変化を**過渡応答**という．伝達関数 $G(s)$ に入力信号 $R(s)$ を加えたときの出力信号 $C(s)$ は次式となる．

$$C(s) = G(s)R(s) \tag{8・32}$$

過渡応答の性能評価のための入力波形としては，単位ステップ関数，単位インパルス関数，単位ラン

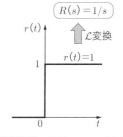

**図8・18** 単位ステップ関数

プ関数が用いられる．単位インパルスは表8・2のようにラプラス変換すると1なので，インパルス応答を時間領域に逆ラプラス変換する場合，伝達関数の特性を調べることになる．そして，最もよく用いられるのが図8・18の単位ステップ関数であ

る．式（8・32）を用い，伝達関数と入力信号から出力のラプラス変換 $C(s)$ を求め，これを逆ラプラス変換すれば，出力の時間軸上での変化を求められる．

**ステップ応答**は，ステップ関数を入力信号とする過渡応答である．特に，大きさが1の単位ステップ関数が入力信号のときの応答を**インディシャル応答**という．単位ステップ関数のラプラス変換は表 8・2 より $R(s)=1/s$ であるから，$C(s)=G(s)/s$ となる．

## (2) インディシャル応答

制御系の過渡特性を評価するためには，インディシャル応答が使われる．制御系のインディシャル応答では，一般的に図 8・19 のように，オーバーシュートした後，減衰振動する．同図には，特性値の定義も示している．

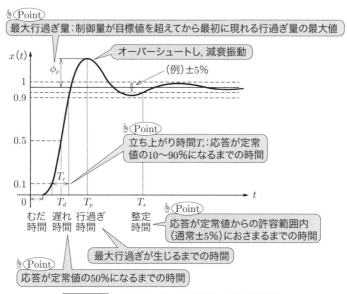

**図 8・19** インディシャル応答と特性値の定義

### ① 一次遅れ要素のインディシャル応答

一次遅れ要素の伝達関数が $G(s) = \dfrac{1}{1+Ts}$ で表されるときのインディシャル応答のラプラス変換は

$$C(s) = \frac{1}{1+Ts} \cdot \frac{1}{s} = \frac{1}{s} - \frac{1}{s+\dfrac{1}{T}} \tag{8・33}$$

となるから，これを逆ラプラス変換して
$$c(t) = 1 - e^{-\frac{t}{T}} \tag{8・34}$$
となる．これを図に描くと図8・20となる．

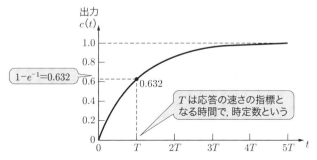

**図8・20** 一次遅れ要素のインディシャル応答

## ②二次遅れ要素のインディシャル応答

二次遅れ要素の伝達関数は式（8・26）で表されるが，これに単位ステップ関数を入力信号として加える場合の出力 $C(s)$ は次式となる．

$$C(s) = \frac{\omega_n^2}{s^2 + 2\zeta\omega_n s + \omega_n^2} \cdot \frac{1}{s} \tag{8・35}$$

ここで，式（8・35）のインディシャル応答は，分母の二次方程式の根により3種類の応答に分類される．減衰定数 $\zeta$ の大きさにより，図8・21のように応答が異なる．

### a. $\zeta > 1$ の場合

伝達関数の分母＝0の二次方程式は二つの異な

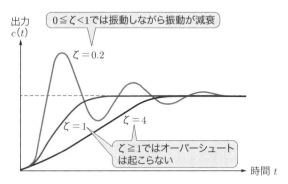

**図8・21** 二次遅れ要素の過渡応答例

る実数解をもち，部分分数展開して逆ラプラス変換すると次式となる．

$$c(t) = 1 - \frac{\zeta + \sqrt{\zeta^2 - 1}}{2\sqrt{\zeta^2 - 1}} e^{-\omega_n\left(\zeta - \sqrt{\zeta^2-1}\right)t} + \frac{\zeta - \sqrt{\zeta^2 - 1}}{2\sqrt{\zeta^2 - 1}} e^{-\omega_n\left(\zeta + \sqrt{\zeta^2-1}\right)t} \tag{8・36}$$

これは指数関数のモードの和であるため，オーバーシュートは起こらない．

自動制御

### b. $\zeta=1$ の場合

伝達関数の分母＝0 の二次方程式は重根となる一つの実数解をもち，インディシャル応答は次式となる．

$$c(t) = 1 - e^{-\omega_n t}(1 + \omega_n t) \tag{8·37}$$

これは，$t$ の一次関数のモードはもつが，オーバーシュートは起こらない．

### c. $0 \leqq \zeta < 1$ の場合

伝達関数の分母＝0 の二次方程式は二つの異なる複素解をもち，インディシャル応答は次式となる．

$$c(t) = 1 - \frac{1}{\sqrt{1-\zeta^2}} e^{-\zeta\omega_n t} \sin\left(\sqrt{1-\zeta^2}\,\omega_n t + \tan^{-1}\frac{\sqrt{1-\zeta^2}}{\zeta}\right) \tag{8·38}$$

これは，正弦波を含むので，振動しながら振動が減衰する応答になる．

---

**例題3** ･････････････････････････････････････････････････ **H9 問4**

次の文章は，自動制御系の過渡特性に関する記述である．

過渡特性を表現する方法として ┃ (1) ┃ 応答の種々の値を仕様として用いている．応答の最大値の定常値との差を表す量を ┃ (2) ┃ 量，また，応答がその最終値の±5％以内に入って，それから外に出ない最小の時間を ┃ (3) ┃ 時間といい，これらは応答の良さの目安を与えるものである．このほか，応答の最終値の50％に達するまでの時間を表す ┃ (4) ┃ 時間，応答の10％から90％に達するのに要する ┃ (5) ┃ 時間がある．

**【解答群】**

| (イ) 到達 | (ロ) インパルス | (ハ) 行き過ぎ | (ニ) ランプ | (ホ) ステップ |
| (ヘ) 最短 | (ト) 最小値 | (チ) 整定 | (リ) 微分 | (ヌ) 立ち上り |
| (ル) 無駄 | (ヲ) 遅れ | (ワ) 観測値 | (カ) 位相遅れ | (ヨ) 微分 |

---

**解　説** ▷ 本節の図 8·19 で解説しているので，参照する．

**【解答】** (1) ホ　(2) ハ　(3) チ　(4) ヲ　(5) ヌ

# 8-3 制御系の安定判別

**攻略のポイント**　本節に関して，電験3種では出題されないが，2種では制御系の特性方程式，ナイキストの安定判別，ボード線図による安定判別など少し高度な出題があるため，十分に学習する．

## 1 制御系の安定判別

### (1) 制御系の安定判別

目標値が変化したり外乱が加わったりすると，制御系には過渡現象が現れるが，①安定，②不安定，③安定限界の3つに分類できる．

①**安定**：過渡現象が時間の経過とともに減衰し，定常状態に落ち着くケース

②**不安定**：過渡現象が時間の経過とともに増大し，発散するケース

③**安定限界**：安定と不安定の限界状態（過渡現象が持続振動をするケース）

フィードバック制御系では，その構成によっては不安定になることがあるので，その系が安定に動作するための条件を明らかにしておくことが必要である．これを**安定判別**と呼ぶ．

### (2) フィードバック制御系の安定条件

図8・22のフィードバック制御系において，総合伝達関数（閉ループ伝達関数）$T(s)$ は

$$T(s) = \frac{G(s)}{1+G(s)H(s)}$$

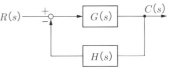

**図8・22** フィードバック制御系

$$= \frac{b_m s^m + b_{m-1} s^{m-1} + \cdots + b_1 s + b_0}{a_n s^n + a_{n-1} s^{n-1} + \cdots + a_1 s + a_0} \quad (8・39)$$

となる．式 (8・39) の分母に関して

$$\boldsymbol{D(s) = 1 + G(s)H(s) = a_n s^n + a_{n-1} s^{n-1} + \cdots + a_1 s + a_0 = 0} \quad (8・40)$$

を**特性方程式**といい，この根を**特性根**（**極**ともいう）と呼ぶ．**フィードバック制御系が安定であるための必要十分条件は「特性根の実数部がすべて負であること」**である．したがって，実数部が正の特性根が一つでもあれば不安定ということになる．ここで，特性根（極）の一つが $s = \alpha + j\beta$ とすれば，制御系の過渡応答は

$$e^{(\alpha+j\beta)t} = e^{\alpha t} \cdot e^{j\beta t} \quad (8・41)$$

という過渡項を含むことになる．式 (8・41) で，$e^{\alpha t}$ は出力の大きさを表し，$e^{j\beta t}$

は角周波数 $\beta$ の振動が生じることを表している．したがって，$\alpha$（実数部）が負であれば，出力の大きさは時間 $t$ とともに小さくなって減衰する．一方，$\alpha$ が正であれば，時間 $t$ とともに出力の大きさは大きくなって発散する．$\alpha=0$ のときは，大きさが 1 で持続振動する．

特性方程式による安定判別は，図 8・23 に示すように，式（8・40）のすべての特性根（$s=\alpha+j\beta$）を $s$ 平面（複素平面）上にプロットし，すべてが複素平面の左半面に存在する，すなわちすべての特性根の実数部が負であればその系は安定であるということである．

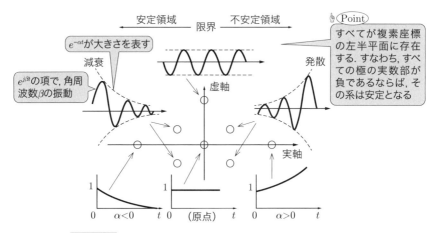

**図 8・23** $s$ 平面上における特性根の分布と応答波形のイメージ

ここで，式（8・40）の特性方程式の特性根を求めることが容易な場合には制御系の安定性を判別しやすい．しかし，一般的に特性方程式は $s$ の高次式であり，その解を求めることは容易でない．このため，特性根を直接求めず，制御系の安定性を判別する手法として，ラウスの安定判別法，フルビッツの安定判別法，ナイキストの安定判別法，ボード線図による安定判別法がある．

## 2 ラウスの安定判別法

### (1) ラウスの安定判別

ラウスの安定判別法を表 8・4 に示す．安定条件は次のとおりである．

**①特性方程式のすべての次数が存在し，かつその係数が正であること**

8-3 制御系の安定判別

②ラウスの配列で第1列目の要素（表8·4の$a_n$，$a_{n-1}$，$A_1$，$B_1$，$C_1$ …）がすべて正であること

**表8·4** ラウスの安定判別法

| 特性方程式 $a_n s^n + a_{n-1}s^{n-1} + \cdots\cdots + a_1 s + a_0 = 0$ | | |
|---|---|---|
| 1) $a_n$ | $a_{n-2}$ | $a_{n-4}$ $\cdots$ |
| 2) $a_{n-1}$ | $a_{n-3}$ | $a_{n-5}$ $\cdots$ |
| 3) $A_1 = \dfrac{a_{n-1}a_{n-2} - a_n a_{n-3}}{a_{n-1}}$ | $A_2 = \dfrac{a_{n-1}a_{n-4} - a_n a_{n-5}}{a_{n-1}}$ | $\cdots$ |
| 4) $B_1 = \dfrac{A_1 a_{n-3} - a_{n-1}A_2}{A_1}$ | $B_2 = \dfrac{A_1 a_{n-5} - a_{n-1}A_3}{A_1}$ | $\cdots$ |
| 5) $C_1 = \dfrac{B_1 A_2 - A_1 B_2}{B_1}$ | $\vdots$ | |

## (2) ラウスの安定判別の意味と具体例

### ①ラウスの安定判別の意味

図8·23に示すように，系が安定であるならば，極はすべてs平面の左側にあるので，簡単なケースとして，特性根を$-P_1$，$-P_2$，$\cdots -P_n$（$P_1$，$P_2$，$\cdots$，$P_n$はすべて正の実数）とすれば特性方程式は$(s+P_1)(s+P_2)\cdots(s+P_n)=0$と書けるので，これを展開すれば，「特性方程式のすべての次数が存在し，かつその係数が正であること」は理解できるであろう．ラウスの配列は，特性方程式を偶関数と奇関数に分けて，その商と余りを求めれば導出できるが，ここでは省略する．

### ②ラウスの安定判別の具体例

図8·24のフィードバック制御系を安定とするために，ラウスの安定判別を利用し，必要なゲイン定数$K$を決める．総合伝達関数は図8·24の中に導出しており，特性方程式も示している．この特性方程式に基づき，図8·25のようなラウス配列

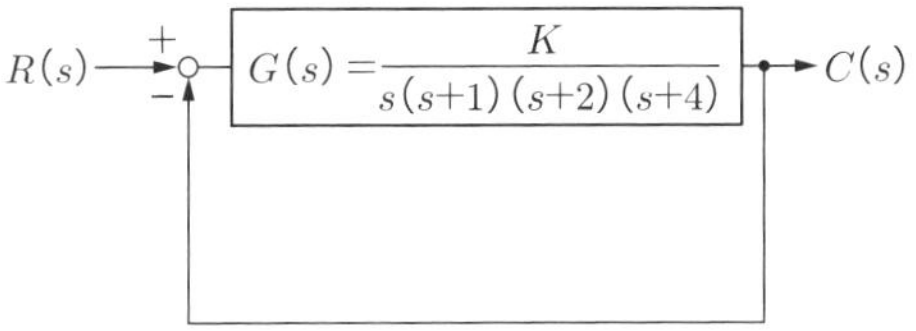

式(8·11)より
$$T(s) = \frac{\dfrac{K}{s(s+1)(s+2)(s+4)}}{1 + \dfrac{K}{s(s+1)(s+2)(s+4)}}$$
$$= \frac{K}{s(s+1)(s+2)(s+4)+K}$$

特性方程式
$$D(s) = s(s+1)(s+2)(s+4)+K$$
$$= s^4 + 7s^3 + 14s^2 + 8s + K$$

$$R(s) \longrightarrow + \bigcirc \longrightarrow \boxed{G(s) = \frac{K}{s(s+1)(s+2)(s+4)}} \longrightarrow C(s)$$

**図8·24** フィードバック制御系の例

を作成して安定判別すればよい．

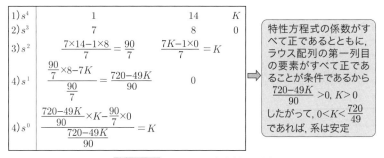

**図8・25** ラウスの安定判別の例

## 3 フルビッツの安定判別法

フルビッツの安定判別に基づく安定条件は次のとおりである．

①**特性方程式** $1+G(s)H(s)=a_n s^n+a_{n-1}s^{n-1}+\cdots+a_1 s+a_0=0$ **のすべての次数が存在し，かつその係数がすべて正であること**

②**フルビッツの行列式** $H_i\ (i=1, 2, 3, \cdots, n)$ **の値がすべて正であること**

フルビッツの行列式は，特性方程式の係数を最高次数から次数が下がるにしたがって，行列の要素として，2行1列目→1行1列→2行2列→1行2列→…の順番に1行と2行に並べる．そして，3行と4行は1列右にずらし，1列は0とする．5行と6行はさらに1列右にずらし，1列と2列は0とする．

$$H_i = \begin{vmatrix} a_{n-1} & a_{n-3} & a_{n-5} & \cdot & \cdot & a_{n-2i+1} \\ a_n & a_{n-2} & a_{n-4} & \cdot & \cdot & a_{n-2i+2} \\ 0 & a_{n-1} & a_{n-3} & a_{n-5} & \cdot & \cdot \\ 0 & a_n & a_{n-2} & a_{n-4} & \cdot & \cdot \\ \cdot & \cdot & \cdot & \cdot & \cdot & \cdot \\ 0 & 0 & 0 & \cdot & \cdot & a_{n-i} \end{vmatrix}$$

ここで $i$ は，$i=1, 2, 3, \cdots, n$ である．このように行列式 $H_1, H_2, H_3, \cdots, H_n$ を定義すれば

$$H_1 = |a_{n-1}|$$

$$H_2 = \begin{vmatrix} a_{n-1} & a_{n-3} \\ a_n & a_{n-2} \end{vmatrix}$$

$$H_3 = \begin{vmatrix} a_{n-1} & a_{n-3} & a_{n-5} \\ a_n & a_{n-2} & a_{n-4} \\ 0 & a_{n-1} & a_{n-3} \end{vmatrix}$$

$$H_4 = \begin{vmatrix} a_{n-1} & a_{n-3} & a_{n-5} & a_{n-7} \\ a_n & a_{n-2} & a_{n-4} & a_{n-6} \\ 0 & a_{n-1} & a_{n-3} & a_{n-5} \\ 0 & a_n & a_{n-2} & a_{n-4} \end{vmatrix}$$

$\vdots$

であり,これらがすべて正であればよい.

## 4 ナイキストの安定判別法

図8・22のフィードバック制御系における総合伝達関数(閉ループ伝達関数)は式(8・39)で表され,その特性方程式が式(8・40)で示されることは既に説明した.

このフィードバック制御系の特性方程式$1+G(s)H(s)=0$のうち,$G(s)H(s)$の部分を一巡伝達関数と呼ぶことも,式(8・11)のところで説明した.ナイキストの安定判別は,この一巡伝達関数と特性方程式の関係に着目したものである.わかりやすく言えば,一巡伝達関数から求められる$G(j\omega)H(j\omega)$の$\omega$を$0 \to \infty$にしたときのベクトル軌跡(**ナイキスト軌跡**という)を描き,次のように安定判別を行う.

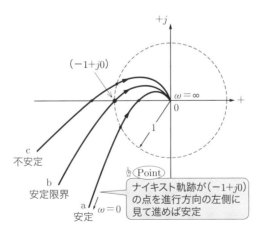

**図8・26** ナイキストの安定判別

①図8・26の曲線aのように,ベクトル軌跡が($-1+j0$)の点を進行方向の左側に見て進めば安定

② 図 8・26 の曲線 b のように，ベクトル軌跡が（$-1+j0$）の点を通過すれば安定限界

③ 図 8・26 の曲線 c のように，ベクトル軌跡が（$-1+j0$）の点を進行方向の右側に見て進めば不安定

図 8・27 に示すように，安定な閉ループ系において一巡伝達関数 $G(j\omega)H(j\omega)$ のナイキスト軌跡が（$-1+j0$）を左に見て実軸を横切る点を（$-\alpha+j0$）（ただし $0<\alpha<1$）とするとき，$-20\log_{10}\alpha$ を**ゲイン余裕**という．図 8・27 で，実軸（$x$ 軸）と交差するときの $G(j\omega)H(j\omega)$ の大きさ，すなわちゲイン $\alpha$ が 1 より小さいほど安定である．つまり，$\alpha$ を何倍したら不安定になるかを示す $1/\alpha$ がゲイン余裕ということになり，ゲインはダイナミックレンジが広いため log をとって，ゲイン余裕 $g_m=20\log_{10}(1/\alpha)=-20\log_{10}\alpha$ となる．また，そのナイキスト軌跡が，原点を中心とした半径 1 の円に交わる点の複素ベクトルと負の実軸との角を**位相余裕**という．

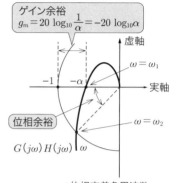

**図 8・27** ゲイン余裕と位相余裕

$\omega_1$：位相交差角周波数
$\omega_2$：ゲイン交差角周波数

ゲイン余裕と位相余裕は大きいほど，安定性は向上するが，速応性は低下し，制御系の応答が遅くなる．速応性の尺度としてゲイン交差角周波数や位相交差角周波数などが用いられ，これらが大きい方が速応性は良くなる．

## 5　ボード線図による安定判別

ボード線図による安定判別は，ナイキストの安定判別をボード線図に適用する手法である．次のように安定判別すればよい．

① 図 8・28（a）のように，位相差 $\theta$ が $-180°$ のときの角周波数において，そのゲインが負になる（増幅度が 1 より小さい）ならば，ナイキスト軌跡が（$-1, 0$）の点を進行方向の左側に見て進むことになるため，安定である．ここで，ボード線図上で位相曲線が $-180°$ を横切る点を**位相交点**といい，このときの角周波数を**位相交差（交点）角周波数**といい，この周波数におけるゲイン曲線とゲイン 0 dB との差を**ゲイン余裕**という．

② または，図 8・28（a）のように，ゲインが 0 dB（増幅度が 1）となる角周波数に

おいて，その位相差が−180°よりも進んでいるので，ナイキスト軌跡は（−1，0）の点を進行方向の左側に見て進むことになるため，安定である．ここで，ボード線図上でゲイン曲線がゲイン 0 dB を横切る点を**ゲイン交点**，このときの角周波数を**ゲイン交差（交点）角周波数**といい，この周波数における位相曲線と−180°との差を**位相余裕**という．

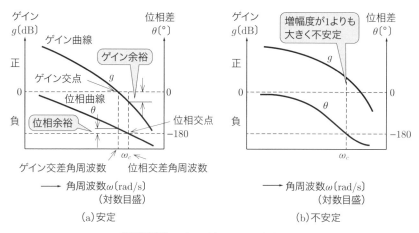

**図 8・28** ボード線図による安定判別

他方，図 8・28（b）では，位相特性で位相差 $\theta$ が −180°のときの角周波数においてゲインは正になっているので，不安定である．これは，増幅度が 1 よりも大きいので，閉ループにすると発振を起こし，制御系は不安定であることを意味する．

安定性に関して，位相余裕，ゲイン余裕ともに大きいほど安定性は良いが，速応性との関係から適正値があり，サーボ系では位相余裕が 40〜65°程度，ゲイン余裕が 10〜20 dB 程度，プロセス系では位相余裕が 20°以上，ゲイン余裕が 3 dB 以上が望ましいとされている．

### 例題 4　　　　　　　　　　　　　　　　　　　　　　　H16　問 6

フィードバック制御系の周波数特性は，一般に開ループ特性と閉ループ特性に分けて取り扱われる．開ループ特性からは，ゲイン余裕および位相余裕が重要な特性量として求められ，制御系の　(1)　を表す尺度としてよく用いられる．ゲインが　(2)　〔dB〕のときの角周波数を　(3)　周波数と呼び，速応性を表す目安になり，この周波数において位相余裕が定義される．また，位相が 180°遅れるときの角

周波数においてゲイン余裕が定義される.
　閉ループ特性では，主として (4) に注目する．その (5) が制御系の (1) を表す尺度として重要であり，かつ，このときの角周波数は速応性を表す特性量である．

【解答群】
(イ) 低域周波数特性　　(ロ) 0　　　　　　　(ハ) ピークゲイン　　(ニ) 絶対値
(ホ) 追従性　　　　　　(ヘ) 位相特性　　　　(ト) $-3$　　　　　(チ) 安定性
(リ) $1/\sqrt{2}$　　　(ヌ) ゲイン特性　　　(ル) ナイキスト　　　(ヲ) 感度
(ワ) 遮断　　　　　　　(カ) 定常特性　　　　(ヨ) ゲイン交点（交差）

**解　説**　本節5項および8-2節1項で解説しているので，参照する．
【解答】(1) チ　(2) ロ　(3) ヨ　(4) ヌ　(5) ハ

### 例題5　　　　　　　　　　　　　　　　　　　　　　　　　　　H25　問6

図において，$R(s)$ は目標値，$E(s)$ は偏差，$U(s)$ は操作量，$Y(s)$ は出力を表し，時間信号 $r(t)$，$e(t)$，$u(t)$，$y(t)$ をそれぞれラプラス変換したものである．この制御対象は， (1) な特性をもつ．この制御対象に対して，パラメータ $K_1$，$K_2$，$K_3$ をもつ図のPID補償器によってフィードバック制御を行う．このとき，PID補償器の積分時間は (2) で与えられる．

$R(s)$ から $Y(s)$ までの閉ループ伝達関数の望ましい極が，$-30$，$-3\pm j4$ になるように補償器のパラメータを求めると，$K_1=$ (3) ，$K_2=75$，$K_3=$ (4) となる．このとき，閉ループ伝達関数は三次系となるが，$R(s)$ から $Y(s)$ までの応答は，$-3\pm j4$ を (5) とする二次系の応答に近似できる．

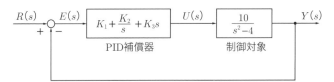

【解答群】
(イ) 開ループ極　　　(ロ) 代表根　　　(ハ) 14.9　　　　(ニ) 不安定
(ホ) $K_2/K_1$　　　(ヘ) 1.5　　　　(ト) 漸近安定　　(チ) $K_2$
(リ) 25.9　　　　　　(ヌ) 2.6　　　　(ル) 20.9　　　　(ヲ) 3.6
(ワ) $K_1/K_2$　　　(カ) 安定　　　　(ヨ) 補償極

## 8-3 制御系の安定判別

**解 説** (1) 制御対象の伝達関数は $G(s) = \dfrac{10}{s^2 - 4} = \dfrac{10}{(s+2)(s-2)}$ であるから，特性方程式は $(s+2)(s-2) = 0$ でその特性根は $s = \pm 2$ である．しかし，これは正の実数解 2 をもつので，不安定である．

(2) PID 補償器の伝達関数 $G_{\text{PID}} = K_1 + \dfrac{K_2}{s} + K_3 s = K_1 \left\{ 1 + \dfrac{1}{(K_1/K_2)s} + \left( \dfrac{K_3}{K_1} \right) s \right\}$

と変形できるから，式 (8·20) と比べれば，積分時間 $T_1 = K_1/K_2$

(3) $R(s)$ から $Y(s)$ までの閉ループ伝達関数 $T(s)$ は式 (8·7) と式 (8·10) より

$$T(s) = \frac{\left( K_1 + \dfrac{K_2}{s} + K_3 s \right) \dfrac{10}{s^2 - 4}}{1 + \left( K_1 + \dfrac{K_2}{s} + K_3 s \right) \dfrac{10}{s^2 - 4}} = \frac{10(K_3 s^2 + K_1 s + K_2)}{s^3 + 10 K_3 s^2 + (10 K_1 - 4) s + 10 K_2}$$

この総合伝達関数 $T(s)$ の分母を零とおいた特性方程式の根が極であるから，極を $-30$，$-3 \pm j4$ とするには

$$s^3 + 10 K_3 s^2 + (10 K_1 - 4)s + 10 K_2 = (s+30)(s+3-j4)(s+3+j4)$$
$$= s^3 + 36 s^2 + 205 s + 750$$

両辺の係数を比較すれば

$$10 K_3 = 36, \quad 10 K_1 - 4 = 205, \quad 10 K_2 = 750$$
$$\therefore \ K_1 = 20.9, \quad K_2 = 75, \quad K_3 = 3.6$$

総合伝達関数 $T(s)$ の極は $-30$，$-3 \pm j4$ なのでインパルス応答 $y(t)$ は

$$y(t) = \mathcal{L}^{-1}\{T(s) \cdot 1\} = \mathcal{L}^{-1}\left\{ \frac{A}{s+30} + \frac{B}{s+3-j4} + \frac{C}{s+3+j4} \right\}$$

$$= A e^{-30t} + B e^{-3t} e^{j4t} + C e^{-3t} e^{-j4t} \quad (A, \ B, \ C \ \text{は定数})$$

したがって，右辺第 1 項はすぐに減衰するが，第 2 項と第 3 項は減衰しながら振動する項である．すなわち，この制御系は $-3 \pm j4$ を代表根とする二次系の応答で近似できる．

**【解答】** (1) ニ　(2) ワ　(3) ル　(4) ヲ　(5) ロ

---

**例題 6** ......................................................... **H20　問 4**

外乱 $D_2(s) = 0$ の場合，外乱 $D_1(s)$ から偏差 $E(s)$ までの伝達関数は

$$\frac{E(s)}{D_1(s)} = - \frac{\boxed{(1)}}{T_c T_p s^3 + (T_c + T_p)s^2 + s + K_c K_p}$$

となり，外乱 $D_1(s)$ が単位ステップ関数のときの定常位置偏差は，$\boxed{(2)}$ となる．

8章 自動制御

343

一方，外乱 $D_1(s)=0$ の場合，外乱 $D_2(s)$ から偏差 $E(s)$ までの伝達関数は

$$\frac{E(s)}{D_2(s)} = -\frac{\boxed{(3)}}{T_c T_p s^3 + (T_c+T_p)s^2 + s + K_c K_p}$$

となり，外乱 $D_2(s)$ が単位ステップ関数のときの定常位置偏差は，$\boxed{(4)}$ となる．このように外乱の付加する場所により定常位置偏差の値が異なる．

また，図のフィードバック制御系が安定となる条件は

$$0 < K_c < \boxed{(5)}$$

である．ただし，$T_c > 0$, $T_p > 0$ とする．

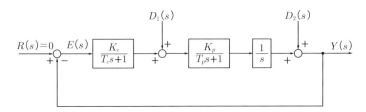

【解答群】

(イ) $\infty$      (ロ) $\dfrac{T_c T_p K_p}{T_c + T_p}$      (ハ) $s(T_c s+1)(T_p s+1)$

(ニ) $-\dfrac{1}{K_p}$      (ホ) $K_p(T_c s+1)$      (ヘ) $-\dfrac{1}{K_c}$

(ト) $K_c(T_c s+1)$      (チ) $-\dfrac{1}{1+K_c K_p}$      (リ) $-\dfrac{1}{K_p K_c}$

(ヌ) $(T_c s+1)(T_p s+1)$      (ル) $\dfrac{T_c + T_p}{T_c T_p K_p}$      (ヲ) $\dfrac{K_p(T_c + T_p)}{T_c T_p}$

(ワ) $0$      (カ) $s(T_p s+1)$      (ヨ) $K_p(T_p s+1)$

**解 説** (1) $R(s)=0$，外乱 $D_2(s)=0$ の場合のブロック線図は解説図1となる．

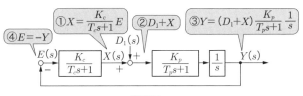

解説図1

## 8-3 制御系の安定判別

$E(s)$ を起点とし，①，②，③，④と各部の信号をブロック線図に書き込めば，次式が成り立つことがわかる．

$$E(s) = -\left\{ D_1(s) + \frac{K_c}{T_c s+1} E(s) \right\} \frac{K_p}{T_p s+1} \cdot \frac{1}{s}$$

$$\therefore \left( 1 + \frac{K_c}{T_c s+1} \cdot \frac{K_p}{T_p s+1} \cdot \frac{1}{s} \right) E(s) = -\frac{K_p}{T_p s+1} \cdot \frac{1}{s} D_1(s)$$

$$\therefore \frac{E(s)}{D_1(s)} = \frac{-\dfrac{K_p}{T_p s+1} \cdot \dfrac{1}{s}}{1 + \dfrac{K_c}{T_c s+1} \cdot \dfrac{K_p}{T_p s+1} \cdot \dfrac{1}{s}} = -\frac{K_p(T_c s+1)}{T_c T_p s^3 + (T_c+T_p)s^2 + s + K_c K_p}$$

(2) 外乱 $D_1(s)$ が単位ステップ関数 $(1/s)$ のときの定常位置偏差 $\varepsilon_s$ はラプラス変換の最終値の定理の式 (8·3) を利用して

$$\varepsilon_s = \lim_{s \to 0} s \left\{ -\frac{K_p(T_c s+1)}{T_c T_p s^3 + (T_c+T_p)s^2 + s + K_c K_p} \right\} \frac{1}{s} = -\frac{K_p}{K_c K_p} = -\frac{1}{K_c}$$

(3) 次に，外乱 $D_1(s) = 0$ の場合のブロック線図は解説図2となる．$E(s)$ を起点として，①，②，③と各部の信号をブロック線図に書き込めば，次式が成り立つことがわかる．

解説図 2

$$E(s) = -\left\{ D_2(s) + \frac{K_c}{T_c s+1} \cdot \frac{K_p}{T_p s+1} \cdot \frac{1}{s} E(s) \right\}$$

$$\therefore \left\{ 1 + \frac{K_c}{T_c s+1} \cdot \frac{K_p}{T_p s+1} \cdot \frac{1}{s} \right\} E(s) = -D_2(s)$$

$$\therefore \frac{E(s)}{D_2(s)} = -\frac{1}{1 + \dfrac{K_c}{T_c s+1} \cdot \dfrac{K_p}{T_p s+1} \cdot \dfrac{1}{s}} = -\frac{s(T_c s+1)(T_p s+1)}{T_c T_p s^3 + (T_c+T_p)s^2 + s + K_c K_p}$$

(4) 外乱 $D_2(s)$ が単位ステップ関数 $(1/s)$ のときの定常位置偏差 $\varepsilon_s{}'$ は式 (8·3) を利用して

自動制御

$$\varepsilon_{s'} = \lim_{s \to 0} s \left\{ -\frac{s(T_c s+1)(T_p s+1)}{T_c T_p s^3 + (T_c + T_p)s^2 + s + K_c K_p} \right\} \frac{1}{s} = 0$$

(5) この制御系の総合伝達関数の分母を見れば特性方程式 $D(s)$ は

$$D(s) = T_c T_p s^3 + (T_c + T_p)s^2 + s + K_c K_p = 0$$

ラウスの安定判別によれば，第一の条件は $D(s)$ のすべての係数が存在し，かつ正であることから，$T_c T_p > 0$，$T_c + T_p > 0$，$K_c K_p > 0$ となる．また，ラウス配列を解説図3のように作る．

ラウスの安定判別の第二の条件は，ラウス配列の第一列目の要素がすべて正であることから，

$T_c T_p > 0$，$T_c + T_p > 0$，

$\dfrac{T_c + T_p - T_c T_p K_c K_p}{T_c + T_p} > 0$ ，$K_c K_p > 0$ となる．

| | | |
|---|---|---|
| 1)$s^3$ | $T_c T_p$ | 1 |
| 2)$s^2$ | $T_c + T_p$ | $K_c K_p$ |
| 3)$s^1$ | $\dfrac{T_c + T_p - T_c T_p K_c K_p}{T_c + T_p}$ | 0 |
| 4)$s^0$ | $K_c K_p$ | |

解説図3

題意から $T_c > 0$，$T_p > 0$，$K_c > 0$ であるから，必要な条件としては $K_p > 0$ かつ $T_c + T_p - T_c T_p K_c K_p > 0$ である．

$$\therefore K_c < \frac{T_c + T_p}{T_c T_p K_p}$$

【解答】(1) ホ　(2) ヘ　(3) ハ　(4) ワ　(5) ル

---

**例題 7** ················································· H23　問7

　フィードバック制御系の設計仕様には，周波数領域および時間領域における尺度がある．前者の周波数領域における設計においては，□(1)□ の仕様を与える尺度としてゲイン余裕や位相余裕があり，また，□(2)□ の仕様を与える尺度としてゲイン交差角周波数や位相交差角周波数がある．これらは開ループ周波数特性に着目した尺度として利用されている．

　例えば，開ループ（一巡）伝達関数が $G(s) = \dfrac{K}{s(Ts+1)}$ で与えられる場合，ゲイン交差角周波数を $1\,\mathrm{rad/s}$ に，位相余裕を $45°$ に設定するには，$K=$ □(3)□，$T=$ □(4)□ 〔s〕に選べばよい．

一方，閉ループ周波数特性に着目した場合には，□(1)□ の尺度としてピーク値（共振値），□(2)□ の尺度として □(5)□ などが利用されている．

【解答群】

(イ) 帯域幅　　　　　(ロ) 1/2　　　　　(ハ) $\sqrt{2}$　　　　　(ニ) 定常特性

(ホ) 1/4　　　　　　(ヘ) 1　　　　　　(ト) 外乱抑制特性　　(チ) 速応性

346

**8-3 制御系の安定判別**

| （リ）低感度特性 | （ヌ）最適性 | （ル）$1/\sqrt{2}$ | （ヲ）2 |
| （ワ）安定性 | （カ）整定時間 | （ヨ）オーバーシュート量 | |

**解 説**　　（1）（2）（5）本節 5 項および 8-2 節 1 項で解説しているので参照する.

帯域幅（周波数帯域幅，バンド幅）は，ゲインが $-3\mathrm{dB}(=1/\sqrt{2})$ 低下する周波数までの範囲（幅）を示すものである.

（3）（4）開ループ（一巡）伝達関数 $G(s)=\dfrac{K}{s(Ts+1)}$ の周波数伝達関数 $G(j\omega)$ は $s=j\omega$ とおけば

$$G(j\omega)=\frac{K}{j\omega(j\omega T+1)}=\frac{K}{\omega(-\omega T+j)}$$

これからゲイン $g$ と位相 $\theta$ は次式で表される.

$$g=20\log_{10}|G(j\omega)|=20\log_{10}\left\{\frac{K}{\omega}\cdot\frac{1}{\sqrt{1+(\omega T)^2}}\right\},\quad \theta=\tan^{-1}\frac{1}{\omega T}$$

題意から，ゲイン交差角周波数 $\omega=1\,\mathrm{rad/s}$ のとき，位相余裕が $45°$ であるから

$$\tan45°=\frac{1}{1}=\frac{1}{1\times T}\quad\therefore\ T=1s$$

ゲイン交差角周波数ではゲイン $g=0(|G(j\omega)|=1))$ であるから

$$\frac{K}{\omega}\cdot\frac{1}{\sqrt{1+(\omega T)^2}}=1\quad\therefore\ \frac{K}{1}\cdot\frac{1}{\sqrt{1+1^2}}=1\quad\therefore\ K=\sqrt{2}$$

【解答】（1）ワ　（2）チ　（3）ハ　（4）ヘ　（5）イ

---

**例題 8**　••••••••••••••••••••••••••••••••••••••••••••　**H13　問 4**

開ループ伝達関数が次式で与えられるフィードバック制御系がある. ここで, $K$ はゲイン定数である.

$$G(s)H(s)=\frac{K}{s(s+1)(2s+1)}\ \cdots\cdots\cdots\cdots\cdots\cdots\cdots\cdots\cdots\cdots\text{①}$$

a) 式①で $s=j\omega$ とおけば，開ループ周波数伝達関数となる. すなわち

$$G(j\omega)H(j\omega)=\frac{K}{-3\omega^2+j\omega(1-\boxed{\quad(1)\quad})}\ \cdots\cdots\cdots\text{②}$$

b) 位相交点角周波数 $\omega_0$, すなわち, $G(j\omega)H(j\omega)$ のベクトル軌跡が複素平面の負の実軸と交わるときの角周波数は, 式②を用いて次のようになる.

$$\omega=\omega_0=\boxed{\quad(2)\quad}\ \text{〔rad/s〕}\cdots\cdots\cdots\cdots\cdots\cdots\cdots\text{③}$$

**8章**
自動制御

347

自動制御

c) この $\omega_0$ の値を式②に代入すれば，$G(j\omega_0)H(j\omega_0)$ が求められる.

$$G(j\omega_0)H(j\omega_0) = \boxed{\quad(3)\quad}\ \cdots\cdots\cdots\cdots\cdots\cdots\cdots\cdots\cdots\cdots\cdots④$$

d) ナイキストの安定判別法によれば，このようなフィードバック制御系が安定であるためには，$G(j\omega_0)H(j\omega_0)$ の振幅が $\boxed{\quad(4)\quad}$ より小さくなければならない.したがって，この条件よりゲイン定数 $K$ の値は $0 < K < \boxed{\quad(5)\quad}$ となる.

【解答群】

| | | | | |
|---|---|---|---|---|
| (イ) $2K/3$ | (ロ) $1$ | (ハ) $\dfrac{\omega^2}{2}$ | (ニ) $15$ | (ホ) $2\omega^2$ |
| (ヘ) $\sqrt{2}$ | (ト) $-1$ | (チ) $-2K/3$ | (リ) $4\omega^2$ | (ヌ) $0.5$ |
| (ル) $0.15$ | (ヲ) $0$ | (ワ) $1.5$ | (カ) $3K/2$ | (ヨ) $1/\sqrt{2}$ |

**解 説** (1) 開ループ伝達関数 $G(s)H(s) = \dfrac{K}{s(s+1)(2s+1)}$ において，$s = j\omega$ とすると，

$$G(j\omega)H(j\omega) = \frac{K}{j\omega(j\omega+1)(2j\omega+1)} = \frac{K}{j\omega(-2\omega^2 + j3\omega + 1)}$$

$$= \frac{K}{-3\omega^2 + j\omega(1-2\omega^2)}\quad \cdots\cdots 式①$$

(2) 位相交点角周波数 $\omega_0$ は，$G(j\omega)H(j\omega)$ のベクトル軌跡が複素平面の負の実軸と交わるとき，式①の虚数部が $0$ となるので

$$1 - 2\omega_0{}^2 = 0 \qquad \therefore 2\omega_0{}^2 = 1 \qquad \therefore \omega_0 = \frac{1}{\sqrt{2}}\quad \cdots\cdots 式②$$

(3) $\omega_0 = \dfrac{1}{\sqrt{2}}$ を式①に代入すると

$$G(j\omega_0)H(j\omega_0) = \frac{K}{-3\left(\dfrac{1}{\sqrt{2}}\right)^2 + j0} = -\frac{2K}{3}\quad \cdots\cdots 式③$$

(4) ナイキストの安定判別法によれば，このようなフィードバック制御系が安定であるためには，$G(j\omega_0)H(j\omega_0)$ の振幅が $1$ より小さくなければならない.

(5) $G(j\omega_0)H(j\omega_0)$ の振幅 $|G(j\omega_0)H(j\omega_0)| = \left|-\dfrac{2K}{3}\right|$ であるが，ゲイン定数は正なので

$$\frac{2K}{3} < 1 \qquad \therefore 0 < K < \frac{3}{2} = 1.5$$

【解答】(1) ホ (2) ヨ (3) チ (4) ロ (5) ワ

# 章 末 問 題

## ■1 ════════════════════════════════════════ H11 問4

次の文章は，フィードバック制御系の定常特性に関する記述である．

フィードバックループの中における前向き経路にある (1) の数を制御系の型と呼び，定常偏差を決める重要な要素である．0型の系では一定の (2) があり，定常速度偏差は (3) となる．1型の系では (2) は零となるが，定常速度偏差が残る．2型にすると定常速度偏差は零にできるが，制御系を (4) することが難しい．したがって，一般のサーボ系では1型を用いて一巡伝達関数の (5) を大きくとり，定常速度偏差を小さくするようにしている．

【解答群】

(イ) 一次遅れ要素 　　(ロ) 微分要素 　　(ハ) ゲイン 　　(ニ) 定常速度偏差
(ホ) 最適化 　　　　　(ヘ) 無限大 　　　(ト) 有限 　　　(チ) 定常位置偏差
(リ) 定常加速度偏差 　(ヌ) 零 　　　　　(ル) バンド幅 　(ヲ) 積分要素
(ワ) 最小化 　　　　　(カ) 位相 　　　　(ヨ) 安定化

## ■2 ════════════════════════════════════════ H14 問6

次の文章は，プロセス制御の調節計に関する記述である．

プロセス制御によく用いられているPID調節計は，サーボ系の位相進み・遅れ補償に似た動作をし，少ない調整パラメータで制御系の定常および過渡特性を改善できる．その伝達関数は

$$G_c(s) = K_\mathrm{P}\left(1 + \frac{1}{T_\mathrm{I}s} + T_\mathrm{D}s\right)$$

で表される．ここで，$K_\mathrm{P}$ は比例ゲイン，$T_\mathrm{I}$ は (1) ，$T_\mathrm{D}$ は微分時間である．

これらのパラメータの決定法として，ジーグラ・ニコルスの (2) 法がある．これは，調節計を比例動作のみとし，比例ゲイン $K_\mathrm{P}$ を変化させてフィードバック制御系が安定限界となる $K_\mathrm{P}$ の値と，このときの (3) の周期を求め，これらの値から調節計のパラメータを決定する方法である．

また，制御対象の (4) 応答を「完全積分と (5) 時間との積」の要素，あるいは「一次遅れと (5) 時間との積」の要素の応答で近似し，この要素の定数の値から調節計のパラメータを決める方法が種々提案されている．

【解答群】

(イ) 最小感度 　　(ロ) 単位ステップ 　(ハ) オフセット 　(ニ) 進み
(ホ) 減衰振動 　　(ヘ) 周波数調整 　　(ト) むだ 　　　　(チ) 周波数

349

（リ）限界感度　　（ヌ）レイトタイム　　（ル）単位インパルス　　（ヲ）持続振動
（ワ）遅れ　　　　（カ）積分時間　　　　（ヨ）パラメータ励振

## 3　　　　　　　　　　　　　　　　　　　　　　　　　　　　　H19　問3

次の文章は，一巡伝達関数 $G(s) = \dfrac{K}{s(s+1)(s+4)}$ のベクトル軌跡に関する記述である．

図のベクトル軌跡において，位相余裕は図中の角，　(1)　〔°〕で与えられ，ゲイン余裕は　(2)　〔dB〕で与えられる．位相余裕とゲイン余裕は，閉ループ制御系設計において　(3)　に関する設計指標であり，これらが小さくなるようにゲイン $K$ を変化させると，閉ループ制御系のゲイン特性のピーク値（$M$ピーク）は　(4)　．$K$ が　(5)　のとき，ベクトル軌跡は実軸上のC点（$-1+j0$）と交差する．

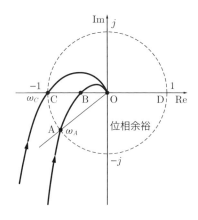

【解答群】

（イ）∠OCA　　　　（ロ）$\overline{OB}$　　　　　（ハ）安定性　　　　（ニ）減少する
（ホ）20　　　　　　（ヘ）速応性　　　　（ト）∠AOC　　　　（チ）40
（リ）$-20\log\overline{OB}$　（ヌ）変化しない　　（ル）定常特性　　　（ヲ）増大する
（ワ）10　　　　　　（カ）∠DOA　　　　（ヨ）$20\log\overline{OB}$

# 9章

## 照明

### 学習のポイント

　本分野は毎年出題される頻出分野である．光束，照度，距離の逆二乗の法則，ランベルトの余弦定理，輝度，光束法による平均照度等の計算問題がよく出題される．また，視感度，熱放射とルミネセンス，光源の性能，各種の光源と特徴は，語句選択式の必須問題として出題される．本分野は電験３種と概ね同等レベルであり，取り組みやすい．本書は基礎的な定義から詳しく解説しているので，照明に関する定義を一つずつ確実に覚えながら，ステップバイステップに進めていくとよい．

# 9-1 光に関する基礎

**攻略のポイント** 照明分野に関しては,電験3種では水平面照度や光度の計算問題等が出題される.2種一次では,光と放射,照度と距離の逆二乗の法則,配光,ランベルトの余弦定理,光度と輝度など基礎的な事項が幅広く出題される.

## 1 放射束と光束

　光エネルギーが電磁波として空間を伝わる現象を**放射**という.そして,単位時間に放射されるエネルギーを**放射束**といい,単位は〔J/s〕または〔W〕を用いる.

　光には紫外放射から赤外放射まで広い範囲の波長が含まれているが,**可視光線**とは,その波長が短波長限界 360〜400 nm から長波長限界 760〜830 nm の範囲にある電磁波を呼ぶ.光源の放射束のうち,人間の目に光として感じるエネルギー,すなわち可視光線の放射束を**光束**といい,単位は〔lm(ルーメン)〕を用いる.

　しかし,人間の目が放射束を光束として感じる程度は光の波長によって異なる.ある波長の光に関する光束と放射束の比は,その波長のエネルギーが人間の目にどれだけの明るさとして感じるかを表すので,**視感度**といい,単位は〔lm/W〕を用いる.人間は,明るいところでは波長 555 nm の光を最も強く感じ,このときの最大視感度は 683 lm/W であり,暗いところでは波長 507 nm の光を最も強く感じる.この最大視感度を基準として $K_m$ とし,他の波長の視感度を $K$ とすれば,比視感度は

$$比視感度 = \frac{K}{K_m} \quad (9・1)$$

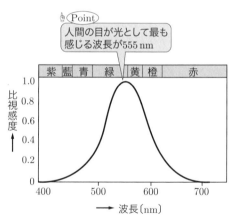

**図 9・1** 比視感度曲線

と表すことができる.比視感度は**分光視感効率**ともいう.明るい場所に順応したとき,人間の目が最大感度となる波長での感じる強さを1として,他の波長の明るさを感じる度合をその比となるよう1以下の数で表す.これを**明所比視感度**という.図 9・1 は比視感度曲線を示す.

## 9-1 光に関する基礎

### 2 光度

光源が一つの点と見なされる場合，**点光源**という．点光源からある方向に放射される光の強さを**光度**といい，単位は〔**cd（カンデラ）**〕を用いる．

図9・2（a）のように，点Oを中心とする球体において，円錐状に切り取ったときの空間の広がりを表す角$\omega$を**立体角**といい，単位は〔**sr（ステラジアン）**〕を用いる．半径$r$〔m〕でその球の表面積が$A$〔m²〕のとき，立体角は次式となる．

$$\omega = \frac{A}{r^2} \text{〔sr〕} \tag{9・2}$$

上式より，単位立体角1 srは，球の半径を1 mとしたときの立体角$\omega$により切り取られる球の表面積が1 m²となる立体角であるから，点光源の周り全体の立体角は$4\pi$ srになる．また，同図のように，平面角$\theta$と，平面角$\theta$で切り取った球面の立体角$\omega$との間には次式が成立する．

$$\omega = 2\pi(1 - \cos\theta) \text{〔sr〕} \tag{9・3}$$

図9・2（b）で，立体角$\omega$〔sr〕から出る光束が$\Phi$〔lm〕とすれば，光度$I$は

$$I = \frac{\Phi}{\omega} \text{〔cd〕} \tag{9・4}$$

となる．つまり，光度は，ある方向の単位立体角当たりに放射される光束である．

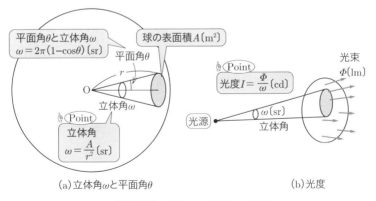

図9・2　立体角・平面角と光度

### 3 照度

**照度**は，光を受ける面（被照面，照射面，受光面という）の明るさを表し，被照

## 照明

面の単位面積当たりに入射する光束の量であり，単位は〔lx（**ルクス**）〕を用いる．
そこで，面積 $A$〔m²〕の被照面に一様に光束 $\varPhi$〔lm〕が入射するときの照度 $E$ は

$$E = \frac{\varPhi}{A} \text{〔lm/m}^2\text{〕} = \frac{\varPhi}{A} \text{〔lx〕} \tag{9・5}$$

となる．

**法線照度**は，入射光束に垂直な面に対する照度をいう．図 9・3 で，点光源 P から距離 $l$〔m〕の床面上の点 Q における照度 $E_n$〔lx〕は，光源の PQ 方向の光度 $I$〔cd〕に比例し，距離 $l$〔m〕の二乗に反比例する．これを**距離の逆二乗の法則**といい，次式で表される．

$$E_n = \frac{I}{l^2} \text{〔lx〕} \tag{9・6}$$

これは，点 Q が半径 $l$ の球面上の点と考え，照度の式（9・5）へ式（9・4）を代入すれば，次式のように変形できることから理解できるであろう．

$$E_n = \frac{\varPhi}{A} = \frac{\omega I}{A} = \frac{(\text{球の立体角}) \times I}{\text{球の表面積}} = \frac{4\pi I}{4\pi l^2} = \frac{I}{l^2} \text{〔lx〕}$$

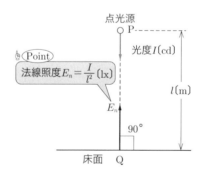

図 9・3 法線照度

**水平面照度**は，図 9・4 の床面上の点 Q における水平面に対する照度 $E_h$ をいう．同図で点 Q から角度 $\theta$ の方向に点光源 P があるときの点 Q の水平面照度 $E_h$ は

$$E_h = \frac{I}{l^2} \cos\theta = E_n \cos\theta \text{〔lx〕} \tag{9・7}$$

式（9・7）の $E_h$ は入射角 $\theta$ の $\cos\theta$ の値（余弦値）に比例するので，これを**入射角の余弦の法則**という．一般に，照度とは水平面照度 $E_h$ を指すことが多い．

## 9-1 光に関する基礎

一方,図9・4の床面上の点Qにおける鉛直面に対する照度を**鉛直面照度** $E_v$ といい,次式となる.

$$E_v = \frac{I}{l^2}\sin\theta = E_n \sin\theta \ [\text{lx}] \tag{9・8}$$

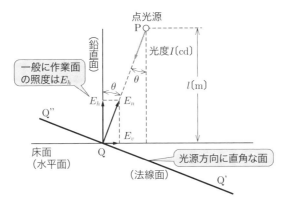

**図9・4** 水平面照度と鉛直面照度

多数の点光源による水平面照度は,それぞれの点光源によって点Pに生じる水平面照度を求め,その和が水平面照度 $E_h$ となる.図9・5は点光源が2個の事例を示しており,水平面照度 $E_h$ は次式となる.

$$E_h = E_{h1} + E_{h2} = \frac{I_1}{l_1^2}\cos\theta_1 + \frac{I_2}{l_2^2}\cos\theta_2 \tag{9・9}$$

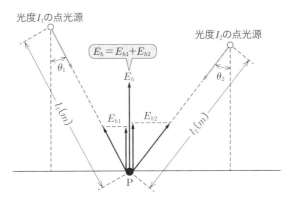

**図9・5** 多数の点光源による水平面照度(2個の点光源の事例)

## 4 輝度

**輝度**は，光源の発光面の輝きの程度を表し，単位は〔cd/m²〕を用いる．輝度は，発光面からある方向への光度を，その方向から見た見かけの面積で割った値である．図 9・6 において，発光面の微小面積 $\Delta A$〔m²〕の $\theta$ 方向の光度 $\Delta I_\theta$〔cd〕，人間が見ている方向から見た見かけの面積を $\Delta A'$〔m²〕とすれば，輝度 $L$ は

$$L = \frac{\Delta I_\theta}{\Delta A'} = \frac{\Delta I_\theta}{\Delta A \cos\theta} \; \text{〔cd/m²〕} \tag{9・10}$$

となる．

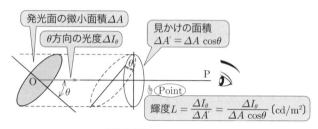

図 9・6　輝度の考え方

## 5 光束発散度

発光面の単位面積当たりから発散する光束を**光束発散度**という．表面積 $A$〔m²〕から光束 $\Phi$〔lm〕が発散しているとき，光束発散度 $M$ は次式となる．

$$M = \frac{\Phi}{A} \; \text{〔lm/m²〕} \tag{9・11}$$

**完全拡散面（均等拡散面）**とは，どの方向から見ても輝度の等しい表面をいう．法線方向の光度 $I_0$ と鉛直角 $\theta$ 方向の光度 $I_\theta$ との間に $I_\theta = I_0 \cos\theta$ の関係があり，光度は図 9・7 のようになる．これを**ランベルトの余弦定理**という．完全拡散面において，輝度 $L$〔cd/m²〕と光束発散度 $M$〔lm/m²〕との間には

$$M = \pi L \tag{9・12}$$

の関係がある．

## 9-1 光に関する基礎

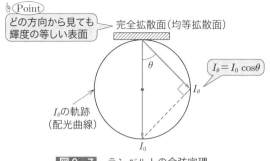

**図 9・7** ランベルトの余弦定理

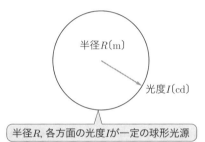

**図 9・8** $M = \pi L$ の証明のための説明図

式（9・12）は次のように証明できる．完全拡散面ではどの方向から見ても輝度 $L$ が等しいので，図 9・8 に示すように，半径 $R$ [m]，各方向の光度 $I$ [cd] が一定である球形の光源を想定する．この場合，球の表面積 $S_1 = 4\pi R^2$，球の見かけの面積 $S_2 = \pi R^2$ である．したがって，光源の光束発散度 $M$ は

$$M = \frac{\Phi}{S_1} = \frac{\omega I}{4\pi R^2} = \frac{4\pi I}{4\pi R^2} = \frac{I}{R^2} \tag{9・13}$$

また，光源の輝度 $L$ は

**POINT** 両式から $M = \pi L$

$$L = \frac{I}{S_2} = \frac{I}{\pi R^2} \tag{9・14}$$

となる．したがって，式（9・13）と式（9・14）から，式（9・12）が求められる．

物質に入射する光は，反射するもの，透過するもの，吸収されるものに分けられる．他の光源から照射された面は，反射や透過によって新たな光源になると考えることができ，このような光源を**二次光源**という．この面の反射率を $\rho$，透過率を $\tau$，吸収率を $\alpha$ とすれば，図 9・9 のように，被照面の照度が $E$ [lx] のとき，反射面の

光束発散度 $M_\rho$ は
$$M_\rho = \rho E \,[\mathrm{lm/m^2}] \tag{9・15}$$
となる．そして，式（9・12）の関係を用いると，この二次光源の輝度 $L_\rho$ は
$$L_\rho = \frac{M_\rho}{\pi} = \frac{\rho E}{\pi} \,[\mathrm{cd/m^2}] \tag{9・16}$$
となる．また，透過面の光束発散度 $M_\tau$ は
$$M_\tau = \tau E \,[\mathrm{lm/m^2}] \tag{9・17}$$
となる．そして，式（9・12）の関係を用いると，この二次光源の輝度 $L_\tau$ は
$$L_\tau = \frac{M_\tau}{\pi} = \frac{\tau E}{\pi} \tag{9・18}$$
となる．そして，反射率 $\rho$，透過率 $\tau$，吸収率 $\alpha$ の間には次式が成り立つ．
$$\rho + \tau + \alpha = 1 \tag{9・19}$$

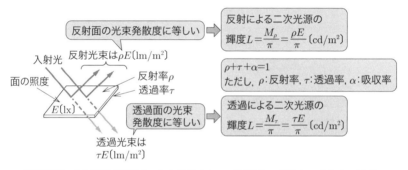

図9・9 反射面と透過面の光束発散度および反射率・透過率・吸収率の関係

## 6 配光曲線

光源のそれぞれの向きの光度分布を**配光**といい，配光の分布を表すものを**配光曲線**という．配光曲線には**鉛直配光曲線**と**水平配光曲線**がある．鉛直配光曲線は，図9・10のように，光源を中心 O として，O を通る鉛直面を考え，各 $\theta$ の値に対する光度を測定し，極座標図で表したものである．また，水平配光曲線は，基準線からの水平角 $\phi$ に対する光度を極座標図で表したもので，一般の光源では円形に近いものが多い．

## 9-1 光に関する基礎

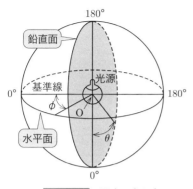

図 9・10　配光の表し方

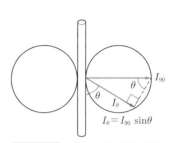

図 9・11　円筒光源の配光曲線

例えば，図 9・7 のように，平面板光源では，鉛直方向に最大光度 $I_0$ があり，鉛直線に対してなす角 $\theta$ 方向での光度 $I_\theta$ は $I_\theta = I_0 \cos\theta$ となる．つまり，平面板の下に直径 $I_0$ の球が接するような光度の分布になる．次に，図 9・11 のように，蛍光ランプのような円筒光源（直線光源）では，角 $\theta$ 方向の光度 $I_\theta$ は，$I_\theta = I_{90} \sin\theta$ となる．各種の完全拡散光源の配光曲線を表 9・1 に示す．

表 9・1　各種の完全拡散光源の配光曲線

| | 点光源・球面光源 | 平板光源 | 円筒光源 | 半球面光源 |
|---|---|---|---|---|
| 配光 | $I$ | $I_\theta = I_0 \cos\theta$ | $I_\theta = I_{90} \sin\theta$ | |

### 7　照明計算の事例

さて，ここまで光や照明の基礎を学んだので，無限長直線光源による直接照度を計算してみる．これは，図 9・12 のように，求めようとする点 P を含む長さ 1 m の光源と仮想円筒を考え，光源の全光束が仮想円筒面を通過（反射光束を無視）するため，その円筒面 1 m² 当たりの通過光束を求めればそれが法線照度となる．

# 照明

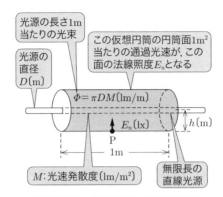

**図 9・12** 直線光源による直接照度

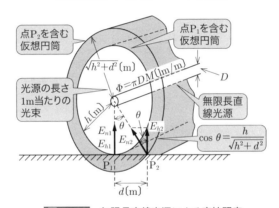

**図 9・13** 無限長直線光源による直接照度

図 9・13 において，光源の長さ 1 m 当たりの光束を $\Phi$ 〔lm/m〕，光源の直径を $D$ 〔m〕，光束発散度を $M$〔lm/m²〕とし，点 $P_1$ の法線照度 $E_{n1}$，水平面照度 $E_{h1}$ を求めるときには，点 $P_1$ を含む半径 $h$・長さ 1 m で表面積を $S$〔m²〕の仮想円筒を考えれば

$$\left.\begin{aligned} E_{n1} = E_{h1} &= \frac{\Phi}{S} = \frac{\Phi}{2\pi h \times 1} = \frac{\Phi}{2\pi h} \text{〔lx〕} \\ \Phi &= M \times (\text{光源 1 m 当たり表面積}) = \pi DM \text{〔lm/m〕} \end{aligned}\right\} \quad (9・20)$$

となる．また，点 $P_2$ の法線照度 $E_{n2}$，水平面照度 $E_{h2}$ を求めるときには，点 $P_2$ を含む半径 $\sqrt{h^2+d^2}$・長さ 1 m の仮想円筒を考えれば，次のようになる．

**9-1 光に関する基礎**

$$E_{n2} = \frac{\Phi}{2\pi\sqrt{h^2+d^2}\times 1} = \frac{\Phi}{2\pi\sqrt{h^2+d^2}}\ [\mathrm{lx}] \qquad (9\cdot21)$$

$$E_{h2} = E_{n2}\cos\theta = \frac{\Phi}{2\pi\sqrt{h^2+d^2}}\times\frac{h}{\sqrt{h^2+d^2}} = \frac{\Phi h}{2\pi(h^2+d^2)}\ [\mathrm{lx}]$$

$$(9\cdot22)$$

---

**例題 1** ·················································· **R1 問6**

　放射とは，電磁波あるいは粒子の形によって伝搬するエネルギーのことである．電磁波の波長範囲は $10^{-16}$～$10^8$ m の範囲であり，その波長によって宇宙線，ガンマ線，X線，紫外放射，可視放射（光），赤外放射，電波などに区分され，それぞれ特有の性質を持っている．このうち人の目に入って，明るさの感覚を生じさせる　　(1)　　nm の波長範囲を可視放射（光）という．

　単位時間にある面を通過する放射エネルギーの量を放射束という．単位はワット [W] 又はジュール毎秒 [J/s] であり，物理量である．

　放射束に　　(2)　　における人の目の感度（分光視感効率）を乗じた量 $\Phi$ を　　(3)　　といい，単位はルーメン [lm] である．これは，物理量に人の目の感度を乗じた量であることから，心理物理量と呼ばれる．また，この $\Phi$ は，ある放射体からの分光放射束を $\Phi_e(\lambda)$ [W/nm]，標準分光視感効率を $V(\lambda)$ とすれば，次式より求まる．

$$\Phi = K_m\int_{\lambda_1}^{\lambda_2}V(\lambda)\Phi_e(\lambda)d\lambda$$

　ここで，$\lambda$ は波長 [nm]，$\lambda_1$ から $\lambda_2$ までは可視放射（光）の波長範囲，$K_m$ は　　(4)　　であり，その値は約　　(5)　　nm において約 683 lm/W である．

【解答群】

(イ) 暗所視下　　　　　(ロ) 照度　　　　　　(ハ) 明所視下　　　　(ニ) 300～700

(ホ) 555　　　　　　　(ヘ) 380～780　　　　(ト) 固有光束係数　　(チ) 光束

(リ) 507　　　　　　　(ヌ) 400～870　　　　(ル) 薄明視下　　　　(ヲ) 500

(ワ) 最大視感効果度　　(カ) 光度　　　　　　(ヨ) 形態係数

---

**解　説**　本節1項で解説しているので，参照する．なお，明所視は，光量が十分に存在する状況での目の視覚のことをいい，人間は明所視下では色覚が可能である．

【解答】(1) ヘ　(2) ハ　(3) チ　(4) ワ　(5) ホ

## 照　明

### 例題 2　　　　　　　　　　　　　　　　　　　　　　　　　　　　　　H29　問 6

図に示すように，点光源が水平な机上面上の高さ $h$ にあり，その鉛直角 $\theta$ 方向の微小立体角 $\Delta\omega$ 内を光束 $\Phi$ が通過している．ここで，点光源とは，光源から照射を受ける面までの距離に比べて，光源の大きさが無視できる程度に小さなものをいう．逆二乗の法則による照度計算は，この点光源を前提としている．

この条件において，ある点 P の水平面照度 $E_h$ が，その点 P に対応する微小面の平均照度 $E_{av}$ であることを以下に説明する．

まず，光源からある方向に向かう光束の単位立体角当たりの割合を （1） という．逆二乗の法則による机上面上の点 P の水平面照度 $E_h$ は，逆二乗の法則に従って，光度 $I$，高さ $h$，鉛直角 $\theta$ を用いて表すと （2） となる．点光源の鉛直角 $\theta$（点 P）方向の光度 $I$ は，$\Delta\omega$ と $\Phi$ とを用いて表すと （3） で求まるので，$h$ と $\theta$ とが分かれば $E_h$ を求めることができる．

次に，微小立体角 $\Delta\omega$ が机上面に投影して作る微小面の面積 $\Delta A$ の平均照度 $E_{av}$ を求める．照度の定義に従えば，$\Delta A$ の平均照度 $E_{av}$ は （4） で表せる．$\Delta A$ は微小立体角 $\Delta\omega$，高さ $h$，鉛直角 $\theta$ を用いて表すと （5） となるので，これを （4） に代入すれば $E_{av}$ を求めることができる．

この $E_{av}$ を求める関係に，$I=$ （3） を代入して $\Phi$，$\Delta\omega$ を消去し，光度 $I$ を用いて表せば （2） となる．よって，ある点の水平面照度 $E_h$ は，その点に対応する微小面の平均照度 $E_{av}$ と同一である．

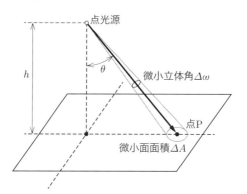

【解答群】

(イ) $\dfrac{\Delta\omega \cdot \cos^3\theta}{h^2}$　　(ロ) $\dfrac{\Delta\omega \cdot h^2}{\cos^3\theta}$　　(ハ) $\dfrac{I \cdot \cos^3\theta}{h^2}$　　(ニ) 光束発散度

(ホ) $\dfrac{\Delta\omega \cdot h^2}{\cos\theta}$　　(ヘ) $\dfrac{I \cdot \cos^2\theta}{h^2}$　　(ト) 光度　　(チ) $\dfrac{\Delta A}{\Phi}$

## 9-1 光に関する基礎

（リ）$\Phi \cdot \Delta\omega$　　（ヌ）$\Phi \cdot \Delta A$　　（ル）$\dfrac{I \cdot \cos\theta}{h^2}$　　（ヲ）輝度

（ワ）$\dfrac{\Delta\omega}{\Phi}$　　（カ）$\dfrac{\Phi}{\Delta\omega}$　　（ヨ）$\dfrac{\Phi}{\Delta A}$

**解説**　(1) は式 (9・4) から求まる．(2) において，点光源から点 P までの距離 $l = h/\cos\theta$ となるから，点 P の水平面照度 $E_h$ は距離の逆二乗の法則より

$$E_h = \frac{I}{l^2}\cos\theta = \frac{I}{(h/\cos\theta)^2}\cos\theta = \frac{I\cos^3\theta}{h^2} \, [\text{lx}]$$

(3) 点光源の鉛直角 $\theta$ 方向の光度 $I$ は，式 (9・4) に微小立体角 $\Delta\omega$，この立体角内を通過する光束 $\Phi$ を代入すれば，$I = \dfrac{\Phi}{\Delta\omega}$ [cd]

(4) 照度は，式 (9・5) より，微小面積 $\Delta A$ に光束 $\Phi$ が照射しているから，平均照度 $E_{av}$ は $E_{av} = \dfrac{\Phi}{\Delta A}$ [lx] となる．

(5) 設問図のように微小立体角 $\Delta\omega$ を半径 1 の円錐の底面積に近似する．解説図の微小面積 $\Delta A'$ は同じ立体角の半径 $l$ の円錐の底面積に等しいため

$$\Delta A' = \Delta\omega \cdot l^2 = \frac{\Delta\omega \cdot h^2}{\cos^2\theta}$$

となる．$\Delta A'$ が $\theta$ の角度で水平面に落とす影が $\Delta A$ である．したがって

$$\Delta A = \frac{\Delta A'}{\cos\theta} = \frac{\Delta\omega \cdot h^2}{\cos^3\theta}$$

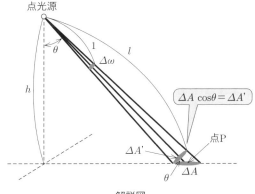

解説図

となるから，$E_{av} = \dfrac{\Phi}{\Delta A} = \dfrac{\Phi \cdot \cos^3\theta}{\Delta\omega \cdot h^2} = \dfrac{I \cdot \cos^3\theta}{h^2}$ [lx]

【解答】(1) ト　(2) ハ　(3) カ　(4) ヨ　(5) ロ

# 照 明

### 例題3　　　　　　　　　　　　　　　　　　　　　　　　H26 問6

光源または照明器具の配光は，照明設計の有力な情報である．それらが照らす空間内の任意の点の照度，任意の方向の光束，照明器具から放射される全光束などを，これによって求めることができる．

配光は，光源が発散する光束を　(1)　の空間分布として表したもので，光源を中心とした極座標系（鉛直角 $\theta$，水平角 $\phi$）で表示される．光源が置かれた中心を光中心と呼び，光中心を通る鉛直軸を灯軸という．灯軸を通る断面配光を　(2)　という．

ある点の照度は，配光によってある点方向の　(1)　がわかれば，逐点法によって算出することができ，照度は光源からその点までの距離の　(3)　する．

任意の方向の光束 $\Phi$ は，　(1)　を $X$，立体角を $\omega$ とすれば，$\Phi = $　(4)　である．立体角は，光中心から見たある面に対する空間的広がりの度合いであり，単位はステラジアン（記号：sr）である．光中心から半径 $r$ の球を仮定し，その球表面上のある面積を $S$ とすれば，その面を切り取る立体角は $\omega = \dfrac{S}{r^2}$ である．もし，$S$ が光中心を包囲した閉曲面であれば，立体角は最大の　(5)　sr になる．

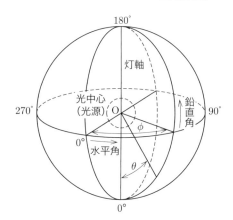

【解答群】

(イ) 鉛直配光　　　　　(ロ) $\dfrac{4}{3}\pi$　　　　　(ハ) 二乗に反比例

(ニ) 光度　　　　　　　(ホ) 平方根に比例　　　(ヘ) 正弦配光

(ト) 逆二乗に反比例　　(チ) 照度　　　　　　　(リ) $X\sqrt{\omega}$

(ヌ) 輝度　　　　　　　(ル) $2\pi$　　　　　　　(ヲ) 水平配光

(ワ) $4\pi$　　　　　　　(カ) $X \cdot \omega$　　　　　(ヨ) $\dfrac{X}{\omega}$

## 9-1 光に関する基礎

> **解 説** 本節で解説しているので，参照する．
>
> 【解答】(1) ニ　(2) イ　(3) ハ　(4) カ　(5) ワ

---

**例題 4** ·················································· **R2　問 6**

面積 $dS$，反射率 $\rho$ の微小平面板があり，その片面だけが照度 $E$ で照らされ，輝度 $L$ で輝いている．この輝いている面の法線方向の光度を $dI_n$ とすれば，面の輝きを表す輝度 $L$ は ☐ (1) ☐ で与えられる．単位は ☐ (2) ☐ である．

いま，この面を法線より斜め $\theta$ 方向から見た輝度 $L_\theta$ は，投影面積 $dS_\theta$ が $dS_\theta =$ ☐ (3) ☐ となり，その方向の光度を $dI_\theta$ とすれば ☐ (1) ☐ と同様にして求まる．もし，$L = L_\theta$ であれば，この面の鉛直配光は，$dI_\theta = dI_n \cdot \cos\theta$ となる関係が成立するので，$dI_n$ を直径とする円形となる．これをランベルトの余弦法則という．

どの方向から見ても輝度の等しい面を ☐ (4) ☐ といい，ランベルトの余弦法則に従う面である．また，この面では，照度 $E$ と輝度 $L$ との間に ☐ (5) ☐ なる関係がある．

【解答群】

(イ) $dS \cdot \cos\theta$ 　　　　(ロ) $dS \cdot \sin\theta$ 　　　　(ハ) 均等拡散面

(ニ) $L = \dfrac{\rho I_n}{dS}$ 　　　　(ホ) $dS \cdot \tan\theta$ 　　　　(ヘ) $L = \dfrac{\rho E}{dS}$

(ト) $L = \dfrac{dI_n}{dS}$ 　　　　(チ) ラドルクス〔rlx〕　　(リ) 完全反射面

(ヌ) $\pi E = \rho L$ 　　　　(ル) $\rho E = \pi L$ 　　　　(ヲ) 均等反射面

(ワ) トロランド〔td〕　　(カ) $\rho \pi E = L$

(ヨ) カンデラ毎平方メートル〔cd/m²〕

---

> **解 説** 本節 4，5 項で解説しているので，参照する．(5) に関して，式 (9・12) の $M = \pi L$，式 (9・15) の $M = \rho E$ から，$M$ を消去すれば $\rho E = \pi L$ となる．
>
> 【解答】(1) ト　(2) ヨ　(3) イ　(4) ハ　(5) ル

照　明

## 例題5 ···························································· H27　問6

　日常用語の"明るさ"は，非常に多様な意味をもち，文脈において対応する専門的概念が相当に異なっている．事柄を正しく表すためには，用語を正しく使う必要がある．

　光によって生じる"明るさ"は，学術的には「ある面から発している光の強弱の見え方の基礎になる視感覚の属性」と定義され，主として関連する　(1)　は　(2)　である．すなわち，視対象における光の状態をいうのではなく，人が感じる効果（感覚量）を指している．

　ある面の　(2)　は，その面のある方向への光度をその見かけの面積で割った値で与えられる．この絶対値が一定であっても，"明るさ"は，目の順応状態，周囲との対比などの視覚条件によって異なってくる．

　視覚条件が一定な状態において，面から発するある方向への光度が同じ値である場合には，面の見かけの面積が大きいときと比較して，小さいときには　(3)　感じられる．また，どの方向から見ても面の　(2)　が等しく一様に見える面を　(4)　という．薄曇りの空がその代表例である．このような面は，その面の法線方向の光度 $I_n$ に対して $\theta$ 方向の光度 $I(\theta)$ は，

$$I(\theta) = I_n \cdot \cos\theta$$

の関係があり，これを　(5)　の余弦法則という．

【解答群】
（イ）照度　　　　　　（ロ）均等拡散面　　（ハ）完全反射面　　（ニ）明るく
（ホ）光束発散度　　　（ヘ）物理量　　　　（ト）ウィーン　　　（チ）放射量
（リ）変わらず同じに　（ヌ）プランク　　　（ル）暗く　　　　　（ヲ）正反射面
（ワ）ランベルト　　　（カ）輝度　　　　　（ヨ）測光量

---

**解説**　本節4，5項で解説しているので，参照する．明るさに主として関連する測光量は輝度であり，人が感じる効果（感覚量）を指している．測光量には，輝度以外には，光束，光度，照度，光束発散度などがある．さらに，輝度は，式（9・10）に示すように，光度が同じであってもその光源のみかけの面積が小さいほど大きくなり，明るく感じる．

【解答】(1) ヨ　(2) カ　(3) ニ　(4) ロ　(5) ワ

9-1 光に関する基礎

## 例題 6 ............................................................. H11 問3

次の文章は，完全拡散面に関する記述である．

どの方向から見ても ⬚(1) の等しい完全拡散面では，光源の微小面積 $\Delta A$ の法線方向の光度 $\Delta I_n$ と，法線角 $\theta$ をなす方向の光度 $\Delta I_\theta$ との間には

$$\Delta I_\theta = \Delta I_n \times \boxed{(2)} \;\text{〔cd〕}$$

の関係があり，光度の軌跡は完全拡散面に接する ⬚(3) になる．これを ⬚(4) という．

完全拡散性の半透明体の透過率を $\tau$，その表面の照度を $E$〔lx〕とすると，裏側から見たときの輝度 $L$ は

$$L = E \times \boxed{(5)} \;\text{〔cd/m}^2\text{〕}$$

で表される．

【解答群】

(イ) 入射角余弦の法則　　(ロ) $\dfrac{1}{\cos\theta}$　　　　(ハ) 照度　　(ニ) 輝度

(ホ) $\sin\theta$　　　　　　　(ヘ) $\cos\theta$　　　　　(ト) $\dfrac{\tau}{\pi}$　　(チ) 楕円

(リ) $\tau\cdot\pi$　　　　　　　(ヌ) プランクの法則　　(ル) $\dfrac{\pi}{\tau}$

(ヲ) ランベルトの余弦則　(ワ) 放射発散度　　　(カ) 円　　　(ヨ) 直線

**解 説**　本節 5 項で解説しているので，参照する．(5) を補足する．完全拡散性の半透明体を裏側から見たときの光束発散度は式 (9·17) より $M = \tau E$ 〔lm/m$^2$〕であり，完全拡散面では，輝度 $L$ と $M$ の間に $M = \pi L$ が成立する（式 (9·12) 参照）から，$\tau E = \pi L$ となる．したがって，$L = \tau E / \pi$〔cd/m$^2$〕

【解答】(1) ニ　(2) ヘ　(3) カ　(4) ヲ　(5) ト

9章

照明

# 9-2 熱放射とルミネセンス

**攻略のポイント**　本節に関して，電験3種ではほとんど出題されないが，2種では黒体放射のウィーンの法則，ルミネセンスなど基本事項が幅広く出題されている．

　光を発光する原理は，熱放射（温度放射）とルミネセンスに分けられる．発光の種類と発光原理の全体をまとめたものが図9・14である．

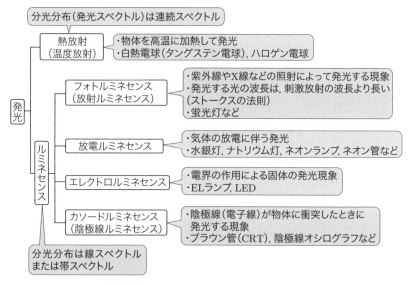

図9・14　発光の種類と発光原理・応用例

## 1 熱放射

### (1) プランクの放射則

　物体を高温にすると，原子，分子などの熱振動によりエネルギーが放出される．すべての物体は約500℃を超えると可視光を放射する．そして，温度を上げるとその温度に応じた発光をする．これを**温度放射**という．

　温度放射をするもののうち，**黒体**（完全放射体）とは，投射された放射を全部吸収すると仮定した仮想的な物体で，すべての波長において最大の熱放射をする．黒

体による放射を**黒体放射**という．炭素や白金黒が黒体に近い物体である．

放射体の単位面積当たり発する放射束を**放射発散度** $M_e$ といい，波長 $\lambda$ における放射束を**分光放射発散度** $M_e(\lambda)$ という．黒体の温度 $T$，波長 $\lambda$ における分光放射発散度 $M_e(\lambda, T)$ は次式で与えられる．これを**プランクの放射則**という．

$$M_e(\lambda, T) = \frac{C_1}{\lambda^5} \cdot \frac{1}{\exp\left(\dfrac{C_2}{\lambda T}\right) - 1} \ \left[\mathrm{W/(m^2 \cdot \mu m)}\right] \tag{9・23}$$

$$C_1 = 2\pi c^2 h = 3.74 \times 10^8 \ \left[\mathrm{W \cdot \mu m^4/m^2}\right]$$

$$C_2 = \frac{ch}{k} = 1.439 \times 10^4 \ \left[\mathrm{\mu m \cdot K}\right]$$

> 🔥 **POINT**
> ウィーンの放射則は式中の$-1$を無視

ここで，$\lambda$：波長〔μm〕，$T$：黒体の絶対温度〔K〕，$h$：プランク定数 $6.6261 \times 10^{-34}$〔J·s〕，$k$：ボルツマン定数 $1.3806 \times 10^{-23}$〔J/K〕，$c$：真空中の光の速度 $2.9979 \times 10^8$〔m/s〕である．

## (2) ウィーンの放射則

ウィーンは，狭い波長領域において

$$M_e(\lambda, T) = \frac{C_1}{\lambda^5} \exp\left(\frac{-C_2}{\lambda T}\right) \ \left[\mathrm{W/(m^2 \cdot \mu m)}\right] \tag{9・24}$$

となることを発見した．$C_1$，$C_2$，$\lambda$，$T$は式 (9·23) と同じである．

## (3) ウィーンの変位則

熱放射をする黒体の表面から出る各波長のエネルギーのうち，**最大エネルギーとなる波長 $\lambda_m$ は，絶対温度に反比例**する．すなわち，分光放射発散度を最大とする波長を $\lambda_m$，絶対温度を $T$〔K〕とすれば

$$\boldsymbol{\lambda_m T = 2898} \ \left[\mathrm{\mu m \cdot K}\right] \tag{9・25}$$

となる．これを**ウィーンの変位則**という．

## (4) ステファン・ボルツマンの法則

黒体の全波長に対する放射発散度 $M_e$ が

$$\boldsymbol{M_e = \int_0^\infty M_e(\lambda, T) d\lambda = \sigma T^4} \ \left[\mathrm{W/m^2}\right] \tag{9・26}$$

で表されることを発見した．上式において，$\sigma$：ステファン・ボルツマン定数 $5.670 \times 10^{-8}$〔W/(m²·K⁴)〕である．これは，**黒体から発する全放射エネルギーは，絶対温度 $T$〔K〕の四乗に比例**することを示している．

# 照 明

ステファン・ボルツマンの法則とウィーンの変位則を図示すると，図9・15となる．これはプランクの放射則を示している．6000 Kの黒体は3000 Kの黒体に比べて，16（= $2^4$）倍のエネルギーを放射し，放射束が最大となる波長は1/2となる．光色は温度の上昇とともに赤から橙，黄，…青紫へ移行する．

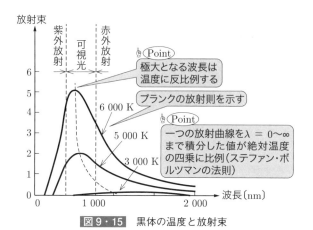

図9・15　黒体の温度と放射束

## (5) 色温度

色温度は，光の色を高温の黒体から放射される光の色に対応させ，そのときの黒体の温度をもって表すものである．例えば，青空光は11 000～20 000 K，昼光色蛍光ランプは6 500 K，白色蛍光ランプは4 200 K，白熱電球は2 850 K，赤外線電球は2 500 Kなどである．寒色系の色ほど色温度は高く，暖色系の色ほど色温度は低い．

## 2 ルミネセンス

物質を構成する原子，分子，イオンなどの電子が外部刺激によって高いエネルギー状態に励起され，それが再び安定なエネルギー状態に戻るとき，その余剰のエネルギーを光として放出する現象を**ルミネセンス**という．

**フォトルミネセンス**（**放射ルミネセンス**）は，物質がX線，紫外放射，可視放射，赤外放射などを受けたときにそのエネルギーを吸収し，通常は吸収した波長よりも長波長の放射エネルギーを放出して発光する．これを**ストークスの法則**という．これは，吸収エネルギーおよび放射エネルギーは振動数に比例し，各波長は振動数に

**9-2 熱放射とルミネセンス**

反比例するので，吸収エネルギーは放射エネルギーよりも大きいことから，吸収に比べて放射の波長は長波長となるのである．フォトルミネセンスは蛍光灯などに利用される．

**エレクトロルミネセンス（EL）**は，物質に電界を印加することによって発光する現象で，注入形 EL と真性 EL に区別される．注入形 EL は，電界を印加することによって電子および正孔を注入し，その再結合の過程で発光する現象である．発光ダイオード（LED）や EL ランプなどがこれを利用している．真性 EL は，蛍光体を分散させた薄い誘電体をサンドイッチ状にはさんだ電極両端に電圧を印加することによって発光する現象である．

**放電ルミネセンス**は，放電中に励起原子や分子が作られ，その遷移に伴い発光する現象である．各種の放電ランプなどに利用されている．

**カソードルミネセンス（陰極線ルミネセンス）**は，蛍光体に電子線を当てて発光させるものであり，ブラウン管などに応用されている．

---

### 例題 7 ●●●●●●●●●●●●●●●●●●●●●●●●●● H8 問3

次の文章は，黒体に関する記述である．

黒体の ___(1)___ が ___(2)___ となる波長 $\lambda_m$〔nm〕と温度 $T$〔K〕の間には

$$\boxed{\quad (3) \quad} = 2.898 \times 10^{-3}\ \text{m·K}\ （一定）$$

の関係が成り立つ．この関係式を ___(4)___ と呼んでいる．この関係式によると，波長 **555 nm** の ___(5)___ を放射する放射体の温度は約 **5200 K** になる．

**【解答群】**

| | | |
|---|---|---|
| （イ）光度 | （ロ）プランクの放射則 | （ハ）最小 |
| （ニ）赤外線 | （ホ）分光放射発散度 | （ヘ）一定 |
| （ト）$\lambda_m/T$ | （チ）ウィーンの放射則 | （リ）$\lambda_m T$ |
| （ヌ）色温度 | （ル）放射発散度 | （ヲ）ウィーンの変位則 |
| （ワ）$T/\lambda_m$ | （カ）光 | （ヨ）最大 |

---

**解 説**　本節 1 項で解説しているので，参照する．

**【解答】**（1）ホ　（2）ヨ　（3）リ　（4）ヲ　（5）カ

**9章**
照明

照　明

例題8 ································································· H30　問7

　ルミネセンスとは，物質を構成する原子，分子，イオン，電子などが，外部から
のエネルギーを吸収して，励起，イオン化または加速された後，そのエネルギーを放
出するときに発光する現象をいう．

　放電発光は，放電により原子や分子が電離または励起され，電子状態の遷移に伴っ
て発光する現象である．　(1)　などがこれを利用している．

　(2)　は，物質がX線，紫外放射，可視放射，赤外放射などを受けたときにそ
のエネルギーを吸収し，通常は吸収した波長　(3)　の放射エネルギーを放出して
発光する現象である．蛍光ランプおよび白色LEDの蛍光体ではこの現象を利用して
いる．

　エレクトロルミネセンス（EL）は，物質に　(4)　ことによって発光する現象で，
注入形ELと真性ELとに区別される．注入形ELは，　(4)　ことによって電子お
よび正孔を注入し，その　(5)　過程で発光する現象である．LED，有機ELなど
がこれを利用している．真性ELは，発光体を分散させた薄い誘電体をサンドイッチ
状に挟んだ電極両端に電圧を印加することによって発光する現象である．

【解答群】
（イ）よりも長波長　　　（ロ）クリプトン電球　　　（ハ）陰極線ルミネセンス
（ニ）よりも短波長　　　（ホ）再結合　　　　　　　（ヘ）吸収
（ト）放射を当てる　　　（チ）と同じ波長　　　　　（リ）ハロゲン電球
（ヌ）崩壊　　　　　　　（ル）化学ルミネセンス　　（ヲ）磁界を印加する
（ワ）フォトルミネセンス（カ）電界を印加する　　　（ヨ）HIDランプ

解　説　　本節2項で解説しているので，参照する．(1)に関して，HIDランプ
（High Intensity Discharge Lamp）とは高圧水銀灯，メタルハライドランプ，高圧ナト
リウム灯などの高輝度放電灯のことである．メタルハライドランプは，水銀灯の発光管
内に，水銀，アルゴン以外に数種類のハロゲン化金属（ナトリウム，タリウム，インジ
ウムなどのヨウ化物）を封入し，水銀の発光スペクトルに金属の発光スペクトルを加え
たものである．

【解答】(1) ヨ　(2) ワ　(3) イ　(4) カ　(5) ホ

# 9-3 各種の光源とその特徴

攻略の
ポイント

　　本節に関して，電験3種では理論の分野で発光ダイオード，蛍光ランプなど が出題されることがある．2種一次ではランプ効率や演色性などの光源の性能， LED，蛍光ランプ，白熱電球，ナトリウムランプなど幅広く出題されている．

## 1 光源の性能に関する評価

### (1) ランプ効率（光源効率）

　光源（ランプ）の効率を評価する指標であり，**発光効率**ともいう．光源が発する 全光束を光源の入力電力で割った値で表し，単位は〔lm/W〕を用いる．

### (2) 総合効率

　光源の全光束をそのランプと点灯装置も含めた全入力電力で割ったものである． 単位は〔lm/W〕を用いる．

### (3) 演色性

　ある光で物を照らしたとき，その物体の色の見え方を**演色性**といい，試料光源と 基準光源で照明したときの色の見え方を比較し，色ずれの程度で評価する．演色性 は，平均演色評価数 $R_a$ と特殊演色評価数によって表す．代表的な平均演色評価数 は，色の異なる数枚の演色評価色票を用いて色ずれを評価し，その平均値を求めた ものである．$R_a$ 100 が基準光と同じで，100 に近いほど演色性がよく，数値が小さ いほど色ずれが大きい．物の色をどれだけ自然に見せるかという観点から評価する ものといえる．

### (4) グレア

　グレアとは，不快感や物の見えづらさを生じさせるようなまぶしさのことをいう． グレアは，光源とその周辺の明るさのバランス，直接光や間接光の違い，視線の方 向と光源のなす角度などに依存する．

### (5) 寿命

　点灯不能（電極寿命）または光束維持率が規定値以下に低下（光束寿命）するま での時間のうち，短い方の時間をいう．定格寿命とは，多数の光源を標準条件下で 点灯したときの平均寿命をいう．

### (6) 始動特性

　光源の始動特性は，電源スイッチを入れてから光源が定常状態になるまでの時間 で表す．蛍光ランプのラピッドスタート形は約1秒で点灯するが，水銀ランプでは

9章

照
明

数分を要する．

## 2 蛍光灯

### (1) 蛍光灯の構造と原理

図9・16は，一般の照明に用いられている蛍光灯の構造と発光原理を示す．まず，構造的には，内面に蛍光体膜を形成したガラス管と両端のフィラメント電極から構成される．ガラス管内には，アルゴンなどの不活性ガスと水銀が封入されている．次に，発光原理としては，両端の電極間でアーク放電させ，約1 Paの低圧の水銀蒸気から放射される253.7 nmの紫外放射によって励起された蛍光体から可視光が放射される．すなわち，フォトルミネセンス（放射ルミネセンス）により，253.7 nmの紫外線を可視光線に変えるのが蛍光灯である．

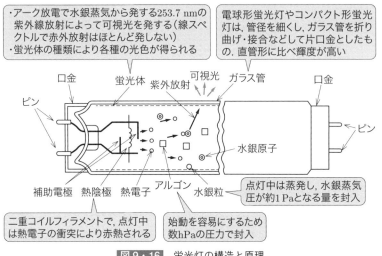

図9・16 蛍光灯の構造と原理

**電球形蛍光灯**は，インバータを内蔵し，電球の大きさにまでコンパクト化された蛍光灯である．これは，白熱電球に用いるねじ込みランプソケットにそのまま装着して使用できる蛍光灯である．一般に，発光管と点灯回路をコンパクトなグローブ内に収納して点灯すると，熱がこもり，水銀蒸気圧が上昇して，発光効率が大きく低下する．そこで，電球型蛍光灯では，発光管内の電極近傍に水銀アマルガムを封入し，水銀蒸気圧を適切に制御することにより，この問題を解決し，10～13 W程度で白熱電球60 Wとほぼ同じ光出力を得ている．

## 9-3 各種の光源とその特徴

**コンパクト形蛍光灯**は，インバータ安定器を内蔵した小形の蛍光灯である．これは，最冷部の温度が高くなるので，水銀の蒸気圧を最適にするため，水銀をアマルガムの状態で封入したり，発光管の一部に特殊な冷却器を設けたりしている．効率は比較的高く，輝度も高い．

### (2) 蛍光灯の点灯方式

蛍光灯の点灯方式は，スタータ方式，ラピッドスタート方式，インバータ方式がある．

#### ①スータ方式

点灯管（グロースタータ），電子点灯管または手動スイッチにより熱陰極を予熱して点灯させる方式である．図9・17はスタータ式蛍光灯の回路例と始動原理を示す．

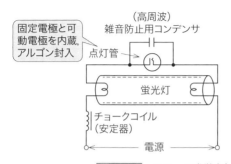

図9・17　スタータ式蛍光灯の回路例と始動原理

#### ②ラピッドスタート方式

ランプはラピッド蛍光灯を用い，約1秒程度の即時点灯を行う方式である．図9・18はラピッドスタート式蛍光灯の回路例と始動原理を示す．この方式では，点灯管が不要で比較的低い電圧でも始動し，調光装置を付けることで明るさを変える調光が可能となる．

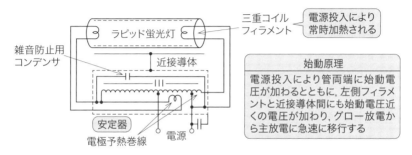

図9・18　ラピッドスタート方式蛍光灯の回路例と始動原理

## ③インバータ方式

商用周波電源を全波整流した後，数十 kHz の高周波に変換し高周波安定器により点灯する方式である．特徴は，ランプのちらつきがなく，即時点灯することに加え，電力損失が少なく小形・軽量で，調光装置も付加できることである．

### (3) 蛍光灯の特徴

①効率が高い．蛍光灯のランプ効率は約 40～90 lm/W，総合効率で 30～70 lm/W である．さらに，高周波インバータで最高効率となる高周波点灯専用蛍光灯（Hf 蛍光灯）が普及しており，ランプ効率は約 90～100 lm/W と高い．

②長寿命である．平均寿命は 5000～15000 時間である．

③光色の種類が多い．蛍光体の組合せにより，効率を重視した昼光色をはじめ，昼白色，白色，温白色，電球色がある．また，青，緑，赤の 3 成分蛍光体を配合した高効率高演色性の 3 波長域発光形蛍光灯が普及している．

④ランプは表面輝度が低く，まぶしさが少ない．

⑤光束は周囲温度の影響を受けやすい．周囲温度の変化で水銀蒸気圧が変わり，紫外放射の発生効率や蛍光体の発光効率が変化する．20～25℃で光束が最大となり，極端な低温や高温での使用には適さない．

⑥蛍光灯では，寿命末期に端部が黒くなるエンドバンド黒化，エミッタの飛散によるスポット黒化，水銀粒子による斑点現象などが生じる．

## 3 LED ランプ

### (1) LED ランプの原理と構造

発光ダイオード（LED：Light Emitting Diode）は，図 9・19 に示すように，pn 接合部に順電流を流すと，p, n 境界付近で電子と正孔が再結合して消滅するが，このとき GaAs（ガリウムひ素）や ZnS（硫化亜鉛）ではエネルギー帯幅に対応した光を放射することを利用したものである．すなわち，エレクトロルミネセンスを活用するものである．

LED 単体では，赤色と黄緑色 LED が開発されて以来，表示用光源として実用化されてきた．その後，青色 LED，緑色 LED が開発され，光の 3 原色が揃って LED の白色化やフルカラー化が実現されてきた．これにより，一般照明の用途拡大が始まった．現在の主流は，青色 LED に黄色の蛍光体を組み合わせて白色化したものが普及している．

## 9-3 各種の光源とその特徴

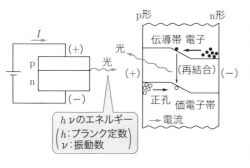

(a) 発光ダイオードの原理　　(b) 構造（シングルチップ形）　　(c) 記号

**図9・19** 発光ダイオード（LED）の原理・構造・図記号

電球形LEDランプは，図9・20のように，LED，点灯装置，口金で構成され，安全性および性能が損なわれないように容易に分解できない構造になっている．また，一般白熱電球代替用の外観は，口金，光拡散用グローブ，放熱用筐体で構成される．

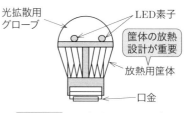

**図9・20** 電球形LEDランプ

LEDは半導体であるから，その接合部の温度が特性の変化や信頼性に最も影響する．特に，一般に使用される白色LEDでは，消費する電力のうち可視光に変換されるものは，高いものでも三十数％程度であり，その他のすべての電力は損失となる．このため，筐体の放熱設計が重要になる．なお，一般に照明器具の放熱は自然空冷式であり，その環境温度は35℃以下を基準として放熱設計することにしているので，電球形LEDランプが密閉される照明器具，埋込み形照明器具などでは，その使用に制限を受けるものがある．

### (2) LEDランプの特徴

① LEDランプは，白熱電球と比べて寿命が長い．寿命は20 000〜60 000時間程度である．
② LEDランプは，消費電力が少なく，経済的である．同じ程度の光束を発散する白熱電球と比べると，消費電力は1/6程度である．LEDランプの発光効率は100〜200 lm/W程度と高い．

③調色や調光が容易である．ただし，調光により高出力になると効率が低下する．
④配光特性は平面光源タイプが多いが，発光素子の配置・構造の工夫により一般電球に近いものもある．
⑤紫外線や赤外線の放出が少ない．
⑥蛍光灯や白熱電球に比べて高価である．

## 4 白熱電球

### (1) 白熱電球の構造と原理

照明用**白熱電球（タングステン電球）**は，図9・21に示すように，ガラス球の中心に，**タングステンフィラメント**（2重コイル）を配し，球内へ微量の**不活性ガス（窒素，アルゴン，クリプトンなど）**を封入し，口金をつけたものである．そして，タングステンフィラメントに電流を流すことにより高温度にて白熱光を放射する熱放射（温度放射）を利用する光源である．

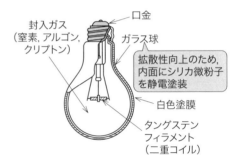

図9・21 白熱電球の構造

白熱電球では，タングステンフィラメントの温度を上げると，フィラメントの発光効率は高くなるが，タングステンの蒸発度も大きくなるので，寿命は短くなる．電球のバルブ内を真空にすると，気中で起こるような急激な酸化によって燃えきるようなことはないが，フィラメント表面からのタングステンの蒸発が増大し，タングステン分子によってバルブ内面が黒化してランプの光束維持率が下がるとともに，寿命も短くなる．この対策として，バルブ内にガスを封入しているが，これによる熱伝導と対流によって熱損失が増大する．封入ガスとしては，原子の大きな不活性ガスが好ましく，一般にはアルゴンと窒素の混合ガスが用いられている．

### (2) 白熱電球の特徴

①点光源に近く，調光が容易で連続的にできる．
②演色性が極めて良く，暖かい白色光である．
③点灯補助回路が不要である．
④光束維持率が良い．

## 9-3 各種の光源とその特徴

⑤効率が低く，寿命も短い．効率はガス入電球で約 10～20 lm/W である．寿命（残存率：半数のフィラメントが切れるまでの時間）は 1000 時間（不活性ガスとしてクリプトンを入れたクリプトン電球は 2000 時間）である．白熱電球は蛍光灯や LED ランプに比べて効率が低いため，省エネルギーの点から，国内では生産がほぼ中止されている．

⑥電源電圧の影響を受けやすい．例えば，定格電圧より 10%高い電圧では，光束は約 40%増加，効率は約 20%高くなるが，寿命は約 30%と極端に短くなる．

⑦赤外線放射が多い．

### 5 ハロゲン電球

#### (1) ハロゲン電球の構造と原理

ハロゲン電球は，図 9・22 に示すように，石英ガラスバルブ内に不活性ガスとともに微量のハロゲンガス（ヨウ素，臭素など）を封入している．点灯中に高温のフィラメントから蒸発したタングステンは，対流によって管壁付近に移動するが，管壁付近の低温部でハロゲン元素と化合してハロゲン化物となる．管壁温度をある値以上に保っておくと，このハロゲン化物は管壁に付着することなく，対流などによってフィラメント近傍の高温部に戻り，そこでハロゲンと解離してタングステンはフィラメント表面に析出する．このように，蒸発したタングステンを低音部の管壁

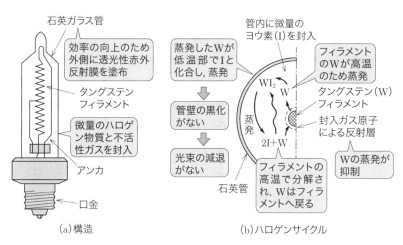

(a) 構造　　　　　　　　　　(b) ハロゲンサイクル

**図 9・22** ハロゲン電球とハロゲンサイクル

# 照 明

付近に析出することなく高温部のフィラメントへ移す循環反応を，**ハロゲンサイクル**と呼んでいる．このような化学反応を利用して管壁の黒化を防止し，電球の寿命や光束維持率を改善している．

## (2) ハロゲン電球の特徴
①小形で高効率（約 15～25 lm/W）である．
②白熱電球に比べ，寿命が長く，光束低下がほとんどない．
③バルブ外表面に可視放射を透過し，赤外放射を反射するような膜（多層干渉膜）を設け，これによって電球から放出される赤外放射を低減し，小形化，高効率化を図ったハロゲン電球は，店舗や博物館などのスポット照明用や自動車前照灯用などに広く利用されている．

## 6 ナトリウムランプ

ナトリウムランプは，ナトリウム蒸気の放電発光を利用した放電管であり，ナトリウムの圧力の違いにより低圧ナトリウムランプと高圧ナトリウムランプがある．

低圧ナトリウムランプは，0.5 Pa 程度のナトリウム蒸気中の放電による光を利用したランプであり，可視域放射の大部分はナトリウム D 線（波長 589 nm）と呼ばれる橙黄色である．D 線は単色光のため演色性は悪いが，明暗の対比や形状の識別に優れるとともに煙霧中の透視性が良いため，一般用照明には使用されないが，トンネルや地下道路の照明などに利用されている．発光効率は 130～170 lm/W 程度と非常に高く，寿命は 9 000 時間程度である．

高圧ナトリウムランプは，10 kPa 程度のナトリウム蒸気中の放電による光を利用したランプである．図 9・23 の構造に示すように，発光管は化学的に安定で可視光が透過するアルミナセラミック管を用い，内部にはナトリウムと水銀がアマルガムの形で封入され，始動補助ガスとしてキセノンなどが封入されている．ここで，水銀はアークの電界を高める働きをする．

10 kPa 程度のナトリウム蒸気圧の中では，D 線は高濃度のナトリウムの蒸

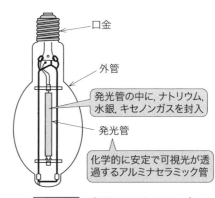

図 9・23 高圧ナトリウムランプ

**9-3 各種の光源とその特徴**

気の分子によって自己吸収され，ランプからは D 線のスペクトル波長の左右に広がった連続スペクトル光が放射されるようになるので，白光色に近くなり，演色性は改善される．発光効率は 130 lm/W と高いレベルで，寿命は 12 000〜24 000 時間である．

---

**例題 9** ......................................................... H25 問7

光源の光に関する性能は，　(1)　，　(2)　，　(3)　，光源色，演色性などで表される．

　(1)　は，光源がすべての方向に放出する放射束のうち，人間の目の感度に基づいて評価した量の総和である．人の明るさ感覚に関係する光源の性能を表す場合に用いられる．

　(2)　は，光源が発する　(1)　を，その光源の消費電力で除した値である．光源の省エネルギー性の評価などに用いられる．

　(3)　は，光源から空間に放射される光度，すなわち，光の強さの分布である．

光源色は，光源から放射される光の色である．白色光源の光が，赤味を帯びているか，青味を帯びているかを表す指標であり，一般に　(4)　で区分される．

演色性は，光源で照明した種々の物体の色の見えに及ぼす光源の特性である．日本工業規格（JIS）に規定されている演色評価数は，評価しようとする光源で照明したときの色の見えが，　(5)　で照明したときの見えにどれだけ近いかで評価される．見えが同じ場合を 100 とし，差が大きくなるに従って小さな値をとる．

【解答群】
(イ) 照度分布　　(ロ) マンセル　　(ハ) 基準の光　　(ニ) 自然光
(ホ) 白色度　　　(ヘ) 視感効率　　(ト) 全放射束　　(チ) 光源効率
(リ) 照明効率　　(ヌ) 色温度　　　(ル) 配光　　　　(ヲ) 輝度分布
(ワ) 全光量　　　(カ) 全光束　　　(ヨ) 標準の光

---

**解 説**　　本節 1 項，9-1 節，9-2 節で解説しているため，参照する．

【解答】(1) カ　(2) チ　(3) ル　(4) ヌ　(5) ハ

**9章**

照明

381

照　明

---

**例題 10** ································································· H7　問3

　コンパクト蛍光ランプは，ガラス管をU字状に折り曲げまたは接合するなどによっ
てコンパクトな形状にした　(1)　口金の蛍光ランプである．スタータ形蛍光ラン
プに比べて発光管の管径が　(2)　，最冷部の温度が　(3)　なるので，水銀の
　(4)　を最適にするため，水銀を　(5)　の状態で封入したり，発光管の一部に
特殊な冷却部を設けている．効率は比較的高く，輝度も高い.

【解答群】

(イ) 濃度　　　　(ロ) 楕円形　　　(ハ) 細く　　　　　　　　(ニ) 低く
(ホ) 太く　　　　(ヘ) 両　　　　　(ト) 蒸気圧　　　　　　　(チ) 発光度
(リ) 液体　　　　(ヌ) 高く　　　　(ル) ハイビン形　　　　　(ヲ) アマルガム
(ワ) 片　　　　　(カ) 蒸気　　　　(ヨ) レセスドダルコンタクト形

---

**解　説**　本節 2 項で解説しているため，参照する.

【解答】(1) ワ　(2) ハ　(3) ヌ　(4) ト　(5) ヲ

---

**例題 11** ································································· H21　問7

　次の文章は，電球形蛍光ランプに関する記述である.

　近年，白熱電球と同じ口金で，ほぼ同じ形状・寸法をもつ電球形蛍光ランプが開
発された．このランプは，U字形の発光管を複数接合したものやスパイラル形の発光
管を　(1)　とともに，一つのコンパクトなグローブ内に収納した光源である．発
光原理は，一般の蛍光ランプと同様であり，約　(2)　〔Pa〕の水銀蒸気圧中の放電
で発生した紫外放射を　(3)　に塗布した蛍光物質によって可視光に変換する.

　一般に，発光管と　(1)　をコンパクトなグローブ内に収納して点灯すると，熱
がこもり，水銀蒸気圧が　(4)　して，発光効率が大きく低下する．そこで，電球
形蛍光ランプでは，発光管内の電極近傍に水銀アマルガムを封入し，水銀蒸気圧を適
切に制御することによってこの問題を解決し，10 〜13 W 程度で白熱電球　(5)
W とほぼ同じ光出力を得ている.

【解答群】

(イ) 低下　　　　　(ロ) 60　　　　　　(ハ) 電流制御抵抗　　(ニ) 1
(ホ) グローブ内面　(ヘ) 周期的に変動　(ト) 40　　　　　　　(チ) 上昇
(リ) 10　　　　　　(ヌ) 発光管内面　　(ル) 0.1　　　　　　 (ヲ) 100
(ワ) 発光管外面　　(カ) 点灯回路　　　(ヨ) グロースタータ

**9-3 各種の光源とその特徴**

> **解　説**　本節2項で解説しているので，参照する．

【解答】(1) カ　(2) ニ　(3) ヌ　(4) チ　(5) ロ

---

**例題 12** ···································································· H24　問6

　電球形LEDランプは，LED，点灯装置および　(1)　で構成され，安全性および性能が損なわれないように容易に分解できない構造を採っている．また，一般白熱電球代替用の外観は，　(1)　，光拡散用グローブおよび　(2)　用筐体（きょうたい）で構成される．

　LEDは，半導体であるので，その　(3)　の温度が特性の変化や信頼性に最も影響する．特に一般に使用される白色LEDでは，消費する電力のうち　(4)　に変換されるものは，高いものでも三十数パーセント程度であり，その他のすべての電力は損失となる．このため筐体の　(2)　設計が重要になる．

　一般に自然空冷の照明器具の使用環境は　(5)　以下の温度であることを基本に設計されているので，電球形LEDランプが密閉される照明器具，埋込み形照明器具などでは，その使用に制限を受けるものがある．

【解答群】

| (イ) 受金 | (ロ) 電極 | (ハ) 可視光 | (ニ) ランプソケット |
|---|---|---|---|
| (ホ) 吸熱 | (ヘ) 青色光 | (ト) 45℃ | (チ) 基板 |
| (リ) 口金 | (ヌ) 黄色光 | (ル) 放熱 | (ヲ) 断熱 |
| (ワ) 55℃ | (カ) 接合部 | (ヨ) 35℃ | |

---

> **解　説**　本節3項で解説しているので，参照する．

【解答】(1) リ　(2) ル　(3) カ　(4) ハ　(5) ヨ

---

**例題 13** ···································································· H18　問7

　次の文章は，発光ダイオード（LED）に関する記述である．なお，解答群では，$c$ は真空中の光の速さ，$h$ はプランクの定数，$k$ はボルツマンの定数，$\nu$ は振動数，$\lambda$ は波長を表す．

　発光ダイオードは，半導体のpn接合に拡散電圧以上の電圧を印加し，　(1)　を流すと，発光層にp形から正孔，n形から電子が流れ込み，ここで再結合する．このとき半導体の禁止帯幅 $E_g$〔eV〕に相当する　(2)　のエネルギーを持つ光子を放出して発光する．材料には，禁止帯幅の大きい周期表の　(3)　の半導体が主に使用され，発光色は，半導体の種類や構成を変えることにより種々のものを得ることがで

**9**章

照

明

383

照　明

きる.

　白色 LED は，三原色の LED を組み合わせて白色化する方法と，LED の色光と蛍光体とを組み合わせて得る方法とがあるが，後者では ___(4)___ LED に ___(5)___ の蛍光体を組み合わせ白色化したものが普及している.

【解答群】

(イ) $ck$　　　　　　(ロ) 青色　　　　　(ハ) Ⅱ族とⅥ族　　　(ニ) 逆方向電流

(ホ) 黄色　　　　　(ヘ) Ⅰ族とⅣ族　　　(ト) だいだい色　　　(チ) $c\lambda$

(リ) 順方向電流　　(ヌ) 緑色　　　　　(ル) $h\nu$　　　　　　(ヲ) 赤色

(ワ) 紫色　　　　　(カ) Ⅲ族とⅤ族　　　(ヨ) ランプ電流

**解　説**　本節 3 項で解説しているので，参照する.

【解答】(1) リ　(2) ル　(3) カ　(4) ロ　(5) ホ

## 例題 14 ・・・・・・・・・・・・・・・・・・・・・・・・・・・・・・・・・・・・・・・・・・・・・・・・・・・・・・・・ H22　問 6

　次の文章は，安定器に関する記述である.

　蛍光ランプや HID ランプ（高輝度放電ランプ）などの ___(1)___ を利用した光源は，放電を開始するとランプ電流（放電雷流）が増加し続け，ランプが破壊する. これを防止するために，安定器が必要になる. 安定器には，ランプ電流を制限する機能とランプを点灯するために必要な ___(2)___ を与える機能とがある.

　電流を制限する回路としては，主に ___(3)___ を利用した磁気式と，半導体デバイスを利用した電子式とがある. 一般に電子式は主にインバータ回路で構成されるために，磁気式と比較して，軽量，回路損失が少ない，50 Hz/60 Hz 兼用，ちらつきが感じられないなどの特長がある半面， ___(4)___ や高周波漏えい電流が比較的大きくなるなどの課題がある.

　安定器の寿命は，通常の使用状態では ___(5)___ による絶縁物やコンデンサなどの劣化が大きく影響し，一般に累積使用時間で 4 万時間とされている.

【解答群】

(イ) 始動電圧　　　(ロ) 電磁ノイズ　　　(ハ) グロー放電　　　(ニ) ランプ電圧

(ホ) アーク放電　　(ヘ) キャパシタ　　　(ト) 騒音　　　　　　(チ) 振動

(リ) 乾燥　　　　　(ヌ) コロナ放電　　　(ル) 光出力変動　　　(ヲ) 抵抗器

(ワ) 励起電圧　　　(カ) インダクタ　　　(ヨ) 温度上昇

9-3 各種の光源とその特徴

**解説** 蛍光ランプや HID ランプは，発光管内に設けられた電極間に生じるアーク放電を利用した光源であり，放電に伴う V-I の負特性がある．このため，放電を開始すると電流が増加し続け，安定した放電を継続することができないだけでなく，過大な電流がランプに流れ込むことによってランプが破損する恐れがある．このため，電源とランプとの間に安定器を設置し，電源側から見たランプ側の V-I 特性が正特性になるように補償してランプ電流を制限する．安定器には，ランプ電流を制限する機能と，ランプを点灯するために必要な始動電圧を与える機能とがある．また，安定器には，インダクタを用いる磁気式と，半導体を用いる電子式とがある．後者の電子式はインバータ回路で構成されるため，高速スイッチング動作をすることから，電磁ノイズや高周波漏洩電流が比較的大きいという課題がある．

【解答】(1) ホ　(2) イ　(3) カ　(4) ロ　(5) ヨ

---

**例題 15** ......................................................... **H13　問3**

　白熱電球では，タングステンフィラメントの温度を上げると，フィラメントの発光効率は高くなるが，タングステンの ___(1)___ 度も大きくなるので寿命は短くなる．

　電球のバルブ内を真空にすると，気中で起こるような急激な酸化によって燃え切るようなことはないが，フィラメント表面からのタングステンの ___(1)___ が増大し，タングステン分子によってバルブ内面が ___(2)___ してランプの ___(3)___ が下がるとともに，寿命も短くなる．その対策として，バルブ内にガスを封入しているが，これによる ___(4)___ と対流によって熱損失が増大する．封入ガスとしては，原子の大きな不活性ガスが好ましく，一般には，アルゴンと ___(5)___ の混合ガスが用いられている．

【解答群】

(イ) 放射　　　　(ロ) 窒素　　　　(ハ) 白濁　　　　(ニ) 熱放射

(ホ) 吸収率　　　(ヘ) 照度　　　　(ト) 蒸発　　　　(チ) 黒化

(リ) 炭酸ガス　　(ヌ) ふく射　　　(ル) 熱吸収　　　(ヲ) 熱伝導

(ワ) 光束維持率　(カ) 懸濁　　　　(ヨ) ふっ素

---

**解説** 本節 4 項で解説しているので，参照する．

【解答】(1) ト　(2) チ　(3) ワ　(4) ヲ　(5) ロ

9章

照明

385

照　明

**例題 16** ································································ H16　問 4

　ナトリウムランプは，ナトリウム蒸気中の放電を利用したもので，蒸気圧の低い低圧ナトリウムランプでは D 線と呼ばれる波長 ⬚(1)⬚ nm の光を放射する．このランプは演色性が悪いが，効率が良く，霧に対する透過率が良いので，トンネルや地下道照明に広く使用されてきた．

　ナトリウム蒸気圧を高めると，発光スペクトルの波長域が広がると共に，D 線の ⬚(2)⬚ が起きて発光効率は低下するものの，光色は ⬚(3)⬚ から黄白色となり演色性が良くなる．

　発光管にはナトリウム蒸気に対して安定な ⬚(4)⬚ 管が使用されている．発光管内にはナトリウムのほか，⬚(5)⬚ を所定の値に保つための水銀アマルガム，始動用ガスとしてキセノンガスが封入されている．

【解答群】

| | | |
|---|---|---|
| （イ）二次放射 | （ロ）光色 | （ハ）赤色 |
| （ニ）多結晶アルミナ | （ホ）253.7 | （ヘ）石英 |
| （ト）自己拡散 | （チ）589 | （リ）紫色 |
| （ヌ）電気的特性 | （ル）451 | （ヲ）ソーダガラス |
| （ワ）自己吸収 | （カ）熱特性 | （ヨ）橙黄（とうこう）色 |

**解　説**　本節 6 項で解説しているので，参照する．

【解答】(1) チ　(2) ワ　(3) ヨ　(4) ニ　(5) ヌ

## 9-4 照明設計と照明制御

**攻略の
ポイント**
本節に関して，電験3種では照明設計に関する基礎的な計算問題が出題される．2種では照明設計の考え方や照明制御システムが出題されている．

---

### 1 照明設計

#### (1) 照明率

室内を一様に照明する方法が**全般照明**である．室内に生じる照度は，光源からの直接光束による直接照度と天井・壁・床からの反射光束による間接照度の和となる．そこで，両者の光束を考慮して**照明率** $U$ が用いられ，次式で定義される．

$$U = \frac{被照面へ達する光束}{光源の光束} \qquad (9 \cdot 27)$$

照明率は，照明器具の配光や効率，室の形状や寸法から決まる室指数，室の反射率などをもとに，メーカのカタログ（照明率表）から求める．

#### (2) 保守率

保守率は，新設時の平均照度に対する，ある一定期間使用した後の平均照度の比である．ランプは使用しているうちに光束が次第に減少し，照明器具は汚れによって器具効率が低下する．このため，設計の際に光束にあらかじめ余裕を持たせておくための係数である．

#### (3) 室内の全般照明における設計

図 9・24 のように，平均照度を $E$，光源の灯数を $N$，床面積を $A$，光源の光束を $\Phi$，照明率を $U$，保守率を $M$ とするとき，被照面（床面，作業面：床上 85 cm が標準）へ入射する光束は $N\Phi UM$ 〔lm〕であり，被照面の所要光束は $EA$ 〔lm〕であるから，この両者が等しくなればよい．

すなわち，$N\Phi UM = EA$ である．

$$E = \frac{N\Phi UM}{A} \qquad (9 \cdot 28)$$

この式を用いて平均照度または所要照明器具台数を求める方法を**光束法**という．

# 照　明

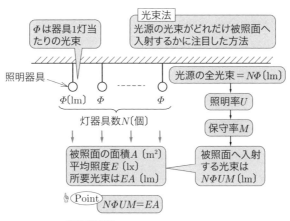

図9・24　光束法による平均照度

## 2　照明の制御

　照明の制御方法には，手動で制御する方法と自動的に制御する方法がある．照明器具の点滅や調光を自動または手動の信号により，あらかじめ設定された状態に制御するための機器群またはそのためのプログラムを**照明制御システム**という．照明制御システムは，照度センサや赤外線センサなどの各種センサを用いて，制御線に信号を送り，広い範囲の照明負荷を制御し，省エネルギーと演出を含む快適な照明環境を作り出す．

　大規模な施設では，制御を行う照明空間は広範囲となり，専用信号線方式，電灯線搬送方式による遠隔・集中制御方式が採用される．

　センサに関して，光センサは光のエネルギーを電気エネルギーに変え，物質の光電効果を利用して光を検出する装置である．種類としては，光起電力効果，光導電効果，光電子放出効果に分けられる．光起電力効果を用いたセンサには，光電池，フォトダイオード，フォトトランジスタがある．また，人感センサでは，焦電効果を利用した赤外線センサを利用することがある．焦電効果は，誘電率の大きな結晶などを加熱したり冷却したりすると電気分極する現象である．

　制御システムは，昼光センサにより窓際の照度を自動的に制御する昼光利用制御，タイムスケジュール制御，設計照度より高いときに調光等により減光する適正照度制御がある．

## 9-4 照明設計と照明制御

### 例題 17 ⋯⋯⋯⋯⋯⋯⋯⋯⋯⋯⋯⋯⋯⋯⋯⋯⋯⋯⋯⋯⋯⋯⋯ R4 問5

室の天井面に複数の照明器具（同一機種のもの）を規則的に配置して，室内全体の照明を行い，所望の照度を得ることを考える． (1) を用いて，室の作業面の平均照度（設計値）$E$〔lx〕は次式によって求めることができる．

$$E = \boxed{\quad (2) \quad}$$

ここで，

$E$：平均照度（設計値）〔lx〕（室の作業面の水平面照度の室内全体の平均）

$\varPhi$：ランプ1灯の定格光束〔lm〕

$N$：ランプの灯数

$M$： (3) （新設時の平均照度に対する，ある一定期間使用した後の平均照度の比．ランプは使用しているうちに光束が次第に減少し，照明器具は汚れによって器具効率が低下する．このために，設計の際に光束にあらかじめ余裕をもたせておくための係数）

$A$：室の床面積〔m²〕（室の間口 $X$〔m〕と奥行き $Y$〔m〕の積）

$U$： (4) （ランプの光束が作業面に届く割合を表し，照明器具の配光，器具効率，室の寸法（$X$ と $Y$），作業面からランプまでの高さ，室内面（天井，壁，床）の反射率によって決まる係数）

である．

次に，間口 $X = 7$ m，奥行き $Y = 14$ m の室を考える．使用する照明器具は天井埋め込み式で，ランプ面と天井面とが一致するタイプのものである．照明器具には1台当たりランプ2灯が取りつけられており，ランプ1灯の定格光束は $\varPhi = 3\,500$ lm である．また，この室における，この照明器具の (4) は $U = 0.55$ と与えられ，(3) は $M = 0.74$ とする．

以上の条件を適用すると，この室の作業面の平均照度（設計値）を $750$ lx 以上に保つために最小限必要となる照明器具の台数は (5) 台となる．

【解答群】

| | | | |
|---|---|---|---|
| （イ）発光効率 | （ロ）$\dfrac{\varPhi NU}{MA}$ | （ハ）残存率 | （ニ）照明率 |
| （ホ）光線追跡法 | （ヘ）$\dfrac{\varPhi NUM}{A}$ | （ト）光束維持率 | （チ）26 |
| （リ）$\dfrac{\varPhi NM}{UA}$ | （ヌ）照射効率 | （ル）29 | （ヲ）逐点法 |
| （ワ）光束法 | （カ）52 | （ヨ）保守率 | |

9章

照明

照 明

**解 説** 本節1項で解説しているので，参照する．**(5)** を解説する．床面積 $A = XY$ $= 7 \times 14 = 98 \text{ m}^2$，$\Phi = 3\,500 \text{ lm}$，$U = 0.55$，$M = 0.74$ を式（9·28）へ代入し，

$$N = \frac{EA}{\Phi UM} = \frac{750 \times 98}{3\,500 \times 0.55 \times 0.74} \fallingdotseq 51.6$$

照明器具には，1台当たりランプ2灯が取り付けられているので

$$\frac{N}{2} = \frac{51.6}{2} = 25.8 \quad \rightarrow \quad 26\,台$$

【解答】(1) ワ　(2) ヘ　(3) ヨ　(4) ニ　(5) チ

---

**例題18** ···················································· H23　問6

　通信システムの急速な普及と拡大に伴って，照明設備の省エネルギーを図ることを目的に，照明制御システムが採用されるようになった．

　一般に照明の制御方法には，手動で操作する方法とタイマーやセンサなどを用いて自動的に制御する方法とがある．照明制御システムでは，ランプの ____(1)____ や点滅を時間的および空間的にパターン化し，タイムスケジュールに従って自動的に運転する方法およびセンサの検知機能と連動させて運転する方法が採られる．

　センサとしては，____(2)____ などの光起電効果を応用した光センサ，人体が発する電磁波を ____(3)____ 赤外線センサなどで検出する人感センサなどがよく用いられる．

　一方，照明設備の消費電力量は，照明器具1台当たりの消費電力，照明器具数量および点灯時間の積であるので，照明制御システムはこれら三つの要因を制御することでもある．このうちの照明器具数量は，光束法の照明計算に基づけば五つの要因で決まる．この五つの要因を用いて消費電力量を説明すると，照明制御システムは，ランプ光束を変化させることによって ____(4)____ を制御するもの，および空間的な ____(5)____ を制御するものである．

【解答群】
(イ) 平均照度　　(ロ) 保守率　　　(ハ) 調光　　　　　(ニ) ランプ効率
(ホ) 光電池　　　(ヘ) 抵抗変化形　(ト) フォトレジスタ　(チ) 焦電形
(リ) 光電管　　　(ヌ) 減灯　　　　(ル) 熱電対形　　　(ヲ) 作業面の面積
(ワ) 室指数　　　(カ) 増灯　　　　(ヨ) 照明率

---

**解 説** 本節で解説しているので，参照する．

【解答】(1) ハ　(2) ホ　(3) チ　(4) イ　(5) ヲ

# 章 末 問 題

## ■ 1 ════════════════════════════════════════ H28　問 6

一般形の照度計は，①斜め入射光補正グローブ，②感度補正フィルタ，③光電変換素子で基本的に構成される.

照度を正しく測るには，次に示すような特性の照度計を用いる.

a) 光の入射角特性が，　(1)　に合っていること.

b) 感度補正フィルタの光の波長に対する特性が，　(2)　に一致していること.

c) 点光源からの距離に対する表示値が，　(3)　に従うこと.

照度には，法線照度，水平面照度，鉛直面照度などがある. 床や机上面の水平面照度の測定は，照度計の受光部を　(4)　になるように置いて，測定者の影などが入らないように行う. また，JIS C 1609-1 では，基準・規定の適合性評価などにおける，照度の信頼性が要求される場での照度測定には，　(5)　以上のクラスの照度計を使用することを推奨している.

【解答群】

| (イ) 分光放射特性 | (ロ) 標準分光視感効率 | (ハ) 測定面に垂直 |
|---|---|---|
| (ニ) 逆二乗の法則 | (ホ) 正接法則 | (ヘ) 光源に正対 |
| (ト) 立体角投射法 | (チ) 境界積分の法則 | (リ) 精密級 |
| (ヌ) A 級 | (ル) 余弦法則 | (ヲ) AA 級 |
| (ワ) 正弦法則 | (カ) 空間周波数特性 | (ヨ) 測定面に平行 |

## ■ 2 ════════════════════════════════════════ R3　問 6

次の文章は，グローブ照明器具に関する記述である.

乳白ガラスでできたグローブ（球体，半径 $r$〔m〕）がある. グローブの中心には点光源（全光束 $F_p$〔lm〕）が置かれている. グローブの内側と外側の表面はともに均等拡散面である. 点光源を発してグローブの内側表面に入射した光は，一部は反射され，残りは乳白ガラスに進入する. なお，乳白ガラスの厚みは無視でき，乳白ガラスの反射率および透過率はそれぞれ $\rho$ および $\tau$ とする.

また，グローブの内側表面で反射された光はグローブ内を進行して内側表面のどこかに再び入射し，そこで一部は反射され，残りは乳白ガラスに進入する. 光はこのような過程をグローブ内で繰り返すが，グローブの内側表面で反射された光が点光源に吸収されることはないものとする. なお，円周率は $\pi$ とする.

以上の諸量を用いて，グローブから外部に放射される全光束 $F_s$ は　(1)　〔lm〕で表される. また $F_s$ を用いて，グローブの光度 $I$ は　(2)　〔cd〕，光束発散度 $M$ は　(3)　〔lm/m²〕で表される.

9章

照明

# 照 明

次に，図に示すように，このグローブ照明器具を部屋の天井面からつるし，部屋の照明を行った．グローブ中心真下の床面上の位置 A 点からグローブ中心までの高さは $H$ [m] で，$H \gg r$ である．また，A 点から床面上の B 点までの距離は $D$ [m] である．なお，この部屋にはこのグローブ照明器具以外に光源はなく，天井，床，壁など，周囲からの反射光や入射光の影響はないものとする．

B 点における水平面照度 $E_h$ はグローブの光度 $I$ を用いて ☐(4)☐ [lx] で表される．また，B 点からグローブの中心を見たときの輝度 $L$ は光束発散度 $M$ を用いて ☐(5)☐ [cd/m²] となる．

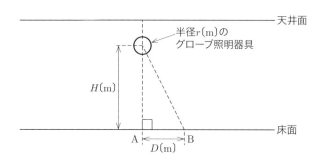

【解答群】

(イ) $\dfrac{3F_s}{4\pi}$   (ロ) $\dfrac{F_s}{2\pi}$   (ハ) $\pi M$   (ニ) $\dfrac{I}{\sqrt{H^2+D^2}}$

(ホ) $\dfrac{F_s}{4\pi}$   (ヘ) $\dfrac{F_s}{2\pi r^2}$   (ト) $\dfrac{F_p}{1-\rho}$   (チ) $\dfrac{F_s}{4\pi r^2}$

(リ) $\dfrac{3F_s}{4\pi r^2}$   (ヌ) $\dfrac{M}{\pi}$   (ル) $\dfrac{\tau\rho F_p}{1-\rho}$   (ヲ) $\dfrac{\tau F_p}{1-\rho}$

(ワ) $\dfrac{HI}{(H^2+D^2)^{\frac{3}{2}}}$   (カ) $\dfrac{M}{\pi r^2}$   (ヨ) $\dfrac{DI}{(H^2+D^2)^{\frac{3}{2}}}$

■ 3                                                                   H14 問7

照明用光源の性能を評価する場合の基本項目には，効率，演色性，寿命などがある．

a) ランプ効率は，電気的入力に対する光出力の比で表され，その単位は ☐(1)☐ である．

b) 同一物体の色も，照らす光源の種類によって，その物体の色の見え方が異なる．このように，物体の色の見え方に及ぼす光源の特性を演色性という．演色性の評価は，試験光源の下での物体の色の見え方と，その光源と同一色温度の ☐(2)☐ の下での色の見え方のずれを数値化して演色評価数で表している．試験光源下での色の見え方が基準光源下での色の見え方と同一の場合を ☐(3)☐ として，色のずれが大き

くなるほど数値が小さくなる．一般に，演色性とランプ効率の向上とは互いに
　　(4)　．

c) 寿命は，ランプが点灯不能となるまでの点灯時間または　(5)　が基準値以下に
なるまでの点灯時間のうち短いほうの時間をいう．

【解答群】

| (イ) 1 | (ロ) 保守率 | (ハ) lm/lx | (ニ) 無関係である |
| (ホ) 光束維持率 | (ヘ) 紫外放射 | (ト) 両立しない | (チ) 10 |
| (リ) lx/W | (ヌ) 100 | (ル) 赤外放射 | (ヲ) 光束変動率 |
| (ワ) 黒体 | (カ) 両立する | (ヨ) lm/W | |

## ■4 ══════════════════════════════════ H12　問3

キセノンランプは，キセノンガス中の放電を利用したランプである．ランプの
　(1)　は約 6000 K で，(2)　も高く，(3)　は人工光源中最も天然昼光に近
い．また，このランプは，始動電圧は高いが，始動・再始動が瞬時にできる特徴を持っ
ている．

キセノンランプは形状，用途などによってショートアーク形，ロングアーク形およ
び　(4)　形に分けられ，ソーラシミュレータ用や写真撮影用などの光源に利用され
ている．中でも，ショートアーク形は　(5)　の特徴を生かしてスポットライトやプ
ロジェクタなど各種光学機器用光源として利用されている．

【解答群】

| (イ) 分光放射率 | (ロ) 高光度点光源 | (ハ) フラッシュランプ |
| (ニ) ハロゲンランプ | (ホ) 光度 | (ヘ) 真温度 |
| (ト) 高輝度面光源 | (チ) 色温度 | (リ) 分光放射輝度 |
| (ヌ) 光束発散度 | (ル) リフレクタランプ | (ヲ) 輝度 |
| (ワ) 高輝度点光源 | (カ) 放射温度 | (ヨ) 分光エネルギー分布 |

9章

照明

# 10章

# 電　熱

### 学習のポイント

　本分野は，必須問題または選択問題としてよく出題される分野である．抵抗加熱，アーク加熱，誘導加熱，誘電加熱の原理や特徴等が語句選択式として出題され，出題数が多い．このほか，ヒートポンプの原理と成績係数や冷媒，アーク溶接や放電加工も語句選択式として出題されることもある．この分野は，計算問題は非常に少なく，電験3種と概ね同等レベルである．学習方法としては，電気加熱の頻出分野を中心に，各分野のキーワードを覚えていけばよい．

# 10-1 電気加熱

**攻略のポイント**　電熱分野では，電験3種は熱回路のオームの法則や熱伝導率計算，誘導加熱や誘電加熱の基礎事項が出題される．2種一次では，誘導加熱，誘電加熱，抵抗加熱などが出題されている．

## 1　電熱計算の基礎

### (1) 電熱計算に用いられる単位
①**温度**：K または ℃（温度差は K，気温は ℃ で表すことが多い）
②**熱量**：J
③**熱流**：W（熱流は単位時間に流れる熱量であり，W＝J/s）
④**熱容量**：J/K［熱容量とは，物体の温度を 1K（℃）高めるのに必要な熱量］
⑤**比熱**：J/(kg・K)［比熱とは，物体の単位質量（1 kg）当たりの熱容量］

### (2) 熱の移動と法則
①**熱伝導**：物質内で熱のみが移動することをいう．熱伝導においては，図10・1に示すように，**熱回路のオームの法則**が成り立つ．断面積 $S〔m^2〕$，長さ $l〔m〕$ の物質において，熱流を $I〔W〕$，温度差を $\theta〔K〕$，熱伝導率を $\lambda〔W/(m・K)〕$ とすれば次式となる．

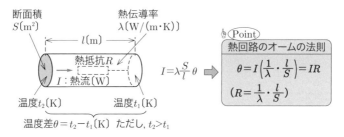

図 10・1　熱伝導

$$I = \lambda \frac{S}{l}(t_2 - t_1) = \lambda \frac{S}{l}\theta$$

$$\therefore \theta = I\left(\frac{1}{\lambda} \cdot \frac{l}{S}\right) = IR \qquad \left(ただし R = \frac{1}{\lambda} \cdot \frac{l}{S}\right) \qquad (10・1)$$

上式は，温度差 $\theta$ →電位差 $V$，熱流 $I$ →電流 $I$ と対比させれば，電気回路のオームの法則と類似している．

② **対流熱伝達**：固体と液体の間の熱の移動や，流体の移動などの物理現象をともなった熱の移動のことをいう．図10・2に示すように，対流による被加熱物への熱流は，被加熱物近傍の炉内空気温度と被加熱物の表面温度との温度差に比例する．炉内空気温度と被加熱物の表面温度との温度差を$\theta$〔K〕，流体と接触する表面積を$S$〔m²〕，熱伝達係数を$h$〔W/m²・K〕とすると，熱流$I_c$は次式で示される．

$$I_c = hS(t_2 - t_1) = hS\theta = \frac{\theta}{R_s} \text{〔W〕} \tag{10・2}$$

ここで，$R_s = 1/(hS)$〔K/W〕は表面熱抵抗である．

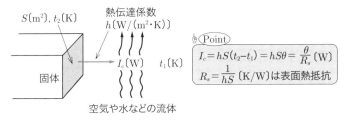

**図10・2** 対流熱伝達

③ **熱放射（放射伝熱）**：熱源から電磁波としてエネルギーが放出され対象物に吸収されて熱が移動する．熱源の単位表面積から電磁波として放出されるエネルギー$Q$〔W/m²〕は，ステファン・ボルツマンの法則より，熱源の絶対温度を$T$〔K〕，$\sigma$をステファン・ボルツマン定数とすれば次式となり，絶対温度$T$〔K〕の四乗に比例する．

$$Q = \sigma T^4 \text{〔W/m²〕} \tag{10・3}$$

ここで，$\sigma = 5.67 \times 10^{-8}$〔W/(m²・K⁴)〕

## 2 電気加熱の特徴

電気エネルギーを熱として利用し，対象物の温度を上昇させることを**電気加熱**と呼ぶ．主な電気加熱方式として，抵抗加熱，アーク加熱，誘導加熱，誘電加熱，赤外加熱などがある．電気加熱は，石炭，重油，ガスなどの燃料による燃焼加熱に比べて，下記の特徴を有する．

### (1) 高温が得られる．

アーク加熱では5 000～6 000Kの高温が得られる．

電熱

**(2) 内部加熱が可能である.**
被加熱物の内部から発熱させる加熱方式がある.

**(3) 局部加熱,急速加熱,均一加熱が可能である.**
特定の箇所に,特定の時間だけ加熱を行うことができる.急速加熱により放熱損失を少なくできる.

**(4) 炉システムの高効率化が可能である.**
起動停止が容易なため,必要な時だけ通電できる.

**(5) 温度調節や操作が容易である.**
遠方制御や自動制御が容易である.

**(6) 加熱効率を高くできる.**
被加熱物のみを加熱すること,温度制御性が良いこと,大きな待機エネルギーを必要としないことなどを組み合わせることにより,加熱効率を燃焼加熱よりも高くできる場合が多くある.

## 3 抵抗加熱

**(1) 原理・特徴**

電気加熱のうち最も広く使われているのが抵抗加熱である.抵抗加熱は抵抗体に電流を流すことにより生じる**ジュール熱**を利用する.このとき,抵抗体が達する温度はジュール熱により生じる熱と抵抗体から放散する熱が等しくなる温度である.この状態を**熱平衡**という.

抵抗加熱には,直接抵抗加熱と間接抵抗加熱とがある.

**①直接抵抗加熱**

**直接抵抗加熱**は,導電性被加熱物に電源を接続して直接電流を流すことにより,被加熱物そのものを発熱体として加熱する方法である.この方法は,被加熱物内部に熱が発生するため加熱効率が高い.そして,急速加熱が可能であり,高温加熱にも適している.しかし,抵抗値の小さい被加熱物

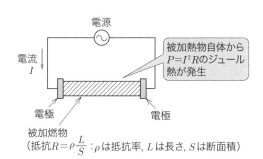

図10・3　直接抵抗加熱の原理

は，加熱効率が悪く，その抵抗特性によって制限を受ける．

直接抵抗加熱を工業的に応用する場合，**直接式抵抗炉**という．代表例には黒鉛電極を製造する電気炉である黒鉛化炉，炭化けい素炉等があり，図 10・4 に示す．

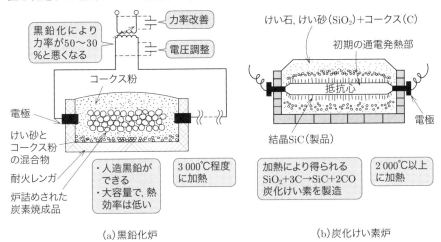

(a) 黒鉛化炉 　　　　　　　　　(b) 炭化けい素炉

**図 10・4** 直接式抵抗炉の例

② 間接抵抗加熱

ニクロムや炭化けい素などで作られたヒータに通電し，発生するジュール熱を利用して被加熱物を間接的に加熱する方式は**間接抵抗加熱**と呼ばれ，工業分野の電気加熱において最も多く利用されている加熱法である．図 10・5 は間接抵抗加熱の原理を示す．間接式抵抗炉には，塩浴炉（ソルトバス炉），クリプトール炉，マッフル炉などがあるが，図 10・6 はその一例を示す．

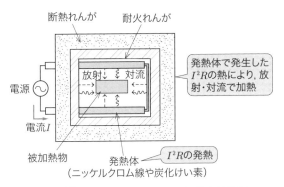

**図 10・5** 間接抵抗加熱の原理（間接式抵抗炉）

電熱

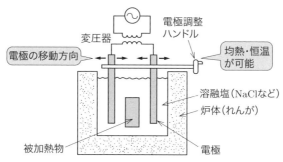

図10・6　間接式抵抗炉の例（塩浴炉）

[間接抵抗加熱の特徴]
①被加熱物の形状や通電性に関係なく，発熱体の熱を利用可能
②被加熱物を大量に設置し，周囲に発熱体を設置すれば，大量に加熱処理可能
③高い精度での温度制御が可能
④急速加熱には適さない

[間接抵抗加熱における炉内温度制御]

　間接抵抗加熱炉では，炉内のヒータに供給する電力を調整して，炉内温度を制御している．この温度制御には，サイリスタを用いた位相制御が多く用いられている．位相制御では高調波が発生するので，このための対策が必要であるが，制御応答は速い．

## 4　アーク加熱

### (1) アーク加熱の原理と特徴

　アーク加熱は，電極間または電極と被加熱物との間に発生するアーク放電の熱を利用して加熱を行う．**アークの熱を利用する放電は5 000～6 000 Kの高温加熱が可能**である．アーク加熱は，直接アーク加熱と間接アーク加熱に大別できる．アーク加熱に用いられる電極は，**黒鉛電極**である．

① 直接アーク加熱

　図10・7（a）のように，電極と被加熱物との間で発生するアーク熱によって加熱する方式である．この方式は，大電力を集中して供給できるため，高温加熱，急速加熱が容易である．

② 間接アーク加熱

　図10・7（b）のように，電極間にアークを発生させ，その放射・伝導熱によって

被加熱物を加熱する方式である．

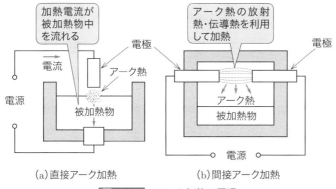

(a)直接アーク加熱　　(b)間接アーク加熱

図 10・7　アーク加熱の原理

アーク加熱の応用としては，直接アーク加熱を用いる**直接式アーク炉**，間接アーク加熱を用いる**間接式アーク炉**がある．直接式アーク炉としては製鋼用アーク炉（エルー炉）が代表的であり，間接式アーク炉には揺動式アーク炉がある．

### (2) 製鋼用アーク炉

図 10・8 に示すように，製鋼用アーク炉では，炉体内に三相変圧器の二次側に接続された黒鉛電極 3 本を上部から挿入し，電極から被加熱物に向かってアークを発生させる．この炉では，電圧は数百 V 程度，電流は数千 A から数万 A 以上のアークを黒鉛電極と被加熱物である鉄くずや還元鉄との間に発生させて加熱・溶解する．大容量の電気負荷であるため，その負荷変動や波形ひずみがフリッカや高調波等の障害の発生源となるので，対策が必要な場合がある．

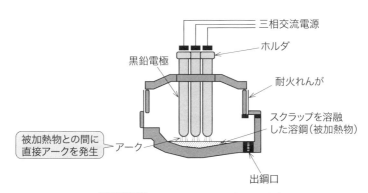

図 10・8　製鋼用アーク炉（エルー炉）

# 電 熱

交流アーク炉では，炉用変圧器二次側の電極までの三相回路のリアクタンスが不平衡であるとアーク電圧に高低を生じ，局所的に高温となって炉壁を損傷するため，各相導体の三角配列などによってアーク電圧の不平衡を解消する必要がある．

最近は，黒鉛電極が1本で電極調整がしやすい直流アーク炉が主流になっている．直流アーク炉では，直流母線に流れる電流が作る磁場によってアーク偏向が発生することで，被溶解物の不均一溶解や炉内にホットスポットを生成する原因となり，母線の配置には工夫が必要となる．直流アーク炉は電源系統に与える影響が交流アーク炉よりも小さく，同一定格容量の場合，弱小電源系統への接続が比較的容易である．

### (3) 揺動式アーク炉

揺動式アーク炉は，向かい合った2本の黒鉛電極間のアーク熱で，被加熱物は間接的に加熱・溶融される．これは，電動機によって炉体を左右に揺すったり，回転させたりしながら溶融し，溶融した金属を均一にかき混ぜる．揺動式アーク炉は，銅またはその合金の溶融に用いられる．

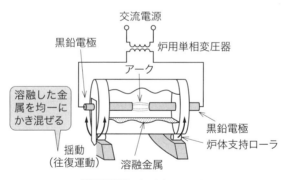

図10・9　揺動式アーク炉

## 5　誘導加熱

### (1) 誘導加熱の原理と特徴

図10・10に示すように，導電性の被加熱物を交番磁束内におくと，被加熱物内に誘導起電力が生じ，うず電流が流れる．**誘導加熱**は，このうず電流によって生じるジュール熱（うず電流損）によって被加熱物自体が発熱して加熱される方式である．抵抗率の低い被加熱物は相対的に加熱されにくく，銅，アルミよりも，鉄，ステンレスの方が加熱されやすい．

## 10-1 電気加熱

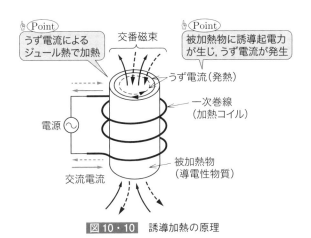

**図 10・10** 誘導加熱の原理

　うず電流損として単位時間当たりに被加熱物に発生する熱量は，交番磁束の大きさの二乗に比例する．また，その熱量は，交番磁束の周波数のほか，被加熱物の抵抗率や透磁率にも依存する．さらに抵抗率や透磁率は加熱昇温中に変化する場合がある．被加熱物の透磁率が高いものほど被加熱物の磁束密度が大きくなり大きなうず電流が流れるため加熱されやすい．

　交番磁束は**表皮効果**によって被加熱物の表面近くに集まるため，図 10・11 に示すように，うず電流も被加熱物の表面付近に集中する．この電流の表面集中度を示す指標として**電流浸透深さ** $\delta$ が用いられる．これは，次式のとおり，透磁率と導電率の積の平方根に反比例する．

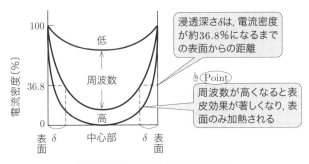

**図 10・11** 被加熱物の電流分布

電熱

$$\delta = 5.03\sqrt{\frac{\rho}{\mu f}} \ [\mathrm{cm}] \tag{10・4}$$

> **POINT**
> ・周波数が高くなると表皮効果が著しくなり，表面のみ加熱
> ・抵抗率が低いほど，透磁率が大きいほど，浸透深さは浅い

ここで，$\rho$：抵抗率〔$\mu\Omega\cdot\mathrm{cm}$〕，$\mu$：被加熱物の比透磁率，$f$：周波数〔Hz〕

式（10・4）から，抵抗率が低いほど，透磁率が大きいほど，また周波数が高いほど，浸透深さは浅い．浸透深さが浅くなると，被加熱物の表面に近い部位がより強く加熱され，表面加熱に近い様相を呈する．したがって，被加熱物を適正に加熱するためには，加熱されるべき部位と達成すべき昇温温度に応じた交番磁束の周波数と大きさの選択が重要である．このため，被加熱物の深部まで加熱したい場合には，交番磁束の周波数は低い方が適する．

### (2) 誘導加熱の分類と応用

誘導加熱の分類としては，**誘導式全体加熱**と，高周波焼入れ（表面焼入れ）のように被加熱物の表層部だけを局部的に加熱する**誘導式表面加熱**とがある．

また，使用周波数によって，商用電源を用いる**低周波誘導加熱**と，高周波電源を利用する**高周波誘導加熱**に分けられる．

誘導加熱の応用としては，工業用に使われる誘導炉がある．低周波誘導炉（溝形とるつぼ形）やるつぼ形高周波誘導炉があり，金属の溶解や金属部分の熱処理などに用いられる．一方，高周波誘導加熱では，導体被熱物の表面だけを加熱できるので，周波数を適当に選べば，金属の表面焼き入れを行うことができる．

図10・12は無鉄心誘導炉（るつぼ形誘導炉）の構造を示す．るつぼ周囲にらせん状の中空銅管性誘導コイルを巻き付け，1～10 kHz程度の交流電源より電流を流して誘導加熱する．誘導炉は，溶融金属（溶湯）が誘導コイルから

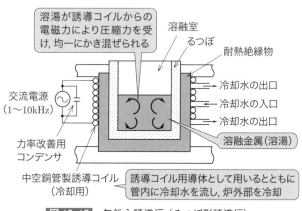

**図10・12** 無鉄心誘導炉（るつぼ形誘導炉）

の電磁力の作用により半径方向の圧縮力を受け，溶融金属を均一にかき混ぜて，材料を均質にし良質な製品が得られる．誘導炉はコイルを用いるので，遅れ力率をもつ誘導性負荷となるから，交流電源に並列に力率改善コンデンサを入れて力率改善を行う．

図 10・13 は，鉄心誘導炉（みぞ形誘導炉）の構造を示す．これは，閉路鉄心に一次コイルを巻き，二次短絡回路を溶湯自体として，溶湯に電流を流して加熱する方式である．溶湯に交番磁界によるうず電流が流れ，磁束との間に電磁力が働いて溶湯が撹拌される．鉄心を取り巻く耐火物には V 字形の溝があり，この中で溶湯がかき回されながら加熱されるため，力率が比較的良く効率も良い．

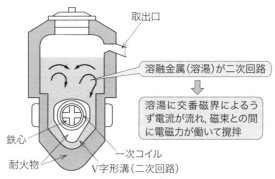

**図 10・13** 鉄心誘導炉（みぞ形誘導炉）

家庭用の電磁調理器（IH ヒータ）も誘導加熱を利用したものである．渦巻状の加熱コイルへ高周波電流（数十 kHz）を流し，その上へ底の平らな導電体鍋を乗せることにより，鍋の底が交番磁界によるうず電流損で加熱され，その熱で調理や炊飯を行う．鉄のように透磁率が高く，抵抗も大きいものが適している．

## 6 誘電加熱

### (1) 誘電加熱の原理と特徴

**誘電加熱**は，誘導加熱とは異なり，誘電体（絶縁物）を加熱するための方法で，被加熱物である誘電体を交番電界中に置くことによって誘電体自身が発熱する現象を利用した加熱法である．この発熱を**誘電体損**という．

誘電体は，分子が電気的にプラスとマイナスに分極している**電気双極子**からなる．図 10・14 のように，誘電体に電界が印加されると，誘電体内に**誘電分極**を生じる．

電 熱

交番電界の場合には，電界の交番に伴って，誘電分極の方向も変化する．交番電界の周波数を上げていくと，交番電界の時間変化に誘電分極が追いつかなくなり，遅れが生じ始める．この遅れによって誘電体損が生じ，その熱によって誘電体自身の温度が上昇する．

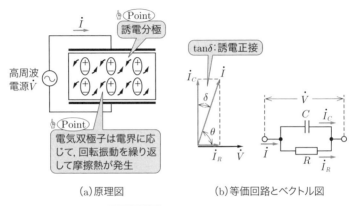

(a)原理図　　　　　　(b)等価回路とベクトル図

図 10・14　誘電加熱の原理

図 10・14 (b) に示すように，誘電体の電気的等価回路は抵抗 $R$ と静電容量 $C$ の並列回路で表される．$R$ および $C$ を流れる電流をそれぞれ $I_R$，$I_C$ とすると $\tan\delta = \dfrac{I_R}{I_C}$ と表され，$\tan\delta$ は**誘電正接**と呼ばれる．

誘電体損を $P$〔W〕，印加する電界 $E$〔V/m〕，電極板間にかかる電圧を $V$〔V〕，周波数を $f$〔Hz〕，誘電体の静電容量を $C$〔F〕とすると

$$P = VI_R = VI_C \tan\delta = 2\pi f C V^2 \tan\delta \text{〔W〕}$$

ここで，電極板の面積を $S$〔m²〕，電極板間距離を $d$〔m〕，$\varepsilon_0$ を真空の誘電率，$\varepsilon_r$ を誘電体の比誘電率とすれば，$C = \varepsilon_0 \varepsilon_r S/d$，$V = Ed$ より

$$P = 2\pi f \varepsilon_0 \varepsilon_r \frac{S}{d}(Ed)^2 \tan\delta = 2\pi f \varepsilon_0 S d E^2 \varepsilon_r \tan\delta$$

ここで，$S \times d$ は体積を表すので，単位体積当たりの誘電体損 $P_d$ は

$$\boldsymbol{P_d = \frac{P}{Sd} = 2\pi\varepsilon_0 f E^2 \varepsilon_r \tan\delta = \frac{5}{9} f \varepsilon_r E^2 \tan\delta \times 10^{-10}}\text{〔W/m³〕}(10\cdot5)$$

となる．［$\varepsilon_0 = 1/(4\pi \times 9 \times 10^9)$ を代入］

ここで，$\varepsilon_r \tan\delta$ は**誘電損失係数**または**誘電損率**と呼ばれ，誘電加熱の容易さを

判断する目安となる．この値が大きいものほど誘電加熱がしやすく，0.01程度以下の物質については誘電加熱が困難である．

このように誘電加熱は被加熱物自身が発熱することから，①急速かつ均一な加熱が可能，②加熱効率が良い，③加熱のレスポンスが良い，④発熱が物質自体の特性（$\varepsilon_r \tan\delta$）に依存するため選択加熱が可能，⑤無線通信電波に近い周波数を使用するため機器のシールドが必要などの特徴がある．

### (2) 周波数による分類

誘電加熱は，周波数帯によって**高周波誘電加熱**と**マイクロ波加熱**に分けられる．

#### ①高周波誘電加熱

高周波誘電加熱では，1～100 MHz程度の周波数帯を使用する．誘電加熱は，被加熱物の内部で発熱するので，熱伝導率の悪い木材やプラスチックなどを急速に加熱することができる．

#### ②マイクロ波加熱

マイクロ波は300 MHz～30 GHz程度の周波数帯であるが，発熱効率の高いマイクロ波を利用したものが**マイクロ波加熱**である．これは，図10・15に示すように，マイクロ波の発生にはマグネトロン発振器を用い，導波管により電磁波の形で炉室にエネルギーが伝えられ，炉室内に置いて炉壁などによる反射が繰り返されて，被熱物にエネルギーが吸収される．

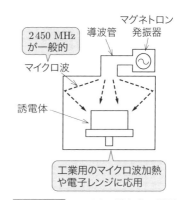

図10・15 マイクロ波加熱の原理

マイクロ波加熱は電波妨害対策上使用周波数が規制されており，電子レンジ用や工業用マイクロ波加熱装置では，ISM（Industrial Scientific and Medical）周波数帯として定められている2450 MHz（2.45 GHz）が一般に使用されている．

誘電体に吸収されるマイクロ波は，内部にいくにしたがって減衰する．電力密度が表面の1/2になる深さは**電力半減深度** $D$ と呼び，次式で表される．

$$D = \frac{3.32 \times 10^7}{f\sqrt{\varepsilon_r \tan\delta}} \text{〔m〕} \tag{10・6}$$

電力半減深度 $D$ の2倍を超える厚さになると，誘電体の熱伝導率が悪くなる．このため，均一加熱を行うためには十分に時間をかける必要がある．

電　熱

## 7 赤外加熱

**赤外加熱**は，波長 0.78 μm～1 mm の電磁波が被加熱物質に吸収されると，それによって被加熱物質の分子・原子が振動励起し，吸収したエネルギーを熱エネルギーに変換して物質を加熱する方式である．赤外加熱の被加熱物としては誘電性のものが適している．赤外線の波長は可視光線の波長より長く，近赤外放射（0.78～2 μm），中赤外放射（2～4 μm），遠赤外放射（4 μm～1 mm）の 3 波長領域に区分されているが，産業分野で主に用いられている波長領域は 2～25 μm である．

赤外加熱の特徴としては，①放射の形式で直接行われるので加熱効率は高いこと，②赤外放射は高い周波数域にあるため，誘電性物質の表面層部分の加熱に適していること，③温度制御が容易でその応答性も良いこと，④物質は赤外放射に対してそれぞれ固有の分光吸収特性をもつので，これに適合した特性の放射源の選択利用が効果的であることなどが挙げられる．

赤外加熱の応用としては，各種塗装面の乾燥・焼き付け，電気・電子機器の回路印刷の予備乾燥や部品の洗浄乾燥，プラスチックの熱加工，印刷の乾燥，食品の乾燥や焼き上げ，暖房や医療への応用などに広く利用される．

---

### 例題 1 ............................................................ R3　問 7

電気エネルギーを熱として利用し，対象物の温度を上昇させることを電気加熱と呼ぶ．電気加熱のうち最も広く使われているのが抵抗加熱である．抵抗加熱は抵抗体に電流を流すことにより生じる　(1)　を利用する．このとき，抵抗体が達する温度は　(1)　により生じる熱と抵抗体から放散する熱が等しくなる温度である．この状態を　(2)　という．

このうち間接抵抗加熱は，熱源となる抵抗体から伝熱によって被加熱物に熱を伝えるので，被加熱物の材質にかかわらず加熱することができる．伝熱とは熱の移動をさし，次の 3 とおりの，　(3)　，　(4)　，　(5)　の形態がある．

　(3)　とは物質内で熱のみが移動することをいう．

　(4)　とは固体と液体の間の熱の移動や，流体の移動などの物理現象をともなった熱の移動を表す．

　(5)　では，熱源から電磁波としてエネルギーが放出され対象物に吸収されて熱が移動する．熱源の表面から放出されるエネルギーは，物質の温度の四乗にほぼ比例する．

10-1 電気加熱

【解答群】
（イ）紫外線　　　　　（ロ）潜熱　　　　　　（ハ）放射伝熱　　　　（ニ）蒸発熱移動
（ホ）抜熱　　　　　　（ヘ）熱平衡　　　　　（ト）貫入熱　　　　　（チ）放熱
（リ）発光伝熱　　　　（ヌ）ジュール熱　　　（ル）顕熱　　　　　　（ヲ）対流熱伝達
（ワ）熱伝導　　　　　（カ）熱通達　　　　　（ヨ）熱流束

**解 説**　本節 1，3 項で解説しているので，参照する．

【解答】（1）ヌ　（2）ヘ　（3）ワ　（4）ヲ　（5）ハ

---

**例題 2** ・・・・・・・・・・・・・・・・・・・・・・・・・・・・・・・・・・・・・・・・・・・・・・・・・・・・・・・・ H30　問 4

　ニクロムや炭化けい素などで作られたヒータに通電し，発生するジュール熱を利用して被加熱物を間接的に加熱する方式は間接抵抗加熱と呼ばれ，工業分野の電気加熱において最も多く利用されている加熱法である．

　この方式の加熱炉では，炉内のヒータに供給する電力を調整して，炉内温度を制御している．この温度制御には，サイリスタを用いた ⬚(1)⬚ が多く用いられている．⬚(1)⬚ では ⬚(2)⬚ が発生するので，このための対策が必要であるが，制御応答は速い．

　ヒータで発生したジュール熱は，放射，対流，⬚(3)⬚ の組合せによって被加熱物に伝えられ，被加熱物が加熱される．放射ではヒータやヒータによって加熱された炉壁から発生する電磁波（主に ⬚(4)⬚ ）によってエネルギーが被加熱物に伝えられる．対流ではヒータによって加熱された炉内の空気の移動によってエネルギーが被加熱物に伝えられる．対流による被加熱物への熱流束（単位時間に単位面積を横切る熱量）は被加熱物近傍の炉内空気温度と被加熱物の表面温度との温度差 ⬚(5)⬚ する．また，炉内で被加熱物を保持する物体と被加熱物とが接触する部位からは ⬚(3)⬚ によってエネルギーが被加熱物に伝えられる．

【解答群】
（イ）の二乗に比例　（ロ）赤外放射　　　（ハ）の四乗に比例　　（ニ）高調波
（ホ）MPPT 制御　　（ヘ）フリッカ　　　（ト）ガンマ線　　　　（チ）伝達
（リ）電導　　　　　（ヌ）瞬時電圧低下　（ル）可視放射　　　　（ヲ）に比例
（ワ）位相制御　　　（カ）伝導　　　　　（ヨ）VAV 制御

**解 説**　本節 1，3 項で解説しているので，参照する．

【解答】（1）ワ　（2）ニ　（3）カ　（4）ロ　（5）ヲ

10章

電
熱

409

電　熱

---

**例題 3** ...................................................................... H25　問4

　製鋼用アーク炉はアーク加熱の代表的な例であり，商用周波数の三相交流をそのまま用いる交流アーク炉と直流に整流して用いる直流アーク炉とがある．両者共に電圧は数百ボルト程度，電流は数千アンペアから数万アンペア以上のアークを　(1)　と被加熱物である鉄くずや還元鉄との間に発生させて加熱・溶解する．大容量の電気負荷であるため，その負荷変動や波形ひずみが　(2)　や高調波等の電源障害の発生源となるので，対策が必要な場合がある．

　交流アーク炉では，炉用変圧器二次側の電極までの三相回路の　(3)　が不平衡であるとアーク電圧に高低を生じ，局所的に高温となって炉壁を損傷するため，各相導体の三角配列などによってアーク電圧の不平衡を解消する必要がある．一方，直流アーク炉では，直流母線に流れる電流が作る磁場によってアーク　(4)　が発生することで，被溶解物の不均一溶解や炉内にホットスポットを生成する原因となり，母線の配置には工夫が必要となる．

　両者を電源系統に与える影響で比較すると，アーク発生から消滅までの入力の有効−無効電力特性などから　(5)　の方が影響が少なく，同一定格容量の場合，弱小電源系統への接続が比較的容易である．

【解答群】

(イ) フラッシオーバ　　　(ロ) キャパシタンス　　　(ハ) 黒鉛電極

(ニ) レジスタンス　　　　(ホ) リアクタンス　　　　(ヘ) ハンチング

(ト) 固定電極　　　　　　(チ) 偏磁　　　　　　　　(リ) 炉底電極

(ヌ) フリッカ　　　　　　(ル) 偏流　　　　　　　　(ヲ) 直流アーク炉

(ワ) 交流アーク炉　　　　(カ) 偏向　　　　　　　　(ヨ) リンギング

---

**解 説**　　本節4項で解説しているので，参照する．

【解答】(1) ハ　(2) ヌ　(3) ホ　(4) カ　(5) ヲ

---

**例題 4** ...................................................................... R2　問7

　誘導加熱は，導電性の被加熱物を交番磁束中に置くことで生じる　(1)　によって被加熱物自体が発熱し，加熱される方式である．金属の溶解のほか，金属表面の焼入れなどに用いられている．

　(1)　として発生する熱量は，交番磁束の大きさ　(2)　する．このほか，交番磁束の周波数，被加熱物の透磁率および導電率にも依存する．また，印加する交番磁束の周波数を　(3)　すると，発熱は被加熱物の表面近傍に集中するようにな

10-1 電気加熱

る．この現象は ┃ (4) ┃ によるものである．また，その指標として浸透深さがある．
浸透深さは，透磁率と導電率の積 ┃ (5) ┃ する．

【解答群】

(イ) の平方根に比例　　　(ロ) の二乗に比例　　　(ハ) に反比例

(ニ) ペルチェ効果　　　　(ホ) 近接効果　　　　　(ヘ) 渦電流損

(ト) 高く　　　　　　　　(チ) 一定に　　　　　　(リ) に比例

(ヌ) 機械損　　　　　　　(ル) の四乗に比例　　　(ヲ) 表皮効果

(ワ) の平方根に反比例　　(カ) 低く　　　　　　　(ヨ) 誘電損

**解　説**　本節5項で解説しているので，参照する．

【解答】(1) ヘ　(2) ロ　(3) ト　(4) ヲ　(5) ワ

**例題5** ･･････････････････････････････････････････ **H28　問7**

　金属など，導電性の被加熱物を加熱する方法の一つとして，被加熱物を交番磁界
中におく誘導加熱がある．被加熱物の内部に侵入した交番磁束は，電磁誘導によって
被加熱物内部に渦電流を流す．この渦電流で生じるジュール熱によって被加熱物自身
が発熱し，加熱される．

　単位時間当たりに被加熱物に発生する熱量は，交番磁束の大きさ ┃ (1) ┃ する．
また，その熱量は，交番磁束の周波数のほか，被加熱物の ┃ (2) ┃ や ┃ (3) ┃ にも
依存する．さらに ┃ (2) ┃ や ┃ (3) ┃ は加熱昇温中に変化する場合がある．

　一方，被加熱物の内部に侵入した交番磁束は被加熱物の表面近くに集まる性質が
ある．このため，渦電流も被加熱物の表面近くに多く流れる．この現象は ┃ (4) ┃
と呼ばれている．┃ (4) ┃ を示す指標として浸透深さがある．浸透深さは交番磁束
の周波数 ┃ (5) ┃ する．また，┃ (2) ┃ が低いほど浸透深さは浅い．浸透深さが浅
くなると，被加熱物の表面に近い部位がより強く加熱され，表面加熱に近い様相を呈
する．

　したがって，被加熱物を適正に加熱するためには，加熱されるべき部位と達成す
べき昇温温度に応じた交番磁束の周波数と大きさの選択が重要である．

【解答群】

(イ) 表皮効果　　　　　　(ロ) 負荷率　　　　　　　(ハ) 抵抗率

(ニ) 不等率　　　　　　　(ホ) の二乗に比例　　　　(ヘ) に比例

(ト) の四乗に比例　　　　(チ) の平方根に反比例　　(リ) 誘電率

(ヌ) 近接効果　　　　　　(ル) ジュール・トムソン効果　(ヲ) に反比例

10章

電

熱

411

電　熱

| （ワ）透過率 | （カ）の二乗に反比例 | （ヨ）透磁率 |

**解説**　本節 5 項で解説しているので，参照する．

【解答】（1）ホ　（2）ハ　（3）ヨ　（4）イ　（5）チ

---

**例題 6** ···················································· R4　問8

　誘電加熱は，被加熱物である誘電体を交番電界中に置くことによって誘電体自身が発熱する現象を利用した加熱法である．この発熱は誘電体損と呼ばれている．誘電体に電界が印加されると，誘電体内に　(1)　を生じる．交番電界の場合には，電界の交番に伴って，　(1)　の方向も変化する．交番電界の周波数を上げていくと，交番電界の時間変化に　(1)　が追いつかなくなり，遅れが生じ始める．この遅れによって誘電体損が生じ，その熱によって誘電体自身の温度が上昇する．

　誘電体の電気的等価回路は抵抗 $R$ と静電容量 $C$ の並列回路で表される．$R$ および $C$ を流れる電流をそれぞれ $I_R$，$I_C$ とすると $\tan \delta =$　(2)　と表され，$\tan \delta$ は誘電正接と呼ばれる．また，誘電体の比誘電率を $\varepsilon_r$ とすると，$\varepsilon_r \tan \delta$ は誘電体の損失係数と呼ばれ，誘電加熱の容易さを判断する目安となる．

　誘電損失係数の大きさは印加する交番電界の周波数に大きく依存する．実際の誘電加熱では，放送などの無線業務の障害となるのを避けるため，使用可能な周波数帯が　(3)　周波数帯として定められている．この周波数帯においては，誘電体損を生じる　(1)　は誘電体を構成する荷電体のうち　(4)　によるものである．

　また，一般に，被加熱物である誘電体は温度上昇によってインピーダンスが変化するので，誘電加熱装置から被加熱物に電力を効率よく供給するために，高周波発振回路と被加熱物との間に　(5)　が挿入されている．

【解答群】

| （イ）近接効果 | （ロ）イオン | （ハ）移相回路 | （ニ）ISM |
| （ホ）誘電分極 | （ヘ）EMS | （ト）電子 | （チ）整合回路 |
| （リ）渦電流 | （ヌ）$\dfrac{I_C}{I_R}$ | （ル）$\dfrac{I_R}{\sqrt{I_R{}^2+I_C{}^2}}$ | （ヲ）$\dfrac{I_R}{I_C}$ |
| （ワ）EMC | （カ）緩衝回路 | （ヨ）電気双極子 | |

---

**解説**　本節 6 項で解説しているので，参照する．(5) を説明する．誘電加熱装置の高周波発振回路で作られたエネルギーを被加熱物に効率よく供給するため，高周波発振回路と被加熱物との間に整合回路を挿入する．整合回路は，インピーダンスマッチン

**10-1 電気加熱**

グとともに，高周波供給電力の調整機能をもつ.

【解答】(1) ホ　(2) ヲ　(3) ニ　(4) ヨ　(5) チ

---

**例題 7** ......................................................... H29　問4

　一般に，被加熱物が絶縁体の場合，直流電界を印加しても電流が流れず，加熱されない. しかし，被加熱物中の電子，イオン，電気双極子のような荷電体においては，印加される直流電界によって　(1)　を生じる. 電界が交番電界の場合には，電界の往復的な変化に応じて，　(1)　も往復的に連続して発生する.

　絶縁体の誘電率 $\varepsilon$ は複素数を用いて，一般に次式で表される.

$$\varepsilon = \varepsilon' - j\varepsilon'' \cdots\cdots\cdots\cdots\cdots\cdots\cdots\cdots\cdots\cdots\cdots\cdots\cdots\cdots\cdots ①$$

　交番周波数を上げていくと，交番電界の時間変化に　(1)　が追いつかなくなり，遅れが生じ始める. この遅れによって電力損失が発生し，被加熱物が加熱される. 式①において，　(2)　はこの遅れを表している.

　発生する熱量は　(2)　が一定と見なせる場合には交番周波数に　(3)　. また，印加する交番電界強度の　(4)　に比例する.

　マイクロ波を利用する電子レンジは誘電加熱の代表的な例の一つである. 電子レンジでは，被加熱物を構成する荷電体のうち，　(5)　による発熱によって加熱される.

**【解答群】**

(イ) $\varepsilon'$ 　　　　　(ロ) 誘電分極　　　(ハ) 無関係である　　(ニ) 三乗

(ホ) 電気双極子　(ヘ) 渦電流　　　(ト) $\varepsilon''$ 　　　　　(チ) 反比例する

(リ) 電子　　　　(ヌ) 比例する　　(ル) $\sqrt{\varepsilon'^2 + \varepsilon''^2}$ 　(ヲ) トンネル効果

(ワ) イオン　　　(カ) 四乗　　　　(ヨ) 二乗

---

**解　説**　　本節6項で解説しているため，参照する. 誘電加熱において，誘電率は設問の式①のように複素数として表すとき，交流周波数での誘電率を表している. 式①の実部 $\varepsilon'$ は絶縁体の静電容量分に相当し，虚部 $\varepsilon''$ は電力損失分（抵抗分に相当）を表している. (3) や (4) は式 (10·5) から理解できるであろう.

【解答】(1) ロ　(2) ト　(3) ヌ　(4) ヨ　(5) ホ

**10章**

**電**

**熱**

413

電　熱

---

例題 8 ・・・・・・・・・・・・・・・・・・・・・・・・・・・・・・・・・・・・・・・・・・・・・・・・・・・・・・・・・・・・・ H10　問 3

　赤外加熱は，波長 **0.78 μm～1 mm** の ____(1)____ が被加熱物質に吸収されると，それによって被加熱物質の分子・原子が振動励起し，吸収したエネルギーを熱エネルギーに変換して物質を加熱する方式である．赤外加熱の被加熱物としては ____(2)____ のものが適している．

　一般に，熱の伝達形式には三つの形式があるが，赤外加熱はそのうち，____(3)____ の形式で直接行われるので，加熱効率は高い．また，エネルギーのほとんどは物体の ____(4)____ で吸収され，発熱する特性を持つので ____(5)____ などに広く利用されている．

【解答群】

(イ) 導電性　　　　(ロ) 電磁波　　　(ハ) 電子線　　(ニ) 放射
(ホ) 表層　　　　　(ヘ) 金属焼き入れ　(ト) 誘導性　　(チ) マイクロ波
(リ) 全体　　　　　(ヌ) 内部　　　　(ル) 伝導　　　(ヲ) 対流
(ワ) 木材の乾燥・接着　　　　　　　(カ) 誘電性　　(ヨ) 塗装の焼き付け・乾燥

---

**解　説**　　本節 7 項で解説しているので，参照する．

【解答】(1) ロ　(2) カ　(3) ニ　(4) ホ　(5) ヨ

# 10-2 ヒートポンプ

**攻略のポイント**　電験3種では，加熱エネルギーやヒートポンプの成績係数を用いた計算が出題される．2種一次では，ヒートポンプサイクルや成績係数など基本事項を理解すればよい．

## 1　ヒートポンプの原理と特徴

**ヒートポンプ**は，熱を低温部から高温部へポンプのように汲み上げることができる装置であり，**逆カルノーサイクル**を行うものである．逆カルノーサイクルは，低温の熱源から高温の熱源へ熱を移動させるが，このとき，外部から仕事を受け取ることが必要である．この点において，外部に仕事をするカルノーサイクルとは逆である．

ヒートポンプと冷凍機は同じ原理を用いるもので，放熱作用を利用するのがヒートポンプであり，吸熱作用を利用するのが冷凍機である．ヒートポンプサイクルを図10・16に，その $p$-$h$（モリエル）線図を図10・17に示す．

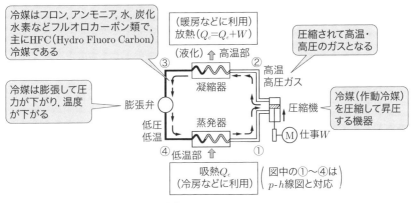

図10・16　ヒートポンプサイクル

### (1) 圧縮行程〔①→②〕

外部からの動力 $W$ によって圧縮機を動作させる．低温低圧の冷媒（作動媒体）ガスは圧縮され，高温高圧の冷媒ガスとなる．

### (2) 凝縮行程〔②→③〕

高温高圧となった冷媒ガスを水や空気と熱交換することによって熱を外部へ放出する．このとき，冷媒は高圧下で凝縮されて液化する．

## 電　熱

### (3) 膨張行程〔③→④〕

高圧の冷媒は膨張弁で減圧され，断熱膨張し，低温低圧の液体・ガスの二相状態になる．

### (4) 蒸発行程〔④→①〕

冷媒が水や空気から熱を奪って蒸発し，低温低圧のガスとなる．

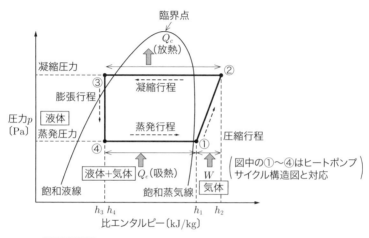

**図 10・17**　ヒートポンプサイクルの $p$-$h$（モリエル）線図

エアコンや家庭用給湯器のエコキュートはこのヒートポンプとして動作している．エアコンの場合，**四方弁**を取り付けて 90 度回転させると，冷媒が逆に流れるので蒸発器と凝縮器が入れ替わり，冷房と暖房の切換ができる．

ヒートポンプを冷房運転する場合，蒸発器の蒸発行程で吸収する熱量 $Q_e$ によって水や空気を冷却し，凝縮器で冷媒の凝縮熱 $Q_c$ を冷却水や外気に放熱する．一方，暖房運転では，この凝縮器の放熱 $Q_c$ を利用する．

図 10・16 のヒートポンプサイクルで運転するヒートポンプに関して，冷却（冷房など）または加熱（暖房など）能力〔W〕とヒートポンプの消費電力〔W〕の比を**成績係数（COP：Coefficient Of Performance）**という．

通常，成績係数は 3～7 程度の値で，高温部と低温部との温度差にも影響され，温度差が小さいほど大きな値となる．COP は次式のように定義される．

$$\text{冷房 COP}_C = \frac{\text{冷房熱量}}{\text{入力}} = \frac{Q_e}{W} \tag{10・7}$$

$$\text{暖房 COP}_\text{H} = \frac{\text{暖房熱量}}{\text{入力}} = \frac{Q_c}{W} = \frac{Q_e + W}{W} = 1 + \frac{Q_e}{W} = 1 + \text{COP}_\text{C} \quad (10 \cdot 8)$$

また，これらの式は，図 10·17 の比エンタルピーを用いて

$$\text{冷房 COP}_\text{C} = \frac{Q_e}{W} = \frac{h_1 - h_4}{h_2 - h_1} \qquad\qquad (10 \cdot 9)$$

$$\text{暖房 COP}_\text{H} = \frac{Q_c}{W} = \frac{h_2 - h_3}{h_2 - h_1} = \frac{(h_2 - h_1) + (h_1 - h_4)}{h_2 - h_1} = 1 + \text{COP}_\text{C} \quad (10 \cdot 10)$$

となる．ヒートポンプの $\text{COP}_\text{C}$ を大きくするためには，$Q_e$ を大きくすればよいから，冷媒の蒸発温度を上げる方が良い．しかし，蒸発温度をあまり上げすぎると，除湿効果が低下して室内環境の快適性が失われる．

## 2 ▶ ヒートポンプの冷媒

ヒートポンプで熱を運ぶ冷媒は，化学的に安定であること，人体に無害であること，効率的に熱を伝達できることなどの特性が求められる．かつては，特定フロンと呼ばれる CFC（Chloro Fluoro Carbon）が用いられていた．しかし，オゾン層の破壊が問題になり，HCFC（Hydro Chloro Fluoro Carbon）や HFC（Hydro Fluoro Carbon）に切り換えられた．しかし，HCFC もオゾン層破壊効果をもつことから，生産を中止しており，**HFC 冷媒が主流**になっている．HFC はオゾン層を破壊しないものの，地球温暖化への影響が同量の二酸化炭素よりも大きいことから，新たな冷媒の開発が行われている．

## 3 ▶ ヒートポンプの応用

ヒートポンプの応用としては，上述のように空調機器がある．冷媒の流れる方向を逆にすることによって冷房と暖房の両方が可能であるから利便性が高い．また，燃料を使わないため安全であり，保守・運転が容易である．さらには，燃料の燃焼によって熱を得る方法に比べれば，大幅な省エネルギーが可能である．特に，圧縮用電動機である誘導電動機はインバータで駆動され，回転速度を制御して最適な運転を行う．

一方，大容量ヒートポンプを用いた地域冷暖房システムへの適用もある．近年では，蓄熱式空調システムも適用されており，省エネルギーだけでなく電力の負荷平準化を図ることも可能である．

電　熱

### 例題 9　·········································································· H27　問 4

　エアコン，冷凍機，給湯器などにヒートポンプが広く用いられている．ヒートポンプは，低温側の熱交換器と高温側の熱交換器との間に冷媒を循環させることで，低温側の熱を高温側へくみ上げている．

　まず，低温側の熱交換器において，冷媒が低温側から熱を吸収して蒸発する．その後，冷媒は　(1)　によって高温，高圧となり，高温側の熱交換器に送られる．そこで冷媒は高温側に熱を放出して凝縮する．続いて，冷媒は　(2)　を通ることによって低温，低圧となって再び低温側の熱交換器に送られる．このような熱サイクルの基本サイクルは　(3)　と呼ばれる．

　ヒートポンプの性能を示す指標の一つとして COP（成績係数）がある．低温側の熱交換器で吸収した熱量を $Q_L$〔J〕，ヒートポンプを動かすために使ったエネルギーを $W$〔J〕として，熱損失などを無視すると，低温側の熱を高温側へくみ上げるときの COP は　(4)　で与えられる．

　また，近年，冷媒には，オゾン層破壊の心配がない　(5)　が使われるようになっている．しかし，地球温暖化係数が高いことが課題である．

【解答群】

(イ) ランキンサイクル　　　　(ロ) 過熱器　　　　　　　(ハ) 逆カルノーサイクル

(ニ) 圧縮機　　　　　　　　　(ホ) 復水器　　　　　　　(ヘ) カルノーサイクル

(ト) $1+\dfrac{Q_L}{W}$　　　　　　　　　(チ) 膨張弁　　　　　　　(リ) 四方弁

(ヌ) 加減弁　　　　　　　　　(ル) $\dfrac{Q_L}{W}$　　　　　　　(ヲ) $1-\dfrac{Q_L}{W}$

(ワ) HCFC（ハイドロクロロフルオロカーボン）

(カ) HFC（ハイドロフルオロカーボン）

(ヨ) CFC（クロロフルオロカーボン）

### 解　説　　本節で解説しているので，参照する．

【解答】(1) ニ　(2) チ　(3) ハ　(4) ト　(5) カ

# 10-3 電気加工

**攻略のポイント**　電験3種，2種ともに出題数は少ないが，2種ではアーク溶接や放電加工・ビーム加工・レーザ加工の出題実績がある．基本事項だけはおさえておこう．

## 1 抵抗溶接

### (1) 抵抗溶接の原理と種類

抵抗溶接は，溶接する部材の接触部に通電し，ここに発生するジュール熱により加熱し，圧力を加えて溶接する方法である．抵抗溶接は，重ね溶接と突合せ溶接に分類できる（図 10・18 参照）．

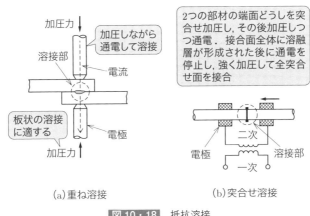

図 10・18　抵抗溶接

### (2) 抵抗溶接の特徴

抵抗溶接は，アーク溶接に比べると，次の特徴をもつ．
① 溶接部の温度が低く，熱影響部が小さいので，変形や残留応力が少ない．
② 比較的精密な工作物の溶接が可能であり，溶接時間も短い．
③ 大電流を要するため，設備費が高い．

## 2 アーク溶接

アーク溶接は，電極間にかかる電位差によって電極間に存在する気体が絶縁破壊し，電子が放出されて電流が流れる放電現象を利用した電気溶接の一つである．図

電　熱

10・19（a）のように，溶接棒と溶接すべき母材を電極として，溶接機電源から電極間に電圧をかけて絶縁破壊させることにより，電子が放出するアーク放電を利用して母材を溶接する．そして，アーク溶接には，溶接棒を母材の溶接部に溶かし込む溶極式（図10・19（a）参照）と，溶接電極はほとんど溶けず添加棒を入れて溶かし込む非溶極式（図10・19（b）参照）とがある．

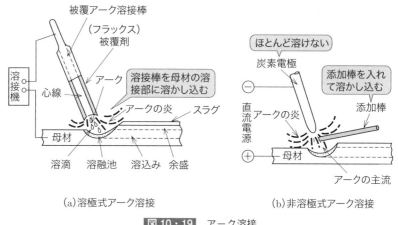

(a) 溶極式アーク溶接　　　(b) 非溶極式アーク溶接

図 10・19　アーク溶接

図10・20に示すように，アークの電圧−電流特性は，電流が小さい領域では，電流の増加とともに電圧が低下する負抵抗特性を示し，不安定である．しかし，アーク電流が一般的な溶接に用いられる100A以上になると，アーク長が一定ならばアーク電圧も一定に近い．

アークの電気的性質として，交流電流は半サイクルごとに零になり，その瞬間アークが一旦消滅することから，交流アークは直流アーク

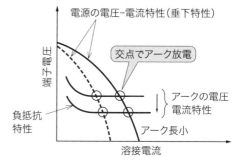

図 10・20　アークの電圧−電流特性と電源の垂下特性

よりも不安定となる．このため，手溶接用の電源としては，アーク発生前に溶接機の電圧をある程度高くしておき，アーク発生後は電極間隔に変化があってもアーク

電流を安定に維持できるよう，電源に垂下特性をもたせることが必要である（図10・20参照）．したがって，電源には漏れリアクタンスの大きい変圧器が主に使用される．

## 3 電気加工

### (1) 放電加工

放電加工の原理は，図 10・21 のように，脱イオン水や油などの高い絶縁性をもつ加工液中で被加工物と加工電極間にパルス状の**アーク放電**を繰り返し発生させることによって加工することである．放電加工は，複雑な形状の加工が容易であり，加工精度が高く自動化しやすいメリットがある一方で，機械加工に比べて加工速度が遅く加工電極が消耗するデメリットもある．放電加工には大別して二つの方式がある．一つは総型の電極を転写加工する形彫放電加工であり，もう一つはワイヤ電極を走行させながら工作物を糸のこ式に加工するワイヤ放電加工である．

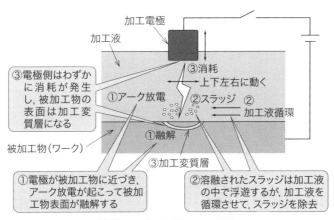

**図 10・21** 放電加工の原理

### (2) 電子ビーム加工

金属が高温に加熱されると，電子は金属固有のポテンシャルバリアを超えるエネルギーを得て，**熱電子**として放出される．図 10・22 のように，真空容器中で陰極（フィラメント）より放出された熱電子を陰極・陽極間に印加された電界で加速すると，高い運動エネルギーをもつ電子ビームが得られる．

電熱

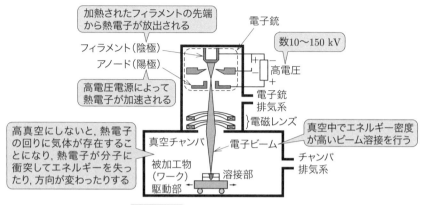

図10・22　電子ビーム加工の原理

　電子ビームの発生源には金属中の自由電子などがあり，金属が高温に加熱されるとこの電子が熱電子として外部に放出され，適当な分布をもつ電界によって一定方向に集中・加速されて指向性に優れたビームになる．飛行する電子の1個当たりのエネルギー $E$ は，電子の電荷を $e$，加速電圧を $V$ とすると $E=eV$ のように表される．このビームが電磁レンズを用いることによって収束や方向転換など空間的に制御されて被加工物に照射され，加熱加工ができる．

　電子ビーム加工は，電子ビームを絞ることにより微細加工が可能で局所過熱ができるため，高融点材料の加工が可能である．電子ビーム加工は電子ビームの運動エネルギーのほとんどが熱エネルギーに変換されるものの，真空作業のため作業性が悪く，加工周辺では熱による変質が起こる．

(3) レーザ加工

　レーザ発振器は，炭酸ガスなどのレーザ媒質に外部からエネルギーを加えて光を発生させ，この光が両端に設置された反射ミラー（この二つのミラーを共振器という）で繰り返し反射され，レーザ媒質の励起された原子を刺激し，位相のそろった単色性の光を放出する．この光が**レーザ**であり，この現象を**誘導放出**という．レーザ（Laser：Light Amplification by Stimulated Emission of Radiation：誘導放出による光増幅）の名前のとおりである．炭酸ガスレーザ加工は，図10・23に示すように，レーザ媒質中の $CO_2$ 分子をグロー放電により励起して波長 $10.6\mu m$ の遠赤外光を発振する．そして，共振器内で増幅されたレーザ光を大気中にビームとして取り出し，方向制御した後，被加工物に照射して加熱・加工する．

レーザ加工では，加工材料である金属にレーザビームを照射すると，一部は表面で反射され，残りは内部を透過しながら吸収される結果，光エネルギーが熱エネルギーに変換される．赤外域の光の金属への吸収率は導電率の平方根に反比例し，一般的には温度上昇によって導電率が低下するので吸収率が増加することになり，加熱が加速される．

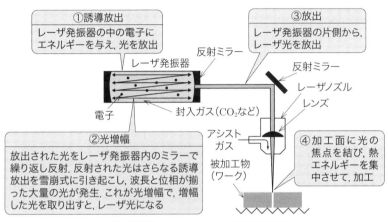

**図 10・23** 炭酸ガスレーザ加工の原理

レーザ加工は使用環境を問わず，非接触で精密かつ高速の加工ができることが特徴である．また，集光性に優れるので，高いエネルギー密度が得られる．そして，レーザ加工では照射による材料からのX線の発生がないので，大気中での加熱加工が可能である．産業用途によく利用されている加工用レーザは，赤外域の波長をもつ $CO_2$ レーザ（波長 $10.6\mu m$），YAGレーザ（波長 $1.06\mu m$）などがある．レーザ加工は，高精度穴あけ加工・切断，電子部品の微細加工や表面物質の除去加工，溶接などに利用されている．

電　熱

**例題 10** ・・・・・・・・・・・・・・・・・・・・・・・・・・・・・・・・・・・・・・・・・・・・・・・・・・ **H26　問 4**

　アーク溶接は，電極間にかかる電位差によって電極間に存在する気体が絶縁破壊
し，　(1)　が放出されて電流が流れる放電現象を利用した電気溶接の一つである．
大気中でアーク溶接を行う場合，溶融している金属に大量の窒素が溶け込み，溶接部
分の機械強度を著しく低下させる．これを防ぐため大気をガスで遮へいする方法があ
り，そのガスは主として　(2)　が使用される．

　アークの電圧-電流特性は，電流が小さい場合は負特性を示し，不安定である．し
かし，アーク電流が一般的な溶接に用いられる　(3)　A 以上になると，アーク長
が一定ならばアーク電圧も一定に近い．

　アークの電気的性質は，直流アークが交流アークに比べ安定している．交流アー
クの不安定性の原因は，交流電流は半サイクルごとに零になり，その瞬間アークが一
旦消滅することにある．このため手溶接用の電源としては，アーク発生前には溶接機
の電圧をある程度高くしておき，アーク発生後は電極間隔に変化があってもアーク電
流を安定に維持できるよう，電源に　(4)　特性をもたせることが必要である．こ
のため，電源には　(5)　の大きい変圧器が主に使用される．

【解答群】

(イ) 100　　　　　　　　　(ロ) 中性子　　　　　　　(ハ) 一酸化炭素・ネオン

(ニ) 励磁リアクタンス　　(ホ) 励磁電流　　　　　　(ヘ) 垂下

(ト) 比例　　　　　　　　(チ) 陽子　　　　　　　　(リ) 漏れリアクタンス

(ヌ) 定電圧　　　　　　　(ル) 二酸化炭素・アルゴン　(ヲ) 二硫化炭素・ブタン

(ワ) 電子　　　　　　　　(カ) 1　　　　　　　　　　(ヨ) 10

**解　説**　　本節 2 項で解説しているため，参照する．(2) を補足する．特殊アーク溶
接の一つとして，不活性ガスアーク溶接がある．溶接用電極の周囲から，二酸化炭素や
アルゴンなどの不活性ガスを噴出させ，アークの部分を空気から遮断し，フラックスを
使用せずに溶接を行う．

【解答】(1) ワ　(2) ル　(3) イ　(4) ヘ　(5) リ

# 章 末 問 題

## ■1 ══════════════════════════════════ R1　問7

次の表の語句は，電気加熱に関するものである．A欄の加熱方式と最も深い関係にあるものを，B欄の加熱原理からみた電気の主たる役割およびC欄の被加熱物の加熱の様相の中からそれぞれ一つずつ選べ．

| A | B | C |
|---|---|---|
| 加熱方式 | 加熱原理からみた<br>電気の主たる役割 | 被加熱物の加熱の様相 |
| (1)ヒートポンプ加熱<br>(2)直接抵抗加熱<br>(3)赤外加熱<br>(4)誘導加熱<br>(5)誘電加熱 | (イ)交番電界の発生<br>(ロ)電動機による圧縮機の駆動<br>(ハ)電動機の摺動摩擦による熱<br>　の発生<br>(ニ)熱放射の発生<br>(ホ)交番磁界の発生<br>(ヘ)被加熱物への通電<br>(ト)放電による熱の発生 | (a)摩擦熱の吸収<br>(b)電子およびイオンの吸収に<br>　よる発熱<br>(c)放射の吸収による発熱<br>(d)渦電流によって発生する<br>　ジュール熱による発熱<br>(e)通電電流によって発生する<br>　ジュール熱による発熱<br>(f)凝縮器からの熱の吸収<br>(g)誘電損による発熱 |

## ■2 ══════════════════════════════════ H12　問7

次の表の語句は，電気加熱方式とその特徴および応用に関するものである．A欄の各加熱方式に最も深いB欄の特徴およびC欄の応用例を選べ．

| A | B | C |
|---|---|---|
| 加熱方式 | 特徴 | 応用例 |
| (1)抵抗加熱 | (イ)交流（商用周波数）や直流を利用し，ジュール熱利用の直接通電加熱や間接加熱として幅広く応用される． | (a)電子レンジ |
| (2)誘導加熱 | (ロ)交流（商用周波数）や直流を利用し，温度が数千K以上の熱源によりくず鉄の溶解や溶鋼の保温等に応用される． | (b)黒鉛化炉 |
| (3)アーク加熱 | (ハ)加熱された放射体からの熱放射を利用し，有機材料や食品の加熱等に応用される． | (c)エルー炉 |
| (4)マイクロ波加熱 | (ニ)商用周波数から数百kHzの渦電流を利用し，鋳鉄・鋳鋼の溶解や金属表面加熱等に応用される． | (d)シーズヒータ |
| (5)赤外加熱 | (ホ)高周波（MHz級）による誘電体損を利用し，木材や合成樹脂等の乾燥，食品の加熱等に広く応用される． | (e)溝形炉 |

**10**章

電

熱

425

■ 3 ━━━━━━━━━━━━━━━━━━━━━━━━━━━━━━━━━━━━━━━ H19 問7

　誘電体を高周波電界中に配置し，主として誘電体自身の電気 [____(1)____] 作用による損失で発熱・昇温させる加熱方式を誘電加熱と呼ぶ．誘電加熱の中で周波数帯が 300 MHz〜30 GHz 範囲を使用するものを，特に [____(2)____] 加熱と称し区別している.

　誘電加熱で発熱に要する単位体積当たりの電力は，印加する電界の強さ $E$〔V/m〕の [____(3)____] および印加する周波数 $f$〔Hz〕，被加熱物の比誘電率 $\varepsilon_r$，誘電正接 $\tan\delta$ に比例する．$\varepsilon_r \tan\delta$ を誘電損失係数と呼び，誘電加熱の容易さを判断する目安となる．この値が 0.01 程度以下の物質については誘電加熱が困難である．なお，実際の適用では，通信設備への電波妨害や生体への影響などの考慮が必要で，周波数は電波法で [____(4)____] 周波数として，使用できる数値が決められている.

　誘電損失係数の差を利用して，例えば木材の接着に接着部分のみの加熱や，包装材が誘電率の小さいものであれば，内部の食品のみの加熱など，加熱部分の選択を行うことができる．また，外部からの加熱による昇温のように，被加熱物自体の [____(5)____] に依存せず被加熱物を内部から加熱するので，急速で均一な加熱を行うことが可能である.

【解答群】

| (イ) 分極 | (ロ) 誘導 | (ハ) EMC | (ニ) 二乗 | (ホ) 熱放射 |
| (ヘ) 三乗 | (ト) 分解 | (チ) マイクロ波 | (リ) $\frac{1}{2}$乗 | (ヌ) ISM |
| (ル) 熱対流 | (ヲ) EMI | (ワ) 熱伝導 | (カ) 磁力 | (ヨ) 高調波 |

# 11章

## 電気化学

### 学習のポイント

　本分野は，水電解，食塩電解，銅の精錬，一次電池と二次電池，燃料電池等がよく出題される．語句選択式の出題が多いものの，電気分解に関するファラデーの法則に基づく計算問題も出題される．ファラデーの法則，工業電解，燃料電池は概ね電験3種と同等レベルであるが，一次電池・二次電池は3種よりも専門的な内容が出題される．学習方法としては，電気化学システムを酸化・還元反応という観点で理解するとともに，各種の電池，燃料電池，工業電解の重要事項を確実に覚えていこう．

# 11-1 電気化学の基礎

**攻略の ポイント**　本節に関して，電験3種では出題されないが，2種一次では電気化学システムに関する基礎的な出題がされている．

## 1 電気化学システム

　電気エネルギーと化学エネルギーは相互に直接変換できる．これを行うのが**電気化学システム**である．電気化学システムは，自発的な反応を利用して電気エネルギーを得る**電池**と，外部から電気エネルギーを供給して強制的に反応させる**電解**（**電気分解**）に大別される．

　電気化学システムは，図11・1のように，二つの電極（アノード，カソード），電解質，隔膜および外部回路から構成されている．電極と外部回路は電子伝導体であり，電荷の移動は電子によって行われる．電極のうち，脱電子反応が起こる電極を**アノード電極**といい，受電子反応が起こる電極を**カソード電極**という．また，水その他の溶媒に溶解し，イオンになることを**電離**というが，電離する物質を**電解質**という．電解質はイオン伝導体であり，電荷の移動はイオンによって行われる．この電子伝導体とイオン伝導体の界面つまり電極表面でイオンと電子との間で電気のやり取りが行われ，電気化学反応（**酸化反応，還元反応**）が起こる．他方，二つの電極の間に設ける**隔膜**の役割は，二つの電極の接触や生成物の混合を防止することである．

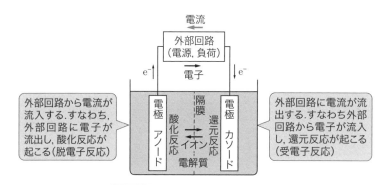

図11・1　電気化学システムの構成

# 11-1 電気化学の基礎

## 2 電気化学の基礎とファラデーの法則

### (1) 電気化学の基礎

まず，電気化学を理解するうえで基礎となる重要用語を解説する．

#### ①原子と原子量

物質を構成するもとになる粒子を**原子**という．原子は正の電荷を持つ**原子核**と，負の電荷を持つ**電子**から構成される．さらに，原子核は，正の電荷を持つ**陽子**と，電荷を持たない**中性子**からできている．原子核のもつ陽子の数を**原子番号**といい，陽子と中性子の数の合計を**質量数**という．原子 1 個の質量は非常に小さく，数値で扱うのは不便であることから，原子の質量は相対質量が使われる．**原子量の基準は**質量数 12 の炭素原子（$^{12}C$）であり，その数値を 12（単位はない）としている．例えば，炭素（$^{12}C$）の原子 1 個の質量は $19.927 \times 10^{-24}$ g であるが，相対質量は 12 であり，水素（$^{1}H$）の原子 1 個の質量は $1.6736 \times 10^{-24}$ g であるが，相対質量は 1 となる．また，酸素（$^{16}O$）の原子 1 個の質量は $26.561 \times 10^{-24}$ g であるが，相対質量は 16 となる．

#### ②分子量

分子の相対質量を**分子量**という．すなわち，分子を構成する原子の原子量の総和である．例えば，水（$H_2O$）の分子量は $18$（$= 1 \times 2 + 16$）となる．

#### ③アボガドロ定数

原子，分子，イオンは一定の個数集団で扱うが，この数を**アボガドロ定数**という．アボガドロ定数は $6.022 \times 10^{23}$ 個で，質量数が 12 の炭素原子中に含まれる原子の数である．つまり，質量数が 12 の炭素原子（$^{12}C$）が $6.022 \times 10^{23}$ 個集まると 12 g になる．また，水（$H_2O$）の分子が $6.022 \times 10^{23}$ 個集まると 18 g になる．

#### ④物質量

$6.022 \times 10^{23}$ 個の粒子（原子，分子，イオン）の集団を **1 mol** と定め，mol 単位で表した物質の量を**物質量**という．1 mol は $6.022 \times 10^{23}$ 個の粒子の集団であり，その質量は g 量になる．

#### ⑤ファラデー定数

電子 1 mol（原子数 $= 6.022 \times 10^{23}$ 個）の電気量を**ファラデー定数**という．電子 1 個の電荷量が $1.602 \times 10^{-19}$ C であるから

$$\textbf{1 ファラデー} = \textbf{6.022} \times \textbf{10}^{23} \times \textbf{1.602} \times \textbf{10}^{-19} = \textbf{96 500 C} \qquad (11 \cdot 1)$$

11 章 電気化学

429

# 電気化学

1ファラデーは **1 F** とも表現される．この1ファラデーを〔**A・h**〕の単位で表すことも多い．1 A・h = 1 C/s × 3 600 s = 3 600 C であるから

$$1\text{ F} = 96\,500\text{ C} = 96\,500/3\,600 = 26.8\text{ A・h} \tag{11・2}$$

となる．この **A・h** の単位は **1 時間当たりに流した電流量** のことである．

⑥ **原子価**

ある原子が水素原子（H）と何個結合することができるかを示した数を **原子価** という．例えば，酸素原子（O）は水素原子（H）と 2 個結合して水分子（$H_2O$）になるので，酸素の原子価は 2 となる．

⑦ **化学当量と電気化学当量**

**化学当量** は，化学反応における量的な比例関係を表す概念であり，

$$\text{化学当量} = \text{原子量}/\text{原子価} \tag{11・3}$$

で定義される．化学当量にグラム〔g〕を付け加えたものを，**グラム当量** という．そして，**電気化学当量** は 1 グラム当量の質量を 1 F の電気量で割った値であり，単位電気量を発生させるのに必要な電極物質の重量となる．電気化学当量の単位は $gC^{-1}$ となるが，通常は $mgC^{-1}$ あるいは $gA^{-1}h^{-1}$ の単位で表されることが多い．

例えば，鉛の場合には原子量 = 207.2 で原子価 = 2 であるから，化学当量 = 207.2/2 = 103.6 となって，鉛の 1 グラム当量 = 103.6 g となる．したがって，鉛は 1F = 96 500 C の電気量で 1 グラム当量 = 103.6 g が析出するから，電気化学当量 = 1 グラム当量〔mg〕/96 500 C = 103.6 × $10^3$/96 500 = 1.074 mg/C となる．

## (2) 電気分解の原理

図 11・2 のように，電解質の水溶液に電流を流すと，各電極で化学反応が起きる．

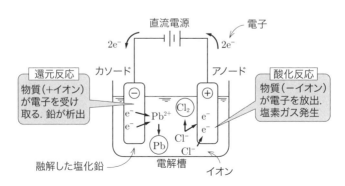

**図 11・2** 電気分解の原理（塩化鉛の例）

このように電気エネルギーを利用して化学反応を起こすのが**電気分解**である．図11・2で電気分解を行うと，カソードでは電源から供給される e⁻ を受け取り，還元反応が起きて鉛が析出，アノードでは e⁻ を放出する酸化反応が起きて塩素ガスが発生する．この反応は二次電池の充電時の反応と同一である．

### (3) ファラデーの法則

電気分解における物質の変化量に関して，ファラデーは，実験結果をもとに次の法則を導き出した．これを式で表すと，式（11・4）となる．

[電気分解に関するファラデーの法則]

① 第一法則：電極に析出する物質量 $w$〔g〕は，溶液を通過した電荷量 $Q$〔C〕
（= 通過電流 $I$〔A〕× 時間 $t$〔s〕）に比例する．

② 第二法則：同一の電荷量 $Q$〔C〕で電極に析出する物質量 $w$〔g〕は，その物質の化学当量（= 原子量/原子価）に比例する．

$$w = KQ\eta = K\,It\,\eta = \frac{1}{F} \times \frac{m}{n} \times It\,\eta \ \text{〔g〕} \qquad (11 \cdot 4)$$

ただし，$w$：析出量〔g〕，$K$：電気化学当量〔g/C〕
$Q$：電気量〔C〕（= $I$〔A〕× $t$〔s〕），$I$：電流〔A〕，$t$：通電時間〔s〕
$F$：ファラデー定数〔C/mol〕（= 96 500 C/mol），$\eta$：電流効率（小数）
$m$：原子量〔g/mol〕（イオン1 mol の質量），$n$：原子価（イオンの価数）
$m/n$：化学当量

ここで，式（11・4）では，電流効率を乗じている．これは，実際の電気分解では，漏れ電流や副反応，電解液の抵抗などから，実際の析出量は理論析出量よりも少なくなることを考慮したものである．効率には，図11・3に示すように，電流効率とエネルギー効率がある．

## 電気化学

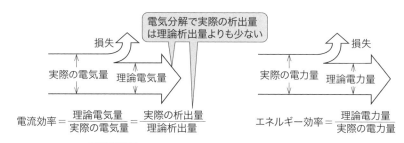

**図11・3** 電気分解の電流効率とエネルギー効率

---

### 例題1　　　　　　　　　　　　　　　　　　　　　　　　H24　問7

電気エネルギーと化学エネルギーとの直接変換を担う電気化学システムは，基本構成として電子伝導体である二つの電極とイオン伝導体である　(1)　とから構成されている．二つの電極はアノードとカソードと呼ばれ，各々役目が異なる．アノードでは　(2)　反応が起こる．電池反応においては酸化剤と還元剤との反応エネルギーが電気エネルギーとして外部に取り出される．このとき，外部に取り出された電気量は，消費した酸化剤および還元剤の物質量に比例する．これを　(3)　の法則という．電池の放電において，酸化剤は　(4)　極に用いられ，鉛蓄電池ではこの酸化剤として　(5)　が利用されている．

【解答群】
(イ) セパレータ　　(ロ) アノライト　　(ハ) ファラデー　　(ニ) 鉛
(ホ) 中和　　　　　(ヘ) マックスウェル　(ト) 還元　　　　(チ) 酸化
(リ) 負　　　　　　(ヌ) 正　　　　　　(ル) オーム　　　　(ヲ) 電解質
(ワ) 硫酸鉛　　　　(カ) 参照　　　　　(ヨ) 二酸化鉛

---

**解　説**　本節で解説しているため，参照する．鉛蓄電池では，正極活物質が二酸化鉛，負極活物質が鉛，電解液が希硫酸水溶液である（11-3節を参照．特に，図11・12を参照）．

【解答】(1) ヲ　(2) チ　(3) ハ　(4) ヌ　(5) ヨ

# 11-2 工業電解と電食防止

**攻略のポイント**　本節に関して，電験3種では食塩電解の基本原理等が出題されるが，2種一次では水の電気分解，食塩電解，銅の電解精製に関するやや高度な出題がされる．

## 1 水の電気分解（水電解）

水を電気分解して水素を得る方法は**水電解**と呼ばれ，水素を水から作り出す工業的に確立された手法である．カーボンニュートラルを目指す中で，発電分野，輸送用，熱利用といった分野で，水素への期待は大きい．

水電解の原理を図 11・4 に示す．アルカリ水溶液を電解質とする水電解の反応は次式となり，**アノードでは酸化反応，カソードでは還元反応**が起きる．

$$
\left.
\begin{aligned}
&\text{アノード（陽極）}: 2OH^- \rightarrow \frac{1}{2}O_2 + H_2O + 2e^- \\
&\text{カソード（陰極）}: 2H_2O + 2e^- \rightarrow H_2 + 2OH^- \\
&\text{全反応}\hspace{4em}: H_2O \rightarrow H_2 + \frac{1}{2}O_2
\end{aligned}
\right\} \quad (11 \cdot 5)
$$

水電解では，外部から電気エネルギーが供給され，カソードでは水が還元されて水素が発生する．アノードでは，$OH^-$ が酸化されて水と酸素になる．電解質としては固体高分子イオン交換膜を利用するものも開発されているが，古くからアルカリ水溶液を用いるものが工業的に実施されている．水の電気分解を行うときに最低限必要な電圧を理論分解電圧というが，25℃で約 1.2 V である．ただし，実際には電解槽電圧はこの値より高く設定される．電気化学における**過電圧**は，熱力学的に求められる理論電圧と，実際に反応が進行するときの電極の電圧との差をいう．

現状工業用で使われているアルカリ水電解のエネルギー変換効率は，エンタルピー（燃焼熱）基準で 70〜80% である．電解質として，アルカリ水溶液の代わりに，水素イオン伝導体であるふっ素系高分子固体電解質を用いた電解法は固体高分子形水電解と呼ばれるが，このエネルギー変換効率は 95% を超えるレベルとなっている．

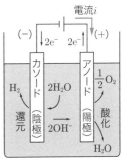

図 11・4　水電解の原理

### 2 食塩電解

食塩水を電気分解して，陽極に塩素（$Cl_2$）ガス，陰極に水酸化ナトリウム（NaOH：苛性ソーダ）と水素（$H_2$）を得るプロセスは**食塩電解**と呼ばれる．食塩電解の工業プロセスとして，現在，わが国で採用されているものは，ふっ素樹脂系高分子のイオン交換膜を用いる**イオン交換膜法**である．

この食塩電解法では，陽極側と陰極側を仕切る膜に陽イオンだけを選択的に透過する密隔膜が用いられている．外部電源から電流を流すと，陽極側にある食塩水と陰極側にある水との間で電気分解が生じてイオンの移動が起こる．陽極側で生じたナトリウムイオンが密隔膜を通して陰極側に入り，NaOHとなる．

イオン交換膜法における陽極と陰極の反応式は以下の通りである．

$$\left. \begin{array}{l} \text{アノード（陽極）}: 2Cl^- \rightarrow Cl_2 + 2e^- \\ \text{カソード（陰極）}: 2Na^+ + 2H_2O + 2e^- \rightarrow 2NaOH + H_2 \\ \text{全反応}\qquad\quad: 2NaCl + 2H_2O \rightarrow 2NaOH + H_2 + Cl_2 \end{array} \right\} \quad (11 \cdot 6)$$

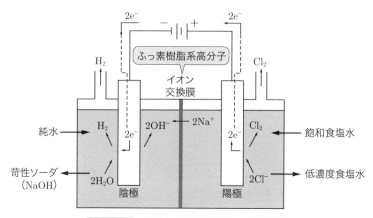

**図 11・5** イオン交換膜法による食塩電解

理論分解電圧は 2.2 V（80℃），理論電気量は塩素 1 t 当たり 756 kA·h，水酸化ナトリウム 1 t 当たり 670 kA·h である．

アノード材料としては，かつては黒鉛を使用したが，現在は金属電極に置き換わっている．カソード材料は，ニッケルをベースに活性化処理した活性陰極である．

## 11-2 工業電解と電食防止

### 3 溶融塩電解

　ほとんどの固体電解質は，加熱すると溶解して液体となる．この状態を**溶融塩**という．そして，**溶融塩電解**とは，イオン性の固体を高温にして溶融させ，これを電気分解する方法である．溶融塩を電解質として用いると，高温の電解システムが可能となり，反応が容易に進むとともに，電極触媒に対する負担が小さいというメリットがある．他方，高温で使用されるため，装置材料に制約がある．

　溶融塩電解の例として，電力分野でも広く使われるものの自然界には単独で存在しないアルミニウムの製造について取り上げる．アルミニウムの原料はボーキサイトという鉱石である．これを精錬するとアルミナ（酸化アルミニウム：$Al_2O_3$）を生じる．アルミナの融点は非常に高いので，融点を下げるために氷晶石（$Na_3AlF_6$）を添加し，約1000℃の溶融塩とする．これを両極に炭素を用いたアルミニウム電解炉で電解し，カソードにアルミニウムを液体で析出させ，一定時間ごとに取り出す．この反応式は次式のとおりである．

$$\left.\begin{array}{l}\textbf{アノード（陽極）}：3C + 6O^{2-} \rightarrow 3CO_2 + 12e^- \\ \textbf{カソード（陰極）}：4Al^{3+} + 12e^- \rightarrow 4Al \\ \textbf{全反応}\qquad\quad：2Al_2O_3 + 3C \rightarrow 4Al + 3CO_2\end{array}\right\} \qquad (11\cdot7)$$

　上式を見れば，カソードではアルミニウムイオンが電子を受け取り，アルミニウム原子になっていることから，これを回収し加工してアルミニウムを製造できることがわかる．一方，アノードでは，酸化物イオンが極の材料である炭素と反応し，二酸化炭素が発生する．アノードの炭素は電気化学的に消耗しながら反応するので，アルミニウム1tの製造につき400〜450kg程度の炭素が消費される．

### 4 金属の電解採取と電解精製

#### (1) 電解採取

　電解採取とは，図11・6のように，原鉱石を必要に応じて前処理を行ってから，硫酸などの適当な溶媒を用いて目的金属を抽出し，不純物を分離・精製したものを電解浴に入れ，電気分解にてカソード上に目的金属を析出させ採取する方法である．工業的には電解質は水溶液か溶融塩（硫酸塩）に限定される．電解採取するものとしては，亜鉛，カドミウム，ニッケル，コバルト，マンガン，クロムが主なもので，亜鉛の規模が大きい．

電気化学

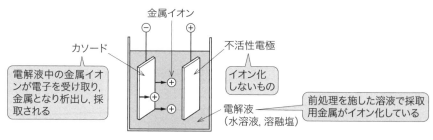

図11・6　金属の電解採取の原理

### (2) 電解精製

電解精製とは，図11・7のように，鉱石を精錬して得られた粗金属をアノードとし，目的金属と同一の金属塩を含む浴を電解液として電解し，カソード上に純金属を析出させることである．電解精製は，銅，銀，金，白金，鉛，ニッケルなどに応用されているが，銅が代表的である．銅の電解精製では，電解液として硫酸水溶液を用いる．

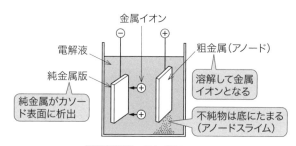

図11・7　電解精製の原理

## 5　界面電解

気体，液体および固体などの二相の界面には，電気二重層の現象により電位の異なる状態が生じる．この現象を利用して電解を行うことを**界面電解**といい，**電気浸透**，**電気泳動**，**電気透析**がある．

### (1) 電気浸透

図11・8のように，多孔質の隔膜で仕切った容器へ溶液を入れ，両極間に直流高電圧を加えると，隔膜を通じて液の移動が起きて液位の差が生じる現象を**電気浸透**という．

粘土の脱水，汚泥処理等に利用されている．

## 11-2 工業電解と電食防止

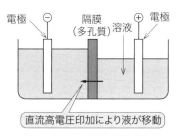

図11・8　電気浸透の原理

### (2) 電気泳動

図11・9のように，溶液中に分散している微粒子の表面には電気二重層が存在し，正または負の電荷を有する．この系に直流電圧を加えると，溶液中の荷電粒子が電界のもとで移動する現象を**電気泳動**という．

電気泳動はたんぱく質や核酸などの分離等に活用されている．

### (3) 電気透析

図11・10のように，容器を陽イオン交換膜，陰イオン交換膜によって3室に分け，中間室に電解質溶液を入れ，外側2室を電極室として水を入れて直流電圧を加えると，陽イオンは陰極室へ，陰イオンは陽極室へ移動・除去される．これを**電気透析**という．海水淡水化，濃縮による食塩の製造，工場廃液の処理などに活用されている．

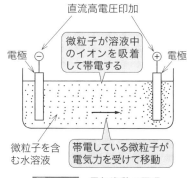

図11・9　電気泳動の原理

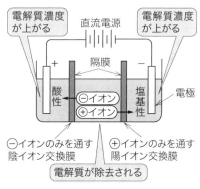

図11・10　電気透析の原理

## 6　電食と電食防止法

### (1) 電食の原因

地中埋設金属などの腐食は，局部電池が構成され，イオン化傾向の大きい金属側

が陽イオンとなって溶け出し，腐食される．広義には，これを**電食**という．電力分野では，ケーブルの金属シースが電気鉄道からの漏れ電流により電解腐食（**電食**）を受けることが典型的な事例である．

## (2) 電食防止法（電気防食法）

被防食金属からの電流流出を防止するため，図 11・11 に示す対策が取られる．**外部電源の設置**，腐食を代行する犠牲陽極を設置する**流電陽極法**，**選択排流法**の採用，最外層に絶縁層を設けた**防食ケーブル**の採用により，電食によるケーブルの障害はまれになっている．一方，電気鉄道側においても，漏れ電流を防ぐため，レールを絶縁したり，レールボンドの接続抵抗を減らしたりする対策が施されている．

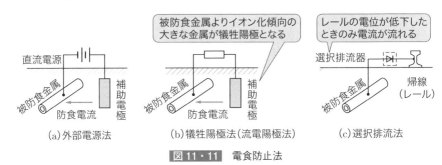

図 11・11　電食防止法

---

### 例題 2　　　　　　　　　　　　　　　　　　　　　　　　H29　問 7

電力を大量に貯蔵・輸送するために水を電気分解して水素を製造することが検討されている．水酸化カリウム水溶液などの塩基性の電解質を用いたときのカソード上の反応は，$2H_2O + 2e^- \rightarrow H_2 + \boxed{(1)}\ OH^-$ であり，水素の製造量は電気分解中に通電した電気量に比例する．これは電気分解に関する $\boxed{(2)}$ の法則に従った現象である．電気素量を $1.602 \times 10^{-19}$ C，アボガドロ定数を $6.022 \times 10^{23}$ mol$^{-1}$ とすると，0℃，1 気圧（$= 101.33$ kPa）で 22.4 L（$= 2.24 \times 10^{-2}$ m$^3$）の水素を製造するのに必要な電気量は $\boxed{(3)}$ C である．アノードではカソードで生成した $OH^-$ を $\boxed{(4)}$ して $\boxed{(5)}$ を生成する．

【解答群】
(イ) $9.65 \times 10^4$　　(ロ) フレミング　　(ハ) 酸素　　(ニ) $1.93 \times 10^5$
(ホ) 還元　　　　　　(ヘ) 酸化　　　　　(ト) 1　　　(チ) 窒素
(リ) 2　　　　　　　(ヌ) ファラデー　　(ル) 中和　　(ヲ) ヘス
(ワ) $3.86 \times 10^5$　　(カ) 3　　　　　　(ヨ) 過酸化水素

## 11-2 工業電解と電食防止

解説 　11-1 節 2 項および本節 1 項で解説しているため，参照する．(3) を説明する．カソードの反応式から 1 個の水素（$H_2$）を製造するには 2 個の電子（$2e^-$）が必要になる．1 mol，$6.022 \times 10^{23}$ 個の水素 22.4 L を製造するのに必要な理論電気量は

$$Q = 2 \times 6.022 \times 10^{23} \times 1.602 \times 10^{-19} = 1.93 \times 10^5 \text{ C}$$

【解答】(1) リ　(2) ヌ　(3) ニ　(4) ヘ　(5) ハ

---

### 例題 3 ·················································· R3　問 5

食塩電解は食塩水を電解して塩素，水酸化ナトリウム（苛性ソーダ），水素を得る工業電解プロセスであり，全反応式は以下で表される．

$$2NaCl + 2H_2O \rightarrow Cl_2 + H_2 + \boxed{(1)}$$

現在，国内で行われているイオン交換膜法では，$Na^+$ の選択透過性のある密隔膜（イオン交換膜）を隔膜として利用し，アノードには寸法安定性電極，カソードにはニッケル系の電極が用いられ，理論分解電圧は 2.3 V，実際のセル電圧は 3.0～5.0 V である．

電解槽のセル電圧を下げるためには，電極反応や電解槽の内部抵抗などが原因のセル電圧の上昇を小さくしなければならない．食塩電解の電極反応はターフェルの式に従う．したがって，通常時の電極電位と平衡電位の差である過電圧は電流が大きくなると，$\boxed{(2)}$ に比例して大きくなる．内部抵抗は電解質の抵抗によるものが支配的である．この電解質の抵抗は電解液である食塩水や水酸化ナトリウムやイオン交換膜などの電解質のイオン抵抗である．内部抵抗を小さく，すなわちイオン伝導度を高くするためには電解質の濃度を高く維持する必要がある．このとき，食塩水や水酸化ナトリウムなどの強電解質の濃度あたりの伝導率であるモル伝導率は，イオン間の相互作用により濃度が高くなると $\boxed{(3)}$．

電解槽に加える電力は電流と電圧の積で表すことができ，電気化学反応も化学熱力学的な項，ファラデーの法則に基づく電流項，ネルンスト式で表される電圧項，それぞれ理論的な値が存在するので，電解槽のエネルギー変換効率は化学熱力学に基づく理論効率，電流効率と電圧効率の積で表される．

今，電極面積 2 $m^2$ の食塩電解セルを 2 時間運転した．このときのセル電圧が 3.3 V，電流密度が 6 $kA/m^2$，電流効率が 96 % で一定であった．この間の電解セルの電圧効率は $\boxed{(4)}$ %，標準状態換算での塩素の生産量は $\boxed{(5)}$ kL である．なお，ファラデー定数は 26.80 A·h/mol，気体の標準状態の体積を 22.4 L/mol とする．

【解答群】

| | | | |
|---|---|---|---|
| （イ）変わらない | （ロ）2NaOH | （ハ）2NaO | （ニ）小さくなる |
| （ホ）NaOH | （ヘ）大きくなる | （ト）19.3 | （チ）69.7 |

11 章

電気化学

439

電気化学

| (リ) 66.9 | (ヌ) 電流の対数 | (ル) 電流の指数 | (ヲ) 72.6 |
| (ワ) 10.0 | (カ) 電流 | | (ヨ) 9.63 |

**解 説**　(1) 水酸化ナトリウムはNaOHであり，式(11・6)を参照する．反応式の原子数を比べても求められ，2NaOHとなる．

(2) 題意で与えられている食塩電解の反応式を進めるためには，各電極の電位差に打ち勝つ電圧を印加する必要がある．印加電圧を徐々に大きくしていくときの電極間に流れる電流の特性を解説図に示す．ある電圧閾値で電流が増大し，電気分解が進

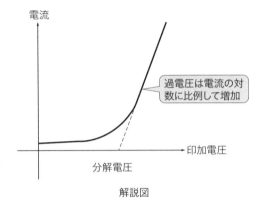

解説図

む．これを分解電圧といい，分解電圧と電極の平衡電位の差を過電圧という．過電圧と反応速度（電極における電流密度）の関係を示したのがターフェルの式であり，過電圧は電流の対数に比例して大きくなる．

$$\eta = A\ln i - A\ln i_0 = A\ln\left(\frac{i}{i_0}\right)$$

ここで，$\eta$は過電圧，$A$：ターフェル傾き，$i$：電流密度，$i_0$：交換電流密度

(3) モル伝導率は単位モル当たりの伝導率であり，モル伝導率＝水溶液の電気伝導度/電解質の濃度の関係があるため，電解質の濃度が上がるとモル伝導率は小さくなる．

(4) 理論分解電圧が2.3 V，セル電圧が3.3 Vであることから電圧効率は $\frac{2.3}{3.3} = 69.7\%$

(5) 反応に用いられた電気量＝電極面積×電流密度×運転時間×電流効率であるから，電荷量 $= 2\ m^2 \times 6 \times 10^3\ A/m^2 \times 2\ h \times 0.96 = 23\,040\ A \cdot h$

電荷量をファラデー定数で割った $23\,040 \div 26.80 \fallingdotseq 859.7$ mol が反応で移動した電子のモル数である．アノードの反応式から，塩素1 molを生じるのに電子は2 mol必要なので，反応で生じた塩素の量は $859.7 \div 2 = 429.8$ mol．気体の標準状態の体積が22.4 L/molなので，標準状態換算での塩素の生産量は $429.8 \times 22.4 = 9.628 \times 10^3$ L → 9.63 kL

【解答】(1) ロ　(2) ヌ　(3) ニ　(4) チ　(5) ヨ

## 11-2 工業電解と電食防止

### 例題 4 ·············································· H17 問7

電線などに使用する銅は純度が低いと抵抗が大きくなり実用に適さない．高純度の銅を得るためには電解精錬法が用いられている．この製法では，電気分解プロセスを用いて純度の低い粗銅を高純度にしている．

このプロセスでは，原料である純度の低い粗銅を ┌(1)┐ として電気分解を行う．高純度の銅は対極に生成する．電解液は ┌(2)┐ 水溶液である．ここで得られる高純度の銅の質量は電気分解に用いられた ┌(3)┐ に比例する．

粗銅が溶解する際に，銅とともに銅よりもイオン化傾向が ┌(4)┐ 元素も電解液中に溶け出すが，対極である純銅には析出しない．粗銅中の溶け出さなかった元素は電気分解が進むにつれて粗銅電極の下に沈殿して残る．この沈殿物を ┌(5)┐ と呼び，これには銀，金，白金等の貴金属が多く含まれることがある．

【解答群】
(イ) 隔膜　　　(ロ) 塩化物　　(ハ) 電解電圧　(ニ) アノードスライム
(ホ) 電解液量　(ヘ) 塩酸　　　(ト) アノード　(チ) 水酸化カリウム
(リ) 硫酸　　　(ヌ) 小さい　　(ル) インヒビター (ヲ) 電気量
(ワ) カソード　(カ) カソライト　(ヨ) 大きい

**解説** 本節 4 項で解説しているので，参照する．もう少し詳細に説明する．銅の電解精製では，まず銅鉱石を精錬し，純度 98% 程度の粗銅を得る．そして，この粗銅をアノードに，純銅をカソードに用いて解説図のように硫酸銅水溶液中で電気分解すれば，カソードに純度 99.96% 程度の銅が得られ，これを電気銅という．この反応式は

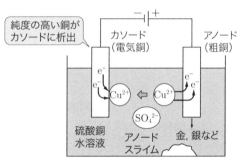

解説図

アノード：$Cu \rightarrow Cu^{2+} + 2e^-$
カソード：$Cu^{2+} + 2e^- \rightarrow Cu$

である．銅とともに銅よりもイオン化傾向が大きい元素も電解液中に溶け出すが，対極である純銅には析出しない．

アノードスライムとして回収される金・銀・白金等の銅よりイオン化傾向の小さい貴金属は，銅と同じく電解精製によって高純度化される．

【解答】(1) ト　(2) リ　(3) ヲ　(4) ヨ　(5) ニ

# 11-3 電池

**攻略の ポイント**　電験3種では二次電池や燃料電池の基礎事項が出題されるが，2種一次では二次電池，リチウムイオン電池，鉛蓄電池，マンガン乾電池，アルカリマンガン乾電池，燃料電池と幅広く出題される．

化学反応を利用した電池を分類すると，一次電池，二次電池，燃料電池に分けることができる．電池から電流を取り出した後，充電しても元の状態に戻らないものと，戻るものがある．前者を**一次電池**，後者を**二次電池**という．

## 1 電池の構成と原理

### (1) 電池の構成

電池は，図 11・12 のように，負極，負極活物質，電解質（液），正極活物質，正極から構成される．**電池では，負極で酸化反応が起こり電子を放出し，正極で電子を受け取り還元反応が起こる．**

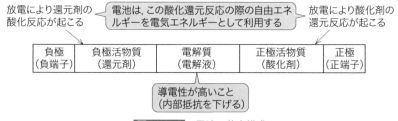

図 11・12　電池の基本構成

### (2) 電池の特性

①**放電容量**

充電状態から放電終止電圧に達するまでに放電された電気量，つまり，使い始めから使い終えるまでに電池から取り出せる電気量．単位は〔A・h〕（＝**放電電流**〔A〕×放電時間〔h〕）で表す．

②**充放電効率**

充放電効率＝放電容量／充電電気量×100％

③**出力密度**

電池の出力は単位時間当たりに出せるエネルギーであり，電池の**出力**〔W〕＝**端子電圧（作動電圧）**〔V〕×**電流**〔A〕で表される．電池の出力性能を比較するのに，単

位重量や単位体積当たりの出力である重量出力密度や体積出力密度が用いられる．

④エネルギー密度

**電池のエネルギー〔W·h〕＝電池の出力×時間**で表される．電池のエネルギー性能を比較するために，重量エネルギー密度〔W·h/kg〕や体積エネルギー密度〔W·h/L〕が用いられる．

⑤Cレート

電池の定格容量を1時間で放電あるいは充電し終える電流値を基準としてその倍数で表し，これが大きいことは電池の単位容量当たりのパワーが大きいことを意味する．Cレートを大きく（高速充放電）すると，電池の内部抵抗が増加して作動電圧が低下し，出力低下につながる．

## 2 一次電池

一次電池は，起電力が高く，内部抵抗が小さく，電池の単位重量・体積当たりのエネルギー密度が大きく，安価であることが望ましい．さらに，自己放電（電池がもつエネルギーが電池内部で消耗する現象）はできる限り小さい方が良い．

### (1) マンガン乾電池

**マンガン乾電池は，負極活物質に亜鉛（Zn），正極活物質に二酸化マンガン（MnO₂），電解液に塩化アンモニウム・塩化亜鉛水溶液を用いる．**電池の表示法を用いると，

$$\ominus \ \text{Zn} \mid \text{NH}_4\text{Cl}, \text{ZnCl}_2, \text{H}_2\text{O} \mid \text{MnO}_2 \ (\text{C}) \ \oplus \qquad (11\cdot8)$$

と表される．マンガン乾電池の構造を図11·13に示す．電池内の化学反応は次式となる．

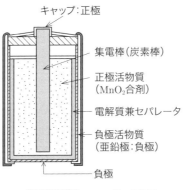

図11·13　マンガン乾電池

$$\left.\begin{array}{l}\text{負極：Zn} \rightarrow \text{Zn}^{2+} + 2\text{e}^- \\ \text{電解液中：} 2\text{NH}_4\text{Cl} + \text{Zn}^{2+} \rightarrow \text{Zn}(\text{NH}_3)_2\text{Cl}_2 + 2\text{H}^+ \\ \text{正極：} 2\text{MnO}_2 + 2\text{H}^+ + 2\text{e}^- \rightarrow 2\text{MnOOH} \\ \text{全反応：Zn} + 2\text{NH}_4\text{Cl} + 2\text{MnO}_2 \rightarrow \\ \quad\quad\quad \text{Zn}(\text{NH}_3)_2\text{Cl}_2 + 2\text{MnOOH} \end{array}\right\} \quad (11\cdot9)$$

公称電圧は 1.5 V であるが，放電初期は 1.7 V を超え，その後，開路電圧は 1.5 V に落ち着く．重負荷放電時は分極作用が大きく，利用率も悪い．放電に伴って $\text{Zn}(\text{NH}_3)_2\text{Cl}_2$ が電解液相中に析出して抵抗が高くなり，電圧が低下する．また，零度以下では，常温に比べ，取り出せる電力量が 60% 以下に減少する．

## (2) アルカリマンガン乾電池

アルカリマンガン乾電池は，マンガン乾電池の欠点を補うために開発され，電解液として**水酸化カリウム水溶液**などのアルカリ水溶液を用いる．アルカリ電池と呼ばれて市販されている．強アルカリ性の水溶液を用いるため，電解液の抵抗が少なく，大きい電流密度で放電しても pH の変化が少なく，放電反応を妨害する物質が生成しにくいので，電池性能が向上する．マンガン乾電池より高価であるが，性能が優れているため，用途を拡大している．電池の表示法では，

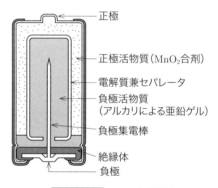

図 11・14　アルカリ電池

$$\ominus \text{Zn} \mid \text{KOH, ZnO, H}_2\text{O} \mid \text{MnO}_2 \oplus \quad (11\cdot10)$$

となる．電池内の化学反応は次式となる．

$$\left.\begin{array}{l}\text{負極：Zn} + 2\text{OH}^- \rightarrow \text{Zn}(\text{OH})_2 + 2\text{e}^- \\ \text{正極：} 2\text{MnO}_2 + 2\text{H}_2\text{O} + 2\text{e}^- \rightarrow 2\text{MnOOH} + 2\text{OH}^- \\ \text{全体：Zn} + 2\text{MnO}_2 + 2\text{H}_2\text{O} \rightarrow 2\text{MnOOH} + \text{Zn}(\text{OH})_2 \end{array}\right\} \quad (11\cdot11)$$

公称電圧は，マンガン乾電池と同様に，1.5 V 程度である．作動電圧が安定でエネルギー密度が大きい．

## (3) リチウム電池

リチウム電池は，**負極活物質に金属リチウム，正極活物質にはふっ化炭素や二酸化マンガン，電解液には**塩を溶かしやすくリチウムと反応しにくい**非プロトン性有機溶媒にテトラフルオロほう酸リチウム（LiBF$_4$）や過塩素酸リチウム（LiClO$_4$）などを溶解したもの**が用いられる．電池の表示法では

$$\ominus \text{Li} \mid \text{LiBF}_4 \mid \text{(CF)}n \oplus \quad \text{または} \quad \ominus \text{Li} \mid \text{LiClO}_4 \mid \text{MnO}_2 \oplus \quad (11\cdot12)$$

となる．電池の反応は，全体として次式となる．

$$\text{(CF)}n+n\text{Li} \rightarrow \text{C}n+n\text{LiF} \quad \text{または} \quad \text{MnO}_2+\text{Li} \rightarrow \text{MnOOLi} \quad (11\cdot13)$$

公称電圧は 3 V と高く，従来の乾電池の 2〜3 倍の高いエネルギー密度をもつ長寿命の一次電池である．ただし，高負荷放電には向いていない．

## 3 ▶ 二次電池

二次電池は，一次電池と同様に，起電力が高く，内部抵抗が小さく，単位重量・体積当たりのエネルギー密度が大きく，自己放電ができる限り小さいことが望まれる．加えて，大きな電流で充電でき，そのときの電圧と放電時の電圧の差が小さいことが要求される．また，充放電を繰り返したときの電圧や容量の低下が小さいことが必要になる．これまで鉛蓄電池やニッケル・カドミウム電池がよく用いられてきたが，近年，リチウムイオン二次電池が急速に普及してきている．また，電力貯蔵用としてナトリウム硫黄電池も注目されてきている．

### (1) 鉛蓄電池

鉛蓄電池は，**負極活物質に金属鉛，正極活物質に二酸化鉛（PbO$_2$），電解液に硫酸**を用いる．電池の表示法は次式となり，構造は図 11·15 となる．

$$\ominus \text{Pb} \mid \text{H}_2\text{SO}_4 \mid \text{PbO}_2 \oplus \tag{11·14}$$

電池の反応は次式で表される．

$$\textbf{負極} \quad : \text{Pb} + \text{SO}_4{}^{2-} \underset{\text{充電}}{\overset{\text{放電}}{\rightleftarrows}} \text{PbSO}_4 + 2\text{e}^-$$

$$\textbf{正極} \quad : \text{PbO}_2+4\text{H}^++\text{SO}_4{}^{2-}+2\text{e}^- \underset{\text{充電}}{\overset{\text{放電}}{\rightleftarrows}} \text{PbSO}_4+2\text{H}_2\text{O} \left.\right\} (11\cdot15)$$

$$\textbf{全反応}: \text{Pb} + \text{PbO}_2 + 2\text{H}_2\text{SO}_4 \underset{\text{充電}}{\overset{\text{放電}}{\rightleftarrows}} 2\text{PbSO}_4 + 2\text{H}_2\text{O}$$

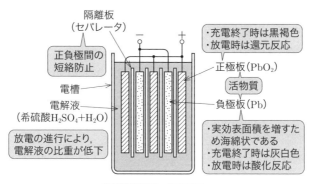

**図11・15** 鉛蓄電池

　鉛蓄電池では，放電が進行するにしたがい，硫酸が減って水ができるので，この電解液の比重が低下する．これを測ることにより，電池の残存容量を推定することができる．鉛蓄電池は自動車の始動用，非常用予備電源用をはじめ，広く利用されている二次電池である．

　鉛蓄電池は次の特徴をもつ．

① 鉛蓄電池の単セルの**公称電圧は2V**である．高圧が必要な場合は直列に連結するが，各単セルの電解液は隔離する．

② 放電中の電圧変化が少なく，比較的大電流の放電にも耐える．

③ サルフェーションや自己放電があるので，取り扱いに注意を要する．**サルフェーション**とは，過放電の場合や高温で長期間放置した場合，電極面上に白色の硫酸鉛を析出する現象で，電極は導電性の悪い膜で覆われ，充放電反応は著しく阻害され，容量は激減する．

④ 電解液の温度が上昇すると，電池の端子電圧が上昇，取り出せる電気量も増加，自己放電量も増加する．

### (2) ニッケル・カドミウム電池

　ニッケル・カドミウム電池は，鉛蓄電池とともに古くから使われているアルカリ蓄電池である．これは，**負極に金属カドミウム，正極にオキシ水酸化ニッケル NiOOH，電解液に水酸化カリウム KOH** を用い，電池の表示法は次式となる．

$$\ominus \mathrm{Cd} \mid \mathrm{KOH(LiOH)} \mid \mathrm{NiOOH} \oplus \quad (11\cdot 16)$$

反応は，次式で表される．

$$負極 \quad : Cd + 2OH^- \underset{充電}{\overset{放電}{\rightleftarrows}} Cd(OH)_2 + 2e^-$$

$$正極 \quad : 2NiOOH + 2H_2O + 2e^- \underset{充電}{\overset{放電}{\rightleftarrows}} 2Ni(OH)_2 + 2OH^- \qquad (11 \cdot 17)$$

$$全反応 : Cd + 2NiOOH + 2H_2O \underset{充電}{\overset{放電}{\rightleftarrows}} Cd(OH)_2 + 2Ni(OH)_2$$

ニッケル・カドミウム蓄電池は次の特徴をもつ.

① 電池の公称電圧は約 1.2 V と低い.

② エネルギー密度が大きく，重負荷放電に耐え，急速充電が可能である．長寿命で堅牢であり，取扱いが容易であることから，ポータブル機器や各種コードレス機器などの電源に用いられている.

　他方，ニッケル・カドミウム電池のカドミウム負極の代わりに，水素吸蔵合金を負極に用いると，ニッケル・水素電池となる．この電池は，エネルギー密度が高く，サイクル寿命が長く，高速充電・大電流放電が可能で安全性に優れるという特徴をもつ.

## (3) リチウムイオン電池

　リチウムイオン電池は，**負極活物質にリチウムを層間に含んだグラファイト**が用いられる．これは，負極活物質にリチウム金属を用いると，充電時にリチウムが樹枝状に成長し，正極にまで達してショートするためである．そして，**正極にはコバルト酸リチウム LiCoO$_2$ といった**リチウム遷移金属酸化物**が用いられているが，資源コスト面で課題があり，酸化ニッケルリチウムや酸化マンガンリチウムなどが研究されている．**電解液には，非プロトン性有機溶媒にテトラフルオロほう酸リチウム**（LiBF$_4$）や過塩素酸リチウム（LiClO$_4$）のような塩を溶解したものが用いられる．電池の表示は

$$\ominus LiC_6 \,|\, LiBF_4 \ または \ LiClO_4 \,|\, LiCoO_2 \oplus \qquad (11 \cdot 18)$$

となる．電池の反応は次式となる.

$$負極 \quad : LiC_6 \underset{充電}{\overset{放電}{\rightleftarrows}} C_6 + Li^+ + e^-$$

$$正極 \quad : CoO_2 + Li^+ + e^- \underset{充電}{\overset{放電}{\rightleftarrows}} LiCoO_2 \qquad (11 \cdot 19)$$

$$全反応 : LiC_6 + CoO_2 \underset{充電}{\overset{放電}{\rightleftarrows}} LiCoO_2 + C_6$$

## [リチウムイオン電池の特徴]

①**公称電圧が約 3.7 V と高い起電力**を得られ，単位体積当たりのエネルギー密度，単位重量当たりのエネルギー密度が高く，鉛蓄電池の数倍程度，ニッケル水素電池の 2 倍以上の電力を貯蔵できる．このため，小形・軽量化を実現できる．

②充放電時の効率も非常に高く，大電流放電時の電圧低下も少ない．

③優れたサイクル性で，毎日充放電する用途でも 10 年以上の長寿命である．

④他の二次電池のようなカドミウムや鉛等の有害物質を含まない．

⑤ニッケル系二次電池の短所であるメモリ効果（浅い充放電を繰り返すと容量が減少）がない．

⑥リチウムイオン電池は，ナトリウム硫黄電池に比べ，C レートを高くとることができるため，比較的小さい電池容量（kWh）で大きな出力（kW）を得ることができる．

### (4) ナトリウム-硫黄電池（NaS 電池）

ナトリウム-硫黄電池（NaS 電池）の構造は，図 11・16 に示すように，**負極活物質に溶融ナトリウム（Na），正極活物質に溶融硫黄または多硫化ナトリウム，電解質に β-アルミナを利用**した二次電池で**作動温度は約 300～350℃**である．

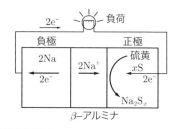

**図 11・16** NaS 電池の原理（放電時）

放電においては，負極のナトリウムがアルミナ界面で電子を放出してナトリウムイオンとなり，電解質内を通過して正極に移動する．電子は電池の外に出て負荷を通り正極側に移動する．

正極側では，ナトリウムイオン，硫黄，電子が反応して多硫化ナトリウムになる．

$$\left. \begin{array}{l} 負極：2Na \underset{充電}{\overset{放電}{\rightleftarrows}} 2Na^+ + 2e^- \\[2mm] 正極：xS + 2Na^+ + 2e^- \underset{充電}{\overset{放電}{\rightleftarrows}} Na_2S_x \end{array} \right\} \qquad (11・20)$$

一方，充電は放電と逆の反応である．すなわち，正極で多硫化ナトリウムが電子を放出しながらナトリウムイオンと硫黄に分かれる．ナトリウムイオンは電解質内を移動して負極のアルミナ界面で電子を受け取ってナトリウムを生成する．電池の充放電反応は次式である．

$$2\text{Na} + x\text{S} \underset{\text{充電}}{\overset{\text{放電}}{\rightleftarrows}} \text{Na}_2\text{S}_x \tag{11・21}$$

[NaS電池の特徴]

① 電池単体の開路電圧は約 2.1 V，350℃の理論エネルギー密度は 780 Wh/kg 程度で，鉛蓄電池の約 3～4 倍の高密度を有する．したがって，コンパクトに多量の電気エネルギーを貯蔵できる．

② 充放電効率は 87% 以上と高く，電解質がセラミックスなので，自己放電がない．

③ 充放電が 2000～4500 サイクル程度可能で，長期耐久性に優れる．

④ 実際の NaS 電池は，多重形円筒構造の単電池を多く集めて断熱容器に収納したモジュール構造としている．断熱容器内には砂が詰められている．メンテナンスフリー構造としているものの，ナトリウムや硫黄といった危険物も扱っているため，取り扱いには注意を要する．

## 4 燃料電池

### (1) 燃料電池の原理

**燃料電池**は，一次燃料を水素に改質し，その水素と酸素の電気化学反応により直接電気エネルギーを発生させるものである．すなわち，水の電気分解を逆に行うものである．図 11・17 は，りん酸形燃料電池の原理を示す．

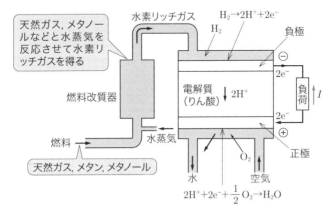

図 11・17　りん酸形燃料電池の原理

燃料電池の構造は，正電極，負電極，電解質によって構成される．天然ガスやメタノール等の一次燃料を供給し，**改質器**で水素を取り出すと，負極（燃料極，ア

電気化学

ノード）では式（11・22）のように，水素が水素イオンと電子に解離する．そして，電子が外部回路，水素イオンは正極（空気極，カソード）に移動するため，両極間に負荷を接続すれば負極側から正極側に電子が流れ，電気エネルギーが供給される．つまり，燃料電池は，下記の反応のギブズ自由エネルギーを電気エネルギーに直接変換する．

$$負極（燃料極）：H_2 \rightarrow 2H^+ + 2e^-$$

$$正極（空気極）：2H^+ + 2e^- + \frac{1}{2}O_2 \rightarrow H_2O$$

(11・22)

これらの反応を起こさせる一組の電池をセルといい，発生する電圧は，通常 1 V 弱である．したがって，大出力を得るためには，セルを何層にも積層して高電圧を得るスタックを構成して用いる．スタックの出力は全体の電圧と電極面積に比例する電流との積によって決まる．

## (2) 燃料電池の種類

燃料電池は，作動温度によって**低温形**（常温〜200℃程度）と**高温形**（500〜1000℃程度）に分けることができる．低温形には，**りん酸形燃料電池（PAFC）**と**固体高分子形燃料電池（PEFC）**がある．また，高温形には，**溶融炭酸塩形燃料電池（MCFC）**と**固体酸化物形燃料電池（SOFC）**がある（表11・1 参照）．

**表 11・1** 燃料電池の種類と特徴

|  | PAFC | PEFC | MCFC | SOFC |
|---|---|---|---|---|
| 電解質 | りん酸($H_3PO_4$) | パーフルオロスルホン酸膜 | 炭酸リチウム($Li_2CO_3$)炭酸ナトリウム($Na_2CO_3$) | 安定化ジルコニア($ZrO_2+Y_2O_3$) |
| イオン伝導 | $H^+$(水素イオン) | $H^+$(水素イオン) | $CO_3{}^{2-}$(炭酸イオン) | $O^{2-}$(酸素イオン) |
| 作動温度 | 200℃ | 80℃ | 600〜700℃ | 800〜1000℃ |
| 使用形態 | マトリックスに含浸 | 膜 | マトリックスに含浸 | 薄膜状 |
| 燃料極 | $H_2 \rightarrow 2H^+ + 2e^-$ | $H^+ \rightarrow 2H^+ + 2e^-$ | $H_2 + CO_3{}^{2-} \rightarrow H_2O + CO_2 + 2e^-$ | $H_2 + O^{2-} \rightarrow H_2O + 2e^-$ $CO + CO_3{}^{2-} \rightarrow 2CO_2 + 2e^-$ |
| 空気極 | $\frac{1}{2}O_2 + 2H^+ + 2e^- \rightarrow H_2O$ | $\frac{1}{2}O_2 + 2H^+ + 2e^- \rightarrow H_2O$ | $\frac{1}{2}O_2 + CO_2 + 2e^- \rightarrow CO_3{}^{2-}$ | $\frac{1}{2}O_2 + 2e^- \rightarrow O^{2-}$ |
| 燃料（反応物質） | 水素（炭酸含有は可能） | 水素（炭酸含有は可能） | 水素，一酸化炭素 | 水素，一酸化炭素 |
| 発電効率 | 35〜45% | 35〜45% | 45〜60% | 45〜60% |

450

## 11-3 電 池

### ①りん酸形燃料電池（PAFC）

りん酸形燃料電池は，電解質として濃りん酸水溶液を使用し，作動温度は200℃程度である．運転実績が多く，最も古くから使われている．排熱を冷暖房や給湯に利用するコジェネレーションシステムを採用することにより，総合効率を高くすること（80%程度）ができる．

### ②固体高分子形燃料電池（PEFC）

固体高分子形燃料電池の長所は，**作動温度が80℃程度で低く，起動・停止や負荷変動が容易**であることである．このため，家庭用給湯器として実用化されており，燃料電池自動車用としても研究開発されている．また，電解質が高分子膜で固体であることから，電解液の飛散等の問題がなく，小形軽量で高出力である．一方，短所としては，**触媒である白金が高価**であること，白金触媒を不活性化させる原因となる一酸化炭素等の不純物を取り除く必要があることなどである．

### ③溶融炭酸塩形燃料電池（MCFC）

溶融炭酸塩形燃料電池は，**混合炭酸塩（炭酸リチウムと炭酸ナトリウムの混合物）を溶融させたものを電解質として使用**する．**作動温度が600～700℃と高い**．MCFCでは，空気極（カソード；正極）に炭酸ガス（$CO_2$）を供給することが必須条件である．燃料極（アノード；負極）にはニッケルが用いられる．また，一酸化炭素は水蒸気と反応し，水素と炭酸ガスになるので，一酸化炭素も直接燃料として使用できる．このため，石炭ガス化ガス等も直接使用することができる．コジェネレーションを構成して排熱を利用することができる．

### ④固体酸化物形燃料電池（SOFC）

電解質には，**セラミックスとしてジルコニアが使われる**．**固体電解質形燃料電池**ともいう．**作動温度は800～1000℃と高い**．燃料極（負極）にはニッケルとジルコニアの混合体，空気極（正極）にはランタンマンガナイトが用いられる．SOFCの特徴としては，セラミックスを用いた全固体での電池構成が可能で様々な電池形状のものができること，コジェネレーションを構成して高温の排熱を利用することにより高い総合エネルギー効率（75～85%程度）が期待できること，高価な貴金属触媒を使う必要がないこと，燃料に一酸化炭素を含んでも問題ないために燃料の改質も容易であることなどがあげられる．

電気化学

---

**例題 5** ......................................................................... H7　問7

次の文章は，マンガン乾電池に関する記述である．

マンガン乾電池は，二酸化マンガンを主減極剤とし，これに　(1)　と電解質を混ぜ合わせた合剤を正極作用物質，　(2)　を負極作用物質として，塩化アンモニウム等の中性塩の水溶液を電解液とする電池である．

電池反応は，$Zn + 2NH_4Cl + 2MnO_2 \rightarrow$　(3)　$+ 2MnOOH$

電圧は，公称電圧　(4)　〔V〕である．重負荷放電時は分極作用が大きく利用率も悪い．また，　(5)　では，常温に比べ取り出せる電力量が $60\%$ 以下に減少する．

【解答群】

(イ) 1.5　　　　　(ロ) 2.0　　　　　(ハ) 1.2　　　　　(ニ) 炭素（C）

(ホ) 硫黄（S）　　(ヘ) リチウム（Li）　(ト) $Zn(NH_3)_2Cl_2$　(チ) $Zn(NH_4)_2Cl$

(リ) $Zn(NH_3)_2Cl$　(ヌ) 亜鉛（Zn）　　(ル) 鉛（Pb）　　(ヲ) ニッケル（Ni）

(ワ) 零度以下　　(カ) 高温　　　　(ヨ) カドミウム（Cd）

---

**解説**　　本節 2 項で解説しているので，参照する．

【解答】(1) ニ　(2) ヌ　(3) ト　(4) イ　(5) ワ

---

**例題 6** ......................................................................... H30　問6

アルカリマンガン乾電池は負極に亜鉛粉，正極に　(1)　，電解液に　(2)　水溶液を用いた公称電圧 $1.5\,V$ の一次電池である．あるアルカリマンガン乾電池を $1000\,mA$ の定電流でセル電圧が所定の終止電圧になるまで放電したとき，通電電気量が $6000\,mA\cdot h$，電力量が $6.60\,W\cdot h$ であった．このとき，放電に要した時間は　(3)　h，平均電圧は　(4)　V となる．放電で水酸化亜鉛（$Zn(OH)_2$）のみが生成されるとすると，その質量は　(5)　g である．ただし，亜鉛，酸素および水素の原子量をそれぞれ $65.38$，$16.00$ および $1.01$，ファラデー定数を $26.80\,A\cdot h/mol$ とする．

【解答群】

(イ) 二酸化マンガン　(ロ) 22.2　　　(ハ) 1.2　　　(ニ) 塩化アンモニウム

(ホ) 1.1　　　　　　(ヘ) 6　　　　　(ト) 11.1　　　(チ) 8

(リ) マンガン　　　　(ヌ) 硫酸　　　(ル) 4　　　　(ヲ) 水酸化カリウム

(ワ) 1.5　　　　　　(カ) 5.55　　　(ヨ) マンガン錯体

11-3 電 池

**解 説**　(1), (2) は本節 2 項で解説しているため，参照する．(3) (4) に関して，アルカリマンガン乾電池を定電流 $I=1\,000\,\text{mA}$ で通電したときの通電電気量 $Q$ が $Q=6\,000\,\text{mA·h}$ であるから，放電時間 $T=Q/I=6\,000/1\,000=6\,\text{h}$ となる．また，このときの電力量 $W$ が $6.60\,\text{W·h}$ であるから，平均電圧 $V=W/(I\times10^{-3}\times T)=6.60/(1\,000\times10^{-3}\times6)=1.1\,\text{V}$ となる．(5) は，ファラデーの法則の式 (11·4) において，通電電気量 $Q=I\times T=6\,\text{A·h}$，水酸化亜鉛の原子量 $m=65.38+2\times(16.00+1.01)=99.40$ で原子価は 2 であるから，質量 $M$ は次のように求められる．

$$M=\frac{Q}{F}\times\frac{m}{n}=\frac{6}{26.80}\times\frac{99.40}{2}=11.1\,\text{g}$$

【解答】(1) イ　(2) ヲ　(3) ヘ　(4) ホ　(5) ト

---

**例題 7**　・・・・・・・・・・・・・・・・・・・・・・・・・・・・・・・・・・・・・・・・・・・　R1　問 4

　鉛蓄電池は正極活物質に二酸化鉛，負極活物質に鉛，電解質に硫酸水溶液を用い，電極反応は以下の式で表される．

（正極）$\mathbf{PbO_2 + 3H^+ + HSO_4^- + 2e^- \rightleftarrows}$ ┌─ (1) ─┐ $\mathbf{+ 2H_2O}$

（負極）$\mathbf{Pb + HSO_4^- \rightleftarrows}$ ┌─ (1) ─┐ $\mathbf{+ H^+ + 2e^-}$

　電解質の濃度は満充電時に約 **30%** である．放電するのに伴って濃度は ┌─ (2) ─┐ ．正極活物質の鉛の価数は ┌─ (3) ─┐ である．電気量 **200A·h** の放電で反応する正極活物質の量は ┌─ (4) ─┐ の法則から，┌─ (5) ─┐ g である．なお，二酸化鉛のモル質量を **239.2 g/mol**，電気素量を $\mathbf{1.602\times10^{-19}\,C}$，アボガドロ定数を $\mathbf{6.022\times10^{23}\,mol^{-1}}$ とする．

【解答群】

| | | | |
|---|---|---|---|
| （イ）$Pb_2SO_4$ | （ロ）2 | （ハ）0 | （ニ）フレミング |
| （ホ）変わらない | （ヘ）1785 | （ト）質量作用 | （チ）4 |
| （リ）892.6 | （ヌ）低くなる | （ル）$PbSO_3$ | （ヲ）高くなる |
| （ワ）446.3 | （カ）$PbSO_4$ | （ヨ）ファラデー | |

---

**解 説**　(1), (2) は本節 3 項，(4) は 11-1 節 2 項で解説しているため，参照する．(3) に関して，正極活物質は $PbO_2$ であり，イオン結合している．$PbO_2$ では，価数は 0 であるが，鉛 Pb に結びついた酸素 O は負のイオン 2 個であり，$O_2$ では負のイオン 4 個となる．このため，鉛 Pb の価数は正の 4 である．

(5) ファラデーの法則の式 (11·4) において，電気量 $Q=200\,\text{A·h}\times3\,600\,$ 秒 $=720\,000$

11 章

電気化学

453

電気化学

C，式（11・15）で放電時に $PbO_2$ が化学変化するときに受け取る電子が 2 個であることから，鉛蓄電池の放電で反応する正極活物質の $PbO_2$ の量 $w$ は

$$w = \frac{m}{2 \times F} \cdot Q = \frac{239.2}{2 \times 1.602 \times 10^{-19} \times 6.022 \times 10^{23}} \times 720\,000 = 892.6 \text{ g}$$

【解答】 (1) カ  (2) ヌ  (3) チ  (4) ヨ  (5) リ

---

### 例題 8 ・・・・・・・・・・・・・・・・・・・・・・・・・・・・・・・・・・・・・・・・・・・・・・・・・ H13  問7

　現在，実用化されている電池の多くは化学反応を利用した電池であり，これには，一次電池と，充電可能な二次電池がある．二次電池では，鉛蓄電池とニッケル・カドミウム蓄電池がよく知られている．

　鉛蓄電池は，負極活物質に [ (1) ] ，電解液に硫酸水溶液を用いている．古くから普及しており，浮動充電が容易であることから，自動車用，ビルの非常用電源などの比較的容量の大きなものに使用されている．

　ニッケル・カドミウム蓄電池は，負極活物質に [ (2) ] ，電解液に少量の水酸化リチウムを溶解させた [ (3) ] 水溶液を用いている．長寿命で [ (4) ] に優れ，急速充電が可能で堅ろうであることから，各種コードレス機器などの電源に多く用いられている．

　最近，小形蓄電池を必要とする携帯型機器の多様化と普及に伴って，エネルギー密度のより大きな [ (5) ] やリチウムイオン蓄電池等が商品化され，ノート型パーソナルコンピュータ，携帯電話などの電源として急速に用途が拡大している．

【解答群】

(イ) 塩化アンモニウム　　　(ロ) ニッケル・水素蓄電池　　(ハ) 炭素
(ニ) メモリ効果　　　　　　(ホ) カドミウム　　　　　　　(ヘ) 鉛
(ト) 水酸化カリウム　　　　(チ) オキシ水酸化ニッケル　　(リ) 高温特性
(ヌ) 過酸化鉛　　　　　　　(ル) ナトリウム・硫黄蓄電池　(ヲ) 亜鉛
(ワ) 亜鉛・臭素蓄電池　　　(カ) 高率放電特性　　　　　　(ヨ) 塩化亜鉛

---

**解説**　　本節 3 項で解説しているため，参照する．発電所や変電所の非常用電源として設置される鉛蓄電池は，停電になった場合に備え，常に充電されていなければならない．このため，浮動充電が行われる．これは，充電回路と負荷を常に並列接続したまま充電する方式である．したがって，停電時に瞬断することなく，主電源系統から蓄電池に切り替えることができる．また，鉛蓄電池は常に満充電を維持するため，長寿命化する．

【解答】 (1) ヘ  (2) ホ  (3) ト  (4) カ  (5) ロ

454

## 11-3 電 池

### 例題9 ・・・・・・・・・・・・・・・・・・・・・・・・・・・・・・・・・・・・・・・・・・・・・・・・・・・・・・・ R4 問6

一つの電解質に接した**2**種類の電極を導線で結ぶと，一方の電極で酸化，もう一方の電極で還元反応が起こる．このように酸化還元反応に伴って $\boxed{(1)}$ エネルギーを電気エネルギーに変える装置を電池（化学電池）という．

リチウムイオン電池は，携帯電話やノートパソコン，電気自動車などさまざまな用途に用いられる小型，軽量で起電力が高い $\boxed{(2)}$ である．代表的なものとして，負極に黒鉛 $C$ に取り込まれたリチウム，正極にはコバルト（Ⅲ）酸リチウム $LiCoO_2$ を用い，電解質としてはエチレンカーボネート（$(CH_2O)_2CO$）などの有機化合物にヘキサフルオロリン酸リチウム（$LiPF_6$）などの $\boxed{(3)}$ を溶かしたものを用いたものがある．放電時には負極の活物質の電子が $\boxed{(4)}$ して $Li^+$ が生じ，電解質を通り正極内の層間に入る．充放電の反応は次のとおりである．

[負極]　　　　　$LiC_6 \underset{充電}{\overset{放電}{\rightleftarrows}} Li^+ + C_6 + e^-$

[正極]　　　　　$CoO_2 + Li^+ + e^- \underset{充電}{\overset{放電}{\rightleftarrows}} LiCoO_2$

[全体の反応]　　$\boxed{(5)} \underset{充電}{\overset{放電}{\rightleftarrows}} LiCoO_2 + C_6$

【解答群】

（イ）化学　　　　　　（ロ）アルカリ　　　　　（ハ）$LiC_6 + CoO_2 + Li^+$

（ニ）一次電池　　　　（ホ）クーロン　　　　　（ヘ）$LiC_6 + CoO_2 + Li^+ + e^-$

（ト）熱　　　　　　　（チ）$LiC_6 + CoO_2$　　（リ）奪われて酸化

（ヌ）塩　　　　　　　（ル）酸　　　　　　　　（ヲ）付加されて酸化

（ワ）二次電池　　　　（カ）燃料電池　　　　　（ヨ）奪われて還元

---

**解 説**　本節3項で解説しているため，参照する．

【解答】（1）イ　（2）ワ　（3）ヌ　（4）リ　（5）チ

電気化学

**例題 10** ・・・・・・・・・・・・・・・・・・・・・・・・・・・・・・・・・・・・・・・・・・・・・・・・・・・・・・・・ H27 問7

　リチウムイオン電池はエネルギー密度が高い二次電池であることから，モバイル機器や電気自動車用の電池として利用されている．現状では，正極材料には　(1)　，負極材料にはカーボン系材料を用いたものが最も多い．リチウムイオン電池の公称電圧は約 **3.6 V** と高いため水溶液は使用できないので，一般的に電解質には　(2)　を用いる．この電池の電極反応ではリチウム自体は酸化還元せず，　(3)　価のリチウムとして存在するため，リチウムが価数変化して酸化還元するリチウム二次電池とは区別される．また，エネルギー密度が高く，発火などの危険性も高いため，温度が高くなると外部回路の **PTC** (Positive Temperature Coefficient) 素子および電極間のセパレータが電流を遮断するなどの安全対策が施されている．

　リチウムイオン電池の充放電に必要なリチウムの量は　(4)　の法則で計算することができる．リチウムのモル質量が **6.90 g/mol** であるとすると，例えば **1200 mA·h** の充放電に必要なリチウム量は　(5)　**mg** である．ただし，電気素量 $e=1.602\times10^{-19}$ C，アボガドロ定数 $N_A=6.022\times10^{23}\,\mathrm{mol}^{-1}$ とする．

【解答群】
(イ) リチウムコバルト酸化物　　(ロ) ファラデー　　　　　　(ハ) オーム
(ニ) +1　　　　　　　　　　　(ホ) 硫酸等の酸性電解液　　(ヘ) リチウム金属
(ト) 155　　　　　　　　　　　(チ) リチウム水酸化物　　　(リ) +2
(ヌ) 495　　　　　　　　　　　(ル) 0　　　　　　　　　　　(ヲ) ネルンスト
(ワ) 309　　　　　　　　　　　(カ) 炭酸エステル系の有機電解液
(ヨ) 水酸化ナトリウム等のアルカリ電解液

**解　説**　(1)〜(4) は本節 3 項で解説しているので，参照する．(5) を説明する．1 mol のリチウムが 1 価のリチウムイオン Li⁺ になったとき，生じ得る電気量は $1\times e\times N_A=1\times1.602\times10^{-19}\times6.022\times10^{23}=96\,472.4$ C/mol となる．したがって，1 200 mA·h の充放電に必要なリチウム量は，$1\,200\times3\,600\times10^{-3}/96\,472.4=0.047\,8$ mol であり，リチウムのモル質量が 6.90 g/mol であるから，$0.047\,8\times6.90=0.309$ g $=309$ mg となる．

**【解答】**(1) イ　(2) カ　(3) ニ　(4) ロ　(5) ワ

## 11-3 電 池

### 例題 11 ······································································· H28　問4

　燃料電池は，水素と酸素が化学反応して水を生成する過程で電気エネルギーを電気化学的に取り出す装置である．理論的には水素と酸素の反応の　(1)　分が電気エネルギーに変換可能であり，熱機関とは違いカルノー効率の制約は受けない．市販が開始された燃料電池自動車用には出力密度が大きい　(2)　燃料電池が用いられ，燃料には水素を用いる．水素は　(3)　の触媒上で酸化されてプロトンとなる．

　家庭用の燃料電池システムには　(2)　燃料電池のほかに，運転温度が高くて発電効率が高い　(4)　燃料電池の商用化も始まっている．この　(4)　燃料電池にはイットリウムで安定化した酸化ジルコニウムなどの　(5)　伝導性のセラミックスが使用されており，運転温度が高いため，触媒に貴金属を用いる必要はない．

【解答群】
(イ) 炭酸イオン　　　　(ロ) 溶融炭酸塩形　　　　(ハ) ギブズエネルギー
(ニ) 酸化物イオン　　　(ホ) エントロピー　　　　(ヘ) 直接メタノール形
(ト) アルカリ形　　　　(チ) セパレータ　　　　　(リ) エンタルピー
(ヌ) 固体高分子形　　　(ル) カソード（空気極）　(ヲ) プロトン
(ワ) 固体酸化物形　　　(カ) リン酸形　　　　　　(ヨ) アノード（燃料極）

**解 説**　本節4項で解説しているので，参照する．設問でのプロトンとは水素イオンのことである．(1)の解答の「ギブズ（ギブス）の自由エネルギー」について解説する．$H$ を系の持つエンタルピー，$T$ を絶対温度，$S$ をエントロピーとして，ギブズの自由エネルギー $G$ は，$G = H - TS$ として定義される．このギブズの自由エネルギーは等温等圧過程で得られる仕事の最大値を示すものであり，燃料電池から得られる電気エネルギーなど，非機械的な仕事に対しても適用できる．

【解答】(1) ハ　(2) ヌ　(3) ヨ　(4) ワ　(5) ニ

**11章**
電気化学

# 章 末 問 題

## ■ 1 ══════════════════════════════════════════ H20　問7

亜鉛は電気化学的に活性であり，マンガン乾電池では　(1)　として利用されている．鉄板の表面に亜鉛を被覆したものは　(2)　と呼ばれ，鉄の腐食を防ぐのに用いられる．これらの用途に使われる亜鉛は，主に電気分解によって作られる．この亜鉛電解では，電解質として　(3)　水溶液が用いられ，陰極で　(4)　反応が起こり，亜鉛が析出する．この際，陰極に析出する亜鉛の質量は　(5)　に比例する．

【解答群】

（イ）硫酸　　　　（ロ）ブリキ　　　　（ハ）電解質　　　（ニ）塩酸　　　　（ホ）電圧
（ヘ）酸化　　　　（ト）負極活物質　　（チ）ステンレス　（リ）中和　　　　（ヌ）正極活物質
（ル）電気量　　　（ヲ）還元　　　　　（ワ）アルカリ　　（カ）溶液量　　　（ヨ）トタン

## ■ 2 ══════════════════════════════════════════ H26　問7

鉛蓄電池は 1859 年，フランスのプランテの発明による二次電池で，150 年以上の歴史をもち，自動車の始動用を始め，多くのところで利用されている．

鉛蓄電池の　(1)　としては二酸化鉛が用いられ，硫酸水溶液が電解液として用いられる．ここでの放電反応は次式で表される．

$$PbO_2 + 2H_2SO_4 + Pb \rightarrow PbSO_4 + 2H_2O + PbSO_4$$

この電池で得られる理論電気量はファラデーの法則に従うが，ここではファラデー定数が重要な因子である．この定数として一般に 96 500 C/mol が用いられるが，二次電池の分野では電気量を〔A·h〕で表すことも多く，ファラデー定数をこの単位で表すと　(2)　A·h/mol となる．鉛蓄電池の電圧は水溶液を用いる電池として最も高く，公称電圧は　(3)　V である．この電圧は水の理論分解電圧よりも高く，　(4)　が大きいことの一つの理由となっている．鉛蓄電池の放電の状態を知るためには電池電圧を測る方法のほかに，電解液の　(5)　を測る方法も利用されている．この　(5)　が小さいときには電池の放電が進んでいると判断できる．

【解答群】

（イ）2.0　　　　　（ロ）熱伝導度　　　（ハ）1.2　　　　（ニ）1.5
（ホ）正極活物質　　（ヘ）抵抗　　　　　（ト）268　　　　（チ）比重
（リ）サイクル寿命　（ヌ）負極活物質　　（ル）電解質　　　（ヲ）放電特性
（ワ）自己放電　　　（カ）26.8　　　　　（ヨ）2.68

章末問題

■ 3 ════════════════════════════════════════ R2　問4

　リチウムイオン二次電池は軽量，コンパクトであることからモバイル機器から電気自動車まで広く用いられている．この電池は，公称電圧が約　(1)　の高性能電池である．正極にはコバルト酸リチウムなどのリチウム　(2)　酸化物，負極にはカーボン，電解質には高い電圧でも分解しない有機物系の材料を用いる．

　放電時には，正極の活物質が　(3)　して電解質中のリチウムイオンが取り込まれ，同時に負極のカーボンにインターカレーションしているリチウムイオンが放出される．大きな出力が必要な場合，通常より大電流放電されるが，この時のセル電圧は公称電圧　(4)　．電池は応用システムの電流や電圧の要求に従って直並列に接続した電池システムとして用いられる．ある電池の重量エネルギー密度が 175 W·h/kg であり，平均電圧 3.5 V で 500 mA での放電を 10 h 行えるとすると，この電池の重量は約　(5)　となる．

【解答群】

(イ) 貴金属　　　(ロ) 1.2 V　　　(ハ) 1.5 V　　　(ニ) 酸化　　　(ホ) 還元

(ヘ) 中和　　　　(ト) 50 g　　　(チ) 軽金属　　　(リ) 3.7 V　　　(ヌ) 遷移金属

(ル) と等しい　　(ヲ) より高い　(ワ) 150 g　　　(カ) より低い　(ヨ) 100 g

11章

電気化学

# 12章

## 情報伝送・処理・メカトロニクス

### 学習のポイント

　本分野はほぼ毎年のように選択問題として出題される．出題内容は，コンピュータの中央処理装置・記憶装置，コンピュータの性能と信頼性，オペレーティングシステムの機能，通信プロトコル，通信ネットワークの種類と形態，変調・復調やA-D(D-A)変換といった情報伝送，メカトロニクスの構成要素のセンサなど多岐にわたっている．電験3種と比べ，コンピュータ分野は専門的な内容も多い．本書は出題範囲を広くカバーしているので，学習に際しては得意分野から始めて習得領域を広げていくのも一つのやり方である．

# 12-1 コンピュータの構成

**攻略の ポイント**　本節に関して，電験 3 種ではあまり出題されていないが，電験 2 種では，コンピュータシステムの性能と信頼性，記憶装置，プロセッサの高速化などが出題されている．

## 1　コンピュータの構成

　コンピュータを構成するハードウェアは，図 12·1 のように，コンピュータの機能面から概念的に入力装置，出力装置，記憶装置（主記憶装置および補助記憶装置）および中央処理装置（制御装置および演算装置）に分類される．

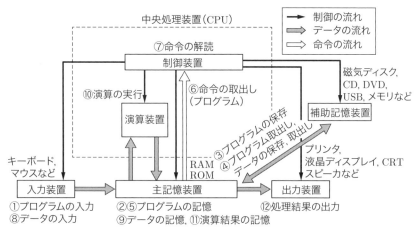

図 12・1　コンピュータの構成

### (1) 中央処理装置（CPU）

　**制御装置**は，主記憶装置に記憶されている命令を一つひとつ順序よく取り出してその意味を解読し，それに応じて各装置に向けて必要な指示信号を出す．制御装置から信号を受けた各装置は，それぞれの機能に応じた適切な動作を行う．

　算術演算，論理判断，論理演算などの機能を総称して演算機能と呼び，これらを行う装置が**演算装置**である．算術演算は数値データに対する四則演算である．また，論理判断は二つのデータを比較してその大小を判定したり，等しいか否かを識別したりする．論理演算は，与えられた論理値に対して論理和，論理積，否定および排他的論理和などを求める演算である．

## 12-1 コンピュータの構成

　一般に，**制御装置と演算装置は一体化され**，CPU（**中央処理装置**）と呼ばれる．CPU は，制御装置，演算装置のほかに，レジスタ，クロック，バスによって構成されている．**レジスタ**は，数ビット〜数百バイトのデータを一時的に記憶する回路である．**クロック**は，コンピュータ内の動作のタイミングを取るため，パルス（クロック信号）を発生させる回路である．**バス**は各装置を結ぶ経路である．

### (2) 記憶装置

　データや命令を記憶する装置であり，主記憶装置，補助記憶装置などがある．

　**主記憶装置**は，メインメモリと呼ばれ，CPU と直接データのやり取りをする装置である．**補助記憶装置**は，主記憶装置よりも大容量のデータを記憶する装置で，電源を切ってもデータを失わない．主記憶装置，補助記憶装置とは別の記憶装置として，**緩衝記憶装置**がある．互いに動作の歩調の異なる装置の間にあって，速度，時間等の調整を行い，両者を独立して動作させるための装置である．

### (3) 入力装置

　コンピュータのシステムの内部では，情報は特定の形式の電気信号として表現されている．**入力装置**では，外部から入力されたいろいろな形式の信号を，そのコンピュータの処理に適した形式に変換した後に主記憶装置に送る．代表的なものにマウスやキーボードがある．

### (4) 出力装置

　コンピュータが内部に記憶しているデータを外部に伝える働きを出力機能といい，ハードウェアのうちで出力機能を担う部分を**出力装置**という．出力されたデータを人間が認識できる出力装置には，プリンタ，ディスプレイ，スピーカなどがある．

## 2 ▶ 記憶装置

### (1) メモリ

　記憶装置には，読み取り専用として作られた ROM（Read Only Memory）と読み書きができる RAM（Randam Access Memory）がある．

#### ①ROM

　ROM は，通常時は読み出し専用で，電源を切ってもデータが失われない．主メモリの一部や基本的なプログラムを記憶する制御メモリとして使用される．主な ROM としては次のものがある．

**12章 情報伝送・処理・メカトロニクス**

**情報伝送・処理・メカトロニクス**

a. **マスク ROM**　製造過程においてプログラムやデータを書き込み，書き換えができない．

b. **PROM（Programmable ROM）**　利用者が一度だけ書き込みが可能で消去ができない．

c. **EPROM（Erasable PROM）**　PROM の特殊なもので，強い紫外線を照射することにより内容を消去して再書き込みができる．

d. **EEPROM（Electrically EPROM）**　電気的に消去できるようにしたもので，読み取りのときよりも高い電圧を印加することで，何回も記憶内容の消去・再書き込みが可能である．

②**RAM**

　RAM は，任意のアドレスにデータの読み書きができるが，電源を切るとデータが失われる．コンピュータの主メモリやキャッシュメモリに使用されている．RAM は，アドレス（番地）によってデータの保存位置を指定し，データの読み書きを行う．RAM には，書き込んだ情報が電源を切るまで消えない SRAM と，一定の時間間隔で情報を書き直す必要がある DRAM とがある．

a. **SRAM（Static RAM）**　SRAM は，用いられるトランジスタにより，MOS 形とバイポーラ形とに大別できる．いずれもフリップフロップ回路を構成し，データを記憶するため，リフレッシュ（再書き込み）が不要で高速である．回路が複雑で，コストが高く小容量であるため，キャッシュメモリなどに使われる．

b. **DRAM（Dynamic RAM）**　コンデンサとトランジスタで構成され，コンデンサに電荷を蓄えてデータを記憶するため，自然放電によりデータが失われる前にリフレッシュ（再書き込み）する必要がある．アクセス速度はやや遅いものの，構造が簡単でコストが安いため，大容量の主メモリなどに用いられる．

**(2) 固定磁気ディスク装置**

　固定磁気ディスク装置はコンピュータの補助記憶装置として広く使用されている．データは，表面に磁性体を塗ったアルミニウムやガラス製のプラッタと呼ばれる磁気ディスクを磁化させ，その磁化の方向で 0 と 1 の情報として記録される．

　固定磁気ディスク装置の磁気ヘッドは，アームと呼ばれる腕の先端についており，アームを動かしてデータを読み書きする．ディスク上の同心円の単位をトラック，上下方向の円筒状の部分をシリンダ，扇上の単位をセクタという．

## 12-1 コンピュータの構成

### ①アクセス時間

固定磁気ディスク装置が読み書きの命令を受けてから読み書きの動作が終了するまでの時間を**アクセス時間**といい，次式で求められる．

$$\text{アクセス時間}＝\text{シーク時間}＋\text{サーチ時間}＋\text{データ転送時間} \qquad (12・1)$$

ここで，シーク時間は磁気ヘッドがアームを動かして目的のトラックやシリンダに移動するまでの時間（位置決め），サーチ時間はディスクが回転してくるのを待ち目的のセクタに移動するまでの時間（回転待ち），データ転送時間は磁気ヘッドで読み書きしデータを転送する時間である．

### ②RAID システム

補助記憶装置のアクセス速度の高速化や，耐障害性の確保を目的として，複数台の固定磁気ディスク装置をまとめて管理するディスクアレイシステムが利用されている．これは **RAID システム**とも呼ばれ，各種のレベルがあり，次の主要なものがある．

**a．RAID0**　一連のデータを複数の固定磁気ディスク装置に分割して書き込むストライピングと呼ばれる方法で，並行してデータの転送ができるのでアクセス時間を短縮できる．これは，高速化だけを目的としたレベルである．

**b．RAID1**　並列に接続された 2 台の固定磁気ディスク装置に，同じデータを同時に書き込むミラーリングと呼ばれる方法で，アクセス速度の向上は図れないものの，信頼性を確保できるレベルである．

**c．RAID5**　データを複数の装置に分割するとともに，データ回復用のパリティビットをそれぞれの装置に持ち合うことで，データの検証ができ，高速化だけでなく，信頼性も確保できるレベルである．

### (3) ランダムアクセス方式

補助記憶装置のデータファイル処理時におけるレコード処理方式の一つであり，記憶装置内のレコード格納場所にアドレスがつけられており，データ格納時アドレスを指定してデータが書き込まれる．読み取り時も，アドレスを指定してデータを読み取るので，レコードの並び順に関係なく，どのレコードもほぼ同じ速さで読み取り・書き込みができる．

一方，対になる方式として，記憶装置の先頭から順に検索しアクセスしていく**シーケンシャルアクセス方式**がある．

### (4) 揮発性と不揮発性

磁気ディスク記憶装置や磁気テープ記憶装置のように，電源を切ってもデータが

消去されない記憶装置を**不揮発性記憶装置**という．逆に，RAM のように電源を切るとデータが消える記憶装置を**揮発性記憶装置**という．

### 3 コンピュータ処理

#### (1) コンピュータにおける処理

現在のコンピュータ（**ノイマン形コンピュータ**）は，コンピュータを動かすプログラムやデータを，実行する前に補助記憶装置から主記憶装置に一度格納する**プログラム内蔵方式**をとっている．

そして，もう一つの特徴の**逐次制御方式**とは，図 12·2 のように，命令を 1 つずつ順番に制御していく方式である．

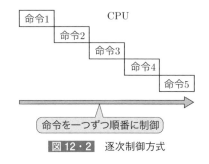

図 12·2　逐次制御方式

プログラムの実行は，命令サイクル（命令の読み出し段階のサイクル）と実行サイクル（命令の実行段階のサイクル）に分けられる．

#### (2) プロセッサの高速化

①RISC（Reduced Instruction Set Computer）

**RISC** は，機能の単純な機械命令でかつ命令種別を削減してハードウェア量を少なくすることを目的とし，処理を行うための命令数は多くなるものの動作周波数の向上が図れるコンピュータアーキテクチャである．

逆に複雑な命令であるものの，少ない命令回数で済ませる方式を CISC（Complex Instruction Set Computer）という．CISC は命令数が少ないことから高速化できるし，RISC は演算回路が単純なので高速化できる．このため，どちらが高速であるかは一概には言えないが，歴史的には CISC から RISC へと変化してきている．

②命令パイプライン

RISC 方式では 1 命令を 1 クロックで実行することができるが，実際は 1 命令を複数のステージに分割し，**命令パイプライン**を用い，流れ作業のように処理することで，見掛け上の 1 クロックごとでの命令実行を可能としている．

③データハザード

命令パイプラインでは，命令間に依存関係がある場合は，先の命令が完了してからでないと次の命令が実行できなくなる．このような現象で，先行命令が更新した

レジスタの内容を後続命令が使うため，先行命令の演算結果が格納されるまで後続命令が開始できない状態を**データハザード**という．

④ **スーパースカラ**

命令パイプラインを発展させたものとして，各ステージのハードウェアを複数準備し，引き続く命令を並列処理する**スーパースカラ**があり，更に処理が高速となる．

⑤ **アウトオブオーダ実行**

データハザードを改善する手法として，プログラムに記述されている順序では後続の命令であっても，先行命令に対して依存関係がないときは，処理に必要なデータが整って実行可能となった段階で命令を実行させるアウトオブオーダ実行がある．この場合，命令列への正確な割り込み処理が要求される組み込み用途のプロセッサでは，先に終わった後続命令の結果をバッファに保持し，レジスタの更新はプログラム記述順に行うなどの対策が必要となる．

## 4 コンピュータシステムの性能と信頼性

### (1) 性能評価指標
① **処理時間**

マイクロプロセッサの処理性能を比較するための基準として用いられ，次式で表される．

$$処理時間 = クロックサイクルタイム \times CPI \times 命令数 \quad (12\cdot 2)$$

ここで，マイクロプロセッサは**動作クロック**と呼ばれるパルス信号に同期して処理を行い，**クロックサイクルタイム**は1クロック当たりの時間であり，CPI（Clock cycles Per Instruction）は1命令当たりに使用する平均クロック数である．動作クロックとCPIとの関係を図12・3に示す．

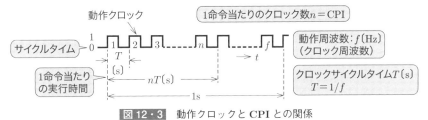

図12・3　動作クロックとCPIとの関係

② **MIPS（Million Instructions Per Second）**

CPUの性能を評価するときの尺度としてよく使用され，1秒間の平均命令実行数

（何百万回）を表す単位である．

③**FLOPS（Floating Operations Per Second）**

コンピュータの処理速度を表す単位の一つで，1秒間に浮動小数点演算を何回実行できるかを表す単位である．

④**応答時間**

端末利用者がコンピュータシステムへの問合せまたは要求を行ってから，利用者の端末に最初の文字が表示されるまでの時間である．

⑤**スループット**

コンピュータシステムの処理能力の単位で，システムが単位時間当たりに処理する仕事量である．

⑥**ベンチマークプログラム**

実際の業務で使われるような処理ルーチンを単独または組み合わせて実行させてコンピュータシステムの処理効率や操作性等を評価するプログラムである．整数演算の性能評価としてSPECint等の指標が用いられている．

⑦**TPC-C**

端末機器，ネットワーク，ソフトウェアなども含んだシステム全体としての性能を評価するものとして，トランザクション処理性能評議会が策定したTPC-Cが利用されている．

(2) **システムの高信頼化**

コンピュータシステムには集中システムと分散システムがある．システムにおける信頼性を高める手法として，**デュプレックス構成**と**デュアル構成**がある．これらは，コンピュータシステムの一部に故障が生じても，システムを停止させないで正常に続行できるフェールソフトに分類される代表的なシステム構成である．

①**デュプレックス構成**

健全時に1台が主系として動作し，もう1台が待機系となって，いつでも主系故障時に，主系となり得る状態を維持させる．

②**デュアル構成**

2台を同時に運用し，それぞれの処理結果を比較して異常を検知でき

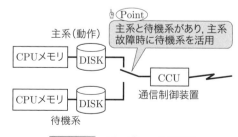

図12・4　デュプレックス構成

るようにしたもので，1台が異常の時は，健全な1台のみで運用を継続させるようにしている．

### ③分散システムの信頼性向上

分散システムにおける信頼性を高める手法として，機能を分散してコンピュータに配置したり，通信制御装置を利用してネットワーク上の他のコン

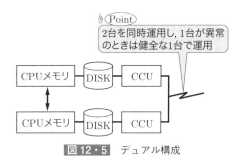

図12・5　デュアル構成

ピュータに処理を振り分けるようにして運用を維持させたりする手法がとられる．

### ④平均故障間隔時間・平均修復時間・稼働率

コンピュータの信頼性を評価するのに用いられる指標として，平均故障間隔時間（MTBF）と平均修復時間（MTTR）がある．

a．**平均故障間隔時間**（MTBF：Mean Time Between Failure）　ある故障が発生してから次の故障が発生するまでの平均時間である．また，MTBFの逆数を**故障率**といい，単位時間当たりの故障率（故障回数）を表す．

$$\mathrm{MTBF} = \frac{正常に稼働している合計時間数（h）}{故障回数} \quad (12・3)$$

b．**平均修復時間**（MTTR：Mean Time To Repair）　故障が発生したときに修理をして再度使用可能になるまでの平均時間である．

$$\mathrm{MTTR} = \frac{修理に要した合計時間数（h）}{故障回数} \quad (12・4)$$

c．**稼働率**　システムが稼働している確率を表す．稼働率は**平均故障間隔時間** MTBFと**平均修復時間** MTTRの両者によって次のように表される．

$$稼働率 = \frac{\mathrm{MTBF}}{\mathrm{MTBF}+\mathrm{MTTR}} \quad (12・5)$$

あるユニットの稼働率の値が $\alpha$ であるとする．図12・6の直列システムでは，一つの構成ユニットが故障すると全体のシステムが故障状態となるから，システム全体の稼働率は $\alpha^2$ となる．また，図12・7の並列システムでは構成ユニットがすべ

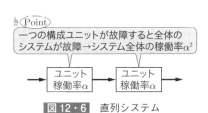

図12・6　直列システム

て故障するときのみ故障状態となる．したがって，並列システムでは，すべての構成ユニットが故障する事象の補事象の確率と考えればよい．一方のユニットが故障する確率は $1-\alpha$ であり，両方のユニットが故障する確率は $(1-\alpha)^2$ となるので，補事象の確率すなわち並列システムの稼働率は $1-(1-\alpha)^2$ で表される．

図 12・7　並列システム

### 例題 1　　　　　　　　　　　　　　　　　　　　　　　H18　問 8

次の文章は，コンピュータの主記憶および補助記憶装置に関する記述である．A群の文章と最も関係が深い語句を B 群の中から選べ．

【解答群】
【A 群】
(1) MOSFET とコンデンサから構成され，コンデンサ内の電荷の有無でデータを記憶している．コンデンサの漏れ電流を伴い情報が消失するため，リフレッシュが必要となる．
(2) 読み取り専用の不揮発性の記憶素子であるが，製造後にも使用者がデータを電気的に書き込みができ，また，電気的に消去ができる半導体記憶装置．
(3) 中央処理装置（CPU）が記憶装置に対して，データの読み取り・書き込みを指令し，アドレスの選択を行い，読み取り・書き込み動作の後のデータ転送が終了するまでの時間．
(4) 補助記憶装置のデータファイル処理時におけるレコード処理方式の一つであり，記憶装置内のレコード格納場所にアドレスがつけられており，データ格納時アドレスを指定してデータが書き込まれる．読み取り時も，アドレスを指定してデータを読み取るので，レコードの並び順に関係なく，どのレコードもほぼ同じ速さで読み取り・書き込みができる．
(5) 光磁気ディスクへの記録方式の一つであり，一定方向に磁化された磁性薄膜に対して，一定の磁界をかけながらレーザ光の照射により情報ビットを記録する方式．

【B 群】
(イ) バイポーラ形スタティック RAM　　(ロ) UV-EPROM　　(ハ) EEPROM

## 12-1 コンピュータの構成

| | | |
|---|---|---|
| （ニ）MOS 形スタティック RAM | （ホ）マスク ROM | （ヘ）多重アクセス方式 |
| （ト）シーケンシャルアクセス方式 | （チ）アクセス時間 | （リ）磁界変調記録 |
| （ヌ）MOS 形ダイナミック RAM | （ル）ランダムアクセス方式 | |
| （ヲ）アイドル時間 | （ワ）光変調記録 | （カ）レコード時間 |
| （ヨ）電界変調記録 | | |

**解 説** (1)〜(4) に関して，本節 2 項で解説しているため，参照する．(5) に関して，光磁気ディスク（MO ディスク）は，光と磁気の相互作用を利用し，光変調記録方式を用いてデータを書き込み保持するものである．

【解答】(1) ヌ　(2) ハ　(3) チ　(4) ル　(5) ワ

### 例題 2 ‥‥‥‥‥‥‥‥‥‥‥‥‥‥‥‥‥‥‥‥‥ H14　問 8

次の文章は，半導体メモリに関する記述である．

半導体メモリには，あらかじめ記憶した情報の読み出し専用に用いられる ROM と，任意番地への書き込み・読み出しが行える RAM とがある．

ROM は，主メモリの一部や基本的なプログラムを記憶する制御メモリとして使用され，製造時にプログラムやデータを書き込み，以降の書き換えができないマスク ROM や，使用時に 1 回だけ書き換えができる PROM がある．さらに，ROM の一種であるが，パッケージの窓から □(1)□ を照射することにより内容を消去して再書き込みができる EPROM や，電圧をかけることにより内容を消去して再書き込みができる EEPROM がある．

RAM は，計算機の主メモリや □(2)□ メモリに使用されている．この RAM には，書き込んだ情報が電源を切るまで消えない SRAM と，一定の時間間隔で情報を書き直す必要のある DRAM とがある．SRAM は，用いられるトランジスタにより，MOS 形と □(3)□ 形とに大別できるが，いずれも □(4)□ 回路を構成しており，1 ビットの情報を記憶させる基本的なメモリである．DRAM は，コンデンサとトランジスタで構成され，コンデンサ内の電荷の有無でデータを記憶している．実際には，コンデンサの漏れ電流をなくすことができないので □(5)□ 動作が必要となるが，構成素子を減らすことができ，集積度の点で SRAM よりも優れている．

【解答群】

| | | |
|---|---|---|
| （イ）バイポーラ | （ロ）クリア | （ハ）γ 線 |
| （ニ）キャッシュ | （ホ）AD 変換 | （ヘ）pn 接合ダイオード |
| （ト）セットアップ | （チ）紫外線 | （リ）PLL |
| （ヌ）光ディスク | （ル）リフレッシュ | （ヲ）DOS |

**12章**
情報伝送・処理・メカトロニクス

471

情報伝送・処理・メカトロニクス

（ワ）磁性体 　　　　（カ）フリップフロップ 　　（ヨ）赤外線

解　説　 本節 2 項で説明しているので，参照する．

【解答】(1) チ　(2) ニ　(3) イ　(4) カ　(5) ル

---

例題 3 ・・・・・・・・・・・・・・・・・・・・・・・・・・・・・・・・・・・・・・・・・・・・・・・・・・・・・・・・・・・・・・・・・・・ H21　問 8

次の文章は，コンピュータシステムの性能に関する記述である．

コンピュータシステムは，その用途に合わせて構成されるので，単純にその処理性能を比較することはできないが，マイクロプロセッサの処理性能を比較するための基準としては，下式で求められる処理時間が用いられる．

処理時間 ＝ 　(1)　 × CPI × 命令数

ここで，マイクロプロセッサは動作クロックと呼ばれるパルス信号に同期して処理を行い，　(1)　 は 1 クロック当たりの時間であり，CPI は 1 命令当たりに使用する平均クロック数である．マイクロプロセッサの処理能力の評価指標としては，1 秒間に実行できる命令数を 100 万単位で表す 　(2)　 や，1 秒間に実行できる浮動小数点演算数で表す 　(3)　 などがある．

また，コンピュータシステムの処理効率や操作性等を評価する標準的なプログラムをベンチマークプログラムと呼び，整数演算の性能評価として 　(4)　 などの指標が用いられている．

端末機器，ネットワーク，ソフトウェアなども含んだシステム全体としての性能を評価するものとして，トランザクション処理性能評議会が策定した 　(5)　 が利用されている．さらに，最近では，消費電力効率などの性能評価も重要視されている．

【解答群】

（イ）FLEPS 　　　　（ロ）アクセスタイム 　　　　（ハ）MIPS
（ニ）TCIP 　　　　　（ホ）MTBF 　　　　　　　　（ヘ）SPECint
（ト）動作周波数 　　 （チ）FPU 　　　　　　　　　（リ）TPC-C
（ヌ）SPEC fp 　　　 （ル）クロックサイクルタイム （ヲ）TSS
（ワ）FLOPS 　　　　（カ）SPECcom 　　　　　　 （ヨ）MTTR

---

解　説　 本節 4 項で解説しているので，参照する．

【解答】(1) ル　(2) ハ　(3) ワ　(4) ヘ　(5) リ

## 12-1 コンピュータの構成

### 例題4 ・・・・・・・・・・・・・・・・・・・・・・・・・・・・・・・・・・・・・・・・・・・・・・・・ H17 問8

　次の文章は，コンピュータシステムの信頼性に関する記述である．

　高い信頼性が求められるコンピュータシステムでは，障害が起こりにくいように，また，障害が発生した際には，柔軟に対応できるように，信頼性向上対策としていくつかのシステム構成が考えられている．デュプレックスシステムや　(1)　システムなどは，コンピュータシステムの一部に故障が生じても，システムを停止させないで正常に続行できるフェイルソフトに分類される代表的なシステムの構成方法である．

　システムの信頼性を表す指標の一つとして，　(2)　が用いられ，これは平均故障間隔と　(3)　の両者によって表される．あるユニットの　(2)　の値が $\alpha$ であるとすれば，このユニットを二つ使用してシステムを構成したとき，システム全体の指標は，ユニットを直列に構成した場合には　(4)　で表され，ユニットを並列に構成した場合には　(5)　で表される．

【解答群】

| | | |
|---|---|---|
| (イ) $\alpha^2$ | (ロ) 平均故障寿命 | (ハ) $1-(1-\alpha)^2$ |
| (ニ) シンプレックス | (ホ) $2\alpha$ | (ヘ) デュアル |
| (ト) 故障率 | (チ) 平均修復時間 | (リ) $2/\alpha$ |
| (ヌ) $\alpha/2$ | (ル) 故障回復率 | (ヲ) 平均動作可能時間 |
| (ワ) $1-2\alpha^2$ | (カ) 稼働率 | (ヨ) ロードシェアリング |

**解 説**　本節4項で解説しているため，参照する．

【解答】(1) ヘ　(2) カ　(3) チ　(4) イ　(5) ハ

**12**章

情報伝送・処理・メカトロニクス

# 12-2 論理回路

攻略の
ポイント

本節に関して，電験3種では論理演算，論理式，論理回路と頻出分野であるが，2種では組合せ回路や順序回路，フリップフロップ，加算器など回路の機能を問う出題となっている.

## 1 論理演算

コンピュータはデータを2進数の0と1で処理しており，この二つの値で扱うデータを**論理データ**という．**ビット**とは，1桁の2進数の最小単位 0,1 をいい，〔b〕で表す．また，2進数の8ビットを1**バイト**といい，〔B〕で表し，4バイトが32ビットとなる．コンピュータは通常2進数が使用されるが，桁数が多くなるため，2進数を4ビットに区切った16進数が利用される．この2進数，10進数，16進数の関係を表 12・1 に示す．

**表 12・1** 2進数，10進数，16進数の関係

| 2進数 | 10進数 | 16進数 | 2進数 | 10進数 | 16進数 |
|------|-------|-------|------|-------|-------|
| 0000 | 0 | 0 | 1000 | 8 | 8 |
| 0001 | 1 | 1 | 1001 | 9 | 9 |
| 0010 | 2 | 2 | 1010 | 10 | A |
| 0011 | 3 | 3 | 1011 | 11 | B |
| 0100 | 4 | 4 | 1100 | 12 | C |
| 0101 | 5 | 5 | 1101 | 13 | D |
| 0110 | 6 | 6 | 1110 | 14 | E |
| 0111 | 7 | 7 | 1111 | 15 | F |

論理データの計算を**論理演算**といい，**論理回路**にて行われる．論理演算は，論理積回路（AND），論理和回路（OR），否定回路（NOT）の基本論理回路を組み合わせて設計される．表 12・2 は，論理回路の論理式・図記号・真理値表を示す．

論理回路の設計において，真理値表の形ではなく，簡単な式の形で表すと便利である．このための2進数の算術が**ブール代数**である．表 12・3 はブール代数則を示す．

12-2 論理回路

**表12・2** 論理回路の論理式・図記号・真理値表

| 論理演算 | 論理式 | 図記号 | 真理値表 | | |
|---|---|---|---|---|---|
| 論理積<br>（AND） | $C=A \cdot B$ | $A$ $B$ → $C$ | $A$ | $B$ | $A \cdot B$ |
| | | | 0 | 0 | 0 |
| | | | 0 | 1 | 0 |
| | | | 1 | 0 | 0 |
| | | | 1 | 1 | 1 |
| 論理和<br>（OR） | $C=A+B$ | $A$ $B$ → $C$ | $A$ | $B$ | $A+B$ |
| | | | 0 | 0 | 0 |
| | | | 0 | 1 | 1 |
| | | | 1 | 0 | 1 |
| | | | 1 | 1 | 1 |
| 否定<br>（NOT） | $C=\overline{A}$ | $A$ → $C$ | $A$ | $\overline{A}$ | |
| | | | 0 | 1 | |
| | | | 1 | 0 | |
| 否定論理積<br>（NAND） | $C=\overline{A \cdot B}$ | $A$ $B$ → $C$ | $A$ | $B$ | $\overline{A \cdot B}$ |
| | | | 0 | 0 | 1 |
| | | | 0 | 1 | 1 |
| | | | 1 | 0 | 1 |
| | | | 1 | 1 | 0 |
| 否定論理和<br>（NOR） | $C=\overline{A+B}$ | $A$ $B$ → $C$ | $A$ | $B$ | $\overline{A+B}$ |
| | | | 0 | 0 | 1 |
| | | | 0 | 1 | 0 |
| | | | 1 | 0 | 0 |
| | | | 1 | 1 | 0 |
| 排他的論理和<br>（EOR, XOR） | $C=(\overline{A} \cdot B+A \cdot \overline{B})$ | $A$ $B$ → $C$ | $A$ | $B$ | $A \mathrm{XOR} B$ |
| | | | 0 | 0 | 0 |
| | | | 0 | 1 | 1 |
| | | | 1 | 0 | 1 |
| | | | 1 | 1 | 0 |

12章

情報伝送・処理・メカトロニクス

**情報伝送・処理・メカトロニクス**

表 12・3　ブール代数則

| 公理 | 論理変数を$A$とすると, $A \neq 1$ならば$A=0$, $A \neq 0$ならば$A=1$<br>（否定）$\overline{0}=1$　$\overline{1}=0$<br>（論理積）$0 \cdot 0=0$　$0 \cdot 1=0$　$1 \cdot 0=0$　$1 \cdot 1=1$<br>（論理和）$0+0=0$　$0+1=1$　$1+0=1$　$1+1=1$ | | |
|---|---|---|---|
| 定理 1<br>恒等法則 | $0+A=A$<br>$1 \cdot A=A$ | 定理 6<br>吸収法則 | $A+A \cdot B=A$<br>$A \cdot (A+B)=A$ |
| 定理 2<br>同一法則 | $A+A=A$<br>$A \cdot A=A$ | | $A+\overline{A} \cdot B=A+B$<br>$\overline{A}+A \cdot B=\overline{A}+B$ |
| 定理 3<br>交換法則 | $A+B=B+A$<br>$A \cdot B=B \cdot A$ | 定理 7<br>復元法則 | $\overline{\overline{A}}=A$ |
| 定理 4<br>分配法則 | $A \cdot (B+C)$<br>　$=A \cdot B+A \cdot C$<br>$A+B \cdot C$<br>　$=(A+B) \cdot (A+C)$ | 定理 8<br>補元法則 | $A+\overline{A}=1$<br>$A \cdot \overline{A}=0$ |
| 定理 5<br>結合法則 | $A+(B+C)$<br>　$=A+B+C$<br>$A \cdot (B \cdot C)$<br>　$=(A \cdot B) \cdot C$ | 定理 9<br>ド・モルガンの法則 | $\overline{A+B}=\overline{A} \cdot \overline{B}$<br>$\overline{A \cdot B}=\overline{A}+\overline{B}$ |

## 2　論理回路

### (1) 論理回路の分類

論理回路を論理的な機能から分類すると，**組合せ回路**と**順序回路**に大別できる.

### ①組合せ回路

組合せ回路は，現在の入力だけで出力が決まる論理回路である. 組合せ回路には，論理和（OR），論理積（AND），否定（NOT）等の基本論理回路や切換回路（マルチプレクサ）等がある.

### ②順序回路

順序回路は，出力内容が現在の入力値および過去の入力系列の値との関係のうえで決められる回路である. 双安定マルチバイブレータとも呼ばれ，二つの安定状態を記憶する回路であって，入力が与えられると他の安定状態に遷移できる機能をもつ各種のフリップフロップや，それを使用したレジスタ回路，カウンタ回路などがある.

### (2) 半加算器（Half Adder）と全加算器（Full Adder）

半加算器は，図 12・8 のように，2 進数の同じ桁どうしの加算を行い，桁上りは

桁上り出力を出す論理回路を加えた構成となっている．

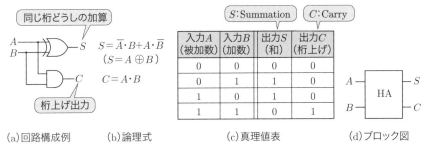

**図 12・8** 半加算器（Half Adder）

全加算器は，図 12・9 のように，入力 $A_n$ と $B_n$，下位からの桁上げの入力 $C_{n-1}$ を加えた回路から構成される．

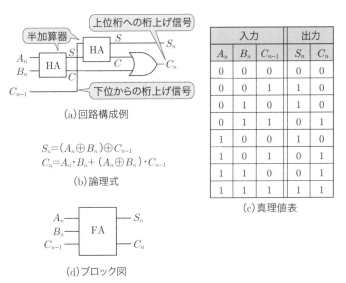

**図 12・9** 全加算器（Full Adder）

## (3) フリップフロップ回路

フリップフロップ回路は，次の信号が来るまで出力状態を保持する記憶回路であり，コンピュータの基本回路の一つである．フリップフロップは入力 1 個か 2 個，出力 2 個の端子（$Q$, $\overline{Q}$）を持つ．

## 情報伝送・処理・メカトロニクス

### ①RS フリップフロップ

図12・10は，RS フリップフロップの回路構成，図記号，真理値表，タイムチャートを示す．入力端子に $R$ 端子と $S$ 端子，出力端子に $Q$ 端子と $\overline{Q}$ 端子をもつ．

ここで，$R = S = 1$ とすると $Q$ と $\overline{Q}$ が不定となるため，この使用方法は禁止される．

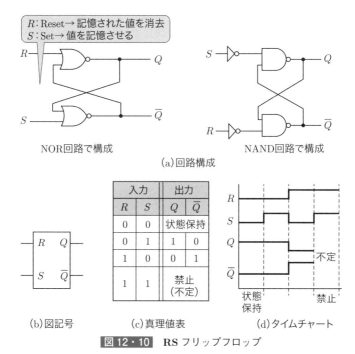

図12・10　RS フリップフロップ

### ②JK フリップフロップ

クロック（$CK$）端子に入力される信号により，入力の読み込みと出力のタイミングが同期して動作するフリップフロップである．クロック端子に入力されるクロック信号のうち，立上りのエッジでデータを取り込むものをポジティブエッジトリガといい，┌┐のように表記する．一方，立下りのエッジでデータを取り込むものをネガティブエッジトリガといい，└┘のように表記する．

JK フリップフロップは，図12・11に示すように，入力端子にクロック（$CK$）端子，$J$，$K$ 端子を持ち，$CK$ 端子に入力された信号のタイミングで $Q$ 端子に出力される．$J$ は「セット」，$K$ は「リセット」に対応しており，RS フリップフロップの

「$S$」と「$R$」と同じ役割を持つ．JK フリップフロップは，RS フリップフロップの $S=1$，$R=1$ が「禁止」という制限を取り除いた回路である．

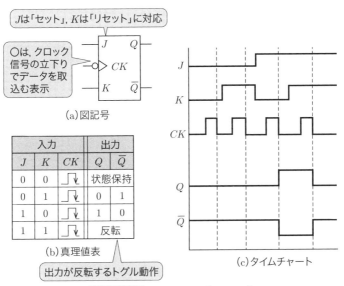

**図 12・11** JK フリップフロップ

### (4) エンコーダとデコーダ
**エンコーダ**は符号化回路（暗号を作り出す回路），**デコーダ**は復号回路（暗号を解読して元の情報に戻す回路）である．例えば，10 進数を 2 進数に変換する装置がエンコーダ，2 進数を 10 進数に変換する装置をデコーダという．

### (5) 文字データ
文字情報を 2 進数により表現したものを**文字コード**という．英数字は大文字，小文字，記号を含め 100 種類以下なので，$2^8 = 256$ から，8 ビット（1 バイト）ですべての英数字を表現することができる．代表的な文字コードを表 12・4 に示す．

**情報伝送・処理・メカトロニクス**

表 12・4　文字コード

| 名　称 | 特　徴 |
|---|---|
| EUCコード | UNIXの国際化対応のために体系化されたコードであり, 漢字も表現できる. |
| Unicode | アメリカのベンダによるコンソーシアムが提唱した2バイトコードで, ISOの標準となっている. |
| シフトJISコード | キャラクター切替えのエスケープシーケンスを用いることなく, 1バイト目を読み込めば, 半角英数字の1バイト文字であるか漢字の2バイト文字であるかが区別できる. |
| ASCIIコード | アメリカのANSIによって設定された規格である. 文字コードは7ビットで表示し, 8ビット目はパリティビットとして使用し, 128種類のローマ字, 数字, 記号, 制御コードで構成される. |
| EBCDICコード | IBMが開発した1バイト(8ビット)コードで, 汎用大型コンピュータを中心に普及している. |

## (6) 論理回路が搭載される集積回路

論理回路が搭載される集積回路（IC）は，**汎用論理 IC** と**特定用途向け IC** に分類される.

### ①MPU

汎用論理 IC の一つである **MPU（Micro Processor Unit）**は，記述されたプログラムをシーケンシャルに命令実行処理を必要とするノイマン形コンピュータに用いられている.

### ②ASIC

特定用途向け IC として，ある特定用途の論理回路演算を実行処理する複数の回路で構成した集積回路である **ASIC（Application Specific Integrated Circuit）**は，最近，多くのディジタル電子機器に用いられている. この特定用途向け IC の設計では，複雑な論理式を簡略化する圧縮が重要である. 圧縮法としては，計算機による機械的なアルゴリズム処理が容易なクワイン・マクラスキー法が著名であり，複数入力・複数出力のブール関数を簡単化することができる.

12-2 論理回路

例題5 ......................................................... H10 問8

A 群の文章と最も関係の深い語句を B 群の中から選べ.

【解答群】

【A 群】

(1) 2 個以上の入力端子と 1 個の出力端子をもち,すべての入力端子に「0」が入力された場合に出力端子に「1」を出力し,少なくとも一つの入力端子に「1」が入力された場合は,「0」を出力する回路.

(2) 二つの出力端子をもち,入力を与えない限り出力内容が変化せず,同じ状態を保持している回路.

(3) 出力内容が,現在の入力値で決まるのではなく過去の入力系列の値との関係のうえで決められる回路.

(4) コンピュータに入力される文字,数値（10 進数）,記号などを 2 進数へ変換する回路.

(5) 二つの 2 進数の和を作る回路であって,3 個の入力端子と 2 個の出力端子があり,それらの中に桁上がり回路が含まれている.

【B 群】

| | | |
|---|---|---|
| (イ) レジスタ | (ロ) 符号化回路（エンコーダ） | (ハ) 遅延回路 |
| (ニ) 順序回路 | (ホ) ExOR 回路 | (ヘ) 半加算器 |
| (ト) フリップフロップ回路 | (チ) トランジスタ回路 | (リ) ライブラリ |
| (ヌ) NOR 回路 | (ル) 全加算器 | (ヲ) 組合せ回路 |
| (ワ) ダイオード回路 | (カ) 複合回路（デコーダ） | (ヨ) NAND 回路 |

解 説　本節で解説しているので,参照する.

【解答】(1) ヌ　(2) ト　(3) ニ　(4) ロ　(5) ル

12章

情報伝送・処理・メカトロニクス

481

情報伝送・処理・メカトロニクス

## 例題6 ・・・・・・・・・・・・・・・・・・・・・・・・・・・・・・・・・・・・・・・・・・・・・・・・・・・・ H23　問8

　論理回路を論理的な機能の点から分類すると，現在の入力だけで出力が決まる
　(1)　と，現在の入力および過去の入力系列で出力が決まる順序回路に大別でき
る．前者には，論理和（OR），論理積（AND），否定（NOT）などの基本論理回路や，
切換回路（マルチプレクサ）などがある．後者には，双安定マルチバイブレータとも
呼ばれ，二つの安定状態を記憶する順序回路であって，入力が与えられると他の安定
状態に遷移できる機能をもつ各種の　(2)　や，それを使用したレジスタ回路，カ
ウンタ回路などがある．

　また，このような論理回路が搭載される集積回路（IC）は，汎用論理 IC と特定用
途向け IC に分類される．汎用論理 IC の一つである MPU（Micro Processor Unit）は，
記述されたプログラムをシーケンシャルに命令実行処理を必要とする　(3)　に用
いられている．一方，後者の IC として，ある特定用途の論理回路演算を実行処理す
る複数の回路で構成した集積回路である　(4)　は，最近，多くのディジタル電子
機器に用いられている．この特定用途向け IC の設計では，複雑な論理式を簡略化す
る圧縮が重要である．圧縮法としては，計算機による機械的なアルゴリズム処理が容
易な　(5)　が著名であり，複数入力・複数出力のブール関数を簡単化することが
できる．

【解答群】
（イ）量子コンピュータ　　　　　　（ロ）ASIC（Application Specific Integrated Circuit）
（ハ）ニューロコンピュータ　　　　（ニ）コレスキー法　　　（ホ）フリップフロップ
（ヘ）クワイン・マクラスキー法　　（ト）論理和否定　　　　（チ）計算回路
（リ）解析回路　　（ヌ）ノイマン形コンピュータ　　　　　　（ル）カルノー図法
（ヲ）DSIC（Dedicated Specific Integrated Circuit）　　　　（ワ）排他的論理和
（カ）PSIC（Preset Specific Integrated Circuit）　　　　　（ヨ）組合せ回路

---

**解　説**　本節で解説しているため，参照する．

【解答】(1) ヨ　(2) ホ　(3) ヌ　(4) ロ　(5) ヘ

# 12-3 ソフトウェア

**攻略のポイント**　本節に関して，電験3種では簡単なフローチャートが出題される程度であるが，2種ではオペレーティングシステムの役割やタスク管理，プログラム言語やデータベースなど少し高度な出題がされている．

## 1　ソフトウェア

ハードウェアがコンピュータ等の装置を呼ぶのに対し，ソフトウェアは「データ処理システムを機能させるためのプログラム・手順・規則・関連文書等を含む知的な創作」である．ソフトウェアの種類は図12・12に示す．

### (1) 基本ソフトウェア

コンピュータのCPU・記憶装置・入出力装置等を管理し，効率よく使用するためのソフトウェアで，広義のオペレーティングシステム（OS）である．

### (2) ミドルウェア

基本ソフトウェアと応用ソフトウェアの中間に位置するソフトウェアである．基本ソフトウェアの機能を利用し，様々な応用分野に共通する機能を提供する．

### (3) 応用ソフトウェア

文書の作成，数値計算，各種の業務処理など，特定目的のためのソフトウェアである．

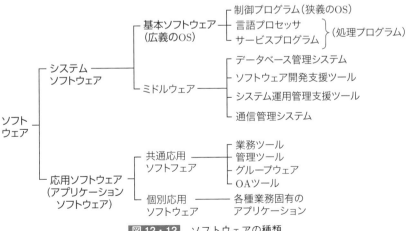

図12・12　ソフトウェアの種類

情報伝送・処理・メカトロニクス

## 2 ▶ オペレーティングシステム

### (1) オペレーティングシステムの目的と機能

**オペレーティングシステム（OS）**は，コンピュータを効率的に使用するため，CPU，記憶装置，入出力装置を動作させるための各種プログラムを統合したものである．代表的な例として，Windows，UNIX，MacOS等がある．

オペレーティングシステムの目的は，コンピュータのハードウェアを有効に活用して処理能力の向上を図ること，コンピュータの信頼性や安全性を確保することである．

**ジョブ**とは，ユーザーがコンピュータに依頼する仕事の単位で，一つのジョブは複数のプログラムから構成されている．ジョブステップは**タスク**という単位に分割できる．タスクはコンピュータから見た仕事の単位で，一つのジョブステップが多数のタスクに分割される．

狭義のオペレーティングシステムである**制御プログラム**の機能は，ジョブ管理，タスク管理，データ管理，記憶管理，運用管理，障害管理，入出力管理，通信管理からなる．

#### ①ジョブ管理

ジョブを受け取り，ジョブを構成するジョブステップごとに実行を監視・制御する機能である．

#### ②タスク管理

オペレーティングシステムは，スループットを高めるために，複数のタスクに対して，優先度に基づき CPU やメモリ，通信インタフェースなどのハードウェア資源を効率的に割り当て，システム全体の遊び時間を少なくしている．このように，タスクを管理して，ハードウェア資源を有効活用する機能を**タスク管理**という．タスクは，オペレーティングシステムの管理のもと，実行状態，実行可能状態，待ち状態の三つの状態を遷移しながら処理される．

タスクは生成されると，実行可能状態となる．実行状態にあるタスクから CPU の占有が解かれると，タスクディスパッチャが実行可能状態にあるタスクの中から最も優先度の高いタスクに CPU の使用権を与え，実行状態に移行させる．これを**ディスパッチング**という．

複数のタスクを切り替えて実行する場合，タスクの切替タイミングが重要となる．

一例として，外部や内部の割込みにより発生する状態変化のタイミングを用いるイベントドリブン方式がある．

　タスクの実行順序は，FIFO と呼ばれる構造の待ち行列にタスクを格納して処理を行う到着順方式や，処理時間の短いタスクを最初に実行する処理時間順方式がある．その他に，あらかじめタスクに優先度を付与しておき，優先順位に従って処理する方式がある．しかし，この方式では，優先度の低いタスクが実行されないスタベーションと呼ばれる現象が起こる可能性があり，動的に優先度を変更する対策等が行われる．

### ③記憶管理

　記憶管理には，**実記憶管理**と**仮想記憶管理**とがある．実記憶管理は，実際に存在する記憶装置を管理する．仮想記憶装置は，物理的な主記憶装置より大きな記憶空間を実現する仕組みである．**仮想記憶管理（制御）**とは，主記憶装置の容量に依存しない大きなアドレス空間を提供するために，プログラムやデータを大容量の補助記憶装置に配置しておき，必要に応じてそれらを主記憶装置の空き領域にロードする．

## (2) オペレーティングシステムの処理能力向上

### ①マルチタスキング

　CPU の使用効率を向上するために，主記憶上に存在する実行可能な複数のプログラムを，1 台の CPU で見かけ上同時に実行する．プログラムの切替は入出力装置の動作待ち等の状況に応じて行われる．

### ②割込み処理

　緊急を要する処理が必要とされる場合は，現在実行中の処理を割込みによって中断し，割込みを先行処理する．そして割込み処理が完了すると，中断した処理に戻る．

### ③排他制御

　あるタスクが相互干渉のあってはならない資源にアクセスする場合，処理が完了するまでは，他のタスクがその資源にアクセスできないようにする．

### ④スプーリング

　CPU や主記憶装置と入出力装置との処理速度の差によるスループットの低下を緩和するために，カードリーダやプリンタなどの入出力データを，高速大容量である磁気ディスク装置などの補助記憶装置に一時保存した後，入出力する．

情報伝送・処理・メカトロニクス

## 3 ソフトウェア開発とプログラム言語

### (1) ソフトウェア開発手法

#### ①ウオーターフォール型

全体を要件定義，外部設計，内部設計，プログラミング設計，プログラミング，テストの工程に分け，一つの工程が終わったら次の工程に移る．ウオーターフォール型のテストは，モジュールの単体テストから開始し，結合テスト，システムテストへとボトムアップ的に行う．ウオーターフォール型は，進捗管理がしやすく，手戻りを最小にできるメリットがある一方で，途中変更の負担が大きいなどのデメリットもある．

#### ②アジャイル型

最初の要件定義を最小限とし，反復（イテレーション）という小さい単位で設計→実装→テストを細かく繰り返し，プロジェクトを進める．アジャイル型のメリットはユーザーの要望を取り入れやすく，修正工数が少なく，短期間で納品できるメリットがある一方，進捗管理がしにくいといったデメリットもある．

#### ③プロトタイプ型

早い段階で簡単な試作機を作り，最初に製品をイメージし，全体の工数を減らす．プロトタイプ型のメリットは柔軟に対応できるメリットがある一方，作業計画や作業見積もりが困難というデメリットもある．

#### ④スパイラル型

小さい単位で設計，実装，テスト，プロトタイプ（試作）を繰り返してゴールを目指す．アジャイル型に近いものの，まだ品質が保証されていない段階で試作をユーザーに提供する手法はプロトタイプ型を踏襲している．

### (2) プログラム言語

コンピュータを動かすためには，OS やアプリケーションなどのソフトウェアが必要である．このソフトウェアを作るための言語が**プログラム言語**である．このプログラム言語によるコンピュータへの命令において，CPU の制御装置内の命令レジスタに記憶された内容は制御信号に変換され，各種の演算が行われる．この命令内容は**機械語**でやり取りされ，**2 進数**が用いられる．2 進数は 4 桁で 0～15 の数値を表現できるため，4 桁分を **16 進数**として使うことが多い．

プログラム言語には，**低水準言語**と**高水準言語**がある．機械語は低水準言語であ

486

る．機械語命令は，基本動作を表す命令コードと命令の対象となる数値やデータの
アドレスなどを表現する**オペランド**により構成される．これらのコードやオペラン
ドはいずれも2進数の数値データで表現されるため，人間が直接理解することは難
しい．このため，機械語をテキストと1対1対応させることでわかりやすくした言
語が**アセンブリ言語**（アセンブラ言語またはアセンブラともいう）である．記入さ
れた命令（ニモニックコード）は，**アセンブラ**により機械語に変換・実行される．

　一方，高水準言語は人間にとって理解しやすい構文で書かれている言語である．
高水準言語は，一文で複数の機械命令を表すだけでなく，特定のコンピュータに依
存せず汎用性がある．高水準言語で作成されたソースコード（プログラムの文章）
を機械語に変換するプログラムを**コンパイラ**といい，コンパイラで変換される言語
を**コンパイラ言語**という．この変換作業によって，人間が理解しやすい原始プログ
ラムは目的プログラムとなり，さらに別のプログラムやライブラリと結合させて実
行可能プログラムとなる．コンパイラ言語は実行速度が速いなどの特徴があり，代
表的なコンパイラ言語としてはCやJavaなどがある．

　他方，実行時に原始プログラムを一文ずつ解釈し，逐次実行していく言語として
**インタプリタ言語**がある．この言語は，コンパイラ言語に対してプログラム変更手
順が容易であるが，実行速度は遅くなる．代表的なインタプリタ言語としては，
Python，JavaScriptなどがある．

## 4 ▶ データベース

　データベースを論理データベースで分類すると，**階層型データベース**，**ネット
ワーク型データベース**，**リレーショナル型データベース**に分けられる．前者の二つ
のデータベースでは，レコードを親子に分け，レコードの親子関係がそれぞれ$1:n$，$m:n$となっており，これらを総称して**構造データベース**と呼ぶ．

　データベースを定義・操作する言語を**データベース言語**といい，ネットワーク型
データベースではNDL，リレーショナル型データベースではSQLが規定されて
いる．

### ①階層型データベース

　データを階層構造として格納・整理し，対象のデータを親子関係のように構築す
る．そこで，データはツリー構造に$1:n$の親子関係になり，子データは一つの親
データをもち，データへのアクセス経路は一つとなる．

情報伝送・処理・メカトロニクス

## ②ネットワーク型データベース

　階層型データベースを発展させたもので，網目の形で表現する．親となるデータは一つとは限らず，子データは $m:n$ の複数の親データをもつことが可能である．

　データへのアクセス経路は複数できる．事務処理プログラム言語を開発するために設立されたデータベース言語協会の名前にちなんで，**CODASYL 型データベース**とも呼ばれる．

## ③リレーショナル型データベース

　データを 2 次元の表形式で管理し，表の各行がレコード，各列がレコードの項目に対応する．表の中で行をユニークに識別する列のことを主キーと呼び，データ冗長性を排除する正規化の際の考慮点となる．

---

**例題 7** ・・・・・・・・・・・・・・・・・・・・・・・・・・・・・・・・・・・・・・・・・・・・・・・・・・・・・・・ H11　問 8

　次の文章はコンピュータのオペレーティングシステムの役割に関する記述である．A 群の文章と最も関係が深い語句を B 群の中から選べ．

【解答群】

【A 群】

(1)　主記憶装置の容量に依存しない大きなアドレス空間を提供するために，プログラムやデータを大容量の補助記憶装置に配置しておき，必要に応じてそれらを主記憶装置の空き領域にロードすること．

(2)　CPU の使用効率を向上するために，主記憶上に存在する実行可能な複数のプログラムを，1 台の CPU で見かけ上同時に実行すること．プログラムの切替は入出力装置の動作待ちなどの状況に応じて行われる．

(3)　あるタスクが相互干渉のあってはならない資源にアクセスする場合，処理が完了するまでは，他のタスクがその資源にアクセスできないようにすること．

(4)　実行の準備ができているジョブまたはタスクに対して，CPU の使用権を割当てること．

(5)　CPU や主記憶装置と入出力装置との処理速度の差によるスループットの低下を緩和するために，カードリーダやプリンタなどの入出力データを，高速大容量である磁気ディスク装置などの補助記憶装置に一時保存した後，入出力すること．

【B 群】

| (イ) キャッシング | (ロ) 排他制御 | (ハ) 主記憶制御 |
| (ニ) 同期制御 | (ホ) ディスパッチング | (ヘ) タイムシェアリング |
| (ト) スケジューリング | (チ) 割込み制御 | (リ) スプーリング |

488

**12-3 ソフトウェア**

（ヌ）マルチタスキング　　（ル）マルチプロセッシング　　（ヲ）補助記憶制御

（ワ）仮想記憶制御　　　　（カ）コーディング　　　　　　（ヨ）スワッピング

**解　説**　本節 2 項で解説しているため，参照する．

【解答】（1）ワ　（2）ヌ　（3）ロ　（4）ホ　（5）リ

---

**例題 8** ··················································· R2　問 8

オペレーティングシステムは，複数のタスクに対して，優先度に基づき CPU やメモリ，通信インタフェースなどのハードウェア資源を効率的に割り当て，システム全体の遊び時間を少なくすることで　(1)　を高めている．このように，タスクを管理して，ハードウェア資源を有効活用する機能をタスク管理という．

タスクは生成されると，　(2)　状態となる．実行状態にあるタスクから CPU の占有が解かれると，タスクディスパッチャが　(2)　状態にあるタスクの中から最も優先度の高いタスクに CPU の使用権を与え，実行状態に移行させる．

複数のタスクを切り替えて実行する場合，タスクの切替タイミングが重要となる．一例として，外部や内部の　(3)　により発生する状態変化のタイミングを用いるイベントドリブン方式がある．

タスクの実行順序は，　(4)　と呼ばれる構造の待ち行列にタスクを格納して処理を行う到着順方式や，処理時間の短いタスクを最初に実行する処理時間順方式がある．その他に，あらかじめタスクに優先度を付与しておき，優先順位に従って処理する方式がある．しかしこの方式では，優先度の　(5)　タスクが実行されないスタベーションと呼ばれる現象が起こる可能性があり，動的に優先度を変更する対策などが行われる．

【解答群】

| | | | |
|---|---|---|---|
|（イ）メモリ使用量|（ロ）低い|（ハ）実行可能|（ニ）FILO|
|（ホ）同じ|（ヘ）高い|（ト）待ち|（チ）FIFO|
|（リ）LIFO|（ヌ）スループット|（ル）クロックスピード|（ヲ）割込み|
|（ワ）ベンチマーク|（カ）中断|（ヨ）データ通信||

**解　説**　本節 2 項で解説しているため，参照する．

【解答】（1）ヌ　（2）ハ　（3）ヲ　（4）チ　（5）ロ

**12**章
情報伝送・処理・メカトロニクス

489

**情報伝送・処理・メカトロニクス**

### 例題 9 ・・・・・・・・・・・・・・・・・・・・・・・・・・・・・・・・・・・・・・・・・・・・・・・・・・・・・・・・・ R1　問 8

　マイクロコンピュータのプログラム命令は，メモリから命令レジスタに読み込まれた後，命令デコーダで解読されて制御回路へ伝達される．このようなマイクロコンピュータが直接理解できるプログラム命令は，2 進数で記述された機械語である．機械語を扱うときには 2 進数 4 桁分を表す　(1)　進数を用いることが多い．

　一般的に機械語命令は，基本動作を表す命令コードと命令の対象となる数値やデータのアドレスなどを表現する　(2)　によって構成される．例えば，相対アドレスを指定する場合は，プログラムカウンタの値に　(2)　によって指定した値を加えて，目的のアドレスを算出する．停止命令や無操作命令など，一部の命令では　(2)　のない命令もある．

　　(3)　は，機械語とほぼ 1 対 1 に対応したニモニックを用いる言語で，機械語よりもプログラムの内容がわかりやすい．機械語や　(3)　を低水準言語という．

　人間が理解しやすいように記述した原始プログラムを一括して機械語などの低水準言語に変換する言語を総称して，　(4)　言語という．この変換作業によって原始プログラムは目的プログラムとなり，さらに別のプログラムや　(5)　と結合させて実行可能プログラムとなる．

　実行時に原始プログラムを一文ずつ解釈し，逐次実行していく言語としてインタプリタ言語がある．この言語は，　(4)　言語に対してプログラム変更手順が容易であるが，実行速度は遅くなる．

【解答群】
（イ）アセンブラ　　（ロ）非手続き形　　（ハ）インデックスレジスタ　　（ニ）ライブラリ
（ホ）オペコード　　（ヘ）エミュレータ　　（ト）オブジェクト指向　　　（チ）10
（リ）16　　　　　（ヌ）オペランド　　（ル）HTML　　　　　　　　（ヲ）8
（ワ）C 言語　　　（カ）リンカ　　　　（ヨ）コンパイラ

---

**解　説**　本節 3 項で解説しているため，参照する．

【解答】(1) リ　(2) ヌ　(3) イ　(4) ヨ　(5) ニ

## 12-3 ソフトウェア

**例題 10** ...................................................................... **H16　問8**

データベースを論理データベースで分類すると，　(1)　型データベース，ネットワーク型データベース，リレーショナル型データベースに分類される．前者の二つのデータベースでは，レコードを親子に分け，レコードの親子関係が，それぞれ $1:n$，$m:n$ となっており，これらを総称して　(2)　データベースと呼ぶことがある．ネットワーク型データベースは，事務処理プログラム言語を開発するために設立されたデータベース言語協会の名前にちなんで，　(3)　型データベースとも呼ばれる．リレーショナル型データベースはデータを 2 次元の表形式で管理し，表の各行がレコード，各列がレコードの項目に対応する．表の中で行をユニークに識別する列のことを　(4)　キーと呼び，データ冗長性を排除する正規化の際の考慮点となる．

データベースの定義，操作する言語をデータベース言語といい，ネットワーク型データベースには NDL，リレーショナル型データベースには　(5)　が規定されている．

【解答群】
(イ) CODASYL　　(ロ) 分散　　　　(ハ) 外部　　　　　　　(ニ) 知識
(ホ) SQL　　　　(ヘ) ANSI　　　(ト) スキーマ　　　　　(チ) 商用
(リ) 階層　　　　(ヌ) DBMS　　　(ル) 主　　　　　　　　(ヲ) Codd
(ワ) 従　　　　　(カ) 構造　　　　(ヨ) オブジェクト指向

---

**解　説**　　本節 4 項で解説しているため，参照する．

【解答】(1) リ　(2) カ　(3) イ　(4) ル　(5) ホ

# 12-4 コンピュータネットワーク

**攻略の ポイント**　本節に関して，電験3種では出題されないが，2種では通信ネットワークの形態，LAN 機器等が出題されている．

## 1 コンピュータネットワークにおける通信

複数のコンピュータを接続して形成されるコンピュータネットワークにおいて，次の3つの要素によって通信が行われる．

### (1) プロトコル

プロトコル（通信規約）は，コンピュータ等の機器同士でネットワークを通じて通信を行うために取り決められた手順や規格をいう．そもそもネットワークは同じ規格をもつネットワークしか通信できなかったが，異なるメーカ同士でも通信を行えるよう，プロトコルを設けた．プロトコルにはいくつかの種類があるが，インターネットを含む多くのネットワークで主流になっているのが TCP/IP という体系である．

### (2) TCP/IP プロトコル

TCP（Transmission Control Protocol）は，送信元から送信したデータが送信先に届いたかを都度確認しながら通信する規約である．TCP は，下記に示す OSI 参照モデルのトランスポート層にあたるプロトコルで，インターネット等で利用される．信頼性は高いが，転送速度が低いという特徴がある．

IP アドレス（Internet Protocol Address）は，わかりやすく言えば，ネットワークに接続されたコンピュータに付いている住所のことである．ネットワーク上で送信元と送信先を識別するために，デバイスごとに付与されている．

### (3) OSI 参照モデル

OSI（Open Systems Interconnection）参照モデルとは，異なるメーカの製品でも通信できるよう，通信機能を定義する ISO（国際標準化機構）によって作られた世界標準モデルのことである．OSI 参照モデルは，ネットワークを7つの階層に分けて定義している．

## 12-4 コンピュータネットワーク

表12・5 OSI参照モデル

| 階層 | 階層名 | 役割 |
|---|---|---|
| 7層 | アプリケーション層 | ユーザが直接操作するインターフェースで，アプリケーションで実行するアクションを実現する通信手順を規定 |
| 6層 | プレゼンテーション層 | データの表現形式を定義（文字コード，圧縮，暗号化等） |
| 5層 | セッション層 | 通信の開始から終了までの手順を規定 |
| 4層 | トランスポート層 | データ通信の信頼性を確保する方式を規定．データを確実に伝送するためのデータ圧縮，再送制御等を実施 |
| 3層 | ネットワーク層 | 異なるネットワーク間の通信ルールを規定．アドレスの割り当てやデータ伝送路の選択などを実施 |
| 2層 | データリンク層 | 接続されている通信機器間の信号の受け渡し，伝送途中のエラー検出や訂正の仕様を規定 |
| 1層 | 物理層 | ケーブルの特性やコネクタの形状，通信速度，電気信号や光信号，無線電波の形式等，物理的なルールを規定 |

### 2 通信ネットワークの種類と形態

通信ネットワークは **WAN**（Wide Area Network）と **LAN**（Local Area Network）から構成される．WANは世界中を結んでおり，インターネットもWANの1種である．LANは同一敷地内や同一建造物など限られた範囲内において構築されるコンピュータネットワークをいう．

通信ネットワークの形態としては，スター形，バス形，リング形，ツリー形，メッシュ形の5つに大別される．図12・13〜図12・17のノードはコンピュータやネットワーク機器などの端末を意味する．

#### (1) スター形

制御の中心となる大型コンピュータや制御局を中央に配置し，そのまわりにコンピュータや端末を接続する方法である．処理が中央に集中するので，中央部に設置される装置の信頼性が重要となる．

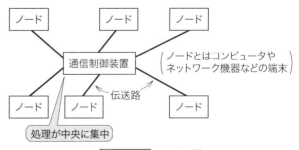

図12・13 スター形

## (2) バス形

各ノードがバスと呼ばれる同一の伝送路に接続されたシステムである．これはパソコンやワークステーション用の伝送ネットワークとしてよく使用されているトポロジーであり，従来よりイーサネットに代表される同軸ケーブルを用いたLANに採用されている．

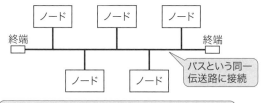

図 12・14 バス形

## (3) リング形

隣接する各ノードを接続し，環状の共通な単方向伝送の通信路を構成するシステムである．高速伝送を目的とした光ファイバケーブルを用いたLANにはこの形態が多い．

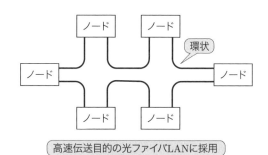

図 12・15 リング形

## (4) ツリー形

各ノードを樹枝状に配置し，階層構成とするもので，階層毎にその役割に応じた処理を分担することで，システム全体の効率的な運用を行う方式である．この形態は垂直形の分散処理システムとしてよく用いられている．

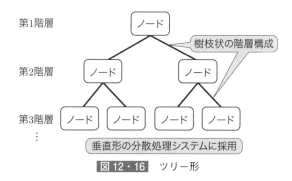

図 12・16 ツリー形

## (5) メッシュ形

一つのノードから，結合を必要とするすべてのノードに対して直接接続する方式で，広域網の代表的な形態である．通常，通信が必要となる二つのノードを最短経

路で行うので伝送速度や待ち時間の点では有利となり，他の形態に比べネットワークの信頼性は高い．ただし，線路の総延長が長くなる欠点がある．

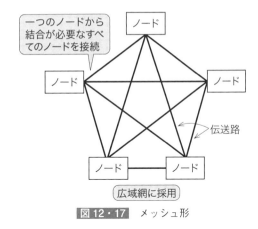

図 12・17 メッシュ形

### 3 LAN 機器

コンピュータネットワークの LAN 機器は，OSI 参照モデルの各層に対応させた機能で分類できる．主要な LAN 機器として次のものがある．

#### (1) リピータ
リピータは，OSI 参照モデルの物理層の信号の中継を行う装置である．LAN 上の減衰した信号レベル補正，ひずみ補正などを行う．この機器は，信号の解釈をするものではなく，アドレスを参照した制御機能をもたない．

#### (2) ブリッジ
アクセス方式の異なる LAN 同士を接続する装置の一つであり，OSI 参照モデルのデータリンク層のレベルでデータフレームを中継する．具体的には，データが送られてくると，送信元の MAC アドレスが含まれる LAN にだけデータを送るアドレスフィルタリング機能を備えている．代表的な機器としてスイッチングハブがある．

#### (3) ルータ
ルータは，ブリッジと同様に複数の LAN を接続する機器であり，OSI 参照モデルのネットワーク層のプロトコルに基づいて，データパケットの中継・交換を行う装置である．送られてきたデータの IP アドレスを読み取り，経路選択（ルーティング）を行う．伝送媒体やアクセス制御方式が異なるネットワーク間の中継が可能である．

## 情報伝送・処理・メカトロニクス

### (4) ゲートウェイ

OSI 参照モデルの第 4 層にて，異なるプロトコルで動作している他のシステムと接続するために，プロトコル変換をする装置である．

## 4 インターネット

### (1) インターネットとそのサーバ機能

インターネットとは，通信プロトコル TCP/IP を用いて，世界中のコンピュータなどの情報機器を接続する巨大ネットワークである．インターネットは，ネットワークの一部が故障しても様々なルートで情報を伝送できるよう構成されている．このインターネットのサービスや管理を行う装置として，次のようなサーバ機能がある．サーバとは，サービスを提供している側のコンピュータを指し，インターネットを介してユーザーとつながっている．

#### ①DNS サーバ

ネットワークに接続されたサーバには，それぞれ固有の IP アドレスが割り当てられている．この IP アドレスとドメイン名を紐付けるための仕組みを提供するサーバが DNS（Domain Name System）サーバであり，ネームサーバともいう．ここで，IP アドレスは数字で構成されており，人間が一目で違いを見分けるのは難しいため，人間が理解しやすいように IP アドレスを異なる形式で表したのがドメイン名である．

#### ②メールサーバ

メールサーバは，メールの送受信の役割を担っているサーバである．メールサーバには，メールの送信の役割を持つ SMTP サーバとメールを受信する役割を持つ POP サーバの二つがある．メールを宛先メールアドレスに送信するため，そのメールアドレスから宛先の IP アドレスを DNS サーバによって割り出すので，メールを送受信するときには，SMTP サーバ，POP サーバ，DNS サーバによって実現できる．

#### ③プロキシサーバ

プロキシサーバは，インターネットへのアクセスを代理で行うサーバをいう．プロキシサーバを利用する目的は，コンテンツのキャッシュとセキュリティ確保がある．キャッシュは，Web サーバから送られてきたコンテンツを一時的に保存しておけば，同じコンテンツがリクエストされたときに Web サーバへアクセスすること

## 12-4 コンピュータネットワーク

なくコンテンツをクライアントに送ることができる．セキュリティに関しては，プロキシサーバは詳細な通信内容をログとして記録したり，コンテンツをチェックして不正なコードやマルウェアが含まれていないかチェックしたりするために使われる．

### (2) WWW（World Wide Web）

WWW は，情報をハイパーテキスト形式で表した分散型データベースシステムである．要するに，ハイパーテキストという記述方法で書かれたコンテンツをつなげる仕組みである．そして，ハイパーテキストでは文字や画像などにリンクを付けることで，別のコンテンツに遷移できる．この機能をハイパーリンクといい，これにより相互接続性を高めている．

WWW では，ブラウザ（閲覧ソフト）により URL（Web 上の住所）によって指定された Web サーバにアクセスし，HTML（ハイパーテキストを記述するための言語）などで記述された文書や画像などのデータを閲覧することができる．

**情報伝送・処理・メカトロニクス**

---

### 例題11 ･････････････････････････････････････････････ H15　問8

次の文章は，通信ネットワークの形態に関する記述である．

通信機能を有する分散制御機器やプロセス制御コンピュータが，生産設備制御に多用され，これら機器間の情報を伝送する通信ネットワークが重要となっている．これら通信ネットワークの物理的な形態は基本的に以下の五つに大別される．

a) 　(1)　形：制御の中心となる大型コンピュータや制御局を中央に配置し，そのまわりにコンピュータや端末を接続する方法である．処理が中央に集中するので，中央部に設置される装置の信頼性が重要となる．

b) リ ン グ 形：隣接する各ノードを接続し，環状の共通な単方向伝送の通信路を構成するシステムである．高速伝送を目的とした光ファイバケーブルを用いた　(2)　にはこの形態が多い．

c) バ ス 形：各ノードがバスと呼ばれる同一の伝送路に接続されたシステムである．これはパソコンやワークステーション用の伝送ネットワークとしてよく使用されているトポロジーであり，従来より　(3)　に代表される同軸ケーブルを用いた　(2)　に採用されている．

d) ツ リ ー 形：各ノードを樹枝状に配置し，階層構成とするもので，各階層ごとにその役割に応じた処理を分担することで，システム全体の効率的な運用を行う方式である．この形態は垂直形の　(4)　システムとしてよく用いられている．

e) 　(5)　形：一つのノードから，結合を必要とするすべてのノードに対して直接接続する方式で，広域網の代表的な形態である．通常，通信が必要となる二つのノードを最短経路で行うので伝送速度や待ち時間の点では有利となり，他の形態に比べネットワークの信頼性は高い．ただし，線路の総延長が長くなる欠点がある．

【解答群】

| | | | |
|---|---|---|---|
| (イ) プロキシ | (ロ) イーサネット | (ハ) WAN | (ニ) スター |
| (ホ) DDC | (ヘ) ルータ | (ト) LAN | (チ) DSL |
| (リ) GPIB | (ヌ) ブリッジ | (ル) メッシュ | (ヲ) エクストラネット |
| (ワ) 分散処理 | (カ) ゲートウェイ | (ヨ) 光ファイバケーブル | |

---

**解 説**　本節2項で解説しているので，参照する．

【解答】(1) ニ　(2) ト　(3) ロ　(4) ワ　(5) ル

## 12-4 コンピュータネットワーク

### 例題 12 ············································································ H26 問8

コンピュータネットワークのLAN機器は，OSI参照モデルの各層に対応させた機能で分類することができる．主要なLAN機器として次のものがある．

　(1)　：OSI参照モデルの物理層の信号の中継を行う装置である．LAN上の減衰した信号レベル補正，ひずみ補正などを行う．

ブリッジ：アクセス方式の異なるLAN同士を接続する装置の一つであり，OSI参照モデルの　(2)　層のレベルで，データフレームを中継する．具体的には，データが送られてくると，送信元の　(3)　が含まれるLANにだけデータを送るアドレスフィルタリング機能を備えている．

ル ー タ：OSI参照モデルの　(4)　層のプロトコルに基づいて，データパケットの中継・交換を行う装置である．送られてきたデータの　(5)　を読み取り，経路選択（ルーティング）を行う．

ゲートウェイ：OSI参照モデルの第4層にて，異なるプロトコルで動作している他のシステムと接続するために，プロトコル変換をする装置である．

【解答群】

(イ) データリンク　　　(ロ) プレゼンテーション　　(ハ) トランスポート
(ニ) TCP　　　　　　(ホ) アプリケーション　　　(ヘ) 対応アドレス
(ト) UDP　　　　　　(チ) ネットワーク　　　　　(リ) MAC アドレス
(ヌ) リピータ　　　　(ル) セッション　　　　　　(ヲ) 機器アドレス
(ワ) トランシーバ　　(カ) IP アドレス　　　　　(ヨ) モデム

**解 説** 本節3項で解説しているため，参照する．

【解答】(1) ヌ　(2) イ　(3) リ　(4) チ　(5) カ

# 12-5 情報伝送

攻略の
ポイント

本節に関して，電験3種では理論において振幅変調の基本が出題される程度であるが，2種ではディジタル信号の変調方式，A-D 変換器や D-A 変換器，RFID が出題されている．

## 1 情報伝送のための変調と復調

### (1) 変調と復調

無線通信によって音声や画像などの情報を送る場合，音声や画像などの情報を電気信号に変えた**信号波**は周波数が低いために，アンテナから効率よく放射できない．そこで，信号波を効率よく放射できる高周波の電波と組み合わせて送る．信号波を送るために利用する高周波数の電気振動を**搬送波**という．振幅や周波数が一定である搬送波に，情報をもつ信号波を含ませる操作を**変調**といい，搬送波を変調して得られた電気信号を**変調波**という．変調波には，信号成分のほかに搬送波の成分も含まれるため，受信側では必要とする信号波成分だけを取り出す．これを**復調**という．

搬送波を $i = I_m \sin(2\pi f t + \theta)$ で表すと，$i$ は振幅 $I_m$ と周波数 $f$ および位相 $\theta$ の三要素で変化することがわかる．信号波で搬送波のこれらのどの要素を変調するかによって，**振幅変調**（AM：Amplitude Modulation），**周波数変調**（FM：Frequency Modulation），**位相変調**（PM：Phase Modulation）の三つに大別される．

### (2) ディジタル信号の変調

ディジタル信号の変調は，アナログ変調方式と異なり，"0" と "1" の二値の信号を伝送するもので，ディジタルの符号に応じて搬送波を不連続的に偏位（shift keying）させる．ディジタル信号の変調方式には，**振幅偏移変調**（ASK：Amplitude Shift Keying），**周波数偏移変調**（FSK：Frequency Shift Keying），**位相偏移変調**（PSK：Phase Shift Keying），振幅変調と位相変調を組み合わせた方式の一つとして**直交振幅変調**（QAM：Quadrature Amplitude Modulation）がある．

ディジタル変調の概念図を図 12・18 に示す．送信機では，{0, 1} で表された情報に対応した2レベルの信号（ベースバンド信号）を変調回路に入力する．情報 {0, 1} を表す方形の電気信号をシンボル，{0, 1} が切り換わる時間をシンボル長という．そして，搬送波も変調回路に入力される．変調回路は，ベースバンド信号

にあわせて搬送波の波形を変形する．変調した搬送波信号はアンテナから電波として放射される．図 12・19 は，ディジタル変調の事例を示している．ここでは，ベースバンド信号の 1 シンボル長に搬送波が 3 サイクル変化するとしている．図 12・19 (b) の振幅偏移変調 (ASK) は，ベースバンド信号にあわせて搬送波をオン，オフしている．図 12・19 (c) の周波数偏移変調 (FSK) は，ベースバンド信号にあわせて搬送波の周波数を変化させている．また，図 12・19 (d) の位相偏移変調 (PSK) は，ベースバンド信号によって搬送波の波形を反転させている．

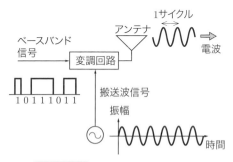

図 12・18　ディジタル変調の概念

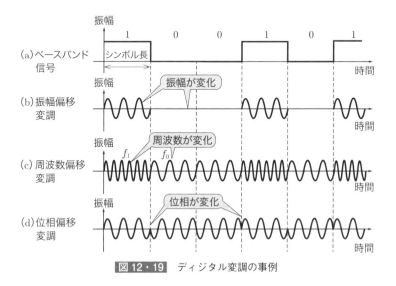

図 12・19　ディジタル変調の事例

他方，直交振幅変調 (QAM) は，ベースバンド信号に応じて搬送波の振幅と位相

を変化させる方式である．直交する2組の4値AM信号によって生成される16通りの偏移をもつ信号によって情報を伝達するものを16QAMといい，1回の変調で4ビットの情報を伝送できる．

## 2 ディジタル信号処理

電力システムの保護リレーや制御システムは，ディジタル技術がベースとなってきている．電力システムにおける電圧や電流は時間とともに連続的に変化するアナログ量であるため，ディジタル量に変換する必要がある．

### (1) PCM（パルス符号変調）

アナログ信号をディジタル信号に変換する代表的な方式として，**PCM**（Pulse Code Modulation：**パルス符号変調**）がある．アナログ信号からディジタル信号に変換する場合には**標本化**が行われる．**標本化**（**サンプリング**）とは，図12・20（a）のように，アナログ信号波形の一部を一定の間隔で抜き取り，パルス波形に置き換えるものである．抜き取り間隔を**標本化周波数**（**サンプリング周波数**），このパルスを**標本化パルス**という．標本化パルスは，アナログ信号が含む最高周波数の2倍を超える標本化周波数で抜き取ることにより，元のアナログ信号を再現できる．こ

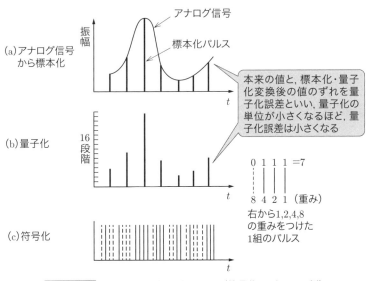

**図12・20** ディジタル信号化の原理（符号化4ビットの例）

れを**標本化定理**という．逆に言えば，標本化周波数の半分未満までの周波数の信号なら再現可能ということであり，標本化周波数の半分の周波数を**ナイキスト周波数**という．

次に，図12・20 (b) のように，標本化パルスを4ビットの場合に $2^4$ の16段階の等間隔，不連続パルスに置き換える．これを**量子化**という．その後，さらに図12・20 (c) のように**符号化**される．パルスの組合せによってつくることができる符号の数は，単位パルスの数を $n$ とすれば $2^n$ の符号ができる．PCMは，5〜8単位の符号を用いれば，ほとんどひずみのない通信を行うことができる．

### (2) A-D 変換器

アナログ信号をディジタル信号に変換する装置を **A-D 変換器**という．電圧や電流のように時間とともに連続的に変化するアナログ量を2値 {1, 0} の符号列に変換する A-D 変換器の出口にはレジスタが取り付けられており，ここにこの符号列が設定される．アナログ信号は，標本化，量子化，符号化という三つの過程を通じてディジタル信号に変換される．A-D 変換器には，アナログ入力をパルス数に変換し計数回路で数える**計数方式**と，基準電圧と一つあるいは複数のコンパレータにより構成される**比較方式**とがある．計数方式 A-D 変換器には二重積分形が多く用いられる．図12・21は二重積分型 A-D 変換器の原理を示す．まず，入力電圧 $V_i$ を一定時間 ($t_i$) だけ積分する．次に，今度は，逆方向に，基準電圧 $V_s$ で積分し，電圧が0（元の電圧）になるまでの時間 $t_s$ を計る．この時間 ($t_s$) の計測は一定周波数のクロック信号を使用する．そして，$t_i$ と $t_s$ の比と基準電圧から，入力電圧を知ることができる．

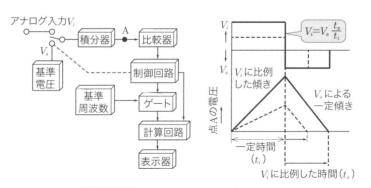

**図 12・21** 二重積分型 A-D 変換器の原理

一方，フラッシュ（並列）型 A-D 変換では，図 12·22 に示すように，$N$ ビットの分解能を得るには $(2^N-1)$ 個のコンパレータ（比較器）を用い，各コンパレータに必要な参照電圧をつくる基準抵抗とコンパレータの出力を $N$ ビットのバイナリコードに変換するためのエンコーダ（符号化回路）で構成する．同図で，入力信号は全コンパレータに並列に接続される．参照電圧 $V_{ref}$ は，基準抵抗によりつくられ，各コンパレータで入力電圧 $V_{in}$ と比較される．そして，$V_{in} > V_{ref}$ の関係にあるコンパレータの出力はすべて 1 となり，$V_{in} < V_{ref}$ の関係にあるコンパレータはすべて 0 となる．これらのコンパレータ出力は，エンコーダ回路でバイナリコードに変換される．

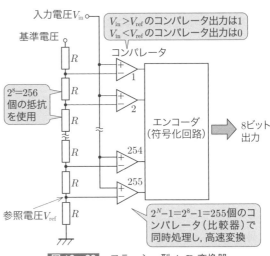

**図 12·22** フラッシュ型 A-D 変換器

### (3) D-A 変換器

ディジタル信号をアナログ信号に変換する装置を **D-A 変換器**という．図 12·23 は $R$-$2R$ ラダー抵抗型 D-A 変換器を示す．この出力電圧は，次式となる（導出方法は例題 15 を参照する）．

$$V_{out} = V_{ref} \times \left( \frac{D_4}{2} + \frac{D_3}{2^2} + \frac{D_2}{2^3} + \frac{D_1}{2^4} \right) \tag{12·6}$$

$D_4$，$D_3$，$D_2$，$D_1$ は $D_4$ を最上位とする入力ディジタル信号である．ディジタル入力が 1 に設定されたビットスイッチは基準電圧 $V_{ref}$ に接続され，その他のディジタル入力が 0 になるビットスイッチはグランドに接続される．

## 12-5 情報伝送

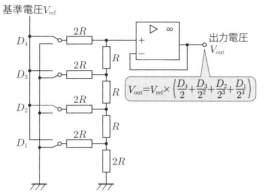

**図 12・23**　R-2R ラダー抵抗型 D-A 変換器

### 3 電力システムにおける信号・データ伝送

#### (1) 信号伝送設備
①遠隔測定装置（テレメータ）と遠隔表示装置（スーパービジョン）

**テレメータ**は，電圧，電流，電力，水位等を遠隔測定する装置である．**スーパービジョン**は，遮断器や断路器等の開閉状態を遠方に表示する装置である．

②遠隔監視制御装置

　無人化された発電所や変電所を監視する方式として，**遠隔監視制御装置（テレコン）** が用いられる．伝送方式は，従来，**サイクリックディジタル伝送装置（CDT）** が用いられてきたが，近年，**HDLC（ハイレベルデータリンク制御）方式**や**IP（インターネットプロトコル）方式**も用いられてきている．HDLC方式伝送装置で使われる HDLC 手順は，情報伝送フレーム単位に，情報要求の都度伝送し，伝送先からの受信確認応答を確認して伝送を完了する方式である．

#### (2) データ伝送制御

　巨大なシステムである電力システムは，膨大なデータを伝送・交換しながら，制御・運用されている．コンピュータと端末装置や周辺装置とのデータ送受信には，送信側と受信側で同期をとる必要がある．

①調歩同期方式

　一文字分の文字情報を送るときに，データの先頭にデータ送信開始の情報（スタートビット），データ末尾にデータ送信終了の信号（ストップビット）を付け加えて送受信を行う方式である．非同期方式ともいう．

### ②キャラクタ同期方式

データの前にSYNと呼ばれる特定ビットパターンを2回以上付加して送信し，受信側では，SYN信号を受信すると受信側の時計をSYN信号に同期させ，送られてきた文字列データを8ビットごとに1文字に変換する方式である．

### ③フレーム同期方式

伝送路に常にビットパターンを送信し，これをもとに受信側で同期をとる方式である．任意のビット列データを送信でき，HDLC手順で使われている．

## (3) RFID

RFID（Radio Frequency IDentification）は，近年，さまざまなサービスやモノを含めたコネクティビティを提供する技術の一つとして注目を集めている．これまで乗車カード，電子マネー，宅配便の荷物タグ等に活用されてきた．RFIDは，電磁波を用いてRFタグのデータを非接触で読み書きするものである．RFIDは，IDを送信する無線タグとそのIDを読み取るリーダから構成され，モノにタグを貼付することで，商品識別・管理を行う技術として展開されてきた．RFIDを大別すると，リーダから送出される電力供給によりタグがIDを送信するパッシブ型と，タグが電池も持ち自らIDを送信するアクティブ型の2種類がある．最近，電力分野の状態監視保全（CBM）において，電力設備の計測情報収集等にRFIDを用いたICタグ応用システムが重要な役割を果たしている．

RFIDの通信方式は，電磁誘導方式と電波方式の2種類がある．

### ①電磁誘導方式

タグのコイルとリーダ/ライタのアンテナコイルを磁気的に結合させて，コイルに起電力を発生させ，ファラデーの法則を応用して相互にデータを通信する方式である．この方式は，電波方式に対して，近傍型RFIDあるいは非接触型ICカードとして早くから実用化されている．特に，これらのカードは，電源が不要なパッシブ型RFIDタグに分類され，その特徴はリーダ／ライタからタグに対して，電力供給のための搬送波を送信しながらデータを送れることである．これにより安価で小形化を達成している．そのデータは通常，振幅変調方式であるASK変調が使用されている．

### ②電波方式

電波方式は，タグのコイルとリーダ／ライタのアンテナコイルとの間で相互に電波を送受して情報を伝送する方式である．この方式は，900 MHzのUHF帯，

**12-5 情報伝送**

2.45 GHz のマイクロ波帯の周波数の電波が用いられている．通信可能距離はパッシブ型で 3～5 m，アクティブ型で数 km である．電波方式は，これらの波長に対して通信可能距離が長いという特徴がある．

---

### 例題 13 ········································································· H25 問8

　音声信号などのアナログ信号，コンピュータからのディジタル信号などの原信号を伝送路に適した波形に変換する操作を変調と呼ぶ．変調を行うには，　(1)　と呼ばれる適当な周波数をもつ信号のパラメータの一つまたは複数を，原信号に応じて変化させる．伝送路を通した後，この変調を受けた波形から原信号を取り出す操作を　(2)　と呼ぶ．

　アナログ信号を変調する方式としては，　(1)　を変化させるパラメータによって，振幅の変化で変調する振幅変調（AM），周波数の変化で変調する周波数変調（FM），位相の変化で変調する位相変調（PM）などがある．図1は，このうち　(3)　を示している．

　一方，ディジタル信号を変調する方式としては，ディジタルの符号に応じて　(1)　を不連続的に偏移させる（Shift Keying）パラメータによって，振幅偏移変調（ASK），周波数偏移変調（FSK），位相偏移変調（PSK），さらに，振幅変調と位相変調を組み合わせた方式の一つに　(4)　（QAM）がある．図2は，このうち　(5)　を示している．

入力信号　　　　　　　　入力信号

変調後の波形　　　　　　変調後の波形
図1 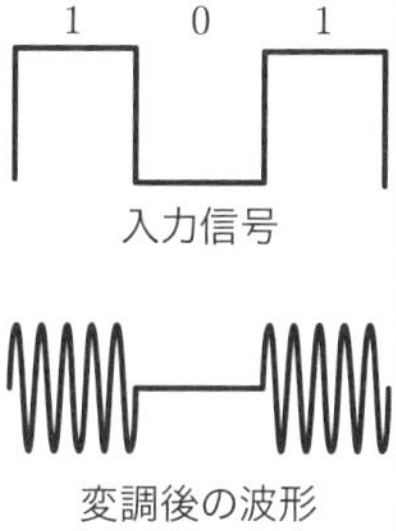　　　　　　　　　　図2

【解答群】
(イ) 疑似波　　　　　　(ロ) AM　　　　　　　(ハ) FSK　　　　　　(ニ) 高調波
(ホ) 組合せ変調　　　　(ヘ) FM　　　　　　　(ト) ASK　　　　　　(チ) PSK
(リ) 復元　　　　　　　(ヌ) PM　　　　　　　(ル) 復調　　　　　　(ヲ) 位相振幅変調
(ワ) A/D 変換　　　　 (カ) 直交振幅変調　　　(ヨ) 搬送波

---

**解 説**　　本節1項で解説しているため，参照する．

【解答】(1) ヨ　(2) ル　(3) ロ　(4) カ　(5) ト

**12章**

情報伝送・処理・メカトロニクス

情報伝送・処理・メカトロニクス

### 例題 14 ................................................................ R3　問8

次の文章は，A-D 変換に関する記述である．

アナログ信号をコンピュータで利用するには，A-D 変換によりディジタル信号に変換する必要がある．

連続したアナログ信号を適当な時間間隔で区切り，断続的な信号とすることを標本化という．標本化定理によると，入力信号を完全に復元するためには，その入力信号に含まれる最高周波数成分の　(1)　倍を超えたサンプリングレートとすればよい．

標本化されたアナログ値を飛び飛びの不連続な数値で表すことを量子化という．量子化の段階数が増え，量子化の単位が小さくなるほど，量子化　(2)　は小さくなる．

A-D 変換器には，主に次のような方式がある．

積分形には，入力信号を一定時間積分し，この積分結果と一定の基準信号を積分した値が等しくなる　(3)　を計測し，この計測値から変換結果を得る方式がある．サンプリングレートは低いが，高精度でノイズに強い方式である．

逐次比較形には，入力信号と内部の D-A 変換器の出力を 2 分探索で比較していき，ディジタル値に変換する方式がある．$n$ ビットの変換には，　(4)　側から $n$ 回の比較が必要なため，中程度のサンプリングレートとなる．変換精度を得るために，　(5)　回路により，標本化される信号レベルが変換終了までに変動しないようにする場合がある．

並列形はフラッシュ形とも称され，$n$ ビットの変換には $(2^n-1)$ 個の基準電圧と比較器を準備し，入力信号をそれらで同時に比較して変換する方式がある．高いサンプリングレートを得られるが，回路規模は大きくなる．

【解答群】

| | | |
|---|---|---|
| （イ）10 | （ロ）0.5 | （ハ）オフセット |
| （ニ）LSB | （ホ）規模 | （ヘ）サンプルホールド |
| （ト）誤差 | （チ）2 | （リ）バンドパスフィルタ |
| （ヌ）MSB | （ル）位相 | （ヲ）アンチエイリアシング |
| （ワ）周期 | （カ）時間 | （ヨ）マスクビット |

**解　説**　(1)〜(3) は本節 2 項で解説しているため，参照する，(4)，(5) に関して，補足する．逐次比較形では二分法を活用し，入力 $V_i$ と比較レジスタの数値をレジスタの桁数が $N$ ビットの場合は $N$ 回大小比較することで，アナログ値 $V_i$ を $2^N$ 通りのディジタル値に変換する．ディジタル出力の最大値を FSR（Full Scale Range）とすれば，

508

## 12-5 情報伝送

逐次比較形は最上位ビット（MSB）側から順に数値を変更することで次の手順で変換する．

［手順］

① MSB を 1，他のビットを 0 と仮定すると，ディジタル出力が $\frac{1}{2}$FSR となるため，$V_i$ と比較．

② $V_i \geqq \frac{1}{2}$FSR のとき

MSB を 1 に確定し，1 桁小さいビットを 1 に仮定し，$(1100\cdots0000)_2 = \frac{1}{2}$FSR $+ \frac{1}{4}$FSR となるから，この値と $V_i$ を比較する．以降，同様に，1 桁下のビットを 1 に仮定し，1 または 0 を確定していく．

③ $V_i < \frac{1}{2}$FSR のとき

MSB を 0 に確定し，1 桁小さいビットを 1 に仮定し，$(0100\cdots0000)_2 = \frac{1}{4}$FSR とし，同様の手順を進める．

入力信号の変化速度に変換速度が追いつかない場合は，入力信号の瞬時値を記憶するサンプルホールド回路を使用する．

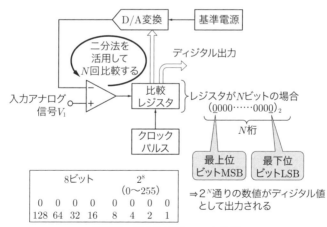

解説図　逐次比較形 A-D 変換器

【解答】(1) チ　(2) ト　(3) カ　(4) ヌ　(5) ヘ

## 情報伝送・処理・メカトロニクス

### 例題 15　　　　　　　　　　　　　　　　　　　　　　　　　　　　H24 問8

次の文章は，D-A 変換回路に関する記述である．

計算機などの出力信号であるディジタル信号をアナログ信号に変換する回路はD-A変換回路と呼ばれ，求められる変換の精度や変換時間などに応じて，さまざまな方式が採用される．

$R$-$2R$ ラダー形は代表的な D-A 変換回路であり，2 進数の各ビットに対して抵抗回路網のスイッチを切り換えて，出力電圧としてアナログ信号を得るものである．図のD-A変換回路では，2進数［101］は，　(1)　〔V〕の出力を得ることになる．また，出力段の演算増幅器は　(2)　と呼ばれ，出力側からの干渉を防ぐためのバッファである．

さらに，スイッチの切換えに伴う望ましくない過渡電圧は　(3)　と呼ばれ，出力段には　(4)　を設ける必要があるが，そのフィルタの時定数による大きな遅れを発生させる場合がある．そのため，　(5)　を出力段に設け，D-A変換回路の入力を切り換える際の直前の出力を　(5)　で保持し，ノイズがなくなった時点で，その保持を解除させる制御を行う構成も採用される．

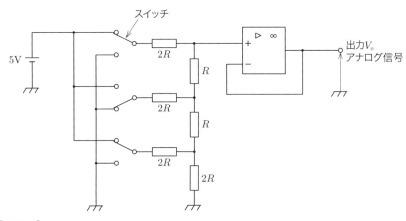

【解答群】
(イ) パルス幅変調回路　　　　(ロ) バッチ　　　　　　　　(ハ) 反転増幅回路
(ニ) グリッチ　　　　　　　　(ホ) ローパスフィルタ回路　(ヘ) 1.25
(ト) カルマンフィルタ回路　　(チ) パルス　　　　　　　　(リ) 4.375
(ヌ) サンプルホールド回路　　(ル) 高入力差動増幅回路
(ヲ) ハイパスフィルタ回路　　(ワ) 周波数変換回路
(カ) ボルテージホロワ回路　　(ヨ) 3.125

## 12-5 情報伝送

解　説　設問図のスイッチの状態を上から $D_3$, $D_2$, $D_1$（いずれも $5\,\mathrm{V}$ 側で 1，$0\,\mathrm{V}$ 側で 0）とすると，2 進数 $[D_3, D_2, D_1]$ に対応する出力電圧 $V_\mathrm{out}$ は，重ね合わせの定理により，状態 $[D_3, 0, 0]$，$[0, D_2, 0]$，$[0, 0, D_1]$ のときの出力電圧を $V_\mathrm{out1}$，$V_\mathrm{out2}$，$V_\mathrm{out3}$ とすると

$$V_\mathrm{out} = V_\mathrm{out1} \times D_3 + V_\mathrm{out2} \times D_2 + V_\mathrm{out3} \times D_1$$

となる．解説図 1 より

$$V_\mathrm{out1} = \frac{2R}{2R+2R} \times E = \frac{1}{2} \times 5\,\mathrm{V}$$

$$V_\mathrm{out2} = \frac{6R/5}{2R+6R/5} \times E \times \frac{2R}{R+2R} = \frac{1}{2^2} \times 5\,\mathrm{V}$$

$$V_\mathrm{out3} = \frac{22R/21}{2R+22R/21} \times E \times \frac{6R/5}{R+6R/5} \times \frac{2R}{R+2R} = \frac{1}{2^3} \times 5\,\mathrm{V}$$

$$\therefore V_\mathrm{out} = \frac{1}{2} \times 5D_3 + \frac{1}{2^2} \times 5D_2 + \frac{1}{2^3} \times 5D_1 = \left( \frac{1}{2}D_3 + \frac{1}{2^2}D_2 + \frac{1}{2^3}D_1 \right) \times 5$$

設問図から，$D_3 = 1$，$D_2 = 0$，$D_1 = 1$ を上式へ代入して

$$V_\mathrm{out} = \left( \frac{1}{2} \times 1 + \frac{1}{2^2} \times 0 + \frac{1}{2^3} \times 1 \right) \times 5 = \frac{5}{8} \times 5 = 3.125\,\mathrm{V}$$

解説図 1

(2) に関して，出力段の演算増幅器はボルテージホロワ回路と呼ばれる．

解説図 2 より $V_0 = A(V_{i+} - V_{i-}) = A(V_{i+} - V_0)$ より，$V_0 = \dfrac{A}{1+A}V_{i+}$ となる．

$$\therefore V_0 = \lim_{A \to \infty} \frac{A}{1+A}V_{i+} = \lim_{A \to \infty} \frac{1}{1/A+1}V_{i+} = V_{i+}$$

つまり，$V_o = V_i$ であり，演算増幅器の仮想短絡（イマジナリショート）から，$V_{i+} = V_{i-}$ と考えればよい．

# 情報伝送・処理・メカトロニクス

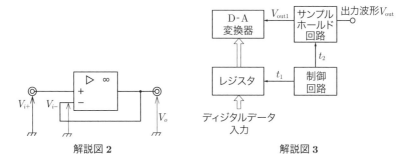

解説図 2　　　　　　　　　　解説図 3

したがって，増幅率 1 の演算増幅器で，出力インピーダンスが零なので，出力側からの干渉を防ぐバッファ回路となる．

$R$-$2R$ ラダー形 D-A 変換器では，値を変えるたびにスイッチを切り換えるため，過渡的にひげ状のパルスが発生する．これをグリッチと呼ぶ．グリッチは高い周波数成分の信号であるから，出力段に低周波領域の信号だけを通すローパスフィルタを設ける．このローパスフィルタの時定数によって大きな遅れを発生させる場合がある．この遅れが許容できない用途の場合には解説図 3 のように，D-A 変換器の出力段にサンプルホールド回路を設け，D-A 変換器切換直前の出力をサンプルホールド回路で保持し，グリッチが減衰してノイズがなくなった時点で，その保持を解除する．

【解答】（1）ヨ　（2）カ　（3）ニ　（4）ホ　（5）ヌ

# 12-6 メカトロニクス

**攻略のポイント**　メカトロニクスは，最近，電験の試験範囲に入った分野であるため，出題数はまだ少ないものの，プログラマブルロジックコントローラや各種のセンサといった基本的な出題がされている．

## 1 メカトロニクスの構成

　メカトロニクスは，機械（メカ）技術，電子（エレクトロニクス）技術，情報技術を組み合わせてシステム化したものである．これにより，メカニズム（機構）によってつくられた従来の機械に，マイクロコンピュータなどの電子部品を組み込んで，高性能で多機能な機械装置が実現できる．ディジタルカメラや自動洗濯機など我々が日常で使う機器，ロボット，生産工場の工作機械など，多くの電子機械はメカトロニクス技術によって設計・製造され，運用されている．

　メカトロニクス製品の構成要素には，図12・24に示すように，センサ，マイクロコンピュータ，アクチュエータ，インタフェースがある．

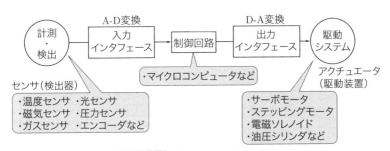

**図12・24** メカトロニクスの構成

## 2 メカトロニクスの構成要素

### (1) センサ

　センサは，機械の圧力，力，速度，加速度，温度などの物理量を計測・検出する．以下にセンサの例を示す．

情報伝送・処理・メカトロニクス

表 12・6 センサの例

| センサ | | 機能など |
|---|---|---|
| 温度センサ | 熱電対 | ゼーベック効果による熱起電力を利用する。ゼーベック効果は，熱電対の加熱された側の接合点と，他方の接合点との間で温度差が生じると，起電力が発生し，電流が流れる現象である。 |
| | サーミスタ | 温度変化により電気抵抗が敏感に変化する抵抗体をサーミスタという。抵抗温度係数は，正特性（PTC）と負特性（NTC）のものがある。 |
| | 半導体温度センサ | 半導体のpn接合間電圧が温度変化で変わることを利用する。ICセンサが普及。 |
| | 測温抵抗体 | 白金やニッケルの金属線の抵抗が温度で変化するのを利用する。 |
| 圧力センサ | 半導体式ストレインゲージ | 機械的応力を加えると，そのひずみにより電気的性質が変化する半導体を活用し，半導体の電気的性質の変化からひずみを検出する。ピエゾ抵抗効果は圧力を加えると電気抵抗が変化する。 |
| 光センサ | フォトダイオード | pn接合からなるダイオードの一種で，光起電力を利用した光検出器である。接合部の空乏層で光が吸収されると，電子-正孔対が発生し，電子はn層へ，正孔はp層へ移動し，外部に負荷を接続することで光電流が流れる。カメラや微弱光の検知に用いられる。 |
| 磁気センサ | リードスイッチ | 接点をもつ磁性体のリード片をガラス管へ封入したもので，磁石が接近すると接点が閉路する。 |
| | ホール素子 | ホール素子に電流を流し，磁界を加えるとホール効果でホール電圧が発生するのを利用する。 |
| 位置センサ | ロータリエンコーダ | 回転体の変位と角度をディジタル信号で出力する。 |
| | リニアエンコーダ | 直線方向の変位と位置をディジタル信号で出力する。 |
| 角速度センサ | ジャイロセンサ | コリオリの原理を利用して物体の回転や向きの変化を角速度として検知し，電気信号で出力する。 |

## (2) アクチュエータ

アクチュエータは，電気，油圧，空気圧などの動力源からエネルギーを得て，回転運動や直線運動等の機械的な動きに変換する。アクチュエータには，電気系アクチュエータ，油圧系アクチュエータ，空気圧系アクチュエータがある。ここでは，代表的な例として，サーボモータ，電磁アクチュエータ，ステッピングモータ（パルスモータ）を説明する。

### ①サーボモータ

電気をエネルギーとして動作するアクチュエータである。モータ，モータの回転

## 12-6 メカトロニクス

した位置等を見分ける検出器，それらをコントロールする制御装置の3要素からなる．これにより，指定した速度で目標の位置に物を動かすことができる．

### ②電磁ソレノイド

鉄心に巻いたコイルに電流を流したときの電磁力を利用して，可動鉄心を移動させるアクチュエータである．つまり，電気量を物理的な動作に変換する．

### ③ステッピングモータ（パルスモータ）

ステッピングモータは，時間的に連続な入力電圧（アナログ量）を受けて動作するのではなくて，離散値的なパルス電圧（ディジタル量）を入力として回転するディジタル操作機器である．このステッピングモータは，固定子巻線にパルス電流を流し，そこで生じる電磁力で回転力を発生させ，ステップ電流を与える固定子巻線を順次切り換えて，定められた角度（ステップ角）ずつ回転させていくモータである．

### (3) マイクロコンピュータ

マイクロコンピュータは，センサで計測した情報を処理してアクチュエータへの指令を生成する制御装置としての役割を果たす．

### (4) インタフェース

インタフェースは，センサやアクチュエータの扱う電気信号とコンピュータが処理できるディジタル信号との変換を担当する．

電子機械では，外界の情報や機械内部の運動状態を各種センサにより取得する．大部分のセンサ出力は電圧または電流の信号であり時間的に連続に変化するアナログ信号である．電気，油圧，空気圧などのエネルギーを機械的な動きに変換するアクチュエータもアナログ信号で動作するものが多い．これらの信号はコンピュータで構成される制御装置でディジタル信号として処理するため，信号の変換器が必要となる．

センサの出力信号はアナログ信号からディジタル信号への変換を行う A-D 変換器を介してコンピュータに取り込まれ，コンピュータで生成されたアクチュエータへの指令は，ディジタル信号からアナログ信号への変換を行う D-A 変換器を介してアクチュエータに送られる．その間必要に応じて信号レベルを変換する．

## 3 産業用自動機の制御

### (1) プログラマブルロジックコントローラ

あらかじめ定められた順序または手続きに従って，制御の各段階を逐次進めてい

情報伝送・処理・メカトロニクス

く制御方式を**シーケンス制御**といい，各種産業の自動機で用いられている．

旧来は，状態記憶を利用した順序回路である自己保持回路などで制御を実現していたが，現在では，専用の工業用制御機器である**プログラマブルロジックコントローラ（PLC）**を用いるのが主流である．この機器はプログラムにより動作するため，複雑な論理を実現できることや配線の変更なしに機能変更ができる利点を持つ．プログラマブルロジックコントローラの入力側には操作ボタンや各種センサなどが接続され，出力側には表示灯や各種アクチュエータなどが接続される．この機器は，一般的なパーソナルコンピュータよりも信頼性に優れることより，産業現場の過酷な環境においても活用されている．

プログラムは，旧来のリレー回路をはしご状に接続する表現としたラダー図の図式により記述されることもあるが，現在では，広範な用途に対応できるよう，各種プログラム記述方法が準備されている．

産業用自動機の中核として用いられるプログラマブルロジックコントローラが故障した場合でも，安全な状態に移行するようフェールセーフに配慮した装置設計が求められている．

## (2) NC 制御（Numerical Control：数値制御）

**NC 制御（数値制御）**とは，工作物に対する工具経路，その他，加工に必要な作業の工程などを，それに対応する数値情報で指令する制御をいう．すなわち，情報処理部のマイクロプロセッサに入力された数値情報によりサーボ機構を駆動し，正確に加工する制御をいう．代表的な機械が**NC 工作機械**である．

## (3) 産業用ロボット

ロボットは，センサ，駆動系，知能・制御系の三つの技術要素（ロボットテクノロジー）を有する機械システムであると言える．そして，産業用ロボットは，人間の代わりに，工場での組み立てなどの作業を行う機械システムである．産業用ロボットは，一般的に，3軸以上の自由度があり，プログラムによって自動制御可能なマニピュレーションロボットを指す．マニピュレータとは，ロボットの腕や手に当たる部分をいう．この産業用ロボットは，工場の自動化（ファクトリオートメーション）には必要不可欠である．

産業用ロボットを入力情報や教示（ティーチング）方法により分類すると，マニュアル・マニピュレータ，固定シーケンス・ロボット，可変シーケンス・ロボット，プレイバックロボット，数値制御ロボット，知能ロボットに分類できる．

## 12-6 メカトロニクス

**例題 16** ..................................................... **R4 問7**

予め定められた順序または手続きに従って，制御の各段階を逐次進めていく制御方式を　(1)　制御と言い，各種産業の自動機で用いられている.

旧来は，状態記憶を利用した順序回路である　(2)　などで制御を実現していたが，現在では，専用の工業用制御機器である　(3)　を用いるのが主流である. この機器はプログラムにより動作するため，複雑な論理を実現できることや配線の変更なしに機能変更ができる利点を持つ. 　(3)　の入力側には操作ボタンや各種センサなどが接続され，出力側には表示灯や各種アクチュエータなどが接続される. この機器は，一般的なパーソナルコンピュータよりも信頼性に優れることより，産業現場の過酷な環境においても活用されている.

プログラムは，旧来のリレー回路をはしご状に接続する表現とした　(4)　の図式により記述されることもあるが，現在では，広範な用途に対応できるよう，各種プログラム記述方法が準備されている.

産業用自動機の中核として用いられる　(3)　が故障した場合でも，安全な状態に移行するよう　(5)　に配慮した装置設計が求められている.

【解答群】
(イ) セキュリティホール　　(ロ) フェールセーフ　　　　(ハ) フィードバック
(ニ) 自己保持回路　　　　　(ホ) 適応　　　　　　　　　(ヘ) 分周回路
(ト) シーケンス　　　　　　(チ) 発振回路　　　　　　　(リ) ブロックダイアグラム
(ヌ) ラダー図　　　　　　　(ル) 状態遷移図　　　　　　(ヲ) データバックアップ
(ワ) ヌーメリカルコントローラ　　　(カ) プログラマブルロジックコントローラ
(ヨ) オートマチックステップコントローラ

**解 説** 本節3項で解説しているので，参照する.

【解答】(1) ト　(2) ニ　(3) カ　(4) ヌ　(5) ロ

# 章 末 問 題

■ 1 ════════════════════════════════════════════ H22　問 8

次の文章は，電子計算機の固定磁気ディスク装置に関する記述である．

電子計算機の補助記憶装置として，固定磁気ディスク装置は広く使用されている．
データは，表面に磁性体を塗ったアルミニウムやガラス製の　(1)　と呼ばれる磁気
ディスクを磁化させ，その磁化の方向で 0 と 1 の情報として記録される．読み書きの
命令を受けてから読み書きの動作が終了するまでの時間をアクセス時間と呼び，次式で
求められる．

アクセス時間＝　(2)　＋データ転送時間＋サーチ時間

最近では，補助記憶装置のアクセス速度の高速化や，耐障害性を確保することを目
的として，複数台の固定磁気ディスク装置をまとめて管理するディスクアレイシステム
が利用されている．これは RAID システムとも呼ばれ，各種のレベルがあり，次のよ
うな主要なものがある．

RAID0：一連のデータを複数の固定磁気ディスク装置に分割して書き込む　(3)
と呼ばれる方法で，並行してデータの転送ができるのでアクセス時間を短縮できる．こ
れは，高速化だけを目的としたレベルである．

RAID1：並列的に接続された 2 台の固定磁気ディスク装置に同じデータを同時に書
き込む　(4)　と呼ばれる方法で，アクセス速度の向上は図れないものの，信頼性を
確保できるレベルである．

　(5)　：データを複数の装置に分割するとともに，データ回復用のパリティビッ
トをそれぞれの装置に持ち合うことで，データの検証ができ，高速化だけでなく，信頼
性も確保できるレベルである．

【解答群】

(イ) セクタ　　　　　(ロ) リカバー　　　　　(ハ) チェーン　　　　　(ニ) ストライピング
(ホ) プラッタ　　　　(ヘ) クロック時間　　　(ト) サイクル時間　　　(チ) RAID5
(リ) シーク時間　　　(ヌ) ミラーリング　　　(ル) RAID2　　　　　　(ヲ) シリンダ
(ワ) RAID3　　　　　(カ) ツリー　　　　　　(ヨ) ポイント・ツー・ポイント

■ 2 ════════════════════════════════════════════ H29　問 8

ソフトウェア開発には，いくつかのプロセスモデルがある．要求定義，設計，実装
（プログラミング），テストなどの工程を上流工程から下流工程へ　(1)　に遂行して
いくウォーターフォールモデルにおいて，開発者のプログラムテストは，システムの最
も小さな構成単位であるモジュールの単体テストから開始し，　(2)　テスト，シス
テムテストへとボトムアップ的に行う．しかし，この進め方においては，最上流の要求

518

定義に起因する欠陥が，最後のシステムテストの段階にならないと検出されないという構造的問題がある．この開発リスクを回避するために，現在では比較的短期間で分析や設計，評価を繰り返し行う反復的なプロセスモデルも用いられている．

テスト工程では，静的解析ツールを用いたプログラム構造解析も行われるが，実行による正しさを確認するためには，実際にソフトウェアを実行環境で動作させる必要がある．単体テストの場面では，プログラムの一部モジュールだけを実行可能なようにテスト環境を整えなければならないため，本来のプログラムに代わって，被テストモジュールを模擬的に呼び出す　　(3)　　や被テストモジュールから呼び出され模擬的な応答をするスタブを準備することが行われる．

テストを網羅的に行うためには，初めの段階ではプログラムの内部構造に基づいてテスト項目も選ぶ方法で行われる．その後，　　(2)　　テスト，システムテストと進み，対象のプログラム量が　　(4)　　に従って，内部構造には関知せずに，インタフェースの仕様からテスト項目を選ぶ　　(5)　　テストの比重が大きくなる．

【解答群】
(イ) 試行錯誤的　　　　(ロ) ホワイトボックス　　　(ハ) カバレッジ
(ニ) ドライバ　　　　　(ホ) 変化しなくなる　　　　(ヘ) ブラックボックス
(ト) スーパバイザ　　　(チ) イニシャル　　　　　　(リ) 逐次的
(ヌ) 受入れ　　　　　　(ル) 同時並行的　　　　　　(ヲ) 大きくなる
(ワ) 小さくなる　　　　(カ) ブートローダ　　　　　(ヨ) 結合

## ■3 　　　　　　　　　　　　　　　　　　　　　　　　　　　　H30　問8

ネットワーク内には，端末となるコンピュータの他に，通信回線を延長したり制御したりするための各種中継機器が用いられている．

　　(1)　　は，伝送路で減衰した信号を増幅，補正して，さらに遠方まで伝送するための機器で，OSI参照モデルの物理層の中継を行う．この機器は，信号の解釈をするものではなく，アドレスを参照した制御機能をもたない．

　　(2)　　は，複数のLANを接続する機器であり，OSI参照モデルのデータリンク層の中継を行う．この機器は，　　(3)　　アドレスによってネットワークを制御する．代表的な機器としてスイッチングハブがある．

物理層とデータリンク層の一部を定義したIEEE 802.11関連規格があり，これに対応した無線中継機器を利用することで，　　(4)　　によるLANへの無線接続ができる．

ルータは，　　(2)　　と同様に複数のLANを接続する機器であり，OSI参照モデルのネットワーク層での中継を行う．この階層で用いるアドレスは　　(5)　　サーバを用いることで自動的にクライアントへ割り当てられるため，利用者はコンピュータをネットワークに接続しただけで通信環境を整えることができる．

**情報伝送・処理・メカトロニクス**

【解答群】

| | | | |
|---|---|---|---|
| （イ）DHCP | （ロ）USB | （ハ）LTE | （ニ）ゲートウェイ |
| （ホ）SMTP | （ヘ）IP | （ト）POP3 | （チ）Wi-Fi |
| （リ）モデム | （ヌ）MAC | （ル）リピータ | （ヲ）カプラ |
| （ワ）メモリ | （カ）4G 通信 | （ヨ）ブリッジ | |

■ 4 ──────────────────────────────────────────── H27　問8

　次の表の語句は、メカトロニクスにおけるセンサに関するものである。A 欄の各セ
ンサの原理と最も深い関係にあるものを、B 欄のセンサが扱う物理量および C 欄のセ
ンサ例の中からそれぞれ一つずつ選びなさい。

【解答群】

| A 欄 | B 欄 | C 欄 |
|---|---|---|
| センサの原理 | センサが扱う物理量 | センサ例 |
| （1）ピエゾ抵抗効果 | （イ）磁界 | （a）ジャイロスコープ |
| （2）ゼーベック効果 | （ロ）光エネルギー | （b）半導体磁気センサ |
| （3）ホール効果 | （ハ）圧力 | （c）熱電対 |
| （4）コリオリの効果 | （ニ）異種金属の 2 接点間の温度差 | （d）半導体ストレインゲージ |
| （5）光起電力効果 | | （e）フォトダイオード |
| | （ホ）慣性力 | |

520

# 章 末 問 題 解 答

## 1章 直流機

▶1 解答 (1) イ (2) ワ (3) リ (4) ト (5) ホ

(1) 本文の式 (1·1) より，誘導起電力 $e$ は

$$e = vBL \text{ (V)} \quad \cdots\cdots ③$$

(2) 本文の式 (1·8) より，導体に働く力 $f$ は

$$f = IBL \text{ (N)} \quad \cdots\cdots ④$$

(3) 導体の速度 $v$ は

$$v = r \cdot 2\pi \frac{n}{60} = \frac{2\pi rn}{60} \text{ (m/s)} \quad \cdots\cdots ⑤$$

磁束密度 $B$ は，電機子周辺の全磁束 $2p\phi$ 〔wb〕を表面積 $2\pi rL$ 〔m²〕で割ったものとなるので

$$B = \frac{2p\phi}{2\pi rL} = \frac{p\phi}{\pi rL} \text{ (T)} \quad \cdots\cdots ⑥$$

よって，一本の導体に生じる起電力 $e$ は

$$e = vBL = \frac{2\pi rn}{60} \cdot \frac{p\phi}{\pi rL} \cdot L = \frac{2p\phi n}{60} \text{ (V)} \quad \cdots\cdots ⑦$$

電機子導体数 $Z$，電機子並列回路数 $2a$ より，直列に接続された導体数は $Z/2a$ となるので，直流機の誘導起電力 $E$ は

$$E = \frac{Z}{2a} \cdot e = \frac{Z}{2a} \cdot \frac{2p\phi n}{60} = \frac{Zpn\phi}{60a} \text{ (V)} \quad \cdots\cdots ⑧$$

(4) 1本の導体に流れる電流 $I$ は，電機子電流 $I_a$ を電機子並列回路数 $2a$ で割った $I = I_a/2a$ 〔A〕なので，導体に働く力 $f$ は

$$f = IBL = \frac{I_a}{2a} \cdot \frac{p\phi}{\pi rL} \cdot L = \frac{p\phi I_a}{2\pi ra} \text{ (N)} \quad \cdots\cdots ⑨$$

直流機全体のトルク $T$ は

$$T = Zfr = Z \cdot \frac{p\phi I_a}{2\pi ra} \cdot r = \frac{Zp\phi I_a}{2\pi a} \text{ (N·m)} \quad \cdots\cdots ⑩$$

(5) 式⑩より，$I_a = \dfrac{2\pi a}{Zp\phi} T$ 〔A〕 $\quad \cdots\cdots ⑩'$

式⑧と式⑩′より，機械的出力 $EI_a$ は

## 章末問題解答

$$EI_a = \frac{Zpn\phi}{60a} \cdot \frac{2\pi a}{Zp\phi} T = 2\pi T \frac{n}{60} \text{〔W〕}$$

▶2 **解答** (1) カ (2) ロ (3) ニ (4) リ (5) ヘ

1章1-3節2項で解説しているので，参照する．

▶3 **解答** (1) ト (2) リ (3) ヘ (4) ロ (5) ニ

(1) 本文の式（1·10）より，直流電動機のトルクを $T_\text{M}$，界磁磁束を $\phi$，$k_2$ を比例係数とすると，$T_\text{M}$ は次式で表される．

$$T_\text{M} = k_2 \phi i_a \quad \cdots\cdots⑧$$

磁束が飽和していない領域では，界磁磁束は界磁電流に比例するため，比例係数を $k_f$ とすると，界磁磁束 $\phi$ は次式で表される．

$$\phi = k_f I_f \quad \cdots\cdots⑨$$

式②を式①に代入すると，直流電動機のトルクは，次式で表される．

$$T_\text{M} = k_2 k_f I_f i_a \quad \cdots\cdots⑩$$

比例係数 $K$ を用いて $K = k_2 k_f$ とすると直流電動機のトルクは次式で表される．

$$T_\text{M} = K I_f i_a \quad \cdots\cdots⑪$$

(2) 本文の式（1·5）′ より，直流機の誘導起電力を $E_\text{M}$ とすると，$E_\text{M}$ は次式で表される．

$$E_\text{M} = k_2 \phi \omega_m \quad \cdots\cdots⑫$$

式⑤に式②を代入すると

$$E_\text{M} = k_2 k_f I_f \omega_m = K I_f \omega_m \quad \cdots\cdots⑬$$

(3) 回転体の回転運動は $T_\text{M} - T_\text{L} = J \dfrac{d\omega_m(t)}{dt}$ で示される．ここで用いられる係数 $J$ は慣性モーメントといい，物体の加減速のしにくさを表す．

(4) $e_\text{C}(t) = \dfrac{Q(t)}{C_m}$ は，電動機の誘導起電力に対応することから，式⑬より

$$e_\text{C}(t) = K I_f \omega_m \quad \cdots\cdots⑭$$

静電容量 $C_m$ に蓄えられたエネルギー $W_c(t) = \dfrac{1}{2} C_m [e_c(t)]^2$ に $C_m = \dfrac{J}{(K I_f)^2}$，式⑭を代入すると

$$W_c(t) = \frac{1}{2} \cdot \frac{J}{(K I_f)^2} \cdot (K I_f \omega_m)^2 = \frac{1}{2} J \omega_m{}^2 \quad \cdots\cdots⑮$$

$\dfrac{1}{2} J \omega_m{}^2$ は電動機の回転子の回転運動エネルギーに相当する．

(5) 題意より

$$E = R_a i_a(t) + \frac{1}{C_m} \int_0^t i_a(\tau)\,d\tau \quad \cdots\cdots ⑯$$

式⑯の両辺をラプラス変換すると，$i_a(t)$ の積分値の初期値はゼロであるから

$$\frac{E}{s} = R_a I_a(s) + \frac{I_a(s)}{C_m s} \quad \cdots\cdots ⑰$$

$$\therefore C_m E = C_m R_a s I_a(s) + I_a(s)$$

$$\therefore I_a(s) = \frac{C_m E}{1 + C_m R_a s} = \frac{E}{R_a} \cdot \frac{1}{s + \dfrac{1}{C_m R_a}} \quad \cdots\cdots ⑱$$

式⑱の両辺を逆ラプラス変換すると

$$i_a(t) = \frac{E}{R_a} \exp\left(-\frac{t}{C_m R_a}\right) \quad \cdots\cdots ⑲$$

# 2章　同期機

▶ 1　解答　(1) ヲ　(2) ニ　(3) ヌ　(4) ロ　(5) ル

2-2節4項で解説しているので参照のこと．

▶ 2　解答　(1) チ　(2) ヲ　(3) ヨ　(4) ト　(5) イ

2-4節で解説しているので参照のこと．

▶ 3　解答　(1) ロ e　(2) ホ c　(3) ニ a　(4) ハ d　(5) イ b

　本問は，電力科目においても出題される重要テーマなので，取り上げている．解説図がタービン発電機の可能出力曲線である．

領域 AJ：固定子巻線の温度上昇で制限される領域．

領域 AD：界磁巻線の温度上昇で制限される領域．

領域 JE：進相運転時の固定子鉄心端部の温度制限，定態安定度限界から決まる領域．

(1) 界磁電流を減少させて進相運転すると，不飽和になって漏れ磁束が増加する．これにより，鉄心端部にうず電流が誘起されて固定子端部が加熱する．

(2) 遅相運転するため，界磁電流を増加させると，これによるジュール熱により回転子すなわち界磁巻線の温度が上昇する．

(3) 高負荷運転により負荷電流（電機子電流）が増加し，固定子巻線（電機子巻線）中のジュール熱が増えてその温度が上昇する．

(4) 運転中に系統周波数が低下すると，タービン動翼の共振により軸振動の原因となる．また，補機類の出力低下も問題になる．

(5) タービン発電機に不平衡負荷をかけると，電機子電流に逆相電流が含まれ，正相電

# 章末問題解答

流による回転磁界と逆方向の回転磁界を生じ，回転子表面に2倍周波数の電圧が発生し，うず電流が流れて過熱する．この対策として，回転子に制動巻線を設けて逆相電流を吸収させるなどの対策を行う．

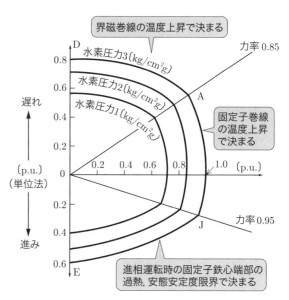

解説図　可能出力曲線

## 3章　変圧器

▶1　解答　(1) $g_0 = 2.40 \times 10^{-6}$ S，$b_0 = 19.9 \times 10^{-6}$ S，$R = 35.7$ Ω，$X = 115$ Ω
(2) 4.09%　(3) 97.7%　(4) 2.04%

(1) 定格一次電圧を $V_{1n}$ とすると，励磁コンダクタンスは式（3・13）より，

$$g_0 = \frac{P_0}{V_{1n}^2} = \frac{290}{11000^2} \fallingdotseq 2.3967 \times 10^{-6} \text{S}，\text{すなわち} 2.40 \times 10^{-6} \text{S となる．}$$

励磁アドミタンス $Y_0$ は $Y_0 = \frac{I_0}{V_{1n}} = \frac{0.221}{11000} = 20.091 \times 10^{-6}$ S であるから，式（3・14）より

励磁サセプタンス $b_0 = \sqrt{Y_0^2 - g_0^2} = \sqrt{(20.091 \times 10^{-6})^2 - (2.3967 \times 10^{-6})^2}$
$\fallingdotseq 19.948 \times 10^{-6} \longrightarrow 19.9 \times 10^{-6}$ S

一次換算全巻線抵抗は式（3・15）より

$$R = \frac{P_s}{I_{1s}^2} = \frac{740}{4.55^2} \fallingdotseq 35.744 \longrightarrow 35.7 \text{ Ω}$$

一次換算全インピーダンスは $Z = \frac{V_{1s}}{I_{1s}} = \frac{550}{4.55} = 120.88$ Ω ゆえ，式（3・16）より一次換算漏れリアクタンスは

$$X = \sqrt{Z^2 - R^2} = \sqrt{120.88^2 - 35.744^2} \fallingdotseq 115.47 \to 115 \text{ Ω}$$

章末問題解答

(2) 定格容量を $P_n$ とすれば，定格一次電流 $I_{1n}$ は

$$I_{1n} = \frac{P_n}{V_{1n}} = \frac{50 \times 10^3}{11000} = 4.5455 \to 4.55\ \text{A}$$

となるので，$I_{1s}$ は定格一次電流である．

式（3・17）より

$$\%Z = \frac{V_{1s}}{V_{1n}} \times 100 = \frac{550}{11000} \times 100 = 5.00\ \%$$

式（3・18）から

$$p = \frac{P_s}{P_n} \times 100 = \frac{740}{50 \times 10^3} \times 100 = 1.48\ \%$$

式（3・19）から

$$q = \sqrt{\%Z^2 - p^2} = \sqrt{5.00^2 - 1.48^2} = 4.7759\ \%$$

電圧変動率 $\varepsilon$ は，$\cos\phi = 0.8$ のとき $\sin\phi = 0.6$ であるから

$$\varepsilon = p\cos\phi + q\sin\phi + \frac{1}{200}(q\cos\phi - p\sin\phi)^2$$

$$= 1.48 \times 0.8 + 4.7759 \times 0.6 + \frac{1}{200}(4.7759 \times 0.8 - 1.48 \times 0.6)^2 = 4.09\ \%$$

(3) 負荷率 $\alpha$ のとき銅損は $\alpha^2 P_s$，鉄損は $P_0$ で，式（3・35）より

$$\eta = \frac{\alpha P_n \cos\phi}{\alpha P_n \cos\phi + P_0 + \alpha^2 P_s} = \frac{\dfrac{1}{2} \times 50 \times 10^3 \times 0.8}{\dfrac{1}{2} \times 50 \times 10^3 \times 0.8 + 290 + \left(\dfrac{1}{2}\right)^2 \times 740} \times 100$$

$$= 97.7\ \%$$

(4) （2）における全負荷 $p$，$q$ が $\dfrac{1}{2}$ 負荷時に $p'$，$q'$ に変化したとすれば定格一次電流 $I_{1n}$ が $I_{1n}/2$ になるので

$$p' = \frac{R \cdot \dfrac{1}{2} I_{1n}}{V_{1n}} \times 100 = \frac{1}{2}p，\quad q' = \frac{X \cdot \dfrac{1}{2} I_{1n}}{V_{1n}} \times 100 = \frac{1}{2}q$$

となり，$\dfrac{1}{2}$ 負荷時の電圧変動率 $\varepsilon'$ は

$$\varepsilon' = p'\cos\phi + q'\sin\phi + \frac{1}{200}(q'\cos\phi - p'\sin\phi)^2$$

$$= \frac{1}{2}(p\cos\phi + q\sin\phi) + \frac{1}{800}(q\cos\phi - p\sin\phi)^2$$

解答　章末問題解答

525

$$= \frac{1}{2}(1.48 \times 0.8 + 4.7759 \times 0.6) + \frac{1}{800}(4.7759 \times 0.8 - 1.48 \times 0.6)^2$$

$$\fallingdotseq 2.04\,\%$$

▶2 解答 (1) イ (2) ル (3) カ (4) ホ (5) ト
3-5 節 4 項で解説しているので，参照のこと．

▶3 解答 (1) カ (2) ヘ (3) ヌ (4) ト
(5) リ

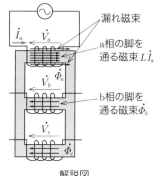

解説図

(1) 設問図 1 で a 相の巻線にだけ角周波数 $\omega$ の電流を流すと，解説図 1 の磁束が発生する．a 相巻線の作る磁束は，鉄心内を通って他の巻線と鎖交する磁束と，漏れ磁束になる．鉄心を通る磁束は，b 相および c 相の各脚の磁気抵抗が等しいため，b 相巻線，c 相巻線と鎖交する磁束は同じ大きさとなる．a 相を通る磁束と，b 相や c 相の脚を通る磁束は，矢印の向きが反対になるため，位相差は 180° である．

(2) 対称三相交流では $\dot{I}_a + \dot{I}_b + \dot{I}_c = \dot{I}_a + a^2 \dot{I}_a + a \dot{I}_a = (1 + a^2 + a)\dot{I}_a = 0$

なお，$a = e^{j\frac{2}{3}} = -\frac{1}{2} + j\frac{\sqrt{3}}{2}$ であるから $a^2 + a + 1 = 0$ である．

(3) 設問図 2 では a 相の巻線の電圧 $\dot{V}_a$ は

$$\dot{V}_a = j\omega(L + L_l)\dot{I}_a - j\omega\frac{L}{2}\dot{I}_b - j\omega\frac{L}{2}\dot{I}_c\ \text{であり，}\ \dot{I}_b + \dot{I}_c = -\dot{I}_a\ \text{より}$$

$$\dot{V}_a = j\omega(L + L_l)\dot{I}_a - j\omega\frac{L}{2}\left(\dot{I}_b + \dot{I}_c\right) = j\omega(L + L_l)\dot{I}_a + j\omega\frac{L}{2}\dot{I}_a = j\omega\left(\frac{3}{2}L + L_l\right)\dot{I}_a$$

(4) 設問図 3 は各相巻線を直列に接続している．$\dot{I}_a$ を流すと

$$\dot{V}_a = \dot{V}_b = \dot{V}_c = j\omega(L + L_l)\dot{I}_a - j\omega\frac{L}{2}\dot{I}_a - j\omega\frac{L}{2}\dot{I}_a = j\omega L_l \dot{I}_a$$

$$\therefore \dot{V} = \dot{V}_a + \dot{V}_b + \dot{V}_c = j3\omega L_l \dot{I}_a$$

(5) 設問図 3 のように三相巻線を直列に接続し，各相に流す同じ大きさ・位相の電流は零相電流 $\dot{I}_0$ である．各相に $\dot{I}_a$ が流れているとき，$\dot{I}_0 = \dfrac{\dot{I}_a + \dot{I}_b + \dot{I}_c}{3} = \dot{I}_a$ で，このとき発生する零相電圧 $\dot{V}_0 = \dfrac{\dot{V}_a + \dot{V}_b + \dot{V}_c}{3} = \dfrac{j3\omega L_l \dot{I}_a}{3} = j\omega L_l \dot{I}_a$ であるから，零相インピー

ダンス $Z_0 = \left| \dfrac{\dot{V}_0}{\dot{I}_0} \right| = \left| \dfrac{j\omega L_l \dot{I}_\mathrm{a}}{\dot{I}_\mathrm{a}} \right|$ となる．$L_l$ は漏れインダクタンスであり，$L$ に

比べて非常に小さい．三相リアクトルは零相電流に対して低インピーダンスである．

## 4章　誘導機

▶1　解答　(1) ワ　(2) イ　(3) ヌ　(4) ハ　(5) ニ

(1) (2) 4-1 節 2 項で解説しているので参照する．

(3) 式①より，$\cos(\theta - \omega t) = 1$ となるとき，磁束密度は最大磁束密度 $B_m$ となる．よって，$\theta = \omega t$ である．

(4) 式②より，$\cos(\theta) = \pm 1$ となるとき，その振幅は最大となる．よって，$\theta$ は 0 または $\pi$ となる．解答群には，0 があるが $\pi$ はないため，正解は 0 となる．

(5) 加法定理 $\cos(\alpha + \beta) = \cos\alpha\cos\beta - \sin\alpha\sin\beta$，$\cos(\alpha - \beta) = \cos\alpha\cos\beta + \sin\alpha\sin\beta$ より，$\cos\alpha\cos\beta = \dfrac{1}{2}\{\cos(\alpha + \beta) + \cos(\alpha - \beta)\}$ であるので，式②は次のように変換できる．

$$B'(\theta, t) = B_m{}' \cos(\theta) \cos(\omega t) = \frac{B_m{}'}{2}\{\cos(\theta + \omega t) + \cos(\theta - \omega t)\}$$

$$= \frac{B_m{}'}{2}\cos(\theta - \omega t) + \frac{B_m{}'}{2}\cos(\theta + \omega t) \quad \cdots\cdots ③$$

▶2　解答　(1) ロ　(2) ヲ　(3) ヌ　(4) チ　(5) ホ

(1) (2) (3) (4) 4-2 節 3 項で解説しているので，参照する．

(5) 4-3 節第 1 項で解説しているので，参照する．

▶3　解答　(1) リ　(2) ロ　(3) ハ　(4) ホ　(5) ヨ

(1) 回転速度が同期速度 $N_0$ より高い領域では，滑りが負になるので発電機動作となる．

(2) 発電機動作時には回転子に負のトルクが発生する．発電機のトルクと負荷トルクの合成が減速トルクとなる．

(3) $N = N_0$ まで減速すると，滑りが 0 となる．電動機は同期速度で回転し，発電機動作時に生じていた負のトルクはなくなる．減速トルクは負荷トルクだけになる．

(4) (5) さらに減速して，$N_1 < N < N_0$ となると，電動機動作となり，正のトルクが生じる．

▶4　解答　(1) ワ　(2) ヌ　(3) ヨ　(4) ホ　(5) チ

4-4 節 1 項で解説しているので参照する．

▶5　解答　(1) ヲ　(2) ヨ　(3) ホ　(4) リ　(5) ロ

4-4 節 2 項で解説しているので参照する．

**章末問題解答**

## 5章　保護機器

▶ 1　解答　(1) ハ　(2) ル　(3) リ　(4) ワ　(5) ヘ

5-1 節 3 項で解説しているので，参照する．

▶ 2　解答　(1) ロ　(2) ホ　(3) カ　(4) チ　(5) ヌ

5-2 節で解説しているので，参照する．

▶ 3　解答　(1) リ　(2) ヘ　(3) ヲ　(4) ニ　(5) カ

5-3 節で解説しているので，参照する．

## 6章　パワーエレクトロニクス

▶ 1　解答　(1) ハ　(2) イ　(3) ト　(4) ロ　(5) ル

6-1 節 2 項で解説しているので参照する．

▶ 2　解答　(1) ロ　(2) ワ　(3) ヲ　(4) ル　(5) ニ

(1) (2) 6-2 節 4 項で解説しているので参照する．

(3) 制御角を 0 rad とした場合のサイリスタとダイオードは同じ出力波形となる．

(4) 出力直流電圧平均値 $V_{d2}$ は，交流電源の電圧に変動がなければ，負荷電流に関わらず，$V_{d2} = 1.35V$〔V〕で一定である．

(5) 降圧チョッパのスイッチオン時間を $T_{\mathrm{on}}$，オフ時間を $T_{\mathrm{off}}$ とすると，出力直流電圧平均値 $V_{d3}$ は次式で表される．

$$V_{d3} = \frac{T_{\mathrm{on}}}{T_{\mathrm{on}} + T_{\mathrm{off}}} V_{d2} \,〔\mathrm{V}〕$$

$\dfrac{T_{\mathrm{on}}}{T_{\mathrm{on}} + T_{\mathrm{off}}}$ を通流率といい，これを $d$ とすると，$V_{d3} = d \cdot V_{d2}$〔V〕となる．

▶ 3　解答　(1) ワ　(2) イ　(3) ホ　(4) ル　(5) ト

(1) 6-3 節 3 項に解説しているので参照する．

(2) 6-1 節 1 項に解説しているので参照する．

(3) 題意より，$T_{\mathrm{on}}$ と $T_{\mathrm{off}}$ の期間全体で電源電流 $i_S$ を一定値 $I_S$ と見なす．$T_{\mathrm{off}}$ の時間のみ，ダイオード D には電流 $i_S$ に等しい電流が流れるので，ダイオード D に流れる電流 $i_{\mathrm{D}}$ の平均値 $I_D$ は，次式となる．

$$I_D = I_S \cdot \frac{T_{\mathrm{off}}}{T} \,〔\mathrm{A}〕 \cdots\cdots\cdots\cdots\cdots\cdots\cdots\cdots\cdots\cdots\cdots\cdots\cdots ①$$

(4) 題意より，電源 S からチョッパへの入力電力 $E_S \times I_S$ と，チョッパから負荷への出力電力 $V_L \times I_D$ とは等しいので

章末問題解答

$$E_S \cdot I_S = V_L \cdot I_D \cdots\cdots\cdots\cdots\cdots\cdots\cdots\cdots\cdots\cdots\cdots\cdots\cdots\cdots\cdots\cdots\cdots\cdots\cdots\cdots ②$$

式②に式①を代入すると

$$E_S \cdot I_S = V_L \cdot I_S \cdot \frac{T_{\mathrm{off}}}{T}$$

$$\therefore V_L = E_S \cdot \frac{T}{T_{\mathrm{off}}} \ \mathrm{(V)}$$

(5) 昇圧チョッパ回路では，出力電圧を検出し，それが設定値となるようフィードバック制御が行われる．その際，平滑用のコンデンサがあると，その充電電圧が変化し，充放電電流による悪影響が生ずるおそれがある．そこで，フィードバック制御に電流制御のマイナループ制御を加えることで安定化が図られる．

▶ 4　解答　(1) リ　(2) ヘ　(3) ト　(4) ワ　(5) イ

(1) (2) 6-4 節 3 項で解説しているので参照する．

(3) $v_R = R i_0$ であるため，$v_R$ は $i_0$ に比例する．よって，$v_R$ の波形は設問図 3 (d) である．

(4) $v_L = v_0 - v_R$ より，方形波の $v_0$ から設問図 3 (d) の $v_R$ の波形との差となる波形は，設問図 4 (h) である．

(5) インダクタンス $L$ の影響により，基本波成分の電流 $i_f$ は電圧 $v_f$ よりも遅れ位相となる．

▶ 5　解答　(1) ヲ　(2) ト　(3) ヘ　(4) ハ　(5) ヨ

6-5 節 2 項で解説しているので参照する．

# 7 章　電動力応用

▶ 1　解答　(1) ロ　(2) リ　(3) カ　(4) ヲ　(5) ニ

7-1 節 1 項で解説しているので参照する．

▶ 2　解答　(1) イ　(2) ニ　(3) ル　(4) リ　(5) ヨ

7-2 節 2 項で解説しているので参照する．

# 8 章　自動制御

▶ 1　解答　(1) ヲ　(2) チ　(3) ヘ　(4) ヨ　(5) ハ

8-1 節 4 項,特に式 (8·14) ～ (8·19) で解説しているので，参照する．

▶ 2　解答　(1) カ　(2) リ　(3) ヲ　(4) ロ　(5) ト

(1) 図 8·12，式 (8·20) に PID 動作を解説しているが，積分時間が正しい．

(2) (3) PID 調節計の PID パラメータ決定法として，ジーグラ・ニコルスの限界感度

## 章末問題解答

法がある．解説図1のブロック線図でプロセス $G_p$ の周波数特性を解説図2のようにボード線図に描き，ゲイン特性 $|G_p|$，位相特性 $\angle G_p$ であるとする．このとき，調節計 $G_c$ を比例動作だけとして積分・微分動作をきかなくすると，比例ゲイン $K_p$ を変化させれば位相特性は変化せず，一巡ループのゲイン特性 $K_p|G_p|$ は上方へ移動する．そして，系がハンチングを起こさず安定と判定される位相 $-180°$ におけるゲイン余裕（解説図2の $M$）が0になったとき，すなわち図中の破線まで移動するとき，発振を始める．このようにハンチングを起こすか起こさないかの限界となる点を限界感度と呼び，限界感度 $K_p$ とこのときの持続振動の周期 $T\,(=2\pi/\omega)$ を用いて，これらの値から調節計のパラメータを決定する．

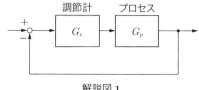

解説図1

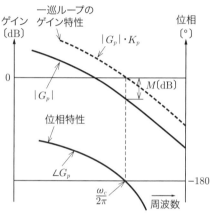

解説図2

(4)(5) 実際のプロセス制御は，一次遅れ＋むだ時間で近似されることがほとんどであるから，プロセスの単位ステップ応答は解説図3のようなS字形になることが多い．そこで，図中実線の変曲点付近で接線①を引き，$t$ 軸と交わる点を②とするとき，原点 O から②までの時間をむだ時間 $L$ とし，②から実線に近似する ⓒ を一次遅れとして置き換えることができる．

したがって全体の伝達関数 $G(s)$ はこのような近似をすれば，むだ時間 $L$ の伝達関数 $G_1 = e^{-Ls}$，一次遅れの伝達関数 $G_2 = \dfrac{K}{1+Ts}$ とし，$G(s) = G_1 G_2 = \dfrac{K}{1+Ts} e^{-Ls}$ となる．

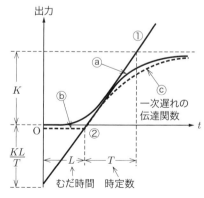

解説図3

> ▶3 **解答** (1) ト (2) リ (3) ハ (4) ヲ (5) ホ

(1) ～ (4) 8-2 節 1 項および 8-3 節 4 項で解説しているため，参照する．

(5) $G(j\omega) = \dfrac{K}{j\omega(j\omega+1)(j\omega+4)} = \dfrac{K}{-5\omega^2 + j\omega(4-\omega^2)}$

これが実軸と交わる点は虚数部が 0 のときで

$4 - \omega^2 = 0 \qquad \therefore \omega = 2\,\mathrm{rad/s}$

このときの一巡周波数伝達関数 $G(j^2) = \dfrac{K}{-5 \times 2^2} = -\dfrac{K}{20}$ であるから，

$\left| -\dfrac{K}{20} \right| = 1 \qquad \therefore K = 20$

# 9章 照 明

> ▶1 **解答** (1) ル (2) ロ (3) ニ (4) ヨ (5) ヲ

(1)，(3)，(4) は 9-1 節で解説しているので，参照する．(2) に関して，人間の肉眼の感じ方を客観的に扱うことができるように光の波長 555 nm を最大値 1 として規格化した関数で分光応答度を定めており（図 9・1 参照），この値を国際協定で定めたものを標準分光視感効率と呼ぶ．

(5) を補足する．照度計は，JIS 規格で性能によって階級が規定されており，一般形精密級照度計，一般形 AA 級照度計，一般形 A 級照度計，特殊形照度測定器の 4 つに分類されている．照度の信頼性が要求される場での照度測定には，AA 級以上のクラスの照度計を使用することを推奨している．

> ▶2 **解答** (1) ヲ (2) ホ (3) チ (4) ワ (5) ヌ

(1) ～ (3) 解説図に示すように，グローブの中心におかれた点光源から放射された光束 $F_p$〔lm〕は，グローブ内面で 1 回反射するごとに $\rho$ 倍の光束が反射し，外部にはグローブ内面に入射した光束の $\tau$ 倍の光束が透過する．

したがって，グローブから外部に放射される全光束 $F_s$ は

$$F_s = \tau F_p + \tau\rho F_p + \tau\rho^2 F_p + \cdots = \tau(F_p + \rho F_p + \rho^2 F_p + \cdots) = \frac{\tau F_p}{1-\rho}$$

また，グローブの光度 $I$ は，グローブ全面の立体角 $\omega = 4\pi$〔sr〕なので，式（9・4）より

$$I = \frac{F_s}{\omega} = \frac{F_s}{4\pi}\,\text{〔cd〕}$$

そして，球体グローブの表面積 $S = 4\pi r^2$〔m$^2$〕なので，式（9・11）より

光束発散度 $M = \dfrac{F_s}{S} = \dfrac{F_s}{4\pi r^2}$ 〔lm/m²〕

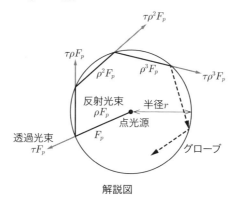

解説図

(4)(5) 点光源 O と B 点との距離 $R = \sqrt{H^2 + D^2}$ 〔m〕であるから、B 点の法線照度 $E_n$ は式（9・6）より

$$E_n = \frac{I}{R^2} = \frac{I}{(\sqrt{H^2+D^2})^2} = \frac{I}{H^2+D^2} \text{〔lx〕}$$

水平面照度 $E_h$ は式（9・7）より

$$E_h = E_n \times \frac{H}{R} = \frac{I}{H^2+D^2} \times \frac{H}{\sqrt{H^2+D^2}} = \frac{HI}{(H^2+D^2)^{3/2}} \text{〔lx〕}$$

球形グローブの外側の表面は均等拡散面であるから、式（9・12）より

$$L = M/\pi \text{〔cd/m}^2\text{〕}$$

▶3 解答　(1) ヨ　(2) ワ　(3) ヌ　(4) ト　(5) ホ

9-3 節で解説しているので、参照する。(2) を補足する。人間の物の見え方は、太陽光源下で最も自然に感じる。このため、太陽光線と同じスペクトル分布を有する光源を基準光源として、この基準光源との色の見え方の差を数値化して評価する。基準光源は黒体放射光である。

▶4 解答　(1) チ　(2) ヲ　(3) ヨ　(4) ハ　(5) ワ

本文で取り上げていないので、解説する。キセノンランプは、キセノンガス中のアーク放電による光を利用したランプである。ランプの色温度は約 6000 K で高輝度 30000 cd/m² である。ランプの分光エネルギー分布は、自然昼光に近いので、標準白色光源、映写用、印刷用、写真撮影用などに利用される。キセノンランプは、形状、用途などによってショートアーク形、ロングアーク形、フラッシュランプ形に分けられる。ショートアーク形キセノンランプは、石英ガラス製の発光管でおおわれ、電極間距

離が20 mm 未満である．管内はキセノンガスが常時10気圧程度の圧力で封入されており，点灯時には30〜40気圧になり，ガス圧が高いため，始動電圧5〜10 kV を必要とする．したがって，始動器と安定器からなる高周波昇圧器でランプを始動させ，始動・再始動が瞬時にできる特徴を有する．ショートアーク形の配光は高輝度点光源であり，この特徴を生かしてスポットライトやプロジェクタなどの各種光学機器用光源として利用される．一方，ロングアーク形キセノンランプは，電極間距離が20 mm 以上のキセノンランプで，石英ガラス管内に動作時1気圧程度のキセノンガスが封入されている．競技場や広場照明等に使用される．他方，フラッシュランプ形は，低圧キセノンガスを封入し，コンデンサに蓄えられた電気エネルギーを放電管を通して瞬間的に放電させ，閃光を発するキセノンランプである．

# 10章　電　熱

▶1　解答　(1) ロ f　(2) ヘ e　(3) ニ c　(4) ホ d　(5) イ g
10−1節，10−2節で解説しているので，参照する．
▶2　解答　(1) イ b　(2) ニ e　(3) ロ c　(4) ホ a　(5) ハ d
10−1節で解説しているので，参照する．
▶3　解答　(1) イ　(2) チ　(3) ニ　(4) ヌ　(5) ワ
10−1節6項で解説しているので，参照する．

# 11章　電気化学

▶1　解答　(1) ト　(2) ヨ　(3) イ　(4) ヲ　(5) ル
亜鉛のイオン化傾向は水素よりも大きく，このイオン化傾向が大きい金属になるほど化学的性質が活発で化合物を作りやすい．(1) は 11-3 節2項，(5) は 11-1 節2項で説明しているので，参照する．また，(3) は 11-2 節4項の電解採取で説明している．まず，(2) を補足する．電気めっきとは，電解析出の作用を利用して金属の表面に他種の金属を密着させ，外観を美しくするほか，防食性，耐摩耗性を付与するために行う．鉄板の表面に亜鉛を被覆したものはトタン（亜鉛めっき鋼板）と呼び，建築資材として使われる．(4) を補足する．電解質溶液に電流を流すと，陽極には酸素が，陰極には水素が発生する．前者を電解酸化といい，後者を電解還元という．陰極での電解還元の反応は二つあり，一つは水素ガスを発生すること，もう一つは電解液中に還元生成物を残すことのどちらかである．

▶2　解答　(1) ホ　(2) カ　(3) イ　(4) ワ　(5) チ
11-1節2項，11-3節3項で解説しているため，参照する．

**章末問題解答**

▶3 解答 (1) リ (2) ヌ (3) ホ (4) カ (5) ヨ

(1)～(4) は 11-3 節で解説しているため，参照する．(5) を説明する．ある電池を平均電圧 3.5 V，500 mA で 10 h 放電するためには 3.5 V×0.5 A×10 h＝17.5 W·h の容量が必要になる．設問で電池の重量エネルギー密度が与えられているから，電池の重量は 17.5 W·h／(175 W·h/kg)＝0.1 kg＝100 g となる．

# 12章 情報伝送・処理・メカトロニクス

▶1 解答 (1) ホ (2) リ (3) ニ (4) ヌ (5) チ

12-1 節 2 項で解説しているため，参照する．

▶2 解答 (1) リ (2) ヨ (3) ニ (4) ヲ (5) ヘ

12-3 節 3 項を参照する．(3) 単体テストでは，プログラムの一部モジュールだけを実行可能なようにテスト環境を整える．代用となる仮の上位モジュールの代わりをドライバ，仮の下位モジュールをスタブという．(4)(5) テストを網羅的に行うため，最初は内部構造に基づいてテスト項目を選ぶ方法が一般的であり，これがホワイトボックステストである．その後，結合テスト，システムテストと進み，対象のプログラム量が大きくなるに従って，内部構造には関知せずに，インターフェースの仕様からテスト項目を選ぶブラックボックステストの比重が大きくなる．

▶3 解答 (1) ル (2) ヨ (3) ヌ (4) チ (5) イ

12-4 節 3 項を参照する．(4) を補足する．米国電気電子学会 (IEEE) において，LAN 関連の規格は IEEE802 委員会によって決められており，物理層とデータリンク層の一部を定義した IEEE802.11 関連規格がある．これに対応した無線中継機器を利用することで，Wi-Fi（ワイファイ）による LAN への無線接続ができる．Wi-Fi は，無線 LAN に関する登録商標である．(5) を補足する．ルータは複数の LAN を接続する機器であり，OSI 参照モデルのネットワーク層での中継を行う．この階層で用いるアドレスは，設定情報を提供する機能をもったコンピュータやネットワーク機器である DHCP (Dynamic Host Configuration Protocol) サーバを用いることで自動的にクライアントへ割り当てられるため，利用者はコンピュータをネットワークに接続しただけで通信環境を整えることができる．DHCP は，インターネットなどのネットワークに一時的に接続するコンピュータに IP アドレスなど必要な情報を自動的に割り当てるプロトコルである．

▶4 解答 (1) ハ d (2) ニ c (3) イ b (4) ホ a (5) ロ e

表 12·6 のセンサで説明しているので，参照する．

# 索 引—Index

## ア 行

アウトオブオーダ実行·································467
アーク加熱··············································400
アクセス時間···········································465
アクチュエータ·········································514
アーク溶接··············································419
アジャイル型············································486
アセンブラ···············································487
アセンブリ言語·········································487
アノード··········································210,212
アノード電極············································428
アプリケーション層····································493
アボガドロ定数·········································429
アーム····················································252
アモルファス材料········································91
アルカリマンガン乾電池······························444
安　定····················································335
安定限界·················································335
安定性評価··············································204
安定判別·················································335

イオン交換膜法·········································434
イグルナ方式·············································29
位　相····················································327
位相遅れ補償············································320
位相交差角周波数······································340
位相交点·················································340
位相差····················································327
位相特性·················································327
位相偏移変調············································500
位相変調·················································500
位相余裕··········································340,341
一次側····················································290
一次側に換算した等価回路····························95

一次周波数制御·········································160
一次電圧制御············································160
一次電池·················································442
一次誘導起電力·········································137
一巡伝達関数············································315
色温度····················································370
陰極線ルミネセンス····································371
インターネット·········································496
インタフェース·········································515
インタプリタ言語······································487
インディシャル応答····································332
インバータ···············································250
インバータ運転領域····································232
インバータ方式·········································376
インピーダンス電圧····································104
インピーダンスワット·································104

ウィーンの変位則······································369
ウィーンの放射則······································369
ウオーターフォール型·································486
うず電流損·········································73,109

永久コンデンサ形······································177
エネルギー密度·········································443
エミッタ·················································211
エレクトロルミネセンス·······························371
遠隔監視制御装置······································505
遠隔測定装置············································505
遠隔表示装置············································505
エンコーダ···············································479
演算装置·················································462
演色性····················································373
遠心送風機··············································300
鉛直配光曲線············································358
鉛直面照度··············································355

## 索 引

横断流送風機⋯⋯⋯⋯⋯⋯⋯⋯301
応答時間⋯⋯⋯⋯⋯⋯⋯⋯⋯⋯468
応用ソフトウェア⋯⋯⋯⋯⋯⋯483
オフセット⋯⋯⋯⋯⋯⋯⋯⋯⋯315
オフ損失⋯⋯⋯⋯⋯⋯⋯⋯⋯⋯220
オペランド⋯⋯⋯⋯⋯⋯⋯⋯⋯487
オペレーティングシステム⋯⋯⋯484
折点角周波数⋯⋯⋯⋯⋯⋯⋯⋯329
オン損失⋯⋯⋯⋯⋯⋯⋯⋯⋯⋯219
オン電圧⋯⋯⋯⋯⋯⋯⋯⋯⋯⋯219
温度上昇試験⋯⋯⋯⋯⋯⋯⋯⋯105
温度放射⋯⋯⋯⋯⋯⋯⋯⋯⋯⋯368

### カ 行

界　磁⋯⋯⋯⋯⋯⋯⋯⋯⋯⋯⋯⋯2
がいし形⋯⋯⋯⋯⋯⋯⋯⋯⋯⋯195
がいし形避雷器⋯⋯⋯⋯⋯⋯⋯202
界磁制御法⋯⋯⋯⋯⋯⋯⋯⋯⋯27
界磁抵抗線⋯⋯⋯⋯⋯⋯⋯⋯⋯15
界磁鉄心⋯⋯⋯⋯⋯⋯⋯⋯⋯⋯2
界磁巻線⋯⋯⋯⋯⋯⋯⋯⋯⋯⋯2
回生失効⋯⋯⋯⋯⋯⋯⋯⋯⋯⋯286
回生制動⋯⋯⋯⋯⋯⋯⋯⋯29,164
回生ブレーキ⋯⋯⋯⋯⋯⋯⋯⋯285
階層型データベース⋯⋯⋯⋯⋯487
外鉄形⋯⋯⋯⋯⋯⋯⋯⋯⋯⋯⋯91
回転界磁形⋯⋯⋯⋯⋯⋯⋯⋯⋯36
回転子⋯⋯⋯⋯⋯⋯⋯⋯⋯⋯⋯2
外部異常電圧⋯⋯⋯⋯⋯⋯⋯⋯201
回復電圧の許容能力⋯⋯⋯⋯⋯191
外部特性曲線⋯⋯⋯⋯⋯⋯16,54
開閉過電圧⋯⋯⋯⋯⋯⋯⋯⋯⋯201
界面電解⋯⋯⋯⋯⋯⋯⋯⋯⋯⋯436
外　雷⋯⋯⋯⋯⋯⋯⋯⋯⋯⋯⋯201
開ループ伝達関数⋯⋯⋯⋯⋯⋯315
化学当量⋯⋯⋯⋯⋯⋯⋯⋯⋯⋯430
隔　膜⋯⋯⋯⋯⋯⋯⋯⋯⋯⋯⋯428

かご形回転子⋯⋯⋯⋯⋯⋯⋯⋯134
重なり角⋯⋯⋯⋯⋯⋯⋯⋯⋯⋯233
重なり期間⋯⋯⋯⋯⋯⋯⋯⋯⋯233
重なり現象⋯⋯⋯⋯⋯⋯⋯⋯⋯233
重ね巻⋯⋯⋯⋯⋯⋯⋯⋯⋯⋯⋯3
可視光線⋯⋯⋯⋯⋯⋯⋯⋯⋯⋯352
ガス遮断器⋯⋯⋯⋯⋯⋯⋯⋯⋯193
ガス冷却変圧器⋯⋯⋯⋯⋯⋯⋯91
過整流⋯⋯⋯⋯⋯⋯⋯⋯⋯⋯⋯10
仮想記憶管理⋯⋯⋯⋯⋯⋯⋯⋯485
カソード⋯⋯⋯⋯⋯⋯⋯210,212
カソード電極⋯⋯⋯⋯⋯⋯⋯⋯428
カソードルミネセンス⋯⋯⋯⋯371
カットコア⋯⋯⋯⋯⋯⋯⋯⋯⋯91
過電圧⋯⋯⋯⋯⋯⋯⋯⋯⋯⋯⋯433
稼働率⋯⋯⋯⋯⋯⋯⋯⋯⋯⋯⋯469
過渡応答⋯⋯⋯⋯⋯⋯⋯⋯⋯⋯331
過複巻⋯⋯⋯⋯⋯⋯⋯⋯⋯⋯⋯16
簡易等価回路⋯⋯⋯⋯⋯⋯95,142
乾式変圧器⋯⋯⋯⋯⋯⋯⋯⋯⋯91
緩衝記憶装置⋯⋯⋯⋯⋯⋯⋯⋯463
慣性モーメント⋯⋯⋯⋯⋯⋯⋯296
間接アーク加熱⋯⋯⋯⋯⋯⋯⋯400
間接式アーク炉⋯⋯⋯⋯⋯⋯⋯401
間接抵抗加熱⋯⋯⋯⋯⋯⋯⋯⋯399
完全拡散面⋯⋯⋯⋯⋯⋯⋯⋯⋯356
カンデラ⋯⋯⋯⋯⋯⋯⋯⋯⋯⋯353
還流ダイオード⋯⋯⋯⋯⋯⋯⋯225
記憶管理⋯⋯⋯⋯⋯⋯⋯⋯⋯⋯485
記憶装置⋯⋯⋯⋯⋯⋯⋯⋯⋯⋯463
機械語⋯⋯⋯⋯⋯⋯⋯⋯⋯⋯⋯486
機械損⋯⋯⋯⋯⋯⋯⋯⋯⋯⋯⋯73
機械的強度⋯⋯⋯⋯⋯⋯⋯⋯⋯191
機械的出力⋯⋯⋯⋯⋯⋯⋯⋯⋯140
幾何学的中性軸⋯⋯⋯⋯⋯⋯⋯6
帰還ダイオード⋯⋯⋯⋯⋯⋯⋯252
き　電⋯⋯⋯⋯⋯⋯⋯⋯⋯⋯⋯286

| | | | |
|---|---|---|---|
| 輝　度 | 356 | ゲイン交差角周波数 | 341 |
| 揮発性記憶装置 | 466 | ゲイン交点 | 341 |
| 基本ソフトウェア | 483 | ゲイン特性 | 327 |
| 逆カルノーサイクル | 415 | ゲイン余裕 | 340 |
| 逆起電力 | 19 | ゲート | 212,216 |
| 規約効率 | 72,111 | ゲートウェイ | 496 |
| 逆相制動 | 165 | ゲートターンオフサイリスタ | 213 |
| 逆相リアクタンス | 60 | 原　子 | 429 |
| 逆阻止三端子サイリスタ | 212 | 原子価 | 430 |
| 逆転制動 | 30 | 原子核 | 429 |
| 逆変換装置 | 250 | 減磁作用 | 6 |
| 逆ラプラス変換 | 311 | 原子番号 | 429 |
| ギャップ線 | 53 | 原子量 | 429 |
| ギャップレスアレスタ | 202 | | |
| キャラクタ同期方式 | 506 | 降圧チョッパ | 239,240 |
| 共振角周波数 | 329 | 光源効率 | 373 |
| 共振値 | 330 | 交差磁化作用 | 6,43 |
| 極 | 335 | 高周波誘電加熱 | 407 |
| 極数切換制御 | 159 | 高周波誘導加熱 | 404 |
| 距離の逆二乗の法則 | 354 | 公称放電電流 | 203 |
| 均圧環 | 4 | 高水準言語 | 487 |
| 均圧結線 | 4 | 構造データベース | 487 |
| 近距離線路故障遮断性能 | 192 | 光　束 | 352 |
| 均等拡散面 | 356 | 高速度再閉路の機能 | 191 |
| | | 光束発散度 | 356 |
| くま取りコイル形 | 177 | 光束法 | 387 |
| 組合せ回路 | 476 | 高抵抗かご形回転子 | 174 |
| グラム当量 | 430 | 光　度 | 353 |
| グレア | 373 | 降伏電圧 | 210 |
| クロック | 463 | 効　率 | 72,111 |
| クロックサイクルタイム | 467 | 交流き電方式 | 287 |
| | | 交流電力調整装置 | 269 |
| 計器用変圧器 | 198 | 交流電力変換装置 | 269 |
| 計器用変成器 | 198 | 交流励磁機方式 | 42 |
| 蛍光灯 | 374 | 呼吸作用 | 91 |
| 計数方式 | 503 | 黒　体 | 368 |
| 継　鉄 | 3 | 黒体放射 | 369 |
| ゲイン | 327 | 固体高分子形燃料電池 | 450,451 |

## 索 引

固体酸化物形燃料電池···················450
固定子···························2,134
固定磁気ディスク装置···············464
固定損·······························72
コレクタ···························211
コンデンサ形計器用変圧器···········199
コンデンサ始動形···················176
コンドルファ始動···················157
コンパイラ·························487
コンパイラ言語·····················487
コンパクト形蛍光灯·················375
コンバータ·························224
コンピュータネットワーク···········492
コンピュータの構成·················462

### サ 行

サイクリックディジタル伝送装置·······505
サイクロコンバータ·················270
最高油温度上昇·····················105
最終値の定理·······················313
最大電力点追従制御·················264
再点弧·····························190
再発弧·····························190
サイリスタ·························212
サイリスタ励磁方式··················42
サーボ機構·························311
サーボモータ·······················514
サーミスタ·························514
サルフェーション···················446
酸化亜鉛形避雷器···················202
三相全波整流回路···················231
三相短絡曲線························53
三相電圧形インバータ···············257
三相突発短絡電流····················58
三相半波整流回路···················229
三相ブリッジ整流回路···············231
サンプリング·······················502

サンプリング周波数·················502

直入れ始動法·······················156
磁化電流···························94
視感度·····························352
磁気漏れ変圧器·····················126
磁極片······························2
軸流送風機·························300
シーケンシャルアクセス方式·········465
シーケンス制御·················310,516
自己始動法··························79
自己容量···························125
自己励磁···························15
自己励磁現象·······················57
持続性過電圧·······················201
実記憶管理·························485
実測効率···························72
実負荷法···························106
質量数·····························429
自動制御···························310
自動調整···························311
始動抵抗···························27
始動電動機法························80
始動特性···························373
始動トルク·························78
始動補償器法·······················156
シフト JIS コード···················480
ジャイロセンサ·····················514
遮断器·····························190
遮断性能···························191
斜流送風機·························300
集中巻·····························39
周波数応答·························327
周波数伝達関数·····················327
周波数特性·························327
周波数偏移変調·····················500
周波数変換·························270
周波数変換装置·····················269

538

# 索 引

| | |
|---|---|
| 周波数変調 | 500 |
| 充放電効率 | 442 |
| 主記憶装置 | 463 |
| 主座変圧器 | 125 |
| 出力装置 | 463 |
| 出力密度 | 442 |
| 寿　命 | 373 |
| 循環形サイクロコンバータ | 271 |
| 順序回路 | 476 |
| 順変換装置 | 224 |
| 昇圧チョッパ | 239,241,264 |
| 昇降圧チョッパ | 239,242 |
| 消弧角 | 269 |
| 常時インバータ給電方式 | 260 |
| 常時商用給電方式 | 261 |
| 照　度 | 353 |
| 情報伝送 | 500 |
| 照明制御システム | 388 |
| 照明設計 | 387 |
| 照明率 | 387 |
| 初期過渡リアクタンス | 60 |
| 初期値の定理 | 313 |
| 食塩電解 | 434 |
| ジョブ | 484 |
| ジョブ管理 | 484 |
| 処理時間 | 467 |
| シリンダ | 464 |
| 自冷式 | 91 |
| 自励式インバータ | 250 |
| シロッコファン | 300 |
| 真空遮断器 | 195 |
| 信号伝送設備 | 505 |
| 振幅偏移変調 | 500 |
| 振幅変調 | 500 |
| | |
| 垂下特性 | 16 |
| 水車発電機 | 36 |
| スイッチング周期 | 239 |

| | |
|---|---|
| スイッチング損失 | 220 |
| スイッチング動作 | 211 |
| スイッチングレギュレータ | 243 |
| 水平配光曲線 | 358 |
| 水平面照度 | 354 |
| 水冷式 | 91 |
| 数値制御 | 516 |
| スコット結線 | 125 |
| スコット結線変圧器 | 287 |
| 進み小電流遮断性能 | 192 |
| スター形 | 493 |
| スタータ方式 | 375 |
| ステッピングモータ | 515 |
| ステップ応答 | 332 |
| ステファン・ボルツマンの法則 | 369 |
| ステラジアン | 353 |
| ストークスの法則 | 370 |
| スパイラル型 | 486 |
| スーパースカラ | 467 |
| スーパービジョン | 505 |
| スプーリング | 485 |
| 滑　り | 136 |
| 滑り周波数 | 137 |
| スループット | 468 |
| | |
| 制御装置 | 462 |
| 制限電圧 | 203 |
| 製鋼用アーク炉 | 401 |
| 静止形励磁方式 | 42 |
| 静止クレーマ方式 | 158 |
| 静止セルビウス方式 | 159 |
| 静止レオナード方式 | 29 |
| 成績係数 | 416 |
| 正相リアクタンス | 60 |
| 制動巻線 | 60 |
| 整流回路 | 224 |
| 整流器運転領域 | 232 |
| 整流曲線 | 9 |

539

| | | | |
|---|---|---|---|
| 整流作用 | 8 | | |
| 整流子 | 4 | | |
| 整流時間 | 9 | | |
| 整流周期 | 9 | | |
| 赤外加熱 | 408 | | |
| 積分動作 | 320 | | |
| セクタ | 464 | | |
| 絶縁協調 | 201 | | |
| 絶縁ゲート型バイポーラトランジスタ | 217 | | |
| 絶縁耐力 | 191 | | |
| セッション層 | 493 | | |
| 接地タンク形 | 195 | | |
| 零相リアクタンス | 60 | | |
| 零力率飽和曲線 | 54 | | |
| 全加算器 | 477 | | |
| センサ | 513 | | |
| 全節巻 | 40 | | |
| 全電圧始動法 | 156 | | |
| 全日効率 | 112 | | |
| 全般照明 | 387 | | |
| 全負荷効率 | 72,111 | | |
| 全負荷飽和曲線 | 54 | | |
| 線路容量 | 125 | | |

| | |
|---|---|
| 総合効率 | 373 |
| 総合伝達関数 | 315 |
| 送風機 | 300 |
| ——のQH曲線 | 301 |
| 送風抵抗曲線 | 301 |
| 送油式 | 91 |
| 測温抵抗体 | 514 |
| 速度特性曲線 | 21 |
| 続流 | 201 |
| ソース | 216 |
| ソフトウェア | 483 |
| ソフトウェア開発手法 | 486 |
| ソフトスイッチング | 220 |
| 損失電流 | 94 |

## タ 行

| | |
|---|---|
| 第2調波ロック方式 | 99 |
| ダイオード | 210 |
| 耐熱クラス | 123 |
| 対流熱伝達 | 397 |
| 楕円形回転磁界 | 176 |
| 多重インバータ | 259 |
| タスク | 484 |
| タスク管理 | 484 |
| 脱出トルク | 79 |
| 脱調 | 79 |
| 縦形nチャネル形 | 217 |
| タービン発電機 | 37 |
| ターボファン | 300 |
| ダーリントン接続 | 217 |
| 他励式インバータ | 250 |
| 単位動作責務 | 204 |
| 単位法 | 56 |
| ターンオフ時間 | 213 |
| タングステン電球 | 378 |
| 短時間過電圧 | 201 |
| 端子短絡故障遮断性能 | 192 |
| 短節巻 | 40 |
| 単相制動 | 165 |
| 単相全波整流回路 | 226 |
| 単相電圧形ハーフブリッジインバータ | 252 |
| 単相電圧形フルブリッジインバータ | 254 |
| 単相ブリッジ整流回路 | 226 |
| 単相巻 | 3 |
| 単層巻 | 40 |
| 単相誘導電動機 | 175 |
| 短節巻係数 | 40 |
| 単巻変圧器 | 124 |
| 短絡試験 | 104 |
| 短絡特性曲線 | 53 |
| 短絡比 | 56 |

# 索　引

逐次制御方式……………………466
中央処理装置……………………462,463
中性子……………………………429
超同期静止セルビウス方式………159
調歩同期方式……………………505
直軸・横軸過渡リアクタンス……59
直軸電機子反作用………………47
直軸電流…………………………47
直接アーク加熱…………………400
直接式アーク炉…………………401
直接式抵抗炉……………………399
直接抵抗加熱……………………398
直接負荷損………………………73
直線整流…………………………9
直流機……………………………2
直流き電方式……………………286
直流コンデンサ…………………251
直流スイッチ方式………………261
直流チョッパ回路………………239
直流チョッパ方式………………29
直流発電機
　　――の原理…………………4
　　――の種類…………………13
　　――の等価回路……………14
直流励磁機方式…………………42
直列ギャップ付避雷器…………202
直列巻線…………………………124
直交振幅変調……………………500

追値制御…………………………311
通過容量…………………………125
通電性能…………………………191
通流率……………………………239
ツリー形…………………………494

定格電圧…………………………203
低減トルク負荷…………………298
抵抗加熱…………………………398

抵抗制御法………………………28
抵抗整流…………………………10
抵抗測定…………………………103
抵抗溶接…………………………419
低周波始動法……………………81
低周波誘導加熱…………………404
定出力負荷………………………298
定常位置偏差……………………316
定常加速度偏差…………………316
定常速度偏差……………………316
定常偏差…………………………315
低水準言語………………………486
ディスパッチング………………484
定速度電動機……………………22
定態リアクタンス………………59
定値制御…………………………311
定電圧定周波数電源装置………260
停動トルク………………………147
定トルク負荷……………………298
テイル電流………………………218
デコーダ…………………………479
データ伝送制御…………………505
データハザード…………………467
データベース言語………………487
データリンク層…………………493
鉄　損……………………………72
デッドタイム……………………254
デュアル構成……………………468
デューティ比……………………239
デュプレックス構成……………468
テレコン…………………………505
テレメータ………………………505
電圧形インバータ………………251
電圧制御…………………………28
電圧制御法………………………28
電圧整流…………………………10
電圧変動率………………………70,107
電　解……………………………428

541

## 索 引

電解採取……………………………435
電解質………………………………428
電解精製……………………………436
電気泳動……………………………437
電気化学システム…………………428
電気化学当量………………………430
電気加工……………………………421
電気加熱…………………………396,397
電機子…………………………………3
電機子鉄心……………………………3
電機子反作用………………………6,43
電機子反作用磁束……………………43
電機子反作用リアクタンス…………46
電機子巻線……………………………3
電気浸透……………………………436
電気双極子…………………………405
電気的中性軸…………………………6
電気透析……………………………437
電気分解…………………………428,431
電気防食法…………………………438
電球形蛍光灯………………………374
点光源………………………………353
電 子………………………………429
電磁形計器用変圧器………………199
電磁ソレノイド……………………515
電子ビーム加工……………………421
電磁誘導方式………………………506
電 食……………………………289,438
電食防止法…………………………438
伝達関数……………………………313
電 池……………………………428,442
電波方式……………………………506
電 離………………………………428
電流形インバータ…………………251
電流さい断現象……………………193
電流浸透深さ………………………403
電力回生車…………………………286
電力半減深度………………………407

等価負荷抵抗………………………140
等価負荷法…………………………106
同期インピーダンス………………47,55
同期化電流……………………………70
同期化力………………………………70
同期機…………………………………36
──におけるエネルギー変換………75
同期始動法……………………………81
同期速度……………………………37,136
同期調相機……………………………78
同期外れ………………………………79
同期リアクタンス…………………47,59
同期ワット…………………………78,145
動作開始電圧………………………203
動作クロック………………………467
銅 損…………………………………73
特殊かご形誘導電動機……………173
特性域………………………………285
特性根………………………………335
特性方程式…………………………335
突極機…………………………………36
トライアック………………………216
トラック……………………………464
トランスポート層…………………493
トルク-速度特性……………………146
トルク特性曲線………………………21
トルクブースト……………………162
ドレイン……………………………216

### ナ 行

ナイキスト軌跡……………………339
ナイキスト周波数…………………503
内鉄形…………………………………91
内部異常電圧………………………201
内部相差角……………………………65
内部誘導起電力………………………43
内 雷………………………………201

## 索 引

| | |
|---|---|
| ナトリウム - 硫黄電池 | 448 |
| ナトリウムランプ | 380 |
| 鉛蓄電池 | 445 |
| 波 巻 | 3,4 |
| | |
| 二次側 | 290 |
| 二次側に換算した等価回路 | 97 |
| 二次光源 | 357 |
| 二次抵抗制御 | 158 |
| 二次抵抗制御法 | 157 |
| 二次電池 | 442,445 |
| 二重かご形誘導電動機 | 173 |
| 二次誘導起電力 | 137 |
| 二次励磁制御 | 158 |
| 二層巻 | 3,40 |
| 二値コンデンサ形 | 177 |
| ニッケル・カドミウム電池 | 446 |
| 二反作用理論 | 47 |
| 入射角の余弦の法則 | 354 |
| 入力装置 | 463 |
| | |
| 熱回路のオームの法則 | 396 |
| 熱電対 | 514 |
| 熱伝導 | 396 |
| ネットワーク型データベース | 488 |
| ネットワーク層 | 493 |
| 熱平衡 | 398 |
| 熱放射 | 368,397 |
| 熱容量 | 396 |
| 熱 流 | 396 |
| 燃料電池 | 449 |
| ネームサーバ | 496 |
| | |
| ノイマン形コンピュータ | 466 |

### ハ 行

| | |
|---|---|
| 配 光 | 358 |

| | |
|---|---|
| 配光曲線 | 358 |
| 排他制御 | 485 |
| 排他的論理和 | 475 |
| バイト | 474 |
| バイパス方式 | 262 |
| バイポーラトランジスタ | 211 |
| 白熱電球 | 378 |
| バ ス | 463 |
| バス形 | 494 |
| はずみ車 | 29 |
| はずみ車効果 | 296 |
| 発光効率 | 373 |
| 発光ダイオード | 376 |
| 発電制動 | 29,163 |
| パッファ式ガス遮断器 | 194 |
| ハーフブリッジ | 252 |
| パルス振幅変調 | 257 |
| パルス幅制御 | 258 |
| パルス符号変調 | 502 |
| パルスモータ | 515 |
| ハロゲンサイクル | 380 |
| ハロゲン電球 | 379 |
| パワーMOSFET | 216 |
| パワーコンディショナ | 264 |
| 半加算器 | 476 |
| 搬送波 | 500 |
| 半導体温度センサ | 514 |
| 半導体式ストレインゲージ | 514 |
| 汎用インバータ | 263 |
| | |
| 比較方式 | 503 |
| 光サイリスタ | 215 |
| 光トリガサイリスタ | 215 |
| 引入れトルク | 78 |
| ピークゲイン | 330 |
| 比誤差 | 199 |
| 比視感度 | 352 |
| 非循環形サイクロコンバータ | 271 |

543

## 索 引

| | | | |
|---|---|---|---|
| ヒステリシス損 | 73,109 | 復 調 | 500 |
| 非直線抵抗形避雷器 | 202 | 符号化 | 503 |
| ビット | 474 | 不足整流 | 9 |
| 否 定 | 475 | 不足複巻 | 16 |
| 否定論理積 | 475 | 負 担 | 198 |
| 否定論理和 | 475 | 物質量 | 429 |
| ヒートポンプ | 415 | 物理層 | 493 |
| 比 熱 | 396 | フライホイール | 29 |
| 微分動作 | 320 | ブラシレス励磁方式 | 42 |
| 百分率インピーダンス降下 | 105 | ブラッギング | 30,165 |
| 百分率抵抗降下 | 105 | フラッシオーバ | 7 |
| 百分率リアクタンス降下 | 105 | ブランクの放射則 | 369 |
| 標本化 | 502 | ブリッジ | 495 |
| 標本化周波数 | 502 | フリップフロップ回路 | 477 |
| 標本化定理 | 503 | フリーホイーリングダイオード | 225 |
| 標本化パルス | 502 | ブール代数 | 474 |
| 漂遊負荷損 | 73 | フルビッツの安定判別法 | 338 |
| 避雷器 | 201 | フルブリッジ | 252 |
| 平複巻 | 16 | ブレークオーバ電圧 | 212 |
| 比例推移 | 149 | プレゼンテーション層 | 493 |
| 比例動作 | 320 | フレーム同期方式 | 506 |
| | | プロキシサーバ | 496 |
| ファラデー定数 | 429 | プログラマブルロジックコントローラ | |
| ファラデーの法則 | 431 | | 516 |
| 不安定 | 335 | プログラム言語 | 486 |
| フィードバック制御 | 310 | プログラム内蔵方式 | 466 |
| フィードフォワード制御 | 320 | プロセス制御 | 311 |
| 風 損 | 73 | プロトコル | 492 |
| 風冷式 | 91 | プロトタイプ型 | 486 |
| フォトダイオード | 514 | フロート方式 | 261 |
| フォトルミネセンス | 370 | 分光視感効率 | 352 |
| 負荷角 | 65 | 分光放射発散度 | 369 |
| 負荷損 | 73 | 分子量 | 429 |
| 負荷飽和曲線 | 15,54 | 分 相 | 176 |
| 深溝かご形誘導電動機 | 173 | 分相始動形 | 176 |
| 負荷容量 | 125 | 分布巻 | 39 |
| 負帰還 | 314 | 分布巻係数 | 39 |
| 不揮発性記憶装置 | 466 | 分路巻線 | 124 |

544

索 引

| | | | |
|---|---|---|---|
| 分路容量 | 125 | 保護レベル | 201 |
| | | 保守率 | 387 |
| 平滑コンデンサ | 227 | 補償巻線 | 8 |
| 平滑リアクトル | 227 | 補助記憶装置 | 463 |
| 平均故障間隔時間 | 469 | ボード線図 | 327 |
| 平均修復時間 | 469 | ホール素子 | 514 |
| 並行運転 | 67 | | |
| 閉ループ伝達関数 | 315 | **マ 行** | |
| 並列冗長方式 | 263 | | |
| ベクトル軌跡 | 331 | マイクロコンピュータ | 515 |
| ベース | 211 | マイクロ波加熱 | 407 |
| 変圧器 | 90 | 巻線温度上昇 | 106 |
| ―― の原理 | 92 | 巻線形回転子 | 134 |
| ―― の試験項目 | 103 | 巻線係数 | 40 |
| 返還負荷法 | 106 | 巻鉄心 | 91 |
| 変形ウッドブリッジ結線変圧器 | 287 | 摩擦損 | 73 |
| 偏磁作用 | 6 | マスク ROM | 464 |
| 変速度電動機 | 23 | マトリクスコンバータ | 272 |
| ベンチマークプログラム | 468 | マルチタスキング | 485 |
| 変　調 | 500 | マンガン乾電池 | 443 |
| 変調波 | 500 | | |
| 弁抵抗形避雷器 | 202 | 水電解 | 433 |
| | | ミドルウェア | 483 |
| 放圧装置 | 204 | 脈動率 | 228 |
| 方向性けい素鋼帯 | 90 | 脈　流 | 227 |
| 放　射 | 352 | | |
| 放射束 | 352 | 無停電電源装置 | 260 |
| 放射伝熱 | 397 | 無負荷試験 | 104 |
| 放射発散度 | 369 | 無負荷損 | 109 |
| 放射ルミネセンス | 370 | 無負荷電流 | 94 |
| 法線照度 | 354 | 無負荷飽和曲線 | 14, 53 |
| 放電開始電圧 | 203 | | |
| 放電加工 | 421 | 明所比視感度 | 352 |
| 放電耐量 | 204 | 命令パイプライン | 466 |
| 放電容量 | 442 | メカトロニクス | 513 |
| 放電ルミネセンス | 371 | メッシュ形 | 494 |
| 飽和係数 | 53 | メモリ | 463 |
| 補　極 | 8 | メールサーバ | 496 |

545

## 索　引

文字コード………………………479,480
漏れ電流…………………………204
漏れリアクタンス………………94

### ヤ　行

誘電加熱…………………………405
誘電正接…………………………406
誘電損失係数……………………406
誘電損率…………………………406
誘電体損…………………………405
誘導加熱…………………………402
誘導式全体加熱…………………404
誘導式表面加熱…………………404
誘導制動機………………………165
誘導ブレーキ……………………165
誘導放出…………………………422
油入式……………………………91
油入変圧器………………………91

陽　子……………………………429
揺動式アーク炉…………………402
溶融塩……………………………435
溶融塩電解………………………435
溶融炭酸塩形燃料電池…………450,451
横軸電機子反作用………………47
横軸電流…………………………47
弱め界磁制御……………………28

### ラ　行

雷過電圧…………………………201
ラインインタラクティブ方式…262
ラウスの安定判別法……………336
ラピッドスタート方式…………375
ラプラス変換……………………311
ランダムアクセス方式…………465
乱　調……………………………79

ランプ効率………………………373
ランベルトの余弦定理…………356

リアクションプレート…………290
リアクタンス電圧………………9
リアクトル始動法………………157
理想変圧器………………………93
リチウムイオン電池……………447
リチウム電池……………………445
力行車……………………………286
立体角……………………………353
リードスイッチ…………………514
リニアエンコーダ………………514
リニア同期モータ………………291
リニアモータ……………………290
リニア誘導モータ………………290
リピータ…………………………495
リプル……………………………227
量子化……………………………503
利用率……………………………116
リレーショナル型データベース…488
リング形…………………………494
りん酸形燃料電池………………450,451

ルクス……………………………354
ルータ……………………………495
ルミネセンス……………………370
ルーメン…………………………352

励磁制御…………………………41
励磁装置…………………………41
励磁損……………………………73
励磁電流…………………………94
励磁突入電流……………………98
レオナード方式…………………28
レ　グ……………………………252
レーザ……………………………422
レーザ加工………………………422

| | |
|---|---|
| レジスタ………………………463 | DRAM………………………464 |
| ロータリエンコーダ………………514 | EBCDIC コード………………480 |
| 論理演算………………………474 | EEPROM………………………464 |
| 論理回路………………………474 | EOR………………………475 |
| 論理積………………………475 | EPROM………………………464 |
| 論理データ………………………474 | EUC コード………………480 |
| 論理和………………………475 | |

## ワ 行

割込み処理………………………485

## 英数字・記号

| | |
|---|---|
| A-D 変換器………………503 | FLOPS………………………468 |
| AM………………………500 | FM………………………500 |
| AND………………………475 | FSK………………………500 |
| ASCII コード………………480 | |
| ASIC………………………480 | GTO………………………213 |
| ASK………………………500 | |
| AT き電方式………………287 | HCFC………………………417 |
| | HDLC 方式………………505 |
| BTF………………………192 | HFC………………………417 |
| BT き電方式………………287 | |
| | IGBT………………………217 |
| CDT………………………505 | IP アドレス………………492 |
| CFC………………………417 | IP 方式………………505 |
| CISC………………………466 | |
| CODASYL 型データベース………488 | JK フリップフロップ………………478 |
| COP………………………416 | |
| CPU………………462,463 | LAN………………………493 |
| CVCF………………………260 | LAN 機器………………495 |
| C レート………………443 | LED………………………376 |
| | LED ランプ………………376 |
| D-A 変換器………………504 | LIM………………………290 |
| DC/DC コンバータ………243 | L 形等価回路………………95,142 |
| DNS サーバ………………496 | |
| | MCFC………………450,451 |
| | MIPS………………………467 |
| | MPPT………………………264 |
| | MPU………………………480 |
| | MTBF………………………469 |
| | MTTR………………………469 |

547

## 索引

| | | | |
|---|---|---|---|
| NAND | 475 | RS フリップフロップ | 478 |
| NaS 電池 | 448 | | |
| NC 工作機械 | 516 | SLF | 192 |
| NC 制御 | 516 | SOFC | 450,451 |
| NOR | 475 | SRAM | 464 |
| NOT | 475 | | |
| | | TCP | 492 |
| OR | 475 | TCP/IP プロトコル | 492 |
| OSI 参照モデル | 492,493 | TPC-C | 468 |
| | | T 形等価回路 | 141 |
| PAFC | 450,451 | T 座変圧器 | 125 |
| PAM 制御 | 257 | | |
| PCM | 502 | Unicode | 480 |
| PEFC | 450,451 | UPS | 260 |
| PID 制御 | 319 | | |
| PID 動作 | 319 | $V/f$ 一定制御 | 162 |
| PLC | 516 | V 曲線 | 77 |
| PM | 500 | | |
| PROM | 464 | WAN | 493 |
| PSK | 500 | WWW | 497 |
| PWM インバータ | 264 | | |
| PWM 制御 | 258 | XOR | 475 |
| | | | |
| QAM | 500 | 2 極機 | 135 |
| | | | |
| RAID0 | 465 | △-△結線 | 114 |
| RAID1 | 465 | △-Y結線 | 114 |
| RAID5 | 465 | | |
| RAID システム | 465 | V 結線 | 116 |
| RAM | 463,464 | | |
| RFID | 506 | Y-△結線 | 114 |
| RISC | 466 | Y-Y-△結線 | 114 |
| ROM | 463 | Y-△始動法 | 156 |

〈著者略歴〉

**山崎雄一郎**（やまざき　ゆういちろう）
| | |
|---|---|
| 平成14年 | 京都大学工学部電気電子工学科卒業 |
| 平成16年 | 京都大学大学院エネルギー科学研究科エネルギー社会環境科学専攻修士課程修了 |
| 平成16年 | 中部電力株式会社入社 |
| 平成26年 | 第一種電気主任技術者試験合格 |
| 平成27年 | 技術士（電気電子部門）合格 |
| 平成29年 | 技術士（総合技術監理部門）合格 |
| 現　在 | 中部電力パワーグリッド株式会社 |

**塩沢孝則**（しおざわ　たかのり）
| | |
|---|---|
| 昭和61年 | 東京大学工学部電子工学科卒業 |
| 昭和63年 | 東京大学大学院工学系研究科電気工学専攻修士課程修了 |
| 昭和63年 | 中部電力株式会社入社 |
| 平成元年 | 第一種電気主任技術者試験合格 |
| 平成12年 | 技術士（電気電子部門）合格 |
| | 中部電力株式会社執行役員等を経て |
| 現　在 | 一般財団法人日本エネルギー経済研究所専務理事 |

- 本書の内容に関する質問は，オーム社ホームページの「サポート」から，「お問合せ」の「書籍に関するお問合せ」をご参照いただくか，または書状にてオーム社編集局宛にお願いします．お受けできる質問は本書で紹介した内容に限らせていただきます．なお，電話での質問にはお答えできませんので，あらかじめご了承ください．
- 万一，落丁・乱丁の場合は，送料当社負担でお取替えいたします．当社販売課宛にお送りください．
- 本書の一部の複写複製を希望される場合は，本書扉裏を参照してください．

[JCOPY] ＜出版者著作権管理機構　委託出版物＞

ガッツリ学ぶ
電験二種　機械

2024 年 11 月 25 日　第 1 版第 1 刷発行

| | |
|---|---|
| 著　者 | 山崎雄一郎・塩沢孝則 |
| 発行者 | 村上和夫 |
| 発行所 | 株式会社 オーム社 |
| | 郵便番号　101-8460 |
| | 東京都千代田区神田錦町 3-1 |
| | 電話　03(3233)0641(代表) |
| | URL　https://www.ohmsha.co.jp/ |

© 山崎雄一郎・塩沢孝則 2024

印刷・製本　新協
ISBN978-4-274-23270-1　Printed in Japan

**本書の感想募集**　https://www.ohmsha.co.jp/kansou
本書をお読みになった感想を上記サイトまでお寄せください．
お寄せいただいた方には，抽選でプレゼントを差し上げます．

# 基本からわかる 講義ノート シリーズのご紹介

## 4大特長

**1** 広く浅く記述するのではなく，必ず知っておかなければならない事項について やさしく丁寧に，深く掘り下げて 解説しました

**2** 各節冒頭の「キーポイント」に知っておきたい事前知識などを盛り込みました

**3** より理解が深まるように，吹出しや付せんによって補足解説を盛り込みました

**4** 理解度チェックが図れるように，章末の練習問題を難易度3段階式としました

---

### 基本からわかる 電気回路講義ノート
- 西方 正司 監修
- 岩崎 久雄・鈴木 憲吏
  鷹野 一朗・松井 幹彦・宮下 收  共著
- A5判・256頁
- 定価（本体2500円【税別】）

**主要目次** 直流は電気回路の登竜門〜直流の基礎〜／直流回路／交流の基礎／交流回路／電力／相互誘導／二端子対回路／三相交流

### 基本からわかる 電磁気学講義ノート
- 松瀬 貢規 監修
- 市川 紀充・岩崎 久雄
  澤野 憲太郎・野村 新一  共著
- A5判・234頁
- 定価（本体2500円【税別】）

**主要目次** 電荷と電界，電位／導体と静電容量／電流と磁界／電磁誘導／電磁波／絶縁体／磁性体

### 基本からわかる パワーエレクトロニクス 講義ノート
- 西方 正司 監修
- 高木 亮・高見 弘
  鳥居 粛・枡川 重男  共著
- A5判・200頁
- 定価（本体2500円【税別】）

**主要目次** パワーエレクトロニクスの基礎／パワーデバイス／DC-DC コンバータ／整流回路／インバータ

### 基本からわかる 信号処理講義ノート
- 渡部 英二 監修
- 久保田 彰・神野 健哉
  陶山 健仁・田口 亮  共著
- A5判・184頁
- 定価（本体2500円【税別】）

**主要目次** 信号処理とは／フーリエ解析／連続時間システム／標本化定理／離散信号のフーリエ変換／離散時間システム

---

もっと詳しい情報をお届けできます。
※書店に商品がない場合または直接ご注文の場合も右記宛にご連絡ください。

ホームページ https://www.ohmsha.co.jp/
TEL／FAX TEL.03-3233-0643 FAX.03-3233-3440

（定価は変更される場合があります）

A-1408-130

## 好評関連書籍

# 統計学図鑑

栗原伸一・丸山敦史 [共著]

A5判／312ページ／定価(本体2500円【税別】)

### 「見ればわかる」統計学の実践書！

本書は、「会社や大学で統計分析を行う必要があるが、何をどうすれば良いのかさっぱりわからない」、「基本的な入門書は読んだが、実際に使おうとなると、どの手法を選べば良いのかわからない」という方のために、基礎から応用までまんべんなく解説した「図鑑」です。パラパラとめくって眺めるだけで、楽しく統計学の知識が身につきます。

# 数学図鑑
〜やりなおしの高校数学〜

永野 裕之 [著]

A5判／256ページ／定価(本体2200円【税別】)

### 苦手だった数学の「楽しさ」に行きつける本！

「算数は得意だったけど、
　数学になってからわからなくなった」
「最初は何とかなっていたけれど、
　途中から数学が理解できなくなって、文系に進んだ」
このような話は、よく耳にします。本書は、そのような人達のために高校数学まで立ち返り、図鑑並みにイラスト・図解を用いることで数学に対する敷居を徹底的に下げ、飽きずに最後まで学習できるよう解説しています。

---

もっと詳しい情報をお届けできます。
○書店に商品がない場合または直接ご注文の場合も右記宛にご連絡ください。

ホームページ　https://www.ohmsha.co.jp/
TEL/FAX　TEL.03-3233-0643　FAX.03-3233-3440

(定価は変更される場合があります)

## マジわからん シリーズ

### 「とにかくわかりやすい！」だけじゃなく ワクワクしながら読める！

**電気、マジわからん と思ったときに読む本**
田沼 和夫 著
四六判・208頁・定価（本体1800円【税別】）

**Contents**

**Chapter 1**
電気ってなんだろう？

**Chapter 2**
電気を活用するための電気回路とは

**Chapter 3**
身の周りのものへの活用法がわかる！
電気のはたらき

**Chapter 4**
電気の使われ方と
できてから届くまでの舞台裏

**Chapter 5**
電気を利用したさまざまな技術

---

### モーターの「わからん」を「わかる」に変える！

**モーター、マジわからん と思ったときに読む本**
森本 雅之 著
四六判・216頁・定価（本体1800円【税別】）

**Contents**

**Chapter 1**
モーターってなんだろう？

**Chapter 2**
モーターのきほん！　DCモーター

**Chapter 3**
弱点を克服！　ブラシレスモーター

**Chapter 4**
現在の主流！　ACモーター

**Chapter 5**
進化したACモーター

**Chapter 6**
ほかにもある！
いろんな種類のモーターたち

**Chapter 7**
モーターを選ぶための
一歩踏み込んだ知識

## 今後も続々、発売予定！

もっと詳しい情報をお届けできます。
●書店に商品がない場合または直接ご注文の場合は
　右記宛にご連絡ください。

**ホームページ** https://www.ohmsha.co.jp/
**TEL／FAX** TEL.03-3233-0643　FAX.03-3233-3440

（定価は変更される場合があります）

A-2302-179